대학수학 길라잡이

김현규 · 이용하 · 이재혁 지음

KM 경문사

머리말

이 책은 대학수학을 처음 접하는 학생들을 위하여 고등학교 수학과 교육과정의 내용과 대학수학 1학년 과정의 내용을 이어주는 징검다리 역할을 하는 교재로 꾸며졌다. 일반적으로 학생들은 대학수학의 1학년 과정에서 미분적분학, 집합론, 수론 등의 수학 내용을 학습하는 경우가 많다. 해당 수학 전공과목들은 구성면에서 수리과학의 오랜 전통이 깃든 내용을 담고 있으며 많은 대학들이 비슷한 교과과정을 운영하고 있다. 아마도 고등학교 수학과 교육과정을 성실하게 이수한 학생들이라면 해당 수학 전공과목들을 수월하게 학습할 수 있다고 여겨지고 그렇게 기대하기 때문일 것이다. 하지만 현재 고등학교 수학과 교육과정을 이수하고 처음 대학수학을 접하는 학생들이 대학 1학년 과정의 수학전공 과목들을 학습하는 데 많은 어려움을 겪고 있다. 여러 차례의 교육과정 개정으로 고등학교 수학과 교육과정에 적잖은 변화가 있었으며, 이로 인해 고등학교 수학과 교육과정의 내용과 대학수학 1학년 과정의 내용의 간극이 점점 심화되고 있다. 일례로 삼각함수 공식은 고등학교 수학과 교육과정에서 일부만 다루기 때문에 학생들이 대학수학을 포함한 기초 과학과 공학이론을 학습하기 위해서 추가적인 학습이 절대적으로 필요하다. 또한 문·이과 통합과정과 같은 교육과정의 변화로 인해 대학수학에 입문하는 학생들의 고등학교 수학 학습내용이 매우 개별적이며 학습량의 차이도 현격하다. 따라서 학생 개개인의 학습이력에 따라 추가적인 학습이 매우 필요한 상황이다. 하지만 이와 같은 추가적인 학습을 해당 전공과목에서 개별적으로 감당하는 것은 강좌운영의 부담을 크게 하고 결과적으로 해당 교과에 이어지는 발전 교과들의 파행적 운영으로 이어져 대학교육이 지향하는 인재의 전문성의 질적 저하를 초래할 것이다. 저자들은 이러한 문제들의 해결 방안으로 고등학교 수학과 교육과정의 내용과 대학수학의 1학년 과정의 내용을 이어주는 징검다리 역할을 하게 되는 대학수학의 초급과정의 개발과 이를 위한 교재의 필요성에 공감하고 이 책을 집필하게 되었다.

이 책의 구성 방향은 크게 두 가지로 요약할 수 있다. 하나는 앞에서 언급한 것처럼 고등학교 수학과 교육과정의 내용과 대학수학의 1학년 과정의 내용의 간극을 채우기 위한 수학 내용을 제공하는 것이다. 또 다른 하나는 엄밀성을 기반으로 하는 대학수학의 전공과정 학습에 대한 선행적 경험을 하게 하는 것이다. 첫 번째 구성 방향을 위해서 고등학교 수학과 교육과정 개편으로 최근 교육과정에서는 다루지 않거나 다루더라도 문제 해결 방법론이 소극적 관점으로 제한된 내용들을 포함하려고 하였다. 수학 내용적인 측면에서의 보완뿐 아니라 다양한 문제 해결 방법의 학습을 제시하여 문제에 접근하는 다양한 시각 제공과 문제 해결력 강화를 목적으로 구성하였다. 목적에 부합하는 전형적인 문제들을 가능한 다양하게 다루려고 노력하였다. 두 번째 구성 방향과 관련하여 수학적 논증 학습을 위한 내용들을 다루었다. 고등학교 수학과 교육과정에서 증명 과정 없이 다루어지는 여러 내용에 대하여 증명을 다루었으며 엄밀한 증명 과정이 필요한 대학수학의 고급과정에 속한 내용들에 대해서는 고등학교 수학과 교육과정을 기반으로 기술할 수 있는 방법들을 채택하였다. 또한 대학수학 내용으로 구성된 부분의 내용들도 소개하였는데, 향후 고급과정의 수학 학습에서 긴요하고도 자주 활용할 수 있는 내용들을 위주로 가능한 엄밀한 논증 방식을 유지하였다.

오랜 시간 대학수학 전공과목 강의를 진행하며 느끼는 안타까운 점은 해가 갈수록 대학수학을 처음 접하며 어려워하는 학생들이 점점 더 자주 목격된다는 것이다. 학생들의 어려움을 해결하기 위한 강의자들의 고민도 덩달아 깊어지는 상황이다. 대학수학을 처음 접하게 될 학생들의 학습에 도움이 되기를 바라는 마음으로 이 책을 준비하였다. 아무쪼록 이 책을 통해 학생들의 수학 학습의 어려움이 덜어지고 문제 해결능력이 증진되어 이들이 수리과학을 영유하는 미래를 맞이하기를 바란다.

특별히 수학과 교육과정 관련 자문을 해주신 경인교대 권석일 교수님과 상명대 김화경 교수님께 이 자리를 빌려 감사의 말씀을 드린다. 또한 수학과 교육과정 자료 수집과 문서 작성을 도와준 이화여대 교육대학원 김연주 학생에게도 고마움을 전한다. 이 책은 이화여자대학교 수학과 4단계 BK 교육연구사업의 일환으로 기획 및 저술되었다.

2022년 9월 저자 일동

차례

PART Ⅰ

PART II

PART Ⅲ

PART I

제 1 장

수열과 급수

제1절 수열

수열과 귀납법

숫자를 순서대로 나열한 것을 **수열**(sequence)이라 한다. 2, 3, 5, 7, 11과 같이 길이가 유한인 수열을 **유한수열**(finite sequence), 2, 4, 6, 8, 10, ⋯과 같이 길이가 무한인 수열을 **무한수열**(infinite sequence)이라 한다. 수열을 이루는 숫자를 수열의 **항**(term)이라고 하며, 우리는 항이 실수인 경우만 다루기로 한다. 일반적인 수열을 다룰 때에는 n번째 항을 a_n 혹은 b_n 등으로 표현하여 수열을

$$a_1,\ a_2,\ \cdots,\ a_m \text{ 혹은 } a_1,\ a_2,\ a_3,\ \cdots$$

으로 표현하거나, 좀 더 정확히

$$\{a_n\}_{n=1}^{m} \text{ 혹은 } \{a_n\}_{n=1}^{\infty}$$

로 표현한다. 예컨대 무한수열 2, 4, 6, 8, 10, ⋯의 n번째 항은

$$a_n = 2n, \quad n \in \mathbb{N}$$

으로 엄밀하게 쓸 수 있다. 이와 같이 수열의 임의의 n번째 항을 n에 관한 식으로 나타낸 것을 **수열의 일반항 표현**이라 한다.

수열이 수열의 항들 간의 관계식과 처음 몇 개 항의 값으로만 주어질 때가 있다.

예시 1-1 다음과 같이 주어진 수열을 생각해보자.

$$a_1 = 1,\ a_{n+1} = 2a_n, \quad n \in \mathbb{N}$$

관계식 $a_{n+1} = 2a_n$를 이용하면, n번째 항 a_n의 값으로부터 $n+1$번째 항 a_{n+1}의 값을 알 수 있으므로, 초항(the first term)의 값 $a_1 = 1$과 수학적 귀납법을 이용하면 임의의 항 a_n의 값을 계산할 수 있다. 예컨대 a_4의 값을 알고 싶다면, 관계식 $a_{n+1} = 2a_n$을 차례대로 적용하여 $a_2 = 2a_1 = 2 \cdot 1 = 2,\ a_3 = 2 \cdot a_2 = 2 \cdot 2 = 4,\ a_4 = 2a_3 = 2 \cdot 4 = 8$과 같이 값을 구할 수 있다. 이렇게 수열의 항을 이전 항으로 표현하는 관계식을 **점화식**(recurrence relation)이라 하고, 이때 수열이 귀납적으로 정의되었다고 말한다. ■

수학적 귀납법으로 수열의 성질을 증명하는 경우도 있다.

예시 1-2 위의 예시에서, 처음 몇 개 항의 값을 계산하다 보면 일반항이 $a_n = 2^{n-1}$로 주어진다는 것을 추측할 수 있는데, 수학적 귀납법을 사용하면 이 추측이 맞음을 엄밀하게 확인할 수 있다. 우선 초기 조건인 $n = 1$일 때에는 $a_1 = 1$이므로 $a_n = 2^{n-1}$이 성립한다. 이제 어떤 자연수 n에 대하여 $a_n = 2^{n-1}$이 성립함을 가정하자. 점화식 $a_{n+1} = 2a_n$에 의하여,

$$a_{n+1} = 2a_n = 2 \cdot 2^{n-1} = 2^n,$$

즉 $a_{n+1} = 2^{(n+1)-1}$이 성립한다. 따라서 수학적 귀납법에 의하여 $a_n = 2^{n-1}$이 모든 자연수 n에 대하여 성립한다. ■

예시 1-3 위의 예시에서는 처음 몇 개 항의 값으로부터 일반항의 공식을 추측하기가 비교적 쉬운 편이기는 했으나, 일반항을 구하는 좀 더 체계적인 방법도 있다. 관계식 $a_{n+1} = 2a_n$의 양변을 2^{n+1}로 나누면 $\frac{a_{n+1}}{2^{n+1}} = \frac{a_n}{2^n}$을 얻는다. 이제 새로운 수열 b_n을 $b_n = \frac{a_n}{2^n}$로서 정의하면, 이 수열은 초항이 $b_1 = \frac{a_1}{2^1} = \frac{1}{2}$이고 모든 자연수 n에 대해 관계식 $b_{n+1} = b_n$을 만족시킨다. 수학적 귀납법을 사용하면 이 수열이 상수수열(constant sequence), 즉 모든 자연수 n에 대하여 $b_n = \frac{1}{2}$을 만족함을 보일 수 있다. 이로부터 $\frac{a_n}{2^n} = \frac{1}{2}$을 얻고, 따라서 $a_n = 2^{n-1}$이다. ■

위의 예시는 수열의 점화식이

$$a_{n+1} = ra_n, \quad n \in \mathbb{N} \text{ (단, } r\text{은 상수)}$$

인 경우인데, 이러한 점화식을 만족하는 수열을 **등비수열**(geometric sequence)이라 하며, 이때 r을 **공비**(common ratio)라 한다. 초항의 값이 $a_1 = a$일 때, 위의 예시들에서와 같은 방법으로 등비수열의 일반항이

$$a_n = ar^{n-1}, \quad n \in \mathbb{N}$$

로 주어짐을 알아낼 수 있다.

점화식으로 주어지는 수열의 대표적인 또 다른 예는 점화식이

모든 자연수 n에 대하여 $a_{n+1} = a_n + c$ (단, c는 상수)

로 주어지는 경우인데, 이러한 수열을 **등차수열**(arithmetic sequence)이라 하며, c를 **공차**(common difference)라 한다. 초항의 값이 $a_1 = a$일 때, 등차수열의 일반항이

$$a_n = a + (n-1)c, \quad n \in \mathbb{N}$$

로 주어짐을 수학적 귀납법을 이용하여 증명할 수 있다.

점화식이 이보다 한 단계 복잡한 경우인 $a_{n+2} = \alpha a_{n+1} + \beta a_n$ (단, α, β는 상수)인 경우를 살펴보자. 이때 각 항은 이전 두 항에 의하여 나타내어진다.

예시 1-4 수열 a_n이 상수 a, b, α, β에 대하여 다음과 같이 주어졌다고 하자.

$$a_1 = a,\ a_2 = b,\ a_{n+2} = \alpha a_{n+1} + \beta a_n, \quad n \in \mathbb{N}$$

이차방정식 $x^2 = \alpha x + \beta$, 혹은 $x^2 - \alpha x - \beta = 0$의 두 근을 γ_1, γ_2라 하자. 이 근들은 복소수일 수도 있고, 중근일 경우 서로 같을 수도 있다. 근과 계수와의 관계에 의하여 $\gamma_1 + \gamma_2 = \alpha$, $\gamma_1 \gamma_2 = -\beta$이 성립하므로, 모든 자연수 n에 대하여 다음 두 식이 성립함을 관찰할 수 있다.

$$a_{n+2} - \gamma_1 a_{n+1} = \gamma_2 (a_{n+1} - \gamma_1 a_n),\ a_{n+2} - \gamma_2 a_{n+1} = \gamma_1 (a_{n+1} - \gamma_2 a_n)$$

새로운 수열들 b_n, c_n을 $b_n = a_{n+1} - \gamma_1 a_n$, $c_n = a_{n+1} - \gamma_2 a_n$으로 정의하면, 이 수열들은 초항의 값이

$$b_1 = b - \gamma_1 a,\ c_1 = b - \gamma_2 a$$

이고 모든 자연수 n에 대하여 다음의 관계식을 만족한다.

$$b_{n+1} = \gamma_2 b_n,\ c_{n+1} = \gamma_1 c_n$$

따라서 예시 1-2, 1-3에서와 비슷하게 수학적 귀납법을 이용해 이들의 일반항이

$$b_n = (b - \gamma_1 a)\gamma_2^{n-1},\ c_n = (b - \gamma_2 a)\gamma_1^{n-1}$$

으로 주어짐을 알 수 있다. 이 둘의 차를 구해보면

$$
\begin{aligned}
b_n - c_n &= (b-\gamma_1 a)\gamma_2^{n-1} - (b-\gamma_2 a)\gamma_1^{n-1} \\
&= (a_{n+1} - \gamma_1 a_n) - (a_{n+1} - \gamma_2 a_n) \\
&= (\gamma_2 - \gamma_1) a_n
\end{aligned}
$$

이고 따라서 $\gamma_1 \neq \gamma_2$인 경우는 원래 수열 a_n의 일반항을

$$
a_n = \frac{(b-\gamma_1 a)\gamma_2^{n-1} - (b-\gamma_2 a)\gamma_1^{n-1}}{\gamma_2 - \gamma_1}
$$

로 구할 수 있다.

$\gamma_1 = \gamma_2$인 경우는 $b_n = a_{n+1} - \gamma_1 a_n = (b-\gamma_1 a)\gamma_1^{n-1}$을 얻는다. 만약 $\gamma_1 \neq 0$이라면 이 식을 γ_1^{n+1}로 나누어 $\frac{a_{n+1}}{\gamma_1^{n+1}} - \frac{a_n}{\gamma_1^n} = \frac{(b-\gamma_1 a)}{\gamma_1^2}$을 얻고, 예시 1-3에서와 비슷하게 수열 $d_n = \frac{a_n}{\gamma_1^n}$이 공차 $(b-\gamma_1 a)/\gamma_1^2$인 등차수열임을 알 수 있으므로 d_n의 일반항을 구할 수 있고 따라서 a_n의 일반항도 구할 수 있다. 만약 $\gamma_1 = 0$이라면 $b_n = a_{n+1} = 0$이 모든 자연수 n에 대해 성립하므로 이때 역시 a_n의 일반항을 구할 수 있다. ■

예시 1-5 피보나치 수열(Fibonacci sequence)은 다음과 같이 정의된다.

$$
a_1 = 1, \quad a_2 = 1, \quad a_{n+2} = a_{n+1} + a_n, \quad n \in \mathbb{N}
$$

예시 1-4를 적용하여 피보나치 수열의 일반항을 구할 수 있다. 이차방정식 $x^2 - x - 1 = 0$의 두 근은 $\gamma_1 = \frac{1+\sqrt{5}}{2}$, $\gamma_2 = \frac{1-\sqrt{5}}{2}$이므로, 피보나치 수열의 일반항은

$$
a_n = \frac{\left(\frac{1-\sqrt{5}}{2}\right)^n - \left(\frac{1+\sqrt{5}}{2}\right)^n}{-\sqrt{5}}, \quad n \in \mathbb{N}
$$

으로 주어진다. ■

위에서는 수학적 귀납법을 수열의 일반항 공식을 구할 때에만 사용했지만, 수열의 다른 성질을 증명할 때, 예컨대 모든 항이 양수임을 증명할 때 수학적 귀납법이 쓰이기도 한다.

수열의 극한

수열 $\{a_n\}_{n=1}^{\infty}$의 항 a_n의 값이 n이 무한대로 커짐에 따라 어떤 실수 l에 한없이 가까이 다가갈 때, 수열 $\{a_n\}_{n=1}^{\infty}$이 실수 l로 **수렴한다**고 말하고, 이러한 값 l을 수열 $\{a_n\}_{n=1}^{\infty}$의 **극한**이라 부르며,

$$\lim_{n\to\infty} a_n = l$$

로 표기한다. 수렴하지 않는 수열은 **발산한다**고 말한다. 발산하는 경우에는 통상 $\lim_{n\to\infty} a_n$의 값이 존재하지 않는다고 하는 것이 맞지만, a_n의 값이 n이 무한대로 커짐에 따라 역시 무한대로 커지는 경우는 $\lim_{n\to\infty} a_n = \infty$로 표기하기도 한다. 비슷하게, 발산하는 경우 중 a_n의 값이 n이 무한대로 커짐에 따라 음의 무한대로 작아지는 경우는 $\lim_{n\to\infty} a_n = -\infty$로 표기하기도 한다.

예시 1-6 어떤 상수 c에 대해 $a_n = c$, $n \in \mathrm{N}$이면, 수열 $\{a_n\}_{n=1}^{\infty}$은 **상수수열**(constant sequence) $c, c, c, \cdots$이며 $\lim_{n\to\infty} a_n = c$이다. 따라서 이 수열 $\{a_n\}_{n=1}^{\infty}$은 극한 c로 수렴한다. ■

예시 1-7 $a_n = \dfrac{1}{n}$, $n \in \mathrm{N}$이면, 수열 $\{a_n\}_{n=1}^{\infty}$은 $1, \dfrac{1}{2}, \dfrac{1}{3}, \cdots$이며 $\lim_{n\to\infty} a_n = 0$이다. ■

예시 1-8 $a_n = (-1)^n$, $n \in \mathrm{N}$이면, 수열 $\{a_n\}_{n=1}^{\infty}$은 $-1, 1, -1, 1, \cdots$이며 $\lim_{n\to\infty} a_n$은 존재하지 않는다. 따라서 이 수열 $\{a_n\}_{n=1}^{\infty}$은 발산한다. ■

예시 1-9 $a_n = n$, $n \in \mathrm{N}$이면, 수열 $\{a_n\}_{n=1}^{\infty}$은 $1, 2, 3, 4, \cdots$이며 항의 크기가 한없이 커지므로 $\lim_{n\to\infty} a_n$은 존재하지 않는다. 따라서 이 수열 $\{a_n\}_{n=1}^{\infty}$은 발산한다. $\lim_{n\to\infty} a_n = \infty$로 표기하기도 할 수 있는 경우이다. ■

예시 1-10 $a_n = ar^{n-1}$, $n \in \mathrm{N}$이면, 수열 $\{a_n\}_{n=1}^{\infty}$은 공비가 r이고 초항이 a인 등비수열이다. $a = 0$이면 이 수열은 항이 0인 상수수열이어서 극한 0으로 수렴한다. $a \neq 0$인 경우, $r \leq -1$ 혹은 $r > 1$이면 이 수열은 발산하고, $r = 1$이면 a로 수렴하며,

$-1 < r < 1$이면 0으로 수렴한다. ■

예시 1-7의 경우는 엄밀히 따져보면 증명이 필요하지만 우리는 증명 없이 이용하기로 한다. a_n이 n에 관한 유리함수, 즉 다항식/다항식 꼴인 경우, 수렴을 판정할 때 예시 1-7을 유용하게 이용할 수 있다. 만약 수열 a_n의 일반항이 $a_n = \dfrac{f(n)}{g(n)}$ 형태일 경우 (단, $f(n)$, $g(n)$은 다항함수) $f(n)$의 최고차항과 $g(n)$의 최고차항 중 차수가 큰 것으로 분모와 분자를 나누면 다루기가 쉬워진다. 이를 위해 먼저 $\lim\limits_{n\to\infty}\dfrac{1}{n^k}=0$ (단, k는 자연수)임을 확인할 필요가 있다. 이것 역시 예시 1-7을 이용하면 증명할 수 있는데, 간편하게는 극한의 다음 기본 성질을 이용하면 된다.

정리 1-11 수열의 연산과 극한의 관계

(1) 수열 $\{a_n\}_{n=1}^{\infty}$, $\{b_n\}_{n=1}^{\infty}$이 각각 수렴하면 수열 $\{a_n+b_n\}_{n=1}^{\infty}$도 수렴하고,

$$\lim_{n\to\infty}(a_n+b_n)=\lim_{n\to\infty}a_n+\lim_{n\to\infty}b_n$$

이다.

(2) 수열 $\{a_n\}_{n=1}^{\infty}$이 수렴하면, 상수 c에 대해 $\{ca_n\}_{n=1}^{\infty}$도 수렴하고,

$$\lim_{n\to\infty}(ca_n)=c\left(\lim_{n\to\infty}a_n\right)$$

이다.

(3) 수열 $\{a_n\}_{n=1}^{\infty}$, $\{b_n\}_{n=1}^{\infty}$이 각각 수렴하면 수열 $\{a_nb_n\}_{n=1}^{\infty}$도 수렴하고,

$$\lim_{n\to\infty}(a_nb_n)=\left(\lim_{n\to\infty}a_n\right)\left(\lim_{n\to\infty}b_n\right)$$

이다.

(4) 수열 $\{a_n\}_{n=1}^{\infty}$, $\{b_n\}_{n=1}^{\infty}$이 각각 수렴하고 $\lim\limits_{n\to\infty}b_n\neq 0$이면 수열 $\{a_n/b_n\}_{n=1}^{\infty}$도 수렴하고,

$$\lim_{n\to\infty}\left(\frac{a_n}{b_n}\right)=\frac{\lim\limits_{n\to\infty}a_n}{\lim\limits_{n\to\infty}b_n}$$

이다.

예제 1-12 $a_n = \dfrac{n^2 - 3n}{2n^3 + n - 1}$, $n \in \mathbb{N}$일 때, 수열 $\{a_n\}_{n=1}^{\infty}$이 수렴하는지 판정하고, 만약 수렴하면 극한을 구하시오.

〈풀이〉 n^3으로 분모와 분자를 나누면

$$a_n = \frac{\dfrac{1}{n} - \dfrac{3}{n^2}}{2 + \dfrac{1}{n^2} - \dfrac{1}{n^3}}$$

이다. 여기서 $\dfrac{1}{n}$, $\dfrac{3}{n^2}$, $\dfrac{1}{n^2}$, $\dfrac{1}{n^3}$은 모두 0으로 수렴하므로, 정리 1-11을 이용하면 분자는 $0 - 0 = 0$으로 수렴하고 분모는 $2 + 0 - 0 = 2$로 수렴함을 알 수 있고, 따라서 a_n은 $\dfrac{0}{2} = 0$으로 수렴한다.

어떤 수열 a_n이 수렴하는지 혹은 발산하는지 알고 있고, 다른 수열 b_n이 수열 a_n과 부등식을 만족할 때, 수열 b_n이 수렴하는지 혹은 발산하는지 알 수 있는 경우가 있다. 예컨대 수열 $a_n = n$과 $b_n = n^2$을 고려하면, 예시 1-9로부터 알게 된 a_n이 한없이 커지므로 발산한다는 사실과, 모든 자연수 n에 대해서 $b_n \geq a_n$을 만족한다는 사실로부터 수열 b_n 역시 한없이 커져서 발산한다는 사실을 알아낼 수 있다. 이렇게 수열의 비교를 통하여 수렴 여부를 판정하는 방법을 **비교판정법(comparison test)**이라고 부르며, 그중 가장 유용한 경우 중 하나로서 다음이 있다.

정리 1-13 세 수열 $\{a_n\}_{n=1}^{\infty}$, $\{b_n\}_{n=1}^{\infty}$, $\{c_n\}_{n=1}^{\infty}$이

$$a_n \leq b_n \leq c_n, \quad n \in \mathbb{N}$$

을 만족하고, 수열 $\{a_n\}_{n=1}^{\infty}$과 $\{c_n\}_{n=1}^{\infty}$이 모두 극한 l로 수렴하면, 수열 $\{b_n\}_{n=1}^{\infty}$도 극한 l로 수렴한다.

가운데 수열 b_n이 두 수열 사이에 끼었다 하여 위 정리를 샌드위치 정리(sandwich theorem, 혹은 squeeze theorem)라 부르기도 한다.

예제 1-14 $a_n = \dfrac{\sin(n)}{n}$, $n \in \mathbb{N}$일 때, 수열 $\{a_n\}_{n=1}^{\infty}$이 수렴하는지 판정하고, 만약 수렴하면 극한을 구하시오.

〈풀이〉 $-1 \le \sin(n) \le 1$이므로 $-\dfrac{1}{n} \le \dfrac{\sin(n)}{n} \le \dfrac{1}{n}$이다.

$\lim\limits_{n\to\infty}\left(-\dfrac{1}{n}\right) = 0 = \lim\limits_{n\to\infty}\dfrac{1}{n}$이므로 정리 1-13에 의해 $\lim\limits_{n\to\infty}\dfrac{\sin(n)}{n} = 0$이다.

위 예제 1-14에서 $\sin(n)$ 대신 $\sin(f(n))$을 사용해도 마찬가지이다. (단, $f(n)$는 임의의 함수)

수열의 극한으로서 정의되는 실수값 중 가장 중요한 예시 중 하나는 자연상수 e이다.

정의 1-15 자연상수 e를 다음과 같이 정의한다.

$$e = \lim_{n\to\infty}\left(1 + \frac{1}{n}\right)^n$$

위 정의를 사용하기 위해서는 먼저 수열 $a_n = \left(1 + \dfrac{1}{n}\right)^n$이 수렴함을 증명해야 하지만, 엄밀한 증명은 대학교 해석학 과정으로 미루기로 한다. 자연상수 e는 수열의 극한이 아닌 다른 방법으로도 정의할 수 있다 (예컨대 다음 절의 예제 1-28 참조). 참고로 e의 실제 값은 대략 다음과 같다.

$$e = 2.7182818\cdots$$

위 정의 1-15의 가장 대표적인 응용은, 자연수의 집합 위에 정의된 함수 $f(n)$이 $\lim\limits_{n\to\infty} f(n) = \infty$를 만족하는 경우이며, 이때

$$\lim_{n\to\infty}\left(1 + \frac{1}{f(n)}\right)^{f(n)} = e$$

가 성립한다. 이와 관련한 예제를 위해서는 수열과 함수의 관계를 먼저 이해해야 하므로 2장에서 다룰 예정이다.

연습문제

1. 수열 $\{a_n\}_{n=1}^{\infty}$이 다음과 같이 정의되어 있다: $a_1 = 5$, $a_{n+1} = a_n \cdot a_n$, $n \in \mathbb{N}$. 이때 모든 자연수 n에 대해서 a_n을 4로 나눈 나머지가 1임을 보이시오.

2. 수열 $\{a_n\}_{n=1}^{\infty}$이 다음과 같이 정의되어 있다: $a_1 = 1$, $a_2 = 2$, $a_{n+2} = a_{n+1} + a_n$, $n \in \mathbb{N}$. 이때 수열 a_n의 일반항을 구하시오. (n에 관한 명확한 함수로 표현)

3. 다음 각 극한이 존재하는지 판정하고, 존재한다면 극한값을 구하시오.

(1) $\displaystyle\lim_{n\to\infty} \frac{n^3 - 3n}{n^2 + 1}$

(2) $\displaystyle\lim_{n\to\infty} \frac{3n^3 + 10n}{5n^3 - 4n^2}$

(3) $\displaystyle\lim_{n\to\infty} \frac{\sin(n^2)}{n}$

4. 수열 $\{a_n\}_{n=1}^{\infty}$, $\{b_n\}_{n=1}^{\infty}$, $\{c_n\}_{n=1}^{\infty}$이 $a_n = b_n + c_n$, $n \in \mathbb{N}$을 만족한다. $\displaystyle\lim_{n\to\infty} b_n$은 존재하지만 $\displaystyle\lim_{n\to\infty} c_n$은 존재하지 않을 때, $\displaystyle\lim_{n\to\infty} a_n$이 존재하지 않음을 보이시오.

5. 수열 $\{a_n\}_{n=1}^{\infty}$, $\{b_n\}_{n=1}^{\infty}$, $\{c_n\}_{n=1}^{\infty}$이 $a_n = b_n \cdot c_n$, $n \in \mathbb{N}$을 만족한다. $\displaystyle\lim_{n\to\infty} a_n$이 존재하고 $\displaystyle\lim_{n\to\infty} b_n = \infty$일 때 $\displaystyle\lim_{n\to\infty} c_n = 0$임을 보이시오.

6. 다음을 보이시오: $\displaystyle\lim_{n\to\infty} \left(1 + \frac{2}{n}\right)^n = e^2$

제2절 급수

유한급수

수열의 모든 항들의 합을 이 수열의 **급수**(series)라고 부른다. 유한수열 a_1, a_2, $\cdots$, a_m의 급수는

$$a_1 + a_2 + \cdots + a_m = \sum_{n=1}^{m} a_n$$

이며, 이를 **유한급수**(finite series)라 한다. 이 급수의 값을 **급수의 합**(sum of the series)이라고 부른다.

예시 1-16 $a_n = 1$, $1 \le n \le m$인 수열은 1, 1, $\cdots$, 1이며, 급수의 합은 $1+1+\cdots+1 = \sum_{n=1}^{m} 1 = m$이다. ■

예제 1-17 $a_n = n$, $1 \le n \le m$인 수열의 급수 $\sum_{n=1}^{m} n$의 값을 m에 대한 다항식으로 표현하시오.

〈풀이〉 이 급수의 합을 $S_m = 1+2+\cdots+m$이라 하자. 더하기의 순서를 바꾸면 $S_m = m+(m-1)+\cdots+2+1$로 표현할 수도 있다. 이제 두 식을 더하면

$$\begin{aligned} S_m &= 1 + 2 + \cdots + (m-1) + m \\ S_m &= m + (m-1) + \cdots + 2 + 1 \\ 2S_m &= (m+1) + (m+1) + \cdots + (m+1) + (m+1) \end{aligned}$$

이므로 $2S_m = m(m+1)$을 얻고, 따라서 답은 다음과 같다.

$$\sum_{n=1}^{m} n = \frac{m(m+1)}{2}$$

예제 1-18 $a_n = n^2$, $1 \le n \le m$인 수열의 급수의 합이 $\sum_{n=1}^{m} n^2 = \frac{m(m+1)(2m+1)}{6}$임을 보이시오.

〈풀이〉 이 급수의 합을 $S_m = 1^2 + 2^2 + \cdots + m^2$이라 하고, 모든 자연수 m에 대해 $S_m = \frac{m(m+1)(2m+1)}{6}$임을 수학적 귀납법을 이용하여 보이자. $m=1$인 경우 $S_m = 1^2 = 1$이고, $\frac{1(1+1)(2 \cdot 1+1)}{6} = 1$이므로 성립한다. 이제 $m=k$일 때 $S_k = \frac{k(k+1)(2k+1)}{6}$이 성립한다고 가정하고, $m=k+1$일 때를 살펴보자.

$$S_{k+1} = S_k + (k+1)^2 = \frac{k(k+1)(2k+1)}{6} + (k+1)^2$$

이 성립하는데, 계산을 통해 정리하면 이것이 $\frac{(k+1)(k+2)(2k+3)}{6}$과 같음을 알 수 있고, 따라서 $m=k+1$일 때에도 $S_m = \frac{m(m+1)(2m+1)}{6}$이 성립한다. 따라서 수학적 귀납법에 의해 $S_m = \frac{m(m+1)(2m+1)}{6}$가 모든 자연수 m에 대하여 성립한다.

위와 같은 방법으로 급수 $\sum_{n=1}^{m} n^3$의 합, 나아가서는 급수 $\sum_{n=1}^{m} n^k$의 합의 공식도 구할 수 있으나, 이들은 독자에게 남기기로 한다. (연습문제 참조)

급수 중 가장 유용한 예시 중 하나는 등비수열의 급수이다.

예제 1-19 등비수열 $a_n = ar^{n-1}$, $1 \le n \le m$(단, a는 상수)의 급수의 합을 계산하시오.

〈풀이〉 급수의 합을 $S_m = \sum_{n=1}^{m} a_n = a_1 + a_2 + \cdots + a_m$로 두면

$$S_m = a + ar^1 + ar^2 + \cdots + ar^{m-1} = a(1 + r + r^2 + \cdots + r^{m-1})$$

이다. 양변에 r을 곱하면 $rS_m = a(r + r^2 + \cdots + r^{m-1} + r^m)$이므로 원래 식과 차이를 계산하면

$$S_m - rS_m = a(1 + r + \cdots + r^{m-1}) - a(r + r^2 + \cdots + r^m)$$
$$(1-r)S_m = a(1-r^m)$$

을 얻는다. 따라서 $r \neq 1$인 경우 구하는 급수의 합은 $S_m = \frac{a(1-r^m)}{1-r}$이다.

만약 $r=1$인 경우 이 수열은 상수수열 $a_n = a$이므로 $S_m = ma$임을 쉽게 알 수 있다.

무한급수의 수렴과 발산

무한수열 $a_1, a_2, a_3, \cdots$, 혹은 $\{a_n\}_{n=1}^{\infty}$의 급수를 **무한급수**(infinite series)라 하고

$$a_1 + a_2 + a_3 + \cdots = \sum_{n=1}^{\infty} a_n$$

와 같이 표현한다. 하지만 위의 표현은 엄밀하지는 않은 표현이기 때문에 사용에 매우 주의를 기울여야 한다. 특히, 위 표현만으로 무한급수의 값, 즉 **무한급수의 합**이 잘 정의되지 않을 수 있다. 실제로 어떤 경우에는 항들의 순서만 바꿨는데 무한급수의 합이 달라지기도 하고, 엄밀성을 생각하지 않는다면 $1+2+3+4+\cdots = -\frac{1}{12}$와 같은 식도 증명할 수 있게 된다.[1] 따라서 우선 다음과 같이 표준적인 방법으로 무한급수의 합을 정의하기로 하자.

정의 1-20

무한수열 $\{a_n\}_{n=1}^{\infty}$의 첫 m개 항으로 이루어진 유한수열 $\{a_n\}_{n=1}^{m}$의 급수의 합

$$S_m = \sum_{n=1}^{m} a_n$$

을 무한급수 $\sum_{n=1}^{\infty} a_n$의 m**번째 부분합**(m-th partial sum)이라고 한다.

부분합의 수열 $\{S_m\}_{m=1}^{\infty}$이 수렴하는 경우, 무한급수 $\sum_{n=1}^{\infty} a_n$이 **수렴한다**(the series is convergent)고 하며 부분합의 수열의 극한값 $S = \lim_{m\to\infty} S_m$을 **무한급수** $\sum_{n=1}^{\infty} a_n$**의 합**으로 정의한다.

부분합의 수열이 수렴하지 않는 경우, 무한급수 $\sum_{n=1}^{\infty} a_n$이 **발산한다**(the series is divergent)고 한다.

1) 17세기에 오일러(*Euler*)가 '증명'했으며, 이 식은 사실 고도로 복잡한 수학적 내용을 포함한다.

예시 1-21 일반항이 모든 자연수 n에 대해 $a_n = 1$로 주어진 무한수열 $\{a_n\}_{n=1}^{\infty}$의 무한급수 $\sum_{n=1}^{\infty} a_n$의 m번째 부분합은 $S_m = 1+1+\cdots+1 = m$이며, 따라서 극한 $\lim_{m\to\infty} S_m = \lim_{m\to\infty} m$은 존재하지 않는다. 그러므로 무한급수 $\sum_{n=1}^{\infty} a_n$은 발산한다. 1절의 표현을 사용하면 이 경우는 $\sum_{n=1}^{\infty} a_n = \infty$로 나타낼 수도 있다. ■

무한급수의 대표적 예시는 등비수열의 급수이며, 이를 줄여서 등비급수라고 일컫기도 한다.

정리 1-22 등비급수의 합

등비수열 $\{a_n\}_{n=1}^{\infty}$의 공비가 r이고 초항이 a일 때, 다음이 성립한다.

(1) $a = 0$이면 무한급수 $\sum_{n=1}^{\infty} a_n$가 수렴하며 급수의 합은 0이다.

(2) $a \neq 0$이고 $-1 < r < 1$이면 $\sum_{n=1}^{\infty} a_n$가 수렴하며 급수의 합은 $\frac{a}{1-r}$이다.

(3) 나머지 경우 $\sum_{n=1}^{\infty} a_n$는 발산한다.

| 증명 | m번째 부분합을 $S_m = \sum_{n=1}^{m} a_m$으로 두자. $a = 0$일 경우는 $S_m = 0$이므로 $\lim_{m\to\infty} S_m = 0$이다. 이제부터는 $a \neq 0$인 경우만 다루자.

예제 1-19에 의해, 공비가 $r = 1$인 경우 $S_m = ma$이다. 이때 극한 $\lim_{m\to\infty} S_m = \lim_{m\to\infty} ma$은 존재하지 않는다. 공비가 $r \neq 1$을 만족하는 경우는 예제 1-19에 의해 $S_m = \frac{a(1-r^m)}{1-r}$이며 극한 $\lim_{m\to\infty} S_m$은 극한 $\lim_{m\to\infty} r^m$이 존재할 때에만 존재함을 알 수 있다. (정리 1-11 이용) 예시 1-10을 참고하면 $-1 < r < 1$일 때에 $\lim_{m\to\infty} r^m = 0$이며 따라서 $\lim_{m\to\infty} S_m = \frac{a}{1-r}$이다. 나머지 경우는 발산한다. ■

예시 1-23 무한수열 $\frac{1}{2}, \frac{1}{4}, \frac{1}{8}, \cdots$, 좀 더 정확하게는 일반항이 모든 자연수 n에 대해 $a_n = \frac{1}{2^n}$로 주어진 무한수열 $\{a_n\}_{n=1}^{\infty}$의 무한급수 $\sum_{n=1}^{\infty} a_n$는 수렴하고 급수의 합은

$\dfrac{\frac{1}{2}}{1-\frac{1}{2}}=1$이다. 이 결과는 종종 다음과 같이 표현된다.

$$\frac{1}{2}+\frac{1}{4}+\frac{1}{8}+\cdots=1.$$ ■

수열의 경우와 마찬가지로, 무한급수의 경우도 이미 수렴여부를 알고 있는 무한급수와의 비교를 통하여 수렴여부를 판정할 수 있는 경우가 있다.

정리 1-24 급수의 수렴성에 관한 비교판정법(comparison test)

(1) 수열 $\{a_n\}_{n=1}^{\infty}$의 급수 $\sum_{n=1}^{\infty} a_n$가 ∞로 발산하고, 수열 $\{b_n\}_{n=1}^{\infty}$가 $a_n \le b_n$, $n \in \mathbb{N}$을 만족하면, 급수 $\sum_{n=1}^{\infty} b_n$도 ∞로 발산한다.

(2) 음이 아닌 수열 $\{a_n\}_{n=1}^{\infty}$, $\{b_n\}_{n=1}^{\infty}$가 $a_n \ge b_n$, $n \in \mathbb{N}$을 만족하고 급수 $\sum_{n=1}^{\infty} a_n$가 수렴하면, 급수 $\sum_{n=1}^{\infty} b_n$도 수렴한다.

(1)의 경우 급수의 수렴 및 발산의 정의와 수열의 수렴성에 관한 비교판정법(정리 1-13)을 이용하여 증명가능하지만, (2)는 엄밀하게는 대학교 미분적분학 수준의 수학이 필요하다. 여기서는 증명 없이 이용하기로 한다.

예제 1-25 무한급수 $\sum_{n=1}^{\infty} \frac{1}{n}$의 수렴 여부를 판정하시오.

〈풀이〉 수열 $\{a_n\}_{n=1}^{\infty}$을 $1, \frac{1}{2}, \frac{1}{4}, \frac{1}{4}, \frac{1}{8}, \frac{1}{8}, \frac{1}{8}, \frac{1}{8}, \frac{1}{16}, \cdots$로 정의하자. 좀 더 정확히는, 수열 $\{a_n\}_{n=1}^{\infty}$은 초항이 1이며, 다음 2^0 개 항은 $\frac{1}{2^1}$, 다음 2^1개 항은 $\frac{1}{2^2}$, 다음 2^2개 항은 $\frac{1}{2^3}$, $\cdots$, 다음 2^{m-1}개 항은 $\frac{1}{2^m}$, $\cdots$과 같이 정의된 수열이다. 즉 임의의 자연수 m에 대하여, $2^{m-1}+1$번째 항부터 2^m번째 항까지의 2^{m-1}개 항의 값이 $\frac{1}{2^m}$이다. 그런데 수열 $\left\{\frac{1}{n}\right\}_{n=1}^{\infty}$의 $2^{m-1}+1$번째 항부터

2^m번째 항까지의 2^{m-1}개 항의 값은 각각 $\frac{1}{2^{m-1}+1}$, $\frac{1}{2^{m-1}+2}$, $\cdots$, $\frac{1}{2^m}$으로서, 각 항의 값이 모두 $\frac{1}{2^m}$ 이상이다. 즉

$$2^{m-1}+1 \le n \le 2^m \text{인 모든 } n\text{에 대해 } \frac{1}{n} \ge \frac{1}{2^m} = a_n$$

이 성립한다.

이제 수열 $\{a_n\}_{n=1}^{\infty}$의 부분합을 생각해보자. $2^{m-1}+1$번째 항부터 2^m번째 항까지의 2^{m-1}개 항의 값이 $\frac{1}{2^m}$이므로 이들의 합은 $2^{m-1} \cdot \frac{1}{2^m} = \frac{1}{2}$이다. 따라서 초항부터 2^m번째 항까지의 부분합은

$$S_{2^m} = 1 + \sum_{k=1}^{m} \frac{1}{2} = \frac{2+m}{2}$$

이다. 그런데 $\lim_{m\to\infty} S_{2^m} = \lim_{m\to\infty} \frac{2+m}{2} = \infty$이므로 $\lim_{n\to\infty} S_n = \infty$이다. (엄밀히는, 여기서 부분합의 수열 $\{S_n\}_{n=1}^{\infty}$이 증가수열임을 사용해야 한다) 즉 $\sum_{n=1}^{m} a_n = \infty$이다. 모든 자연수 n에 대해 $\frac{1}{n} \ge a_n$이므로, 정리 1-24(1)에 의해 $\sum_{n=1}^{\infty} \frac{1}{n} = \infty$이다.

예제 1-26 무한급수 $\sum_{n=1}^{\infty} \frac{1}{n(n+1)}$의 수렴 여부를 판정하고, 수렴하는 경우 급수의 합을 구하시오.

〈풀이〉 $\frac{1}{n(n+1)} = \frac{1}{n} - \frac{1}{n+1}$임을 이용하여 m번째 부분합을 계산해보면 다음과 같다.

$$\begin{aligned} S_m &= \sum_{n=1}^{m} \frac{1}{n(n+1)} = \sum_{n=1}^{m} \left(\frac{1}{n} - \frac{1}{n+1}\right) \\ &= \frac{1}{1} - \frac{1}{2} + \frac{1}{2} - \frac{1}{3} + \cdots + \frac{1}{m} - \frac{1}{m+1} = 1 - \frac{1}{m+1} \end{aligned}$$

따라서 $\lim_{m\to\infty} S_m = \lim_{m\to\infty}\left(1 - \frac{1}{m+1}\right) = 1 - 0 = 1$이다. 즉 $\sum_{n=1}^{\infty} \frac{1}{n(n+1)}$는 수렴하고 급수의 합은 1이다.

예제 1-27 무한급수 $\sum_{n=1}^{\infty} \frac{1}{n^2}$의 수렴 여부를 판정하시오.

〈풀이〉 모든 자연수 n에 대하여 $\frac{1}{(n+1)^2} \leq \frac{1}{n(n+1)}$이 성립한다. 수열 $\left\{\frac{1}{(n+1)^2}\right\}_{n=1}^{\infty}$, $\left\{\frac{1}{n(n+1)}\right\}_{n=1}^{\infty}$은 음이 아닌 수열이며 예제 1-26에 의해 $\left\{\frac{1}{n(n+1)}\right\}_{n=1}^{\infty}$의 급수가 수렴하므로, 정리 1-24(2)에 의해 $\left\{\frac{1}{(n+1)^2}\right\}_{n=1}^{\infty}$의 급수도 수렴한다. 그런데 수열 $\left\{\frac{1}{(n+1)^2}\right\}_{n=1}^{\infty}$은 수열 $\left\{\frac{1}{n^2}\right\}_{n=1}^{\infty}$에서 초항만 제외하여 얻어지는 수열이므로, $\left\{\frac{1}{n^2}\right\}_{n=1}^{\infty}$의 급수 역시 수렴한다.

위와 같이 비교판정법을 이용하여 급수 $\sum_{n=1}^{\infty} \frac{1}{n^2}$가 수렴함을 알 수 있지만, 이 급수의 합을 정확히 구하는 것은 대학교 이상 수준의 수학을 요구한다. 참고로 이 급수의 합은 $\frac{\pi^2}{6}$이다.

때로는 수열의 원소들의 표기가 꼭 $\{a_n\}_{n=1}^{\infty}$ 형태가 아니고 $\{a_n\}_{n=0}^{\infty}$ 혹은 $\{a_n\}_{n=2}^{\infty}$ 등일 때도 있다. 예컨대 $\{a_n\}_{n=0}^{\infty}$은 수열 $a_0,\ a_1,\ a_2,\ \cdots$를 뜻한다. 이러한 경우는 특히 급수에서 많이 등장한다. 특히, 수열 $\{a_n\}_{n=1}^{\infty}$과 임의의 자연수 N에 대하여, 급수 $\sum_{n=1}^{\infty} a_n$의 수렴 여부는 급수 $\sum_{n=N}^{\infty} a_n$의 수렴 여부와 같다는 사실이 자주 사용된다. 여기서 급수 $\sum_{n=N}^{\infty} a_n$는 수열 $a_N,\ a_{N+1},\ a_{N+2},\ \cdots$ 혹은 $\{a_{N+n-1}\}_{n=1}^{\infty}$의 급수이다.

예제 1-28 무한급수 $\sum_{n=0}^{\infty} \frac{1}{n!}$의 수렴 여부를 판정하시오. (단, $0! = 1$이다.)

〈풀이〉 2 이상의 모든 자연수 n에 대하여 $0 \leq \frac{1}{n!} \leq \frac{1}{(n-1)n}$이 성립한다. 급수 $\sum_{n=2}^{\infty} \frac{1}{(n-1)n}$는 급수 $\sum_{n=1}^{\infty} \frac{1}{n(n+1)}$과 같으므로 예제 1-26에 의해 수렴한다. 따라서 정리 1-24(2)에 의해 급수 $\sum_{n=2}^{\infty} \frac{1}{n!}$도 수렴한다. 그러므로 $\sum_{n=0}^{\infty} \frac{1}{n!}$는 수렴한다.

이 급수 $\sum_{n=0}^{\infty} \frac{1}{n!}$의 합은 자연상수 e인데, 증명은 대학교 미분적분학에서 다루게 된다.

예제 1-29 임의의 실수 x에 대하여 무한급수 $\sum_{n=1}^{\infty} x^n$의 수렴 여부를 판정하고, 수렴하는 경우 급수의 합을 구하시오.

〈풀이〉 이 급수는 수열 $\{x^n\}_{n=1}^{\infty}$의 급수이며, 이 수열은 공비가 x이고 초항이 x인 등비수열이므로, 정리 1-22에 의하여 결론을 얻을 수 있다. 즉 $x=0$이면 $\sum_{n=1}^{\infty} x^n = 0$이고, $-1<x<1$이면 $\sum_{n=1}^{\infty} x^n = \frac{x}{1-x}$이며, 나머지 경우는 $\sum_{n=1}^{\infty} x^n$가 발산한다.

예제 1-29의 결과로는 다음의 형태도 많이 쓰인다.

$$\sum_{n=0}^{\infty} x^n = \frac{1}{1-x} \quad (\text{단, } -1<x<1)$$

연습문제

7. 수열 $\{a_n\}_{n=1}^{\infty}$의 첫째항부터 m번째 항까지의 부분합이 $S_m = m^3 + m^2 + m$일 때, 수열 a_n의 일반항을 구하시오.

8. $\sum_{n=1}^{m} n^3 = \left(\frac{m(m+1)}{2}\right)^2$임을 보이시오.

9. 무한급수 $\sum_{n=4}^{\infty} \frac{4}{n^2-3n}$의 수렴 여부를 판정하시오.

10. 무한급수 $\sum_{n=1}^{\infty} \frac{n}{n^2+1}$의 수렴 여부를 판정하시오.

제 2 장

함수

제1절 함수의 연산

함수의 정의

함수(function)는 두 수학적 대상 간의 관계를 탐구할 때 가장 기본적으로 쓰이는 대상이다. 함수는 통상

$$f : X \to Y$$

와 같이 표현되는데, 여기서 X, Y는 집합이고 f는 집합 X의 각 원소 x마다 집합 Y의 원소 한 개를 대응시키는 규칙이다. 원소 $x \in X$에 대응되는 Y의 원소를 $f(x)$로 표현하며, $f(x)$를 x의 f에 의한 **함숫값**(value)이라고 부른다. 이때 집합 X를 함수 f의 **정의역**(domain), 집합 Y를 함수 f의 **공역**(codomain)이라고 부른다. 여기서 사용된 X, Y, f 기호들은 때에 따라 다른 문자로 대체될 수 있다. 고등학교나 대학교 학부 1학년 과정에서는 통상 정의역과 공역이 실수의 집합 $\mathbb{R}$, 자연수의 집합 $\mathbb{N}$, 정수의 집합 $\mathbb{Z}$, 혹은 $\mathbb{R}$, $\mathbb{N}$, $\mathbb{Z}$의 부분집합으로 주어질 때가 대부분이다. 하지만 대학교 수준의 수학에서는 좀 더 일반적인 경우도 다루게 된다.

현대 수학에서 함수는

(정의역, 공역, 정의역에서 공역으로 가는 대응 규칙)

이렇게 세 가지의 정보를 묶어서 일컫는 개념이다. 즉, 하나의 함수를 완벽하게 안다는 것은 이 세 가지의 정보를 다 알고 있다는 것이다. 두 개의 함수에 대해 이 세 가지의 정보가 완전히 동일하면 두 함수는 같은 것으로 보고, 그렇지 않으면 다른 함수로 봐야 한다. 물론, 함수를 $(X, Y, f : X \to Y)$ 형태로 나타내지 않고 통상 $f : X \to Y$로만 나타내지만, 많은 경우 이를 간단히 기호 f로만 나타내기도 한다. 또한 함수를 기술할 때 실제로 정의역과 공역에 대한 기술이 없이 대응 규칙 $X \to Y$만을 공식으로써 기술하기도 한다. 예컨대 정의역과 공역이 $\mathbb{R}$의 어떤 부분집합이고, f가 정의역의 각 원소 x를 x^2+1로 대응시킬 때, 이러한 함수를 $f(x)=x^2+1$과 같이 표현한다. 하지만 $f(x)=x^2+1$이라는 표현만으로는 함수 f를 완벽히 기술할 수 없으며, 엄밀하게는 정의역과 공역을 따로 기술해주어야 한다. 다만, 이러한 정의역과 공역의 선택 및 기술로 인하여 생기는 문제는 본서의 수준에서는 거의 등장하지 않는다. 오히려, 학부 1학년까지의 수준에서는, 실수 위에 정의된 함수 $f(x)$가 정의역이나 공역의 기술 없이 공식으로만 주어졌을 때, 이 공식이 잘

정의될 수 있는 최대의 정의역 $X \subset \mathbb{R}$을 찾아야 하는 경우도 있다. 보통 최대의 정의역이 함수의 정의역으로 암묵적으로 여겨진다.

예시 2-1 정의역과 공역이 $\mathbb{R}$인 함수 $f:\mathbb{R}\to\mathbb{R}$가 $f(x)=x^2+1$, $x\in\mathbb{R}$과 같이 주어졌다고 하자. 정의역이 $\mathbb{R}$의 부분집합인 열린구간 $(-1, 1)=\{x\in\mathbb{R} \mid -1<x<1\}$이고 공역이 $\mathbb{R}$인 함수 $g:(-1, 1)\to\mathbb{R}$가 $g(x)=x^2+1$, $x\in(-1, 1)$과 같이 주어졌다고 하자. 이때 함수 f와 함수 g는 서로 다른 함수이다. ■

예시 2-2 두 함수 $f:\mathbb{N}\to\mathbb{R}$, $g:\mathbb{N}\to\mathbb{R}$가 다음과 같이 주어져 있다.

$$f(n)=\begin{cases} 0, & n\text{이 짝수,} \\ 1, & n\text{이 홀수,} \end{cases} \qquad g(n)=n-2\left\lfloor \frac{n}{2} \right\rfloor, \quad n\in\mathbb{N}$$

여기서 $\lfloor \alpha \rfloor$는 α 이하의 정수 중 가장 큰 정수를 뜻한다. 이때 함수 f와 함수 g는 완전히 동일한 함수이며, 따라서 $f=g$로 쓸 수 있다. 참고로, 함수 $\mathbb{R}\to\mathbb{Z}$, $\alpha\to\lfloor \alpha \rfloor$를 **바닥함수**(floor function)라고 일컬으며, 이 함수는 컴퓨터 프로그래밍에 자주 쓰이기도 한다. ■

예시 2-3 함수 $f(x)=\sqrt{x+1}$이 잘 정의되는 최대의 정의역을 찾아보자. 근호 안의 표현이 0 이상이어야 하므로 $x+1\ge 0$, 즉 $x\ge -1$이어야 한다. 다른 조건은 없으므로, 최대의 정의역은 $x\ge -1$, 구간 표현으로는 $[-1, \infty)$이다. ■

함수는 위와 같이 두 집합을 이어주는 대응이다. 집합 간의 대응으로서의 함수에 대한 기본 정의 몇 가지를 상기해보기로 한다. 추후에는 함수를 집합 간의 대응으로서뿐 아니라 미분 등의 구조에 관한 성질을 공부하게 된다. 우선, 함수 $f:X\to Y$가 다음의 성질을 만족하면 **일대일함수**(one-to-one function) 혹은 **단사함수**(injective function 혹은 injection)라고 일컫는다:

$$x_1,\ x_2\in X\text{가 서로 다르면 그 함숫값인 } f(x_1),\ f(x_2)\in Y\text{도 서로 다르다.}$$

즉, $f:X\to Y$가 단사함수일 경우, 만약 어떤 x_1, $x_2\in X$에 대해 $f(x_1)=f(x_2)$가 성립한다면, $x_1=x_2$이어야만 한다.

한편, 함수 $f:X\to Y$가 다음의 성질을 만족하면 **전사함수**(onto function, surjective function, 혹은 surjection)라고 일컫는다:

임의의 $y \in Y$에 대해, 어떤 $x \in X$가 존재하여 $y = f(x)$를 만족한다.

즉 공역의 모든 원소가 정의역의 원소의 함숫값으로 써질 수 있는 경우이다.

함수 $f : X \to Y$가 단사함수이면서 전사함수이면, f를 **전단사함수**(bijective function 혹은 bijection) 혹은 **일대일대응함수**(one-to-one correspondence)라고 일컫는다. $f : X \to Y$가 전단사함수인 경우, 정의역 X와 공역 Y는 집합으로서 어떤 의미로는 같은 집합으로 볼 수 있으며, 이는 집합론의 토대를 이루는 중요한 개념이다.

예시 2-4 함수 $f : \mathbb{R} \to \mathbb{R}$, $f(x) = x$는 전단사함수이다. 함수 $g : \mathbb{R} \to \mathbb{R}$, $g(x) = 3x + 1$ 역시 전단사함수이다. 함수 $h : \mathbb{R} \to \mathbb{R}$, $h(x) = x^2$는 전사함수도 아니고 단사함수도 아니다. 함수 $k : \mathbb{R} \to \mathbb{R}$, $k(x) = x^3 - x$는 전사함수이나, 단사함수는 아니다. ■

예시 2-5 공역이 구간 $[0, \infty) = \{a \in \mathbb{R} \mid a \geq 0\}$인 함수 $f : \mathbb{R} \to [0, \infty)$, $f(x) = x^2$은 전사함수이나, 단사함수는 아니다. 함수 $g : [0, \infty) \to \mathbb{R}$, $g(x) = x^2$은 단사함수이나, 전사함수는 아니다. 함수 $h : [0, \infty) \to [0, \infty)$, $h(x) = x^2$은 전단사함수이다. ■

함수 $f : X \to Y$에 대하여 다음과 같이 정의된 공역의 부분집합을 f의 **치역**(range)이라고 부른다:

$$f(X) = \{y \in Y \mid \text{어떤 } x \in X\text{가 존재하여 } y = f(x)\text{를 만족한다}\}$$

즉 Y의 원소 중 f의 함숫값으로 써지는 원소들을 모아놓은 집합이다. 따라서 함수 $f : X \to Y$가 전사함수라는 조건은 f의 치역이 공역 Y 전체와 같다는 조건과 동치이다.

함수 $f : X \to Y$에 대하여, 정의역의 각 원소 $x \in X$에 대하여 그에 대응되는 함숫값과 이루는 순서쌍 $(x, f(x))$을 모두 모아놓은 집합을 f의 **그래프**(graph)라 한다. 특히, 정의역과 공역이 모두 $\mathbb{R}$의 부분집합일 경우, 순서쌍 $(x, f(x))$는 좌표평면 $\mathbb{R}^2$상의 점으로 볼 수 있으므로, f의 그래프는 좌표평면 $\mathbb{R}^2$의 부분집합이 된다. 통상 이 부분집합은 그림으로 나타내는데, 이렇듯 그래프는 함수를 그림으로 이해할 수 있게 해주는 도구이다.

예시 2-6 함수 $f : \mathbb{R} \to \mathbb{R}$, $f(x) = x^3 - 3x$의 그래프의 개형, 즉 개략적인 모습은 다음과 같다.

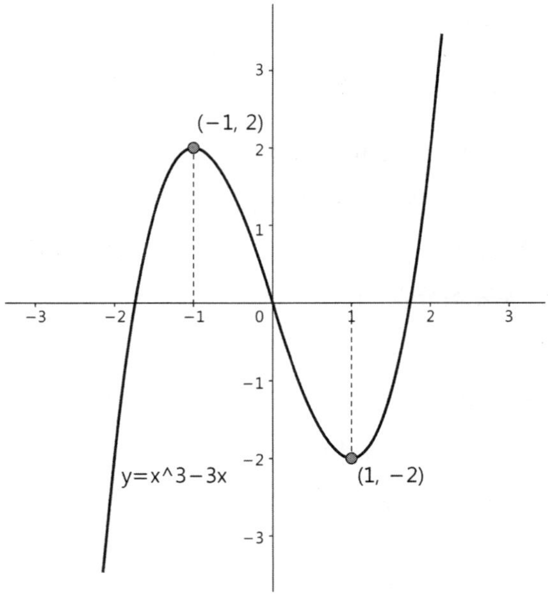

■

예시 2-7 함수 $f:\mathbb{R}\to\mathbb{R},\ f(x)=\lfloor x \rfloor$, 즉 바닥함수의 그래프의 개형은 다음과 같다.

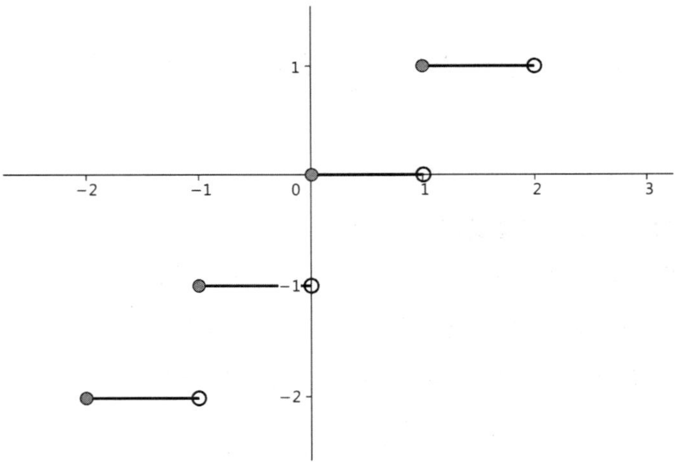

■

함수의 연산

서로 다른 함수들은 각종 연산을 통하여 관련지어질 수 있다. 가장 기본적인 연산으로는 두 함수의 **합성**(composition)이 있다. 이는 두 함수

$$f: X \to Y,\ g: Z \to W\text{가 } f(X) \subset Z\text{를 만족할 때}$$

정의될 수 있으며, f와 g의 합성은 다음의 함수로 정의된다:

$$g \circ f : X \to W,\ (g \circ f)(x) = g(f(x)).$$

즉 X의 각 원소 x에 대하여 f를 적용한 함숫값 $f(x) \in Y$을 생각하고, 이 함숫값에 다시 함수 g를 적용한 함숫값 $g(f(x))$를 고려하여, 각 $x \in X$를 $g(f(x)) \in W$로 대응시키는 새로운 함수를 $g \circ f$로 표기하는 것이다. 함수의 합성이 잘 정의되려면, f의 각 함숫값 $f(x)$가 함수 g의 정의역의 원소여야만 한다.

예시 2-8 $f : \mathbb{R} \to \mathbb{R},\ f(x) = x+1,\ g : \mathbb{R} \to \mathbb{R},\ g(x) = x^2$일 때, 두 합성 $g \circ f : \mathbb{R} \to \mathbb{R}$과 $f \circ g : \mathbb{R} \to \mathbb{R}$ 모두 잘 정의되며, $(g \circ f)(x) = g(f(x)) = g(x+1) = (x+1)^2$, $(f \circ g)(x) = x^2 + 1$이다. 특히, $g \circ f$와 $f \circ g$가 서로 다름을 확인할 수 있다. ■

예시 2-9 $f : \mathbb{R} \to \mathbb{R},\ f(x) = x+1,\ g : [0, \infty) \to \mathbb{R},\ g(x) = \sqrt{x}$일 때, 합성 $g \circ f$는 잘 정의되지 않고, 합성 $f \circ g : [0, \infty) \to \mathbb{R}$는 잘 정의되며 $(f \circ g)(x) = \sqrt{x+1}$이다. ■

함수의 합성은 마치 숫자의 곱하기나 숫자의 더하기와 같이, 다음과 같은 **결합법칙**(associativity)을 만족한다.

정리 2-10 함수 합성의 결합법칙

함수 $f_1 : X_1 \to Y_1,\ f_2 : X_2 \to Y_2,\ f_3 : X_3 \to Y_3$에 대해 합성 $f_1 \circ f_2 : X_2 \to Y_1$, $f_2 \circ f_3 : X_3 \to Y_2$이 잘 정의되고, 또한 합성 $(f_1 \circ f_2) \circ f_3 : X_3 \to Y_1$, $f_1 \circ (f_2 \circ f_3) : X_3 \to Y_1$이 잘 정의된다고 가정하자. 그러면

$$(f_1 \circ f_2) \circ f_3 = f_1 \circ (f_2 \circ f_3)$$

이 성립한다.

따라서 위 정리 2-10의 경우, $(f_1 \circ f_2) \circ f_3$와 $f_1 \circ (f_2 \circ f_3)$를 괄호 없이 $f_1 \circ f_2 \circ f_3$로 표기할 수 있다. 이러한 방식으로 두 개 이상의 함수들의 합성을 다룰 수 있다.

함수의 합성에서 중요한 역할을 하는 특별한 함수로 다음의 함수가 있다.

정의 2-11 정의역과 공역이 같은 함수 $f: X \to X$가 $f(x)=x,\ x \in X$로 주어지는 경우, 이 함수를 집합 X 위의 **항등함수**(identity function)라 한다. 이러한 f를 id_X 혹은 1_X로 표현하기도 한다.

임의의 함수 $f: X \to Y$에 대해, 정의역과 공역 위의 항등함수들 id_X, id_Y은 다음의 성질을 만족한다:

$$f \circ \mathrm{id}_X = f: X \to Y, \quad \mathrm{id}_Y \circ f = f: X \to Y$$

즉, 항등함수는 합성이라는 연산에 대해 항등원(identity element)의 역할을 하는 것으로 이해할 수 있다. 다음의 개념은 합성 연산에 대한 역원(inverse element)의 역할을 한다.

정의 2-12 함수 $f: X \to Y$에 대해, 어떤 함수 $g: Y \to X$가

$$g \circ f = \mathrm{id}_X : X \to Y,\ f \circ g = \mathrm{id}_Y : Y \to X$$

를 모두 만족하면, g를 f의 **역함수**(inverse function)라 하고, f^{-1}로 표기하기도 한다.

여기서 $g \circ f = \mathrm{id}_X : X \to Y$라는 조건은 $g(f(x)) = x,\ x \in X$로 쓸 수 있고, 마찬가지로 $f \circ g = \mathrm{id}_Y : Y \to X$ 조건은 $f(g(y)) = y,\ y \in Y$로 쓸 수 있다.

표기법 f^{-1}이 잘 정의되려면, 다음의 정리가 필요하다.

정리 2-13 함수 $f: X \to Y$의 역함수가 존재한다면 그 역함수는 유일하다.

| 증명 | 함수 $g: Y \to X,\ h: Y \to X$가 모두 함수 f의 역함수라고 하자. 합성 $g \circ (f \circ h)$와 $(g \circ f) \circ h$ 모두 잘 정의되며, 정리 2-10에 의해 이들은 동일한 함수이다. 그런데 $g \circ (f \circ h) = g \circ \mathrm{id}_Y = g$이며 $(g \circ f) \circ h = \mathrm{id}_X \circ h = h$이므로 $g = h$를 얻는다. ■

정리 2-14 함수 $f: X \to Y$의 역함수가 존재한다는 조건은 함수 f가 전단사함수라는 조건과 동치이다.

예시 2-15 $f: \mathbb{R} \to \mathbb{R}$, $f(x) = 3x + 1$은 역함수를 가지며, 역함수 $f^{-1}: \mathbb{R} \to \mathbb{R}$는 $f^{-1}(y) = \frac{1}{3}(y-1)$로 주어진다. ■

예시 2-16 $f: \mathbb{R} \to \mathbb{R}$, $f(x) = x^2$는 역함수를 가지지 않는다. ■

예시 2-17 $f: [0, \infty) \to [0, \infty)$, $f(x) = x^2$은 역함수를 가지며, 역함수는 $f^{-1}(y) = \sqrt{y}$로 주어진다. ■

일반적으로, 함수 $f: X \to Y$의 역함수를 구하는 방법은, $y = f(x)$로 둔 후에 대수적 조작 등을 통하여 x를 y만으로 표현하는 방법을 찾아가면 된다. 예시 2-15에서는 $y = 3x + 1$로 두면 $y - 1 = 3x$를 얻고 여기서 $x = \frac{y-1}{3}$을 얻게 된다. 이렇게 얻은 표현을 $x = f^{-1}(y)$로 이해하면 된다. 비슷하게 예시 2-16에서 $y = f(x) = x^2$으로부터 $x = \sqrt{y}$를 얻어내고 따라서 역함수가 $f^{-1}(y) = \sqrt{y}$로 주어진다고 생각할 수도 있겠으나, 이 경우 원래 함수 $f: \mathbb{R} \to \mathbb{R}$의 공역이 $\mathbb{R}$이었으므로 역함수 f^{-1}의 정의역도 $\mathbb{R}$이어야 하지만, $f^{-1}(y) = \sqrt{y}$는 모든 $y \in \mathbb{R}$에 대해 잘 정의되지 않는 표현이므로, 주의해야 한다.

한편, 정리 2-14 등을 통하여 역함수의 존재는 알고 있지만 $y = f(x)$로 시작하여 직접 x를 y로써 표현하는 식을 찾기가 어렵거나 불가능할 때도 있다. 예컨대 $f: \mathbb{R} \to \mathbb{R}$, $f(x) = 3x^5 + 5x^3 + 15x + 1$는 전단사함수이므로 정리 2-14에 의해 역함수가 존재하지만, 역함수의 공식을 찾는 일은 매우 어렵다. 참고로 이 함수가 전단사함수임을 증명하는 좋은 방법은 미분을 이용하는 것으로, 추후 예시에서 다룰 예정이다. (3장 3절 예시 3-77)

역함수의 그래프는 원래 함수의 그래프와 밀접한 관련이 있다.

정리 2-18 역함수의 그래프

정의역과 공역이 $\mathbb{R}$의 부분집합인 함수 $f: X \to Y$의 역함수 $f^{-1}: Y \to X$가 존재할 때, 좌표평면상에서 f^{-1}의 그래프와 f의 그래프는 $y = x$ 직선에 대하여 서로 대칭이다.

따라서, 역함수의 공식을 찾지는 못하더라도 그래프가 어떻게 생겼는지 잘 알 수 있는 경우가 많다.

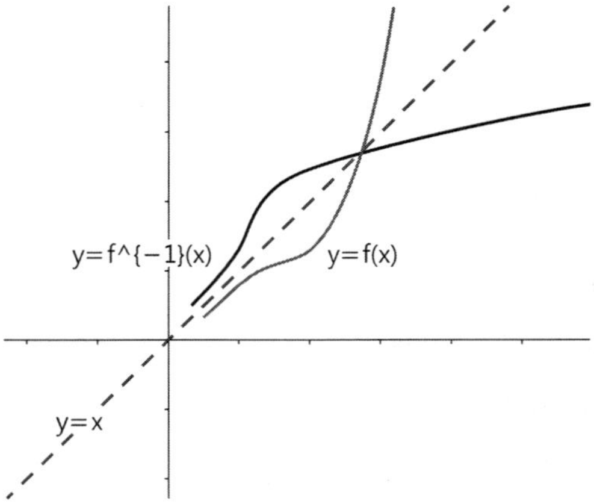

함수들 간의 연산에는 합성 외에도 다음의 종류도 있으며, 이들 연산은 쉬워 보이지만 현대 수학의 근간을 이루는 연산들이다.

정리 2-19 함수의 대수적 연산

함수 $f: X \to \mathbb{R}$, $g: X \to \mathbb{R}$와 실수 $c \in \mathbb{R}$에 대하여 다음을 정의한다.

(1) 함수 f, g의 합을 함수 $f+g: X \to \mathbb{R}$, $(f+g)(x) = f(x)+g(x)$, $x \in X$로 정의한다.

(2) 함수 f, g의 곱을 함수 $fg: X \to \mathbb{R}$, $(fg)(x) = f(x)g(x)$, $x \in X$로 정의한다.

(3) 함수 f의 c배인 상수곱을 함수 $cf: X \to \mathbb{R}$, $(cf)(x) = cf(x)$, $x \in X$로 정의한다.

특별히, 함수 f의 -1배인 $(-1)f$를 $-f$로 종종 표기한다. 즉 $(-f)(x) = -f(x)$이다. 또한 함수 f, g에 대해 $f+(-g)$를 $f-g$로 표기하고, 이를 f와 g의 차(difference)로 이해할 수 있다.

대수함수

함수들의 합성과 위의 기본 연산을 사용하면, 기존의 함수로부터 여러 새로운 함수들을 만들어낼 수 있다. 이렇게 만들 수 있는 기본적인 함수의 예로는 우선 다항함수가 있다.

정의 2-20 실수의 부분집합 $X \subset \mathbb{R}$ 위에 정의된 함수 $f: X \to \mathbb{R}$에 대해 함숫값 $f(x)$가 x에 관한 다항식으로 표현되는 경우, f를 **다항함수**(polynomial function)라 한다.

즉 f가 다항함수라는 것은 f가 다음과 같은 공식으로 주어진다는 말이다:

$$f(x) = a_n x^n + a_{n-1} x^{n-1} + \cdots + a_1 x^1 + a_0, \quad x \in X$$

여기서 n은 음이 아닌 정수, $a_n,\ a_{n-1},\ \ldots,\ a_1,\ a_0$은 실수 상수이다. 만약 $a_n \neq 0$인 경우 n이 최고차항의 차수이므로, 이때 n을 f의 **차수**(degree)라 하고 f를 n**차 다항함수**(degree n polynomial function)라고 한다.

위에 언급했듯이, 다항함수를 이해하는 방법 중 하나는 함수의 기본 연산으로부터 다항함수를 건설하는 것이다.

정의 2-21 함수 $f: X \to Y$에 대해, Y의 어떤 원소 $c \in Y$가 존재하여 $f(x) = c$가 X의 모든 원소 x에 대해 성립하는 경우, f를 **상수함수**(constant function)라 한다.

정리 2-22 $f: X \to \mathbb{R}$가 다항함수일 필요충분조건은 함수 $g: X \to \mathbb{R}$, $g(x) = x$와 상수함수들 $X \to \mathbb{R}$들에 정의 2-19의 연산들을 유한 번 적용하여 함수 f를 얻어낼 수 있다는 것이다.

특별히, $X = \mathbb{R}$인 경우, $\mathbb{R}$ 위의 다항함수는 $\mathbb{R}$ 위의 항등함수와 상수함수들의 합, 곱, 상수곱을 통하여 얻어낼 수 있다고 말할 수 있다. 실은 다항함수라는 개념을 정의 2-20이 아닌 이러한 방식으로 정의하는 것도 가능하다.

다항함수는 $\mathbb{R}$ 위의 함수 중 가장 다루기 쉬운 함수의 예이며, 가능한 그래프의 개형은 대략 다음과 같다.

위의 예시들로부터 유추해볼 수 있듯이

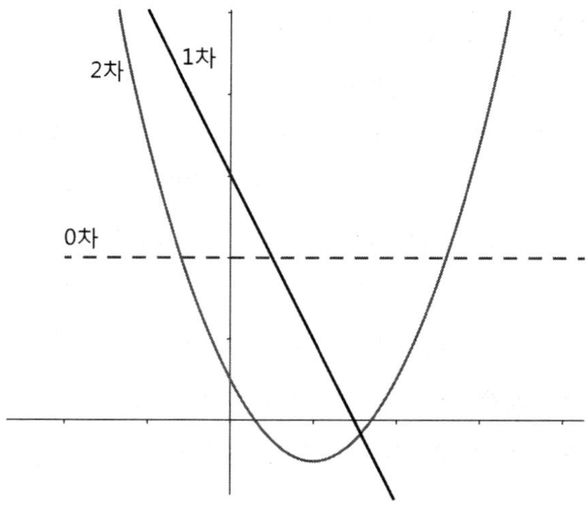

우선 0차 다항함수는 상수함수와 같은 개념으로, 그래프는 x축과 평행한 직선이다. 1차 다항함수의 그래프는 직선이다. 2차 다항함수의 그래프는 포물선이다. 3, 4, 5차 다항함수의 그래프의 예시는 다음과 같다.

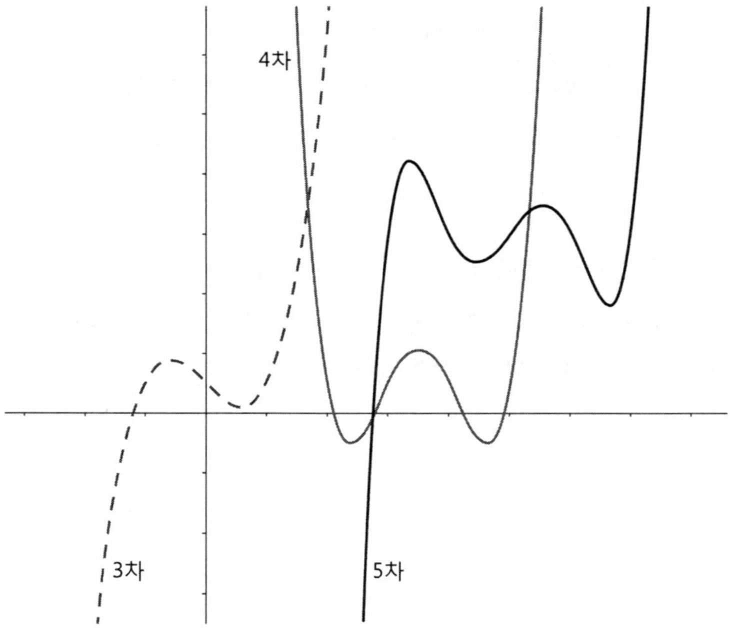

위의 예시들로부터 n차 다항함수의 그래프의 개형을 유추해볼 수도 있다.

다항함수보다 한 단계 복잡한 함수로는 유리함수가 있다. 일반적으로 두 함수 $f: X \to \mathbb{R}$, $g: X \to \mathbb{R}$이 있을 때, 두 함수의 몫(quotient)을 취하여 함수 $\frac{f}{g}: X \to \mathbb{R}$, $\left(\frac{f}{g}\right)(x) = \frac{f(x)}{g(x)}$를 얻어낼 수 있다. 단, 분모인 $g(x)$가 0이 아니라는 조건이 성립할 때에만 가능하다. 이를 f, g가 다항함수일 때 적용하여 얻는 함수를 **유리함수(rational function)**라 한다. 즉 유리함수는 분수 형태의 함수로서, 분모와 분자가 모두 다항함수이다.

예시 2-23 다항함수 $f(x) = a_n x^n + \cdots + a_1 x + a_0$는 유리함수로 볼 수 있다. 왜냐하면 $\frac{f(x)}{1}$ 꼴로 나타낼 수 있기 때문이다. 여기서 분모는 상수함수 1로 0차 다항함수이며, $\mathbb{R}$에서 0이 절대 되지 않으므로 분수가 잘 정의된다. ■

예시 2-24 $f(x) = \frac{1}{x}$는 유리함수이다. 분모는 $x=0$일 때 값이 0이므로, $f(x)$가 정의되는 가장 큰 정의역은 $x \neq 0$으로 표현될 수 있다. 집합 형태로는 $\{x \in \mathbb{R} \mid x \neq 0\}$으로 쓰일 수 있다. ■

예시 2-25 $f(x) = \frac{x+1}{x^2 - x - 2}$는 유리함수이다. 분모는 $x^2 - x - 2 = (x-2)(x+1)$이므로 $x=2$, $x=-1$일 때 값이 0이다. 따라서 $f(x)$가 정의되는 가장 큰 정의역은 $x \neq 2$, -1로 표현될 수 있다. 집합 형태로는 $\{x \in \mathbb{R} \mid x \neq 2, -1\}$로 쓰일 수 있다. ■

유리함수 중 가장 간단한 예로 $f(x) = \frac{ax+b}{cx+d}$를 들 수 있다. (단, a, b, c, d는 상수) 이렇게 주어지는 유리함수의 그래프 개형은 다음과 같다. (단, 아래 그림은 $c \neq 0$인 경우 두 가지로, 점근선들의 쌍이 같은 경우들이다.)

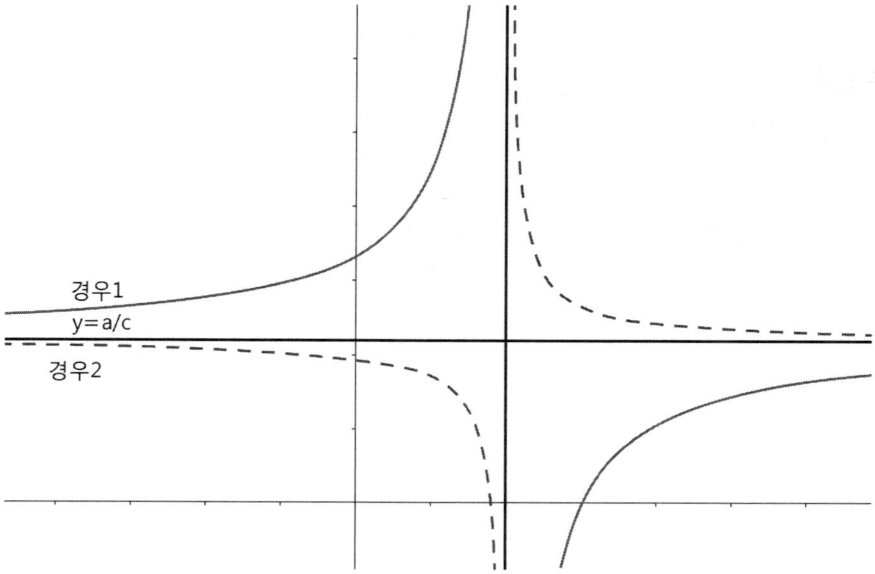

함수의 연산 중 이번 절에서 마지막으로 다룰 연산은 제곱근(square root), 세제곱근(cube root) 등의 n제곱근(n-th root)이다. 이는 자연수 n에 대하여

$$f_n(x) = \sqrt[n]{x} = x^{\frac{1}{n}}$$

으로 주어지는 n제곱근 함수를 다른 함수 $g: X \to \mathbb{R}$과 합성하여 얻는 함수 $f_n \circ g$를 의미한다. $(f_n \circ g)(x) = f_n(g(x)) = \sqrt[n]{g(x)}$이므로, $f_n \circ g$를 $\sqrt[n]{g}$로 표현하기도 한다. 주의할 점은 n이 짝수일 경우 f_n의 최대 정의역이 $[0, \infty)$이므로, $g \geq 0$인 곳에서만 잘 정의된다는 점이다.

예시 2-26 함수 $f(x) = \sqrt{x-1}$은 $x - 1 \geq 0$인 곳, 즉 $x \geq 1$에서 잘 정의되며, 이것이 $f(x)$의 최대 정의역이다. ■

정의 2-27 함수들 간의 대수적 연산인 합, 곱, 상수곱, 몫, n제곱근 연산을 상수함수들과 항등함수들에 적용해서 얻어지는 함수를 **대수함수**(algebraic function)라 한다. 대수함수 중 유리함수가 아닌 것을 **무리함수**(irrational function)라 한다.

예시 2-28 함수 $f(x)=\dfrac{2\sqrt[3]{\dfrac{x-1}{x+1}}+x^2}{(2-x)^2}$은 대수함수이자 무리함수이며, $f(x)$가 정의될 수 있는 최대의 정의역은 $x \neq 2,\ -1$이다. ■

고등학교에서 다루는 무리함수는 주로 제곱근 안에 일차다항식이 있는 $f(x)=c\sqrt{ax+b}+d$의 형태이다. 이러한 함수의 그래프는 다음과 같이 주어진다.

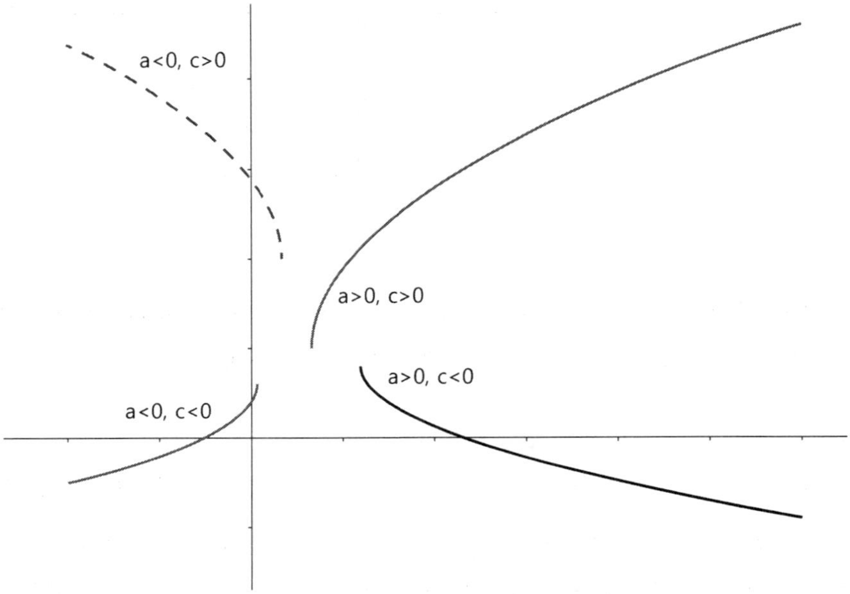

연습문제

1. 다음 유리함수의 그래프의 개형을 그리시오. (단, a, b, c는 상수)

(1) $y=\dfrac{1}{x-a}$ (2) $y=\dfrac{b}{x-a}$ (3) $y=\dfrac{b}{x-a}+c$

2. 다음 무리함수의 그래프의 개형을 그리시오. (단, a, b, c는 상수)

(1) $y=\sqrt{x-a}$ (2) $y=b\sqrt{x-a}$ (3) $y=b\sqrt{x-a}+c$

제2절 초월함수

초월함수의 정의와 예

정의 2-29 대수함수(algebraic function)가 아닌 함수를 **초월함수**(transcendental function)라 한다.

이때 별다른 언급이 없으면 정의역과 공역이 $\mathbb{R}$ 혹은 $\mathbb{R}$의 부분집합인 경우만을 다룬다. 대수함수는 굉장히 특수한 함수들이므로, 사실 거의 모든 함수는 초월함수라고 볼 수 있다. 초월함수 중에 가장 많이 쓰이는 함수들의 예를 살펴보자.

정의 2-30 양의 상수 a에 대해서 $f(x)=a^x$로 주어지는 함수를 **지수함수**(exponential function)라 한다. 이때 a를 f의 **밑**(base)이라 부른다.

지수함수는 $\mathbb{R}$ 전체에서 정의 가능하다. 지수함수 $f(x)=a^x$의 정의역을 음이 아닌 정수의 집합에 국한하면 그 함숫값들은 $f(0)=a^0$, $f(1)=a^1$, $f(2)=a^2$, $\cdots$ 등 a의 거듭제곱들이다. 따라서 지수함수는 $f(x)=a^x$는 'a의 자연수 거듭제곱'을 'a의 실수 거듭제곱'으로 확장한 개념이라고 볼 수 있다. 그렇다면 a의 실수 거듭제곱인 a^x라는 숫자의 정의에 대해 생각해봐야 한다. 우선 양의 정수 n에 대해 $a^{1/n}$이라는 표현은 a의 양의 n제곱근 $\sqrt[n]{a}$를 의미하는 것으로 정의한다. 즉 $a^{1/n}>0$이고 $(a^{1/n})^n=1$을 만족한다. 이제 양의 정수 m, n에 대해 $a^{m/n}$이라는 기호를 $(a^m)^{1/n}=\sqrt[n]{a^m}$으로 정의한다. 이것으로 음이 아닌 유리수 x에 대해 a^x라는 표현이 양수로서 잘 정의된다. 이제 a^{-x}라는 표현을 $\dfrac{1}{a^x}$로 정의하면, 모든 유리수 x에 대해 a^x가 양수로서 잘 정의되고, 이는

$$a^0=1,\ (a^x)^y=a^{xy},\ a^{x+y}=a^x a^y$$

를 만족한다. 한편, 임의의 실수 x는 유리수의 수열 $\{x_n\}_{n=1}^{\infty}$의 극한으로 나타낼 수 있음이 알려져 있다. 즉 $x=\lim_{n\to\infty}x_n$이다. 이때 a^x라는 숫자를 극한 $\lim_{n\to\infty}a^{x_n}$으로 정의하기로 한다. 이것이 실수 전체의 집합 $\mathbb{R}$에서 지수함수 $f(x)=a^x$를 정의하는 한 가지 방법이며, 문제없이 잘 정의된다는 것이 알려져 있다.

지수함수 $f(x)=a^x$의 대표적 특징은 다음과 같다:

$$f(0)=1,\ f(x+y)=f(x)f(y)$$

이 두 조건을 만족하는 '자연스러운' 함수는 지수함수뿐이다. 이에 대한 엄밀한 논의는 함수의 연속을 다룰 때 하기로 하는데, 사실은 지수함수의 정의에 관한 위 논의에 핵심이 숨어있다. 지수함수의 그래프의 개형은 다음과 같다.

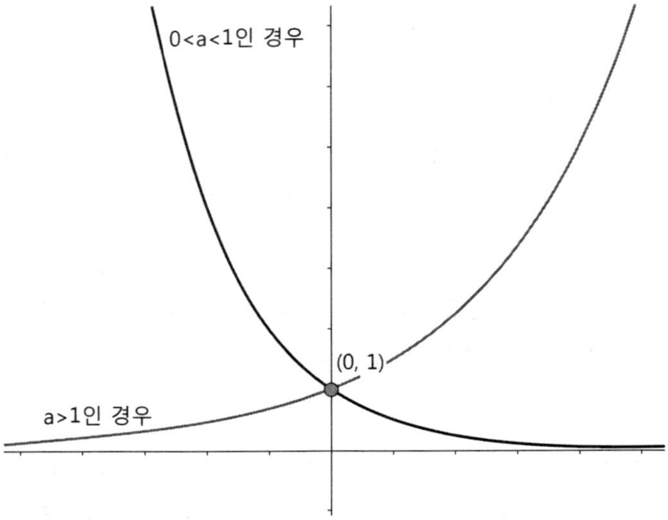

어떠한 양이 시간에 따라 지수함수와 같이 증가할 때 '기하급수적'으로 늘어난다는 표현을 종종 쓴다. 그러나 본서의 용어에 비추어보면 기하급수라는 말은 'geometric series', 즉 등비급수를 뜻하는 말에 가까우므로 약간의 어폐가 있다.

지수함수 중 가장 유명한 예는 밑이 자연상수 e일 때인

$$f(x)=e^x$$

이며, 이 경우가 특별한 이유는 미분을 다룰 때 논의하기로 한다.

지수함수 $f(x)=a^x$(단, $a\neq 1,\quad a>0$)는 $f:\mathbb{R}\to(0,\ \infty)$인 함수로 봤을 때 전단사함수임이 알려져 있으며, 따라서 역함수가 존재한다.

> **정의 2-31** 양의 상수 a에 대해서(단, $a\neq 1$) 지수함수 $f:\mathbb{R}\to(0,\ \infty)$, $f(x)=a^x$의 역함수 $g:(0,\ \infty)\to\mathbb{R}$을 **로그함수**(logarithmic function)라 부르고 $g(x)=\log_a x$로 표기한다. 이때 a를 g의 **밑**(base)이라 부른다.

정리 2-18에 의해, 로그함수의 그래프는 지수함수의 그래프를 $y=x$ 직선을 기준으로 대칭변환을 시켜서 얻어낼 수 있다. 개형은 다음과 같다.

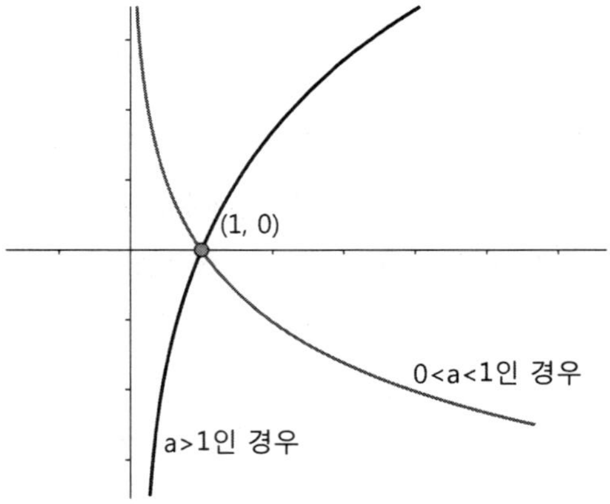

지수함수 $f(x)=a^x$의 성질을 로그함수 $g(x)=\log_a x$의 성질로 기술해보면

$$g(1)=0,\ \ g(xy)=g(x)+g(y)$$

로 쓸 수 있다.

로그함수 중 가장 많이 쓰이는 예는 밑이 자연상수 e일 때이며, 특별히 이것을

$$\log_e x=\ln x$$

로 표기하기도 하고, 이를 **자연로그**(natural logarithm)라고 부른다. 여기서 우변의 ln의 n은 'natural'을 의미한다. 수학과 물리학에서는 거의 자연로그만 쓰이므로, 이 경우에 밑을 생략하고 $\log x$로 표현할 때가 많다. 주의할 점은, 실용적 관점에서 밑이 10인 로그함수 $\log_{10} x$도 많이 쓰이기 때문에, 예전에는 이 경우를 $\log x$로 표현하기도 했다는 점이다. 밑이 10인 로그를 상용로그라고 부르기도 한다.

밑이 a인 지수함수와 로그함수는 밑이 e인 지수함수와 로그함수만으로 다음과 같이 표현 가능하다.

정리 2-32 양의 실수 a와(단, $a\neq 1$) 임의의 실수 x에 대해서 다음이 성립한다.

(1) $a^x=e^{x\ln a}$

(2) $\log_a x=\dfrac{\ln x}{\ln a}$

| 증명 | (1) $a^x = (e^{\ln a})^x = e^{(\ln a)x}$

(2) $k = \log_a x$라 하면 $x = a^k$이고, 양변에 $\ln$을 취하면 $\ln x = \ln(a^k) = k\ln a$이므로

$$k = \frac{\ln x}{\ln a}$$ ■

삼각비를 실수 전체로 확장하여 함수로 만든 것을 **삼각함수**(trigonometric function)라고 부른다. 기본적인 삼각함수로는 대표적으로 **사인함수**(sine function) $\sin(x)$, **코사인함수**(cosine function) $\cos(x)$, **탄젠트함수**(tangent function) $\tan(x)$가 있다. 사인함수와 코사인함수는 정의 가능한 최대 정의역이 $\mathbb{R}$이며, 탄젠트함수의 경우 정의 가능한 최대 정의역은

$$\left\{x \in \mathbb{R} \;\middle|\; x \neq \frac{\pi}{2} + n\pi \ (n \in \mathbb{Z})\right\}$$

이다. 이들 함수의 그래프의 개형은 다음과 같다.

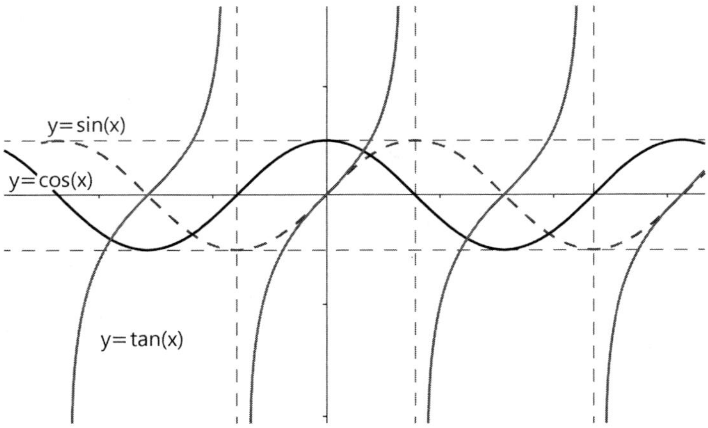

탄젠트함수 $\tan(x)$는 정의역과 공역을 $\tan : \left(-\frac{\pi}{2}, \frac{\pi}{2}\right) \to \mathbb{R}$로 봤을 때 전단사함수이므로, 종종 $\tan(x)$의 정의역을 $\left(-\frac{\pi}{2}, \frac{\pi}{2}\right)$로 국한하여 이해한다. 삼각함수의 가장 큰 특징 중 하나는 주기(period)가 있는 주기함수(periodic function)라는 점이다:

$$\sin(x+2\pi) = \sin(x), \ \cos(x+2\pi) = \cos(x), \ \tan(x+\pi) = \tan(x)$$

기우성(parity)에 관한 다음의 기본 성질도 유용하다:

$$\sin(-x) = -\sin x, \quad \cos(-x) = \cos x, \quad \tan(-x) = -\tan x$$

또한 이 세 가지 삼각함수는 다음과 같이 서로 밀접한 관계에 있다:

$$\sin^2(x)+\cos^2(x)=1,\ \tan(x)=\frac{\sin(x)}{\cos(x)}$$

삼각함수들이 만족하는 관계식들에 대해서는 아래에서 좀 더 자세히 다룰 예정이다. 여기서 $\sin^2(x)$와 $\cos^2(x)$, 나아가서 자연수 n에 대하여 $\sin^n(x)$, $\cos^n(x)$라는 표현은 함수의 합성이 아니라 거듭제곱을 의미한다. 즉

$$\sin^n(x)=(\sin x)^n,\ \cos^n(x)=(\cos x)^n$$

이다.

관계식 $\sin^2(x)+\cos^2(x)=1$로부터, 임의의 실수 θ에 대해 좌표평면의 점 $(\cos\theta,\ \sin\theta)$가 원점을 중심으로 하는 단위원

$$x^2+y^2=1$$

위의 점임을 알 수 있다. 이 점을 $\mathrm{P}(\cos\theta,\ \sin\theta)$라 할 때, 원점 O에서 시작하여 P를 지나는 반직선은 양의 x축을 원점을 기준으로 시계반대방향으로 각도 θ만큼 회전하여 얻어진다. 단, 여기서 각도 θ의 단위는 라디안(radian)으로, 한 바퀴에 해당하는 각도의 값은 $2\pi\approx 6.28\cdots$이다. 단위원 $x^2+y^2=1$ 위의 임의의 점은 이렇게 각도 0에 해당하는 점 $(1,\ 0)$으로부터 어떤 각도에 해당하는 위치에 있는지에 따라 완벽히 기술된다. 즉, 단위원 $x^2+y^2=1$ 위의 임의의 점은 어떤 실수 θ에 대하여 $(\cos\theta,\ \sin\theta)$으로 쓰일 수 있다. 주어진 점을 이렇게 표현하는 실수 θ는 유일하게 결정되지는 않지만, 그러한 모든 θ들이 서로 2π의 정수배만큼 차이가 남을 알 수 있다.

위 세 가지 기본적 삼각함수의 역수도 많이 쓰이는데, 사인함수의 역수를 **코시컨트 함수**(cosecant function) $\csc(x)=\frac{1}{\sin(x)}$, 코사인함수의 역수를 **시컨트 함수**(secant function) $\sec(x)=\frac{1}{\cos(x)}$, 탄젠트함수의 역수를 **코탄젠트 함수**(cotangent function) $\cot(x)=\frac{1}{\tan(x)}$라 한다. 주의할 점은, 역수를 취할 때에 분모가 0이 되지 않도록 해야 한다는 것이다. 따라서 코시컨트 함수의 최대 정의역은 $x\neq n\pi\ (n\in\mathbb{Z})$, 시컨트 함수의 최대 정의역은 $x\neq\frac{\pi}{2}+n\pi\ (n\in\mathbb{Z})$, 코탄젠트 함수의 최대 정의역은 $x\neq n\pi,\ \frac{\pi}{2}+n\pi\ (n\in\mathbb{Z})$이다. 이들 함수의 그래프의 개형은 다음과 같다.

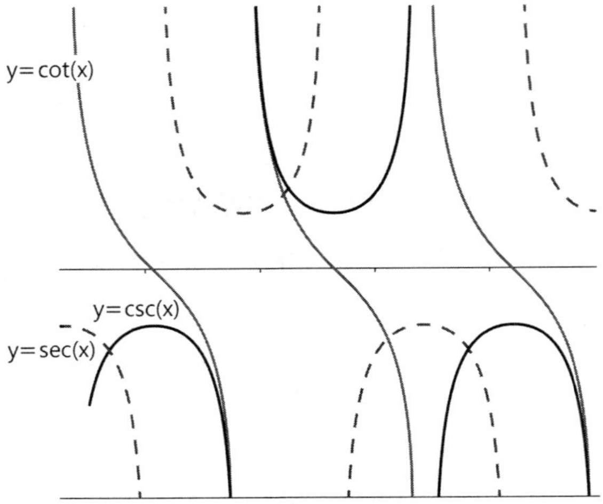

위 여섯 가지의 삼각함수들은 각각 정의역과 공역을 적절히 국한시킬 경우 역함수를 가지며, 이 역함수들을 $\sin^{-1}$, $\cos^{-1}$, $\tan^{-1}$ 등과 같이 표기하기도 하고, 기존 함수 이름 앞에 arc를 붙여서 arcsin, arccos, arctan과 같이 표기하기도 한다.[1] 여기서, 역수와 역함수는 서로 완전히 다른 개념이므로 주의한다. 삼각함수의 역함수는 **역삼각함수**(inverse trigonometric function)라고 부르기도 하며, 위 세 가지 역삼각함수의 경우 정의역과 공역은 주로

$$\arcsin:(-1,\ 1)\to\left(-\frac{\pi}{2},\ \frac{\pi}{2}\right),\ \arccos:(-1,\ 1)\to(0,\ \pi),\ \arctan:\mathbb{R}\to\left(-\frac{\pi}{2},\ \frac{\pi}{2}\right)$$

로 쓰인다. 단, 상황에 따라 기존 삼각함수와 그 역함수들의 정의역과 공역은 달라질 수도 있으니 주의해야 한다.

삼각함수와 매우 유사한 성질을 지니는 초월함수로 **쌍곡선 함수**(hyperbolic function) 혹은 **쌍곡함수**라고 불리는 함수들이 있다. **쌍곡사인함수**(hyperbolic sine function) $\sinh(x)$, **쌍곡코사인함수**(hyperbolic cosine function) $\cosh(x)$, **쌍곡탄젠트함수**(hyperbolic tangent function) $\tanh(x)$는 다음과 같이 정의된다.

$$\sinh(x)=\frac{e^{x}-e^{-x}}{2},\ \cosh(x)=\frac{e^{x}+e^{-x}}{2},\ \tanh(x)=\frac{e^{x}-e^{-x}}{e^{x}+e^{-x}}$$

이 함수들의 그래프의 개형은 다음과 같다.

1) 여기서 *arc*는 원의 호를 의미하는 것으로 알려져있다.

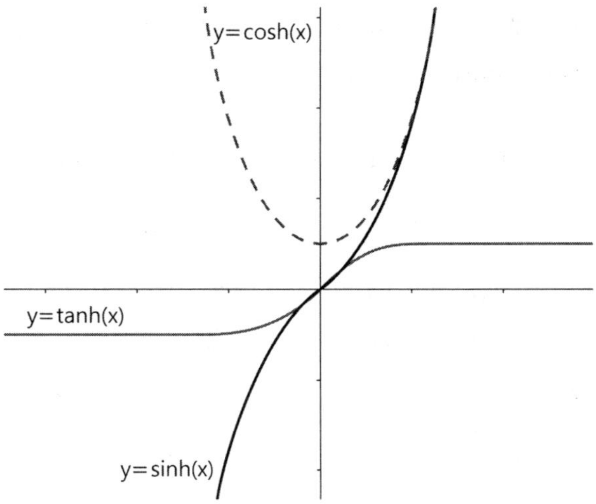

사인함수, 코사인함수, 탄젠트함수와 이들의 쌍곡 버전들 간의 유사성은 여러 관점에서 바라볼 수 있는데, 그중 하나는 다음의 관계식들이다:

$$\cosh^2(x) - \sinh^2(x) = 1,\ \tanh(x) = \frac{\sinh(x)}{\cosh(x)}.$$

특히, 첫 번째 관계식으로부터, 임의의 실수 t에 대해 좌표평면의 점 $(\cosh(t),\ \sinh(t))$가 쌍곡선

$$x^2 - y^2 = 1$$

상의 점임을 알 수 있다. 거꾸로, $x^2 - y^2 = 1$ 위의 임의의 점 중 x좌표가 양수인 점은 어떤 실수 t에 대해 $(\cosh(t),\ \sinh(t))$로 표현됨도 알 수 있다. 쌍곡선 함수의 이름에 '쌍곡(hyperbolic)'이 붙은 이유는 위와 같이 쌍곡선에 관계되어 있기 때문이기도 하지만, 쌍곡면(hyperbolic surface) 위의 쌍곡 기하학(hyperbolic geometry)이라는 기하학과 깊은 연관이 있기 때문이라고도 볼 수도 있다. 이 기하학은 대학교 학부의 미분기하학 수업의 주제 중 하나이며, 19세기에 유클리드 기하학(Euclidean geometry)이 아닌 기하학으로서 이 기하학이 처음 제시된 사건은 전 수학사를 통틀어서 가장 중요한 사건 중 하나이다.

위에서 다룬 세 가지 쌍곡선 함수 외에도, 다른 삼각함수들에 대응되는 쌍곡시컨트함수와 같은 쌍곡선 함수들도 있다. 또한 삼각함수와 같이 쌍곡선 함수의 역함수인 **역쌍곡선 함수**(inverse hyperbolic function)도 고려할 수 있는데, 삼각함수와는 다르게 기존 이름의 앞에 'ar'을 붙여서 arsinh, arcosh와 같이 표현하는 것이 보통이다.[2)] 복잡해 보이는 쌍곡선 함수의 역함수를 취했으니 당연히 복잡한 함수일 것이라 추측할 수 있지만, 놀랍게도 다음과 같이 꽤 간단한 형태로 쓸 수 있다:

$$\mathrm{arsinh}(y) = \ln(y + \sqrt{y^2+1}),\ \mathrm{arcosh}(y) = \ln(y + \sqrt{y^2-1}),\ \mathrm{artanh}(y) = \frac{1}{2}\ln\left(\frac{1+y}{1-y}\right)$$

(단, $\mathrm{arcosh}(y)$의 정의역은 $y \geq 1$, $\mathrm{artanh}(y)$의 정의역은 $-1 < y < 1$.) 증명은 의외로 어렵지 않아서 연습문제로 남긴다. 예컨대 첫 번째 식을 위하여 $t = \mathrm{arsinh}(y)$로 두면 $y = \sinh(h) = (e^h - e^{-h})/2$이므로 $2y = e^h - \frac{1}{e^h}$이고, 정리하면 $(e^h)^2 - 2y(e^y) + 1 = 0$을 얻을 수 있으므로, e^h이 이차방정식 $x^2 - 2yx - 1 = 0$의 근임을 알 수 있다. 따라서 근의 공식에 의해 $e^h = y \pm \sqrt{y^2+1}$을 얻고, $e^h > 0$이므로 $e^h = y + \sqrt{y^2+1}$이며, 따라서 $h = \ln(y + \sqrt{y^2+1})$을 얻는다.

삼각함수의 법칙들

먼저 삼각형과 관련한 삼각함수의 각종 법칙들에 대하여 알아보기로 한다. 이때, 편의상 다음 그림과 같이 삼각형 ABC의 변의 길이에 이름을 붙이기로 한다.

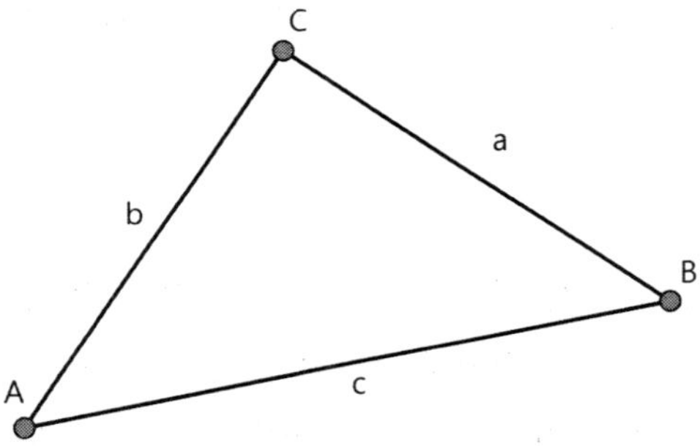

즉 $a = \overline{\mathrm{BC}}$, $b = \overline{\mathrm{CA}}$, $c = \overline{\mathrm{AB}}$이다. 또한 헷갈리지 않는 경우는 세 내각 $\angle\mathrm{CAB}$, $\angle\mathrm{ABC}$, $\angle\mathrm{BCA}$를 간단히 A, B, C로 표기한다. 예컨대 $\cos A = \cos(\angle\mathrm{CAB})$이다.

정리 2-33 사인법칙

삼각형 ABC의 외접원의 반지름의 길이를 R이라 하면

$$a = 2R\sin\mathrm{A},\ b = 2R\sin\mathrm{B},\ c = 2R\sin\mathrm{C}$$

2) 여기서 *ar*은 *area*를 뜻한다고 알려져 있다.

가 성립한다.

사인법칙의 식을 $2R=\dfrac{a}{\sin A}=\dfrac{b}{\sin B}=\dfrac{c}{\sin C}$로 쓸 수도 있다.

| 증명 | 세 식 중 하나만 증명하면, 나머지들은 꼭짓점의 역할을 바꾸어 얻을 수 있다. 세 번째 식을 증명하자. 삼각형 ABC의 외접원의 중심을 O라 하자. 외접원의 현 AB의 양 끝에서 원의 중심으로 보조선 AO, BO를 그으면, 호 AB에 대한 중심각 $\angle$AOB는 원주각 $\angle$ACB의 2배이다. 즉 $\angle \mathrm{AOB}=2\angle \mathrm{ACB}$이다. (중학교 과정)

직선 AO가 외접원과 만나는 두 점 중 A가 아닌 점을 E라 하자. $\overline{\mathrm{AO}}=\overline{\mathrm{EO}}=R$이므로 $\overline{\mathrm{AE}}=2R$이다. 한편, 선분 AE는 이 외접원의 지름이므로, 중심각과 원주각의 관계에 의해 $\angle \mathrm{ABE}=\dfrac{\pi}{2}$, 즉 삼각형 ABE는 각 B가 직각인 직각삼각형이다. 직각삼각형과 사인의 관계에 따라 $\sin(\angle \mathrm{AEB})=\dfrac{\overline{\mathrm{AB}}}{\overline{\mathrm{AE}}}$이므로, $\overline{\mathrm{AB}}=\overline{\mathrm{AE}}\cdot\sin(\angle \mathrm{AEB})=2R\sin(\angle \mathrm{AEB})$이다. 한편, 호 AB에 대한 중심각과 원주각의 관계에서 $\angle \mathrm{AOB}=2\angle \mathrm{AEB}$를 얻는다. 따라서

$$c=\overline{\mathrm{AB}}=2R\sin(\angle \mathrm{AEB})=2R\sin\left(\frac{1}{2}\angle \mathrm{AOB}\right)=2R\sin(\angle \mathrm{ACB})=2R\sin \mathrm{C}$$

이므로 원하는 식인 $c=2R\sin \mathrm{C}$를 얻는다. ■

예제 2-34 임의의 삼각형 ABC에 대해 $\angle \mathrm{CAB}=\dfrac{\pi}{6}$, $\angle \mathrm{ABC}=\dfrac{\pi}{4}$일 때, $\dfrac{\overline{\mathrm{BC}}}{\overline{\mathrm{CA}}}$의 값을 구하시오.

〈풀이〉 삼각형 ABC의 외접원의 반지름의 길이를 R이라 하면, 정리 2-33에 의해 $\dfrac{\overline{\mathrm{BC}}}{\overline{\mathrm{CA}}}=\dfrac{2R\sin(\angle \mathrm{CAB})}{2R\sin(\angle \mathrm{ABC})}=\dfrac{\sin(\pi/6)}{\sin(\pi/4)}=\dfrac{\sqrt{3}/2}{\sqrt{2}/2}=\dfrac{\sqrt{6}}{2}$을 얻는다.

정리 2-35 제1코사인법칙 임의의 삼각형 ABC에 대해 다음이 성립한다.

$$a=b\cos \mathrm{C}+c\cos \mathrm{B},\ b=c\cos \mathrm{A}+a\cos \mathrm{C},\ c=a\cos \mathrm{B}+b\cos \mathrm{A}$$

| 증명 | 셋 중 하나의 식만 증명하면, 나머지는 꼭짓점들의 역할을 바꿔서 얻을 수 있다. 세 번째 식을 증명하자. 각 C가 예각이라고 가정하자. 점 C에서 선분 AB에 내린 수선의 발을 D라 하면, 삼각형 CDA와 삼각형 CDB는 D에서의 각이 직각인 직각삼각형이다. 직각삼각형과 코사인의 관계에 따라 $\cos(\angle \mathrm{CAD}) = \dfrac{\overline{\mathrm{AD}}}{\overline{\mathrm{AC}}}$, $\cos(\angle \mathrm{CBD}) = \dfrac{\overline{\mathrm{BD}}}{\overline{\mathrm{BC}}}$가 성립한다. $\angle \mathrm{CAD} = \angle \mathrm{CAB}$, $\angle \mathrm{CBD} = \angle \mathrm{ABC}$이므로, $\overline{\mathrm{AB}} = \overline{\mathrm{AD}} + \overline{\mathrm{DB}} = \overline{\mathrm{AC}} \cdot \cos(\angle \mathrm{CAB}) + \overline{\mathrm{BC}} \cdot \cos(\angle \mathrm{ABC})$이므로 원하는 식 $c = a\cos\mathrm{B} + b\cos\mathrm{A}$가 성립한다. 각 C가 예각이 아닌 경우는 독자에게 남긴다. ■

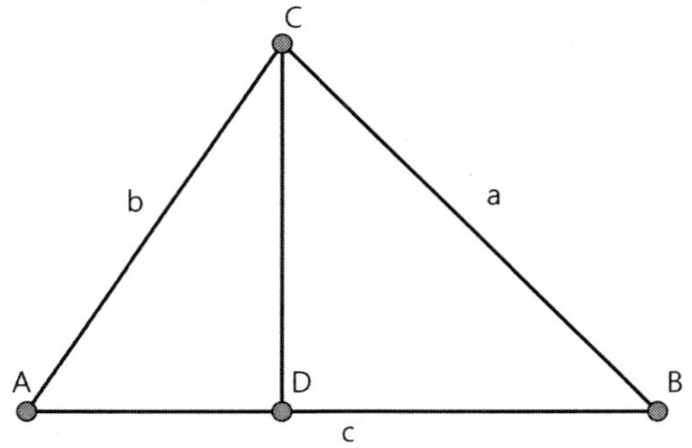

> **예제 2-36** 각 B, C의 값이 각각 $\dfrac{\pi}{3}$, $\dfrac{\pi}{4}$이고 $b = 3$, $c = 4$일 때, 나머지 한 변의 길이 a를 구하시오.
>
> **〈풀이〉** $a = b\cos\mathrm{C} + c\cos\mathrm{B} = 3\cos\dfrac{\pi}{4} + 4\cos\dfrac{\pi}{3} = 3 \cdot \dfrac{\sqrt{2}}{2} + 4 \cdot \dfrac{1}{2} = \dfrac{3\sqrt{2}+4}{2}$

정리 2-37 제2코사인법칙 임의의 삼각형 ABC에 대해 다음이 성립한다.

$$c^2 = a^2 + b^2 - 2ab\cos\mathrm{C},\ a^2 = b^2 + c^2 - 2bc\cos\mathrm{A},\ b^2 = c^2 + a^2 - 2ca\cos\mathrm{B}$$

2015개정 고등학교 교육과정에서는 **제2코사인법칙**이 코사인법칙으로 표기되어 있다. 항을 정리하여

$$\cos\mathrm{C} = \frac{a^2 + b^2 - c^2}{2ab},\ \cos\mathrm{A} = \frac{b^2 + c^2 - a^2}{2bc},\ \cos\mathrm{B} = \frac{c^2 + a^2 - b^2}{2ca}$$

로 쓸 수도 있다. 특히, 이는 변들의 길이만으로 내각의 코사인 값을 표현하게 해주는 식이다. 내각 중 한 각이 직각일 때에는 해당 각에 대한 식은 피타고라스 정리로 환원된다.

| 증명 | 두 번째 식인 $a^2 = b^2 + c^2 - 2bc\cos A$만 증명해도 충분하다. 여기서는 편의상 각 A가 예각인 경우만 다룬다. C에서 선분 AB에 내린 수선의 발을 D라 하자. 삼각형 ADC는 각 D가 직각인 직각삼각형으로 $\overline{DC} = \overline{AC} \cdot \sin A = b\sin A$, $\overline{AD} = \overline{AC} \cdot \cos A = b\cos A$이다. 따라서 $\overline{BD} = \overline{AB} - \overline{AD} = c - b\cos A$이다. 삼각형 BDC는 각 D가 직각인 직각삼각형이므로 피타고라스 정리에 의해 $\overline{BC}^2 = \overline{BD}^2 + \overline{DC}^2$이다. 따라서

$$\begin{aligned} a^2 &= (c - b\cos A)^2 + (b\sin A)^2 \\ &= c^2 - 2bc\cos A + b^2(\cos^2 A + \sin^2 A) \\ &= c^2 - 2bc\cos A + b^2 \end{aligned}$$

이다. 각 C가 예각이 아닌 경우는 독자에게 남긴다. ■

예제 2-38 삼각형의 세 변의 길이가 $a = 3$, $b = 3$, $c = 4$일 때 $\cos A$의 값을 구하시오.

〈풀이〉 $\cos A = \dfrac{b^2 + c^2 - a^2}{2bc} = \dfrac{9 + 16 - 9}{2 \cdot 3 \cdot 4} = \dfrac{2}{3}$

삼각함수의 다음 법칙들은 여러 곳에서 중요하게 쓰이므로 잘 알아두는 것이 좋다.

정리 2-39 삼각함수의 덧셈정리 모든 실수 α, β에 대해 다음이 성립한다.

(1) $\sin(\alpha + \beta) = \sin\alpha \cdot \cos\beta + \cos\alpha \cdot \sin\beta$

(2) $\cos(\alpha + \beta) = \cos\alpha \cdot \cos\beta - \sin\alpha \cdot \sin\beta$

(3) $\tan(\alpha + \beta) = \dfrac{\tan\alpha + \tan\beta}{1 - \tan\alpha \cdot \tan\beta}$

| 증명 | (1) α, β, $\alpha + \beta$가 모두 구간 $\left(0, \dfrac{\pi}{2}\right)$에 속해 있을 때에만 증명해보자. 즉 셋 모두 예각을 나타낼 때이다. 좌표평면의 단위원에서 각도 α와 $\alpha + \beta$에 해당하는 점을 각각 A, B라 하고, 원점을 O라 하자. 점 A, B에서 x축에 내린 수선의 발을 각각 C, D라 하자.

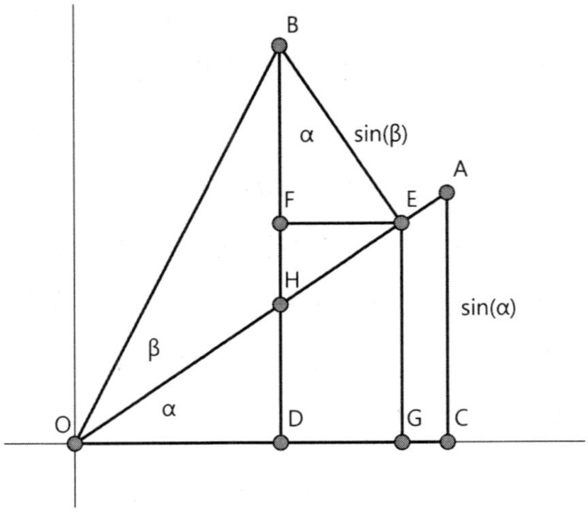

삼각형 OAC는 C가 직각인 직각삼각형이고 빗변 OA의 길이가 1이므로 내각 $\angle AOC = \alpha$에 대하여 $\overline{AC} = \sin\alpha$를 얻는다. 삼각형 OBD는 각 D가 직각인 직각삼각형이고, 빗변 OB의 길이가 1이므로 내각 $\angle BOD = \alpha + \beta$에 대하여 $\overline{BD} = \sin(\alpha + \beta)$이다. 점 B에서 선분 OA에 내린 수선의 발을 E라 하고, 점 E에서 선분 BD에 내린 수선의 발을 F라 하자. 삼각형 OBE는 각 E가 직각인 직각삼각형이고 빗변인 OB의 길이가 1이므로 내각 $\angle OBE = \beta$에 대하여 $\overline{BE} = \sin\beta$와 $\overline{OB} = \cos\beta$가 성립한다. 점 E에서 x축에 내린 수선의 발을 G라 하면 삼각형 OAC와 삼각형 OEG는 대응되는 세 내각이 같으므로 닮음이고, 따라서 $\overline{AC} : \overline{EG} = \overline{OA} : \overline{OE}$이고, 이로부터 $\overline{EG} = \overline{AC} \cdot \dfrac{\overline{OE}}{\overline{OA}} = \sin\alpha \cdot \dfrac{\cos\beta}{1}$을 얻는다. 한편 사각형 EGDF는 직사각형이므로

$$\overline{FD} = \overline{EG} = \sin\alpha \cdot \cos\beta$$

이다. 삼각형 BEF는 각 F가 직각인 직각삼각형이고 빗변 BE의 길이가 $\sin\beta$이므로 내각 $\angle EBF$에 대하여

$$\overline{BF} = \overline{BE} \cdot \cos(\angle EBF) = \sin\beta \cdot \cos(\angle EBF)$$

를 만족한다. 선분 OA와 BD의 교점을 H라 하자. 삼각형 OHD에서 각 D가 직각이므로 $\angle HOD = \dfrac{\pi}{2} - \angle OHD$이고 삼각형 BHE에서 각 E가 직각이므로 $\angle HBE = \dfrac{\pi}{2} - \angle BHE$이다. 각 $\angle BHE$와 $\angle OHD$는 맞꼭지각으로 서로 동일하고, 따라서 $\angle HBE = \angle HOD = \alpha$를 얻는다. $\angle EBF = \angle HBE$이므로 $\overline{BF} = \sin\beta \cdot \cos\alpha$를 얻는다. 이제

$$\sin(\alpha+\beta)=\overline{\mathrm{BD}}=\overline{\mathrm{BF}}+\overline{\mathrm{FD}}=\sin\beta\cdot\cos\alpha+\sin\alpha\cdot\cos\beta$$

로부터 원하는 결론을 얻는다. α, β, $\alpha+\beta$가 구간 $\left(0,\ \frac{\pi}{2}\right)$에 속해 있지 않은 경우는 독자에게 남긴다.

(2) 모든 실수 θ에 대해서, 위 (1)에서 얻은 식의 α, β 자리에 θ, $\pm\frac{\pi}{2}$를 대입해보면

$$\sin\left(\theta\pm\frac{\pi}{2}\right)=\sin\theta\cos\left(\pm\frac{\pi}{2}\right)+\cos\theta\sin\left(\pm\frac{\pi}{2}\right)=\pm\cos\theta$$

를 얻는다(복호동순). 복호 $\pm$의 부호가 $-$인 경우 θ 자리에 $\theta+\frac{\pi}{2}$를 대입하면

$$\sin\theta=-\cos\left(\theta+\frac{\pi}{2}\right)$$

를 얻는다. 이제 (1)의 식의 α, β 자리에 $\alpha+\frac{\pi}{2}$, β를 대입해보면

$$\begin{aligned}\sin\left(\left(\alpha+\frac{\pi}{2}\right)+\beta\right)&=\sin\left(\alpha+\frac{\pi}{2}\right)\cos\beta+\cos\left(\alpha+\frac{\pi}{2}\right)\sin\beta\\&=\cos\alpha\cos\beta-\sin\alpha\sin\beta\end{aligned}$$

이고 좌변은 $\sin\left((\alpha+\beta)+\frac{\pi}{2}\right)=\cos(\alpha+\beta)$와 같으므로 원하는 식이 증명되었다.

(3) 위 (1), (2)의 결과를 이용하면

$$\tan(\alpha+\beta)=\frac{\sin(\alpha+\beta)}{\cos(\alpha+\beta)}=\frac{\sin\alpha\cos\beta+\cos\alpha\sin\beta}{\cos\alpha\cos\beta-\sin\alpha\sin\beta}$$

이고, 분모와 분자를 $\cos\alpha\cos\beta$로 나누면

$$\tan(\alpha+\beta)=\frac{\dfrac{\sin\alpha}{\cos\alpha}+\dfrac{\sin\beta}{\cos\beta}}{1-\dfrac{\sin\alpha}{\cos\alpha}\dfrac{\sin\beta}{\cos\beta}}=\frac{\tan\alpha+\tan\beta}{1-\tan\alpha\tan\beta}$$

를 얻는다. ■

삼각함수를 이해하는 좋은 방법은 복소수와 복소평면을 이용하는 것인데, 이를 이용하면 덧셈정리의 증명도 더욱 간단하게 이해할 수 있다. (본서의 5장 참조)

덧셈정리의 β 자리에 $-\beta$를 넣어서 뺄셈정리를 얻을 수 있다. 덧셈정리와 뺄셈정리를 합쳐서 보통 다음과 같이 기술한다.

따름정리 2-40 삼각함수의 덧셈정리 및 뺄셈정리

모든 실수 α, β에 대해 다음이 성립한다. 단, 각 (1), (2), (3)에 대하여 복호동순이다.

(1) $\sin(\alpha \pm \beta) = \sin\alpha\cos\beta \pm \cos\alpha\sin\beta$

(2) $\cos(\alpha \pm \beta) = \cos\alpha\cos\beta \mp \sin\alpha\sin\beta$

(3) $\tan(\alpha \pm \beta) = \dfrac{\tan\alpha \pm \tan\beta}{1 \mp \tan\alpha\tan\beta}$

특별한 경우로 β 자리에 α를 넣으면 다음의 2배각공식을 얻는다.

따름정리 2-41 삼각함수의 2배각공식

모든 실수 α에 대해 다음이 성립한다.

(1) $\sin(2\alpha) = 2\sin\alpha\cos\beta$

(2) $\cos(2\alpha) = \cos^2\alpha - \sin^2\alpha = 2\cos^2\alpha - 1 = 1 - 2\sin^2\alpha$

(3) $\tan(2\alpha) = \dfrac{2\tan\alpha}{1-\tan^2\alpha}$

이로부터 간단히 다음과 같은 반각공식도 얻을 수 있다.

따름정리 2-42 삼각함수의 반각공식

모든 실수 α에 대해 다음이 성립한다.

(1) $\sin^2\left(\dfrac{\alpha}{2}\right) = \dfrac{1-\cos\alpha}{2}$

(2) $\cos^2\left(\dfrac{\alpha}{2}\right) = \dfrac{1+\cos\alpha}{2}$

(3) $\tan^2\left(\dfrac{\alpha}{2}\right) = \dfrac{1-\cos\alpha}{1+\cos\alpha}$

위에서 다룬 삼각함수의 법칙들의 적어도 일부, 특히 정리 2-39의 경우는 외우는 것도 좋은데, 예컨대 '일마탄탄 탄플탄' 등 널리 쓰이는 암기법을 사용하는 것도 나쁘지 않다. 중요한 공식을 이런 식의 암기법을 통하여 마치 시를 외우듯이 기억하는 것은 사실 수학자들이 오래전부터 써왔던 유서 깊은 방법이다.

예제 2-43 모든 실수 α에 대해 다음의 사인 3배각공식을 증명하시오.

$$\sin(3\alpha) = 3\sin\alpha - 4\sin^3\alpha$$

〈풀이〉 사인의 덧셈정리를 2α, α에 적용하면 $\sin(2\alpha+\alpha) = \sin(2\alpha)\cos\alpha + \cos(2\alpha)\sin\alpha$이다. 좌변은 $\sin(3\alpha)$이고, 우변은 2배각공식을 이용하면 다음과 같다.

$$\begin{aligned}(2\sin\alpha\cos\alpha)\cos\alpha + (\cos^2\alpha - \sin^2\alpha)\sin\alpha &= 3\sin\alpha\cos^2\alpha - \sin^3\alpha \\ &= 3\sin\alpha\,(1-\sin^2\alpha) - \sin^3\alpha \\ &= 3\sin\alpha - 4\sin^3\alpha\end{aligned}$$

다음 예제는 삼각함수의 곱을 합으로 바꾸는 예에 해당한다.

예제 2-44 모든 실수 α, β에 대해 다음의 식이 성립함을 증명하시오.

$$\sin\alpha\cos\beta = \frac{1}{2}(\sin(\alpha+\beta)+\sin(\alpha-\beta))$$

〈풀이〉 사인의 덧셈정리와 뺄셈정리를 적용하면 우변은

$$\frac{1}{2}((\sin\alpha\cos\beta + \cos\alpha\sin\beta) + (\sin\alpha\cos\beta - \cos\alpha\sin\beta))$$

이므로 좌변 $\sin\alpha\cos\beta$와 같음을 확인할 수 있다.

쌍곡선 함수의 법칙들

쌍곡선 함수들도 삼각함수와 유사한 덧셈정리를 만족한다.

정리 2-45 쌍곡선 함수의 덧셈정리 모든 실수 α, β에 대해 다음이 성립한다. 단, 각 (1), (2), (3)에 대하여 복호동순이다.

(1) $\sinh(\alpha\pm\beta) = \sinh\alpha\cosh\beta \pm \cosh\alpha\sinh\beta$

(2) $\cosh(\alpha\pm\beta) = \cosh\alpha\cosh\beta \pm \sinh\alpha\sinh\beta$

(3) $\tanh(\alpha\pm\beta) = \dfrac{\tanh\alpha \pm \tanh\beta}{1\pm\tanh\alpha\tanh\beta}$

복호의 순서가 삼각함수와는 미묘하게 다르다. 쌍곡선 함수의 경우 복호는 $\mp$ 없이 모두 $\pm$이므로 외우기가 더욱 편리하다.

| 증명 | 쌍곡선 함수의 기본적인 성질

$$\sinh(-\alpha) = -\sinh\alpha, \quad \cosh(-\alpha) = \cosh\alpha, \quad \tanh(-\alpha) = -\tanh\alpha$$

를 고려하면 복호 $\pm$ 중 $+$인 경우만 증명해도 충분하다.

(1) $\sinh(\alpha+\beta) = (e^{\alpha+\beta} - e^{-\alpha-\beta})/2$이며,

$$\begin{aligned}
&\sinh\alpha\cosh\beta + \cosh\alpha\sinh\beta \\
&= ((e^{\alpha} - e^{-\alpha})(e^{\beta} + e^{-\beta}) + (e^{\alpha} + e^{-\alpha})(e^{\beta} - e^{-\beta}))/4 \\
&= (e^{\alpha+\beta} + e^{\alpha-\beta} - e^{-\alpha+\beta} - e^{-\alpha-\beta} + e^{\alpha+\beta} - e^{\alpha-\beta} + e^{-\alpha+\beta} - e^{-\alpha-\beta})/4 \\
&= (2e^{\alpha+\beta} - 2e^{-\alpha-\beta})/4
\end{aligned}$$

이므로 등식 $\sinh(\alpha+\beta) = \sinh\alpha\cosh\beta + \cosh\alpha\sinh\beta$가 성립한다.

(2) $\cosh(\alpha+\beta) = (e^{\alpha+\beta} + e^{-\alpha-\beta})/2$이며

$$\begin{aligned}
&\cosh\alpha\cosh\beta - \sinh\alpha\sinh\beta \\
&= ((e^{\alpha} + e^{-\alpha})(e^{\beta} + e^{-\beta}) + (e^{\alpha} - e^{-\alpha})(e^{\beta} - e^{-\beta}))/4 \\
&= (e^{\alpha+\beta} + e^{\alpha-\beta} + e^{-\alpha+\beta} + e^{-\alpha-\beta} + e^{\alpha+\beta} - e^{\alpha-\beta} - e^{-\alpha+\beta} + e^{-\alpha-\beta})/4 \\
&= (2e^{\alpha+\beta} + 2e^{-\alpha-\beta})/4
\end{aligned}$$

이므로 등식 $\cosh(\alpha+\beta) = \cosh\alpha\cosh\beta + \sinh\alpha\sinh\beta$가 성립한다.

(3) 위 (1)과 (2)의 결과에 의해

$$\tanh(\alpha+\beta) = \frac{\sinh(\alpha+\beta)}{\cosh(\alpha+\beta)} = \frac{\sinh\alpha\cosh\beta + \cosh\alpha\sinh\beta}{\cosh\alpha\cosh\beta + \sinh\alpha\sinh\beta}$$

이고, 분모와 분자를 $\cosh\alpha\cosh\beta$로 나누면

$$\tanh(\alpha+\beta) = \frac{\dfrac{\sinh\alpha}{\cosh\alpha} + \dfrac{\sinh\beta}{\cosh\beta}}{1 + \dfrac{\sinh\alpha}{\cosh\alpha}\dfrac{\sinh\beta}{\cosh\beta}} = \frac{\tanh\alpha + \tanh\beta}{1 + \tanh\alpha\tanh\beta}$$

를 얻는다. ■

특별한 경우로 β 자리에 α를 넣으면 다음의 2배'편각'공식을 얻는다.

따름정리 2-46 쌍곡선 함수의 2배편각공식 모든 실수 α에 대해 다음이 성립한다.

(1) $\sinh(2\alpha) = 2\sinh\alpha\cosh\beta$

(2) $\cosh(2\alpha) = \cosh^2\alpha + \sinh^2\alpha = 2\cosh^2\alpha - 1 = 1 + 2\sinh^2\alpha$

(3) $\tanh(2\alpha) = \dfrac{2\tanh\alpha}{1+\tanh^2\alpha}$

또한 이로부터 반편각공식을 얻을 수 있다.

따름정리 2-47 쌍곡선 함수의 반편각공식 모든 실수 α에 대해 다음이 성립한다.

(1) $\sinh^2\left(\dfrac{\alpha}{2}\right) = \dfrac{\cosh\alpha - 1}{2}$

(2) $\cosh^2\left(\dfrac{\alpha}{2}\right) = \dfrac{\cosh\alpha + 1}{2}$

(3) $\tanh^2\left(\dfrac{\alpha}{2}\right) = \dfrac{\cosh\alpha - 1}{\cosh\alpha + 1}$

다음 예제는 쌍곡선 함수의 곱을 합으로 바꾸는 예에 해당한다.

예제 2-48 모든 실수 α, β에 대해 다음의 식이 성립함을 증명하시오.

$$\sinh\alpha\cosh\beta = \frac{1}{2}(\sinh(\alpha+\beta) + \sinh(\alpha-\beta))$$

〈풀이〉 쌍곡사인함수의 덧셈정리와 뺄셈정리를 적용하면 우변은

$$\frac{1}{2}((\sinh\alpha\cosh\beta + \cosh\alpha\sinh\beta) + (\sinh\alpha\cosh\beta - \cosh\alpha\sinh\beta))$$

이므로 좌변 $\sinh\alpha\cosh\beta$와 같음을 확인할 수 있다.

본서의 5장에서 삼각함수와 복소수와의 관계를 배우고 나면 삼각함수와 쌍곡선 함수의 유사성의 근원에 대해 더 잘 이해할 수 있게 된다. 주의할 점은 쌍곡선 함수와 삼각함수는 유사하긴 하지만 모든 성질을 공유하는 것은 아니라는 것인데, 예컨대 쌍곡선 함수는 삼각함수와는 다르게 실수 주기를 갖지 않는다.

연습문제

3. 다음 각 함수의 그래프의 개형을 그리시오. (단, a, b, c는 상수)

(1) $y = \ln(x-a)$ (2) $y = a2^{x-b}+c$

(3) $y = |(\ln|x-1|)|$

4. 함수 $y = 3^x - 3^{-x}$의 역함수를 구하시오. (x에 관한 명확한 함수로 표현)

* 힌트: 먼저 3^x을 y에 관하여 표현하시오.

5. $\cos(3x) = 4\cos^3 x - 3\cos x$임을 증명하시오.

6. 다음을 증명하시오.

(1) $\sin x + \sin y = 2\sin\left(\frac{x+y}{2}\right)\cos\left(\frac{x-y}{2}\right)$

(2) $\cos x + \cos y = 2\cos\left(\frac{x+y}{2}\right)\cos\left(\frac{x-y}{2}\right)$

7. 다음을 증명하시오.

(1) $\sinh x + \sinh y = 2\sinh\left(\frac{x+y}{2}\right)\cosh\left(\frac{x-y}{2}\right)$

(2) $\cosh x + \cosh y = 2\cosh\left(\frac{x+y}{2}\right)\cosh\left(\frac{x-y}{2}\right)$

제3절 최대·최소 문제

최대·최소 문제

정의 2-49

(1) 함수 $f: X \to \mathbb{R}$에 대해, 어떤 $a \in X$가 존재하여 모든 $x \in X$에 대해 $f(a) \geq f(x)$를 만족하는 경우, f가 $x = a$에서 **최댓값**(maximum value) $f(a)$를 가진다고 말한다.

(2) 함수 $f: X \to \mathbb{R}$에 대해, 어떤 $b \in X$가 존재하여 모든 $x \in X$에 대해 $f(b) \leq f(x)$를 만족하는 경우, f가 $x = b$에서 **최솟값**(minimum value) $f(b)$를 가진다고 말한다.

주어진 함수의 최댓값과 최솟값의 존재성을 판별하는 일이나, 실제 최댓값이나 최솟값을 구하는 일은 이론적으로나 실용적으로나 매우 중요하다. 최대·최소 문제를 집중적으로 연구하는 분야에는 최적화론(optimization)이 있으며, 이는 최근 대두된 인공지능의 이론적 연구에서의 가장 근본적인 핵심 중 하나라고 할 수 있다.

예시 2-50 정의역이 실수 전체인 $f(x) = \sin x$는 $x = \frac{\pi}{2} + 2n\pi (n \in \mathbb{Z})$에서 최댓값 1을 가지고, $x = -\frac{\pi}{2} + 2n\pi (n \in \mathbb{Z})$에서 최솟값 -1을 가진다. ■

예시 2-51 정의역이 실수 전체인 $f(x) = x^2$는 $x = 0$에서 최솟값 0을 가지며, 최댓값은 가지지 않는다. ■

예시 2-52 정의역이 구간 $[0, 1]$인 $f(x) = x^2$는 $x = 0$에서 최솟값 0을 가지며, $x = 1$에서 최댓값 1을 가진다. ■

예시 2-53 정의역이 구간 $[1, 2)$인 $f(x) = x^2$는 $x = 1$에서 최솟값 1을 가지며, 최댓값은 가지지 않는다. ■

예시 2-54 정의역이 구간 $(1, 2)$인 $f(x) = x^2$는 최댓값이나 최솟값을 가지지 않는다. ■

이렇게 같은 공식으로 주어진 함수라도 정의역에 따라 최댓값과 최솟값이 다를 수 있다. 최댓값과 최솟값을 체계적으로 다루는 가장 좋은 방법 중 하나는 미분을 이용한 것인데 이것은 미분을 다룬 뒤에 살펴보기로 한다. 이번 절에서는 위의 예시들에서와 같이 미분을 사용하지 않고 실수의 기본 성질인

"모든 실수 x에 대해 $x^2 \geq 0$이 성립하며, 등호는 $x=0$일 때만 성립한다."

혹은 삼각함수의 기본 성질인 예시 2-50만 가지고도 해결 가능한 최대·최소 문제들을 다룬다.

예제 2-55 실수 전체의 집합 $\mathbb{R}$에 정의된 함수 $f(x)=ax^2+bx+c$(단, a, b, c는 상수이며 $a>0$)의 최솟값을 구하시오.

〈풀이〉 이차식을 제곱꼴로 표현하면 $ax^2+bx+c=a\left(x+\dfrac{b}{2a}\right)^2+\left(c-\dfrac{b^2}{4a}\right)$인데, $a\left(x+\dfrac{b}{2a}\right)^2$는 $x=-\dfrac{b}{2a}$에서 최솟값 0을 가지므로, $f(x)$는 $x=-\dfrac{b}{2a}$에서 최솟값 $c-\dfrac{b^2}{4a}$를 가진다.

삼각함수에 관한 다음의 정리를 사용하면 삼각함수에 관한 특정한 최대·최소 문제를 해결할 수 있게 된다.

정리 2-56 임의의 실수 α, a, b에 대하여, a, b가 둘 다 0은 아닌 경우, $\cos\beta=\dfrac{a}{\sqrt{a^2+b^2}}$, $\sin\beta=\dfrac{b}{\sqrt{a^2+b^2}}$를 만족하는 실수 β가 존재하며,

$$a\sin\alpha+b\cos\alpha = \sqrt{a^2+b^2}\,\sin(\alpha+\beta)$$

이 성립한다.

| 증명 | 우선

$$a\sin\alpha+b\cos\beta=\sqrt{a^2+b^2}\left(\frac{a}{\sqrt{a^2+b^2}}\sin\alpha+\frac{b}{\sqrt{a^2+b^2}}\cos\alpha\right)$$

이다. 좌표평면의 점 $\left(\dfrac{a}{\sqrt{a^2+b^2}}, \dfrac{b}{\sqrt{a^2+b^2}}\right)$은 단위원 $x^2+y^2=1$ 상의 점이므

로, 어떤 실수 β에 대하여 $(\cos\beta,\ \sin\beta)$로 써질 수 있다. 따라서

$$\frac{a}{\sqrt{a^2+b^2}}\sin\alpha+\frac{b}{\sqrt{a^2+b^2}}\cos\alpha=\cos\beta\sin\alpha+\sin\beta\cos\alpha$$

이며, 이는 사인의 덧셈정리에 의해 $\sin(\alpha+\beta)$와 같다. ■

예제 2-57 실수 전체의 집합에 정의된 함수 $f(x)=\cos x+\sin x$의 최댓값과 최솟값을 구하시오.

〈풀이〉 정리 2-56을 적용하기 위해, 우선 $\cos\beta=\frac{1}{\sqrt{2}}$, $\sin\beta=\frac{1}{\sqrt{2}}$를 만족하는 실수 β를 찾는다. 이 경우 $\beta=\frac{\pi}{4}$를 사용할 수 있다. 정리 2-56에 의해 $f(x)=\sqrt{2}\sin\left(x+\frac{\pi}{4}\right)$이다. 예시 2-50에 의해 $f(x)$는 $x+\frac{\pi}{4}=\frac{\pi}{2}+2n\pi(n\in\mathbb{Z})$일 때 최댓값 $\sqrt{2}$를 갖고, $x+\frac{\pi}{4}=-\frac{\pi}{2}+2n\pi(n\in\mathbb{Z})$일 때 최솟값 $-\sqrt{2}$를 갖는다.

비슷하게, 일반적인 경우로서 함수 $f(x)=a\sin x+b\cos x$(단, a, b는 상수)는 어떤 실수 β에 대해 $\sqrt{a^2+b^2}\sin(x+\beta)$로 쓸 수 있으므로 최댓값 $\sqrt{a^2+b^2}$, 최솟값 $\sqrt{a^2+b^2}$을 가짐을 알 수 있다. 이 함수의 최댓값과 최솟값을 구하는 방법으로 정리 2-56을 이용하는 방법이 아닌 다음의 별해도 생각할 수 있다.

주어진 실수 t에 대해 실수 k를 $k=f(t)=a\sin t+b\cos t$로 놓으면, 좌표평면상의 점 $(\sin t,\ \cos t)$는 방정식 $ax+by=k$로 나타내어지는 직선상의 점이 된다. 한편 $(\sin t,\ \cos t)$는 단위원 $x^2+y^2=1$ 위의 점임을 쉽게 확인할 수 있으므로, $(\sin t,\ \cos t)$는 단위원 $x^2+y^2=1$과 직선 $ax+by=k$의 교점 중 하나이다. 따라서 실수 t의 함숫값 $f(t)=k$는 단위원 $x^2+y^2=1$과 직선 $ax+by=k$가 만나도록 한다.

이제 문제를 살짝 바꿔서, 단위원 $x^2+y^2=1$과 직선 $ax+by=k$가 만나도록 하는 모든 가능한 실수 k를 찾는 문제를 생각해보자. 이러한 실수 k 중 최댓값이 우리가 찾는 함수 f의 최댓값이며, 최솟값이 f의 최솟값이다.

직선 $ax+by=k$는 k에 관계없이 기울기가 일정하다. 예컨대 $b\neq 0$인 경우는 방정식을 $y=-\frac{a}{b}x+\frac{k}{b}$로 쓸 수 있으므로 기울기가 $-\frac{a}{b}$임을 알 수 있고, y절편이 $\frac{k}{b}$이다. 따라서 가능한 최대와 최소의 y절편을 찾으면 되는데, 이런 경우 직선이 원과 접해야 함을 알

수 있다. 이렇게 접하는 경우에 아래 그림과 같이 간단한 기하를 통하여 y절편 값을 구할 수 있고, 이때 y절편 값은 $\pm\frac{\sqrt{a^2+b^2}}{b}$, 따라서 $k=\pm\sqrt{a^2+b^2}$임을 알 수 있다. $b=0$인 경우는, 직선의 방정식이 $ax=k$, 즉 $x=\frac{k}{a}$여서 y축과 평행하다. 이러한 직선이 원 $x^2+y^2=1$과 접할 때는 $\frac{k}{a}=\pm 1$일 때, 즉 $k=\pm a=\pm\sqrt{a^2+b^2}$일 때이다.

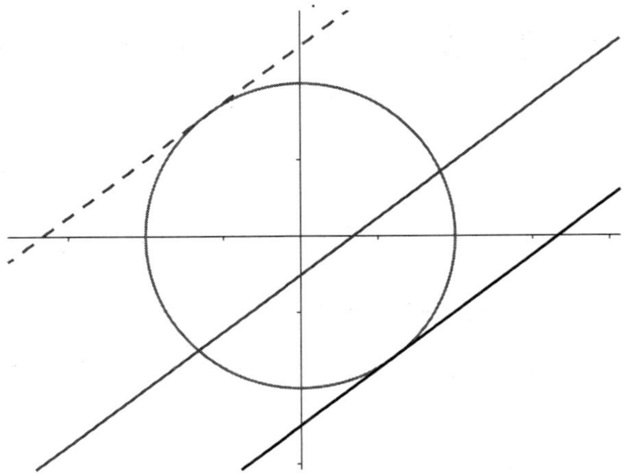

⊙ 연습문제

8. $\mathbb{R}$ 위의 함수 $f(x)=(-3+\sin x)^2$의 최댓값과 최솟값이 존재하는지 판별하고, 존재하는 경우 값을 구하시오.

9. $\mathbb{R}$ 위의 함수 $f(x)=x^4+x^2+1$의 최댓값과 최솟값이 존재하는지 판별하고, 존재하는 경우 값을 구하시오.

10. $\mathbb{R}$ 위의 함수 $f(x)=\cos(2x)+\sin x$의 최댓값과 최솟값이 존재하는지 판별하고, 존재하는 경우 값을 구하시오.

11. $\mathbb{R}$ 위의 함수 $f(x)=(\cos x-2\sin x+1)^2$의 최댓값과 최솟값이 존재하는지 판별하고, 존재하는 경우 값을 구하시오.

제 3 장

미분

제1절 함수의 극한과 연속

함수의 극한

정의역 X가 $\mathbb{R}$의 부분집합인 함수 $f: X \to \mathbb{R}$과 점 a가 주어졌을 때, 정의역 X의 점 x가 a로 접근할 때 함숫값 $f(x)$가 어떻게 변하는지를 말해주는 개념이 함수의 극한이다. 우선 정의역의 점들을 통해 a로 접근하려면, 정의역 X가 a 근방의 점들을 포함해야만 한다. 단, 함수의 극한 개념에서는, 점 a 자체는 정의역에 들어있을 필요는 없다.

정의 3-1 점의 근방 정의역 X가 $\mathbb{R}$의 부분집합인 함수 $f: X \to \mathbb{R}$과 점 $a \in \mathbb{R}$이 주어져 있다. (단, a는 X에 포함될 필요는 없음)

(1) a를 포함하는 어떤 구간 (α, β)가 정의역 X에 포함될 때(단, $\alpha < a < \beta$), f가 a **근방에서 정의되어 있다고** 말한다.

(2) $\alpha < a < \beta$를 만족하는 어떤 실수 α, β에 대해 $(\alpha, \beta) \setminus \{a\} = (\alpha, a) \cup (a, \beta)$가 정의역 X에 포함되는 경우, f가 a**를 제외한** a **근방의 점들에서 정의되어 있다고** 말한다.

위 정의에 입각하면, 만약 f가 a 근방에서 정의되어 있는 경우, 이 f는 a를 제외한 a 근방의 점들에서도 정의되어 있다.

정의 3-2 함수의 극한 정의역 X가 $\mathbb{R}$의 부분집합인 함수 $f: X \to \mathbb{R}$과 점 $a \in \mathbb{R}$이 있어서, f가 a를 제외한 a 근방의 점들에서 정의되어 있다고 가정하자.

어떤 실수 ℓ이 존재하여 $x \in X$가 a로 한없이 가까이 감에 따라 $f(x)$가 ℓ로 한없이 가까이 가는 경우, $x = a$**에서** f**의 극한이 존재한다** 혹은 **극한** $\lim_{x \to a} f(x)$**이 존재한다고** 말하며, 이때 ℓ을 $x = a$**에서의** f**의 극한값**이라고 부르고

$$\lim_{x \to a} f(x) = \ell$$

로 표기한다. 이때, $x \to a$**일 때** $f(x) \to \ell$**이다**라고 말하기도 한다.

위에서 "$x \in X$가 a로 한없이 가까이 감에 따라 $f(x)$가 ℓ로 한없이 가까이 간다"는 조

것은 제 1장 1절에서 배운 수열의 극한의 개념을 통하여 좀 더 명확하게 다음과 같이 표현할 수도 있다:

"a로 수렴하는 X 안의 임의의 수열 $\{x_n\}_{n=1}^{\infty}$(단, $x_n \neq x$)에 대해
수열 $\{f(x_n)\}_{n=1}^{\infty}$이 ℓ로 수렴한다."

예시 3-3 함수 $f: X \to \mathbb{R}$가 함숫값이 c인 상수함수이고 f가 a를 제외한 a 근방의 점들에서 정의되어 있으면, $\lim_{x \to a} f(x) = c$이다. ■

한편, f가 a를 제외한 a 근방의 점들에서 정의되어 있지 않은 경우, 위에서 언급한 수열의 극한을 사용하여 $x = a$에서의 f의 극한이라는 개념을 고려할 수도 있다. 하지만 본서에서는 정의 3-2의 가정에서 명시한 대로, 이러한 경우 $x = a$에서의 f의 극한을 고려하지 않기로 한다.

예시 3-4 구간 $(0, 1)$에서 정의된 상수함수 $f: (0, 1) \to \mathbb{R}$, $f(x) = c$에 대해(단, c는 상수), f는 점 0을 제외한 0 근방의 점들에서 정의되지 않기 때문에, $x = 0$에서 f의 극한이라는 개념을 고려할 수 없다. ■

예시 3-5 구간 $(-1, 0)$과 $(0, 1)$의 합집합에서 정의된 상수함수 $f: (-1, 0) \cup (0, 1), \to \mathbb{R}$, $f(x) = c$에 대해(단, c는 상수), f는 점 0을 제외한 0 근방의 점들에서 정의되기 때문에 $x = 0$에서 f의 극한이라는 개념을 고려할 수 있고, $x = 0$에서 f의 극한이 $\lim_{x \to 0} f(x) = c$로서 존재한다. ■

예시 3-6 함수 $f: \mathbb{R} \to \mathbb{R}$이 다음과 같이 주어져 있다.

$$f(x) = \begin{cases} 0, & x\text{는 유리수}, \\ 1, & x\text{는 무리수} \end{cases}$$

0으로 수렴하는 유리수의 수열 $\{x_n\}_{n=1}^{\infty}$이 존재하며, 이러한 수열에 대해 $\lim_{n \to \infty} f(x_n) = 0$이다. 0으로 수렴하는 무리수의 수열 $\{y_n\}_{n=1}^{\infty}$도 존재하며, 이러한 수열에 대해 $\lim_{n \to \infty} f(y_n) = 1$이다. 따라서 $x = 0$에서의 f의 극한이 존재하지 않는다. ■

예시 3-7 함수 $f:(-1,\ 0)\cup(0,\ 1)\to\mathbb{R}$, $f(x)=\dfrac{1}{|x|}$에 대해, 정의역 $(-1,\ 0)\cup(0,\ 1)$의 점 x가 0으로 접근함에 따라 $f(x)=\dfrac{1}{|x|}$는 한없이 커지므로 $x=0$에서 f의 극한이 존재하지 않는다. ■

예시 3-7의 경우처럼 정의역의 점 x가 a에 접근함에 따라 $f(x)$가 한없이 커지는 경우 $\lim_{x\to a}f(x)=\infty$로 표기하기도 한다.

예시 3-5에서와 같이, 정의 3-1에서 a는 꼭 정의역의 원소일 필요는 없다. 함수의 극한의 정의에 있어서 주의해야 할 점 중 하나는, 함수 f의 점 $x=a$에서의 극한은 함수 f의 점 $x=a$에서의 함숫값과는 관계가 전혀 없다는 점이다. 심지어는 예시 3-5에서와 같이 함수 f가 $x=a$에서 함숫값이 정의될 필요조차 없다.

예시 3-8 구간 $(-1,\ 1)$ 위의 함수 $f:(-1,\ 1)\to\mathbb{R}$이 다음과 같이 주어져 있다.

$$f(x)=\begin{cases}0, & x=0,\\ c, & -1<x<0\text{ 혹은 }0<x<1\end{cases}\quad(\text{단, }c\text{는 상수})$$

이때 $x=0$에서 f의 극한이 $\lim_{x\to 0}f(x)=c$로 존재한다. ■

다음은 자연상수 e의 수열의 극한을 통한 정의인 정의 1-15(1장 1절)의 함수의 극한 버전이다. 증명은 정의 1-15만으로 얻어낼 수는 없지만 우리는 증명 없이 사용하기로 한다.

정리 3-9 $\lim_{x\to 0}(1+x)^{\frac{1}{x}}=e$가 성립한다.

이 정리는 지수함수와 로그함수의 미분에서 중요하게 사용될 예정이다.

함수의 극한은 수열의 극한을 사용해서 이해할 수 있으므로, 수열의 극한에 대한 기본 정리인 정리 1-11의 함수의 극한 버전을 얻을 수 있다.

정리 3-10 함수의 연산과 함수의 극한과의 관계

(1) 함수 $f,\ g$가 $x=a$에서 극한이 존재하면 $f+g$도 $x=a$에서 극한이 존재하고

$$\lim_{x\to a}(f(x)+g(x))=\left(\lim_{x\to a}f(x)\right)+\left(\lim_{x\to a}g(x)\right)$$

이다.

(2) 함수 f가 $x=a$에서 극한이 존재하면 상수 c에 대해 cf도 $x=a$에서 극한이 존재하고

$$\lim_{x\to a}(cf(x))=c\left(\lim_{x\to a}f(x)\right)$$

이다.

(3) 함수 f, g가 $x=a$에서 극한이 존재하면 fg도 $x=a$에서 극한이 존재하고

$$\lim_{x\to a}(f(x)g(x))=\left(\lim_{x\to a}f(x)\right)\left(\lim_{x\to a}g(x)\right)$$

이다.

(4) 함수 f, g가 $x=a$에서 극한이 존재하고 $\lim_{x\to a}g(x)\neq 0$이면 $\dfrac{f}{g}$도 $x=a$에서 극한이 존재하고

$$\lim_{x\to a}\left(\frac{f(x)}{g(x)}\right)=\frac{\lim_{x\to a}f(x)}{\lim_{x\to a}g(x)}$$

이다.

점 $x=a$로 접근하는 방법으로 a의 오른쪽, 즉 a보다 큰 쪽에서 접근하는 방법과 a의 왼쪽, 즉 a보다 작은 쪽에서 접근하는 방법을 나누어 생각하기도 한다.

정의 3-11 함수의 좌극한과 우극한 정의역 X가 $\mathbb{R}$의 부분집합인 함수 $f:X\to\mathbb{R}$과 점 $a\in\mathbb{R}$가 주어져 있다.

(1) f가 어떤 구간 $(\alpha,\ a)$에서 (단, $\alpha<a$), 즉 a를 제외한 a의 왼쪽 근방의 점들에서 정의되었다고 가정하자. 어떤 실수 ℓ이 존재하여 $x\in X$가 a의 왼쪽, 즉 a보다 작은 쪽에서 a로 한없이 가까이 감에 따라 $f(x)$가 ℓ로 한없이 가까이 가는 경우, $x=a$**에서** f**의 좌극한이 존재한다**고 말하며, 이때 ℓ을 $x=a$**에서의** f**의 좌극한값**이라고 부르고

$$\lim_{x\to a^-}f(x)=\ell \text{ 혹은 } \lim_{x\nearrow a}f(x)=\ell$$

로 표기한다. 이때, $x \to a^-$ (혹은 $x \nearrow a$)일 때 $f(x) \to \ell$이다라고 말하기도 한다.

(2) f가 어떤 구간 (a, β)에서 (단, $a < \beta$), 즉 a를 제외한 a의 오른쪽 근방의 점들에서 정의되었다고 가정하자. 어떤 실수 ℓ이 존재하여 $x \in X$가 a의 오른쪽, 즉 a보다 큰 쪽에서 a로 한없이 가까이 감에 따라 $f(x)$가 ℓ로 한없이 가까이 가는 경우, $x=a$에서 **f의 우극한이 존재한다**고 말하며, 이때 ℓ을 $x=a$**에서의 f의 우극한값**이라고 부르고

$$\lim_{x \to a^+} f(x) = \ell \quad \text{혹은} \quad \lim_{x \searrow a} f(x) = \ell$$

로 표기한다. 이때, $x \to a^+$ (혹은 $x \searrow a$)일 때 $f(x) \to \ell$이다라고 말하기도 한다.

예시 3-12 함수 $f : \mathbb{R} \to \mathbb{R}$이 다음과 같이 주어져 있다.

$$f(x) = \begin{cases} 0, & x < 0, \\ 1, & x \geq 0 \end{cases}$$

이때 $x=0$에서 f의 좌극한은 $\lim_{x \to 0^-} f(x) = 0$으로 존재하고, 우극한은 $\lim_{x \to 0^+} f(x) = 1$로 존재한다. ■

일반적으로 좌극한과 우극한은 서로 관계가 없으며, 둘 중 하나만 존재하기도 한다. 둘이 모두 존재하고 값이 같은 경우는 다음에 해당한다.

정리 3-13 정의역 X가 $\mathbb{R}$의 부분집합인 함수 $f : X \to \mathbb{R}$과 점 $a \in \mathbb{R}$이 주어져 있다. f가 a를 제외한 a 근방의 점들에서 정의된다고 가정하자.

$x=a$에서 f의 극한이 존재한다는 조건은 $x=a$에서 f의 좌극한값과 우극한값이 모두 존재하고 서로 일치한다는 조건과 동치이다. 이때 $\lim_{x \to a} f(x) = \lim_{x \to a^-} f(x) = \lim_{x \to a^+} f(x)$이다.

예시 3-14 예시 3-4의 함수에 대해, $x=0$에서 f의 극한은 고려할 수조차 없지만, $x=0$에서 f의 우극한은 고려할 수 있고, $x=0$에서 f의 우극한이 $\lim_{x \to a^+} f(x) = c$로 존재한다. ■

예시 3-15 예시 3-12의 함수에 대해, $x=0$에서 f의 좌극한과 우극한이 모두 존재하지만 그 값이 서로 다르므로 $x=0$에서 f의 극한은 존재하지 않는다. ■

예제 3-16 함수 $f:\mathbb{R}\to\mathbb{R}$이 다음과 같이 주어져 있다.

$$f(x)=\begin{cases}0, & x<0,\\ x\sin x, & x\geq 0\end{cases}$$

$x=0$에서의 f의 좌극한, 우극한, 극한의 존재성을 판별하고, 존재하는 경우 각 극한값을 구하시오.

〈풀이〉 $x=0$의 왼쪽에서 f는 함숫값이 0인 상수함수이므로 $x=0$에서 f의 좌극한은 $\lim_{x\to 0^-}f(x)=0$으로 존재한다. 우극한의 존재를 판별해보자. 0의 오른쪽에서 0으로 수렴하는 정의역 안의 임의의 수열 $\{x_n\}_{n=1}^{\infty}$을 고려하자. 즉 $\lim_{n\to\infty}x_n=0$이고 $x_n>0$, $n\in\mathbb{N}$이다. $-1\leq\sin(x_n)\leq 1$이므로 $-x_n\leq x_n\sin(x_n)\leq x_n$, 즉 $-x_n\leq f(x_n)\leq x_n$, $n\in\mathbb{N}$이 성립한다. 그런데 $\lim_{n\to\infty}(-x_n)=-\lim_{n\to\infty}x_n=0$이고 $\lim_{n\to\infty}x_n=0$이므로, 수열 $\{f(x_n)\}_{n=1}^{\infty}$는 0으로 수렴하는 두 수열 $\{-x_n\}_{n=1}^{\infty}$과 $\{x_n\}_{n=1}^{\infty}$ 사이에 낀 수열이다. 따라서 샌드위치 정리(1장 1절, 정리 1-13)에 의해 $\{f(x_n)\}_{n=1}^{\infty}$도 0으로 수렴한다. 0의 오른쪽에서 0으로 수렴하는 정의역 안의 임의의 수열 $\{x_n\}_{n=1}^{\infty}$에 대해 수열 $\{f(x_n)\}_{n=1}^{\infty}$가 0으로 수렴하므로, $x=0$에서 f의 우극한이 $\lim_{x\to 0^+}f(x)=0$으로 존재한다. $x=0$에서 f의 좌극한과 우극한이 존재하고 값이 0으로 동일하므로, $x=0$에서 f의 극한이 $\lim_{x\to 0}f(x)=0$으로 존재한다.

위 예제 3-16의 풀이에서 알 수 있듯이, 수열의 수렴성에 관한 샌드위치 정리(정리 1-13)로부터 다음을 얻을 수 있다.

정리 3-17 정의역 X가 $\mathbb{R}$의 부분집합인 세 함수 f, g, $h:X\to\mathbb{R}$과 점 a가 주어져 있다. a를 제외한 a 근방의 점들에서 f, g, h가 정의되며, 이 점들에서

$$f(x)\leq g(x)\leq h(x)$$

가 성립한다고 가정하자. 만약 $\lim_{x\to a}f(x)=\ell=\lim_{x\to a}h(x)$이면, $\lim_{x\to a}g(x)=\ell$이 성립한다.

정리 3-10과 정리 3-17은 좌극한 개념과 우극한 개념 각각에 대해서도 성립한다.

위 극한에 관한 샌드위치 정리를 사용하면 삼각함수의 극한에 관한 다음의 정리를 증명할 수 있다. 이 정리는 삼각함수의 미분에서 중요하게 사용된다.

정리 3-18 $\lim_{x\to 0}\frac{\sin x}{x}=1$이 성립한다.

| 증명 | $\frac{\sin(-x)}{-x}=\frac{\sin(x)}{x}$이므로 우극한만 고려하면 된다. 즉 $x>0$인 경우만 살펴보자. 반지름이 1이고 중심각이 작은 실수 $x>0$인 부채꼴을 그려보자. 편의상 좌표평면의 단위원에서 각도 0부터 각도 x까지의 부분을 생각하면 된다. 원의 중심인 원점을 O, 각도 0인 점을 A(1, 0), 각도 x인 점을 B($\cos x$, $\sin x$)라 하자.

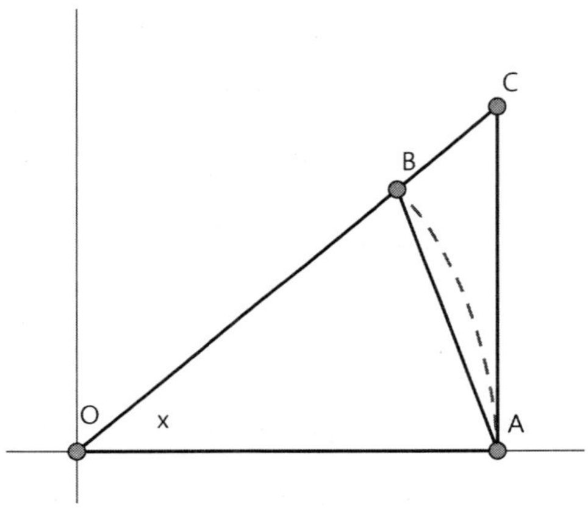

삼각형 OAB는 밑변 OA의 길이가 1이고 꼭짓점 B의 높이가 $\sin x$이므로 넓이가 $\frac{\sin x}{2}$이다. 한편 부채꼴 OAB의 넓이는 전체 원의 넓이 $\pi\cdot 1^2$에서 각도 2π 중 x만큼을 차지하는 부분이므로 $\pi\cdot 1^2\cdot\frac{x}{2\pi}=\frac{x}{2}$이다. 점 A를 지나고 선분 OA에 수직인 직선이 반직선 OB와 만나는 점을 C라 하면, 삼각형 OAC는 각 A가 직각인 직각삼각형이다. 삼각형 OAC의 각 O의 값이 x이므로, 탄젠트의 정의에 의해 $\tan x=\frac{\overline{AC}}{\overline{OA}}$이고 따라서 $\overline{AC}=\overline{OA}\cdot\tan x=\tan x$이다. 따라서 삼각형 OAC는 밑변 OA의 길이가 1이고 꼭짓점 C의 높이가 $\tan x$이므로 넓이가 $\frac{\tan x}{2}$이다. 삼각형 OAB는 부채꼴 OAB에 포함되고, 부채꼴 OAB는 삼각형 OAC에 포함되므로, 이 세 도형의 넓이 사이에 다음의 부등식이 성립한다:

$$\frac{\sin x}{2} \le \frac{x}{2} \le \frac{\tan x}{2}$$

왼쪽 부등식으로부터 $\frac{\sin x}{x} \le 1$을 얻고, 오른쪽 부등식과 $\tan x = \frac{\sin x}{\cos x}$으로부터 $\cos x \le \frac{\sin x}{x}$를 얻는다. 따라서

$$\cos x \le \frac{\sin x}{x} \le 1$$

이다. 이제 $x \to 0^+$의 극한을 취해보면 $\cos x$는 연속함수이므로 $\lim_{x \to 0^+} \cos x = \cos 0 = 1$이고, $\lim_{x \to 0^+} 1 = 1$이므로, 샌드위치 정리인 정리 3-17을 이 우극한에 적용하면 $\lim_{x \to 0+} \frac{\sin x}{x} = 1$을 얻는다. ■

예제 3-19

(1) $\lim_{x \to 0} \frac{1 - \cos x}{x^2}$을 계산하시오.

(2) $\lim_{x \to 0} \frac{1 - \cos x}{x}$을 계산하시오.

〈풀이〉 (1) 사인함수의 반각공식인 따름정리 2-42(1)로부터 $\sin^2(x/2) = \frac{1 - \cos x}{2}$이므로

$$\frac{1 - \cos x}{x^2} = \frac{2\sin^2(x/2)}{x^2} = \frac{1}{2} \cdot \left(\frac{\sin(x/2)}{x/2}\right)^2$$

이다. $x \to 0$일 때 $x/2 \to 0$이므로 정리 3-18에 의해 $\frac{\sin(x/2)}{x/2} \to 1$이며, 따라서 정리 3-10(3)에 의해 $\left(\frac{\sin(x/2)}{x/2}\right)^2 \to 1^2 = 1$이다. 이제 정리 3-10(2)에 의해 $x \to 0$일 때 $\frac{1 - \cos x}{x^2} \to \frac{1}{2} \cdot 1 = \frac{1}{2}$임을 얻는다. 따라서

$$\lim_{x \to 0} \frac{1 - \cos x}{x^2} = \frac{1}{2}.$$

(2)
$$\begin{aligned}\lim_{x \to 0} \frac{1 - \cos x}{x} &= \lim_{x \to 0} x \cdot \frac{1 - \cos x}{x^2} \\ &= \left(\lim_{x \to 0} x\right)\left(\lim_{x \to 0} \frac{1 - \cos x}{x^2}\right) = 0 \cdot \frac{1}{2} = 0\end{aligned}$$

함수 $f(x)$가 무한한 구간에서 정의되었을 때, x가 ∞로 가거나 $-\infty$로 갈 때의 극한인 $\lim_{x\to\infty} f(x)$ 혹은 $\lim_{x\to-\infty} f(x)$를 고려하기도 한다. x가 한없이 커질 때 $f(x)$가 어느 실수 ℓ로 한없이 가까이 가면 $\lim_{x\to\infty} f(x)=\ell$로 쓰며, x가 한없이 커질 때 $f(x)$도 한없이 커지면 $\lim_{x\to\infty} f(x)=\infty$로, 한없이 작아지면 $\lim_{x\to\infty} f(x)=-\infty$로 쓴다. 마찬가지로 $x\to-\infty$일 때의 극한도 고려할 수 있다.

함수의 연속

$\mathbb{R}$의 부분집합 X에 정의된 함수 $f: X\to\mathbb{R}$의 연속성 개념은 f의 그래프를 통해 직관적으로 이해할 수 있다. 즉 f의 그래프가 그래프상의 $x=a$에 해당하는 점인 $(a, f(a))$에서 끊어지지 않고 연속적이면, f가 $x=a$에서 연속이라고 한다. 함수의 극한 개념을 사용하면 연속성에 대한 이러한 직관적인 이해를 다음과 같이 좀 더 명확하게 할 수 있다.

정의 3-20 함수의 연속 정의역 X가 $\mathbb{R}$의 부분집합인 함수 $f: X\to\mathbb{R}$과 점 $a\in X$가 있어서, f가 a 근방에서 정의되어 있다고 가정하자. 만약

$$\lim_{x\to a} f(x)=f(a)$$

가 성립하면 **함수 f가 $x=a$에서 연속이다**(f is continuous at a)라고 말한다. f가 정의역 X의 모든 점에서 연속일 경우, **함수 f가 (정의역 X에서) 연속이다**(f is continuous (on X))라고 말하고 그러한 함수 f를 **연속함수**(continuous function)라고 한다.

즉, $x=a$에서 f의 극한이 존재해야 하고, 그 극한값 $\lim_{x\to a} f(x)$가 그 점 $x=a$에서의 함숫값 $f(a)$와 일치하는 경우, f가 $x=a$에서 연속이다. 참고로, 위 정의에 따라 f가 연속함수이려면 정의역의 모든 점 a에 대해 f가 a 근방에서 정의되어야 하는데, 이러기 위해서는 정의역 X가 $\mathbb{R}$의 열린구간들의 합집합 형태로 주어져야 함이 알려져 있다. 예컨대 f의 정의역이 닫힌 구간 $[\alpha, \beta]$일 경우(단, $\alpha<\beta$), f는 양 끝점 α와 β 근방에서 정의되지는 않으므로, 위와 같이 연속성을 정의할 수는 없다. 이러한 경우는 다음과 같이 따로 다루기로 한다.

정의 3-21 구간의 끝점에서의 함수의 연속 정의역 X가 $\mathbb{R}$의 부분집합인 함수 $f: X \to \mathbb{R}$과 점 $a \in X$가 있어서, f가 a의 한쪽 근방에서만 정의되어 있을 때, 연속성을 다음과 같이 정의한다.

(1) f가 a의 왼쪽 근방에서만 정의되어 있을 때,

$$\lim_{x \to a^-} f(x) = f(a)$$

가 성립하면 함수 f가 $x = a$에서 연속이라고 정의한다.

(2) f가 a의 오른쪽 근방에서만 정의되어 있을 때,

$$\lim_{x \to a^+} f(x) = f(a)$$

가 성립하면 함수 f가 $x = a$에서 연속이라고 정의한다.

f의 정의역이 닫힌 구간 $[\alpha, \beta]$인 경우, 열린 구간 (α, β) 안의 점 a에서의 연속은 정의 3-20과 같이 정의하고, $x = \alpha$에서의 연속은 정의 3-21(2)와 같이 우극한을 이용해서 정의하며, $x = \beta$에서의 연속은 정의 3-21(1)과 같이 좌극한을 이용해서 정의한다.

예시 3-22 예시 3-8의 함수 f에 대해, 상수 c가 0인 경우는 f가 연속함수이고, c가 0이 아닌 경우는 f가 $x = 0$에서 연속이 아니므로 f는 연속함수가 아니다. ■

예시 3-23 $\mathbb{R}$의 구간 X 위에 정의된 상수함수 $f: X \to \mathbb{R}$, $f(x) = c$는 연속이다. ■

예시 3-24 항등함수 $f: \mathbb{R} \to \mathbb{R}$, $f(x) = x$는 연속이다. 구간 X 위에 정의된 함수 $g: X \to \mathbb{R}$, $g(x) = x$는 연속이다. ■

예시 3-23, 3-24에서의 구간은 닫힌 구간 $[\alpha, \beta]$이나 반열린 구간 $[\alpha, \beta)$, $(\alpha, \beta]$도 허용한다.

함수의 극한의 정의를 수열의 극한을 통해 이해할 수 있었으므로 함수의 연속 개념도 수열의 극한을 통해 이해할 수도 있으며, 이는 종종 유용하게 사용된다.

정리 3-25 정의역 X가 $\mathbb{R}$의 부분집합인 함수 $f: X \to \mathbb{R}$가 연속일 필요충분조건은 정의역 X 안의 임의의 수렴하는 수열 $\{x_n\}_{n=1}^{\infty}$에 대해

$$\lim_{n\to\infty} f(x_n) = f\left(\lim_{n\to\infty} x_n\right)$$

가 성립한다는 것이다.

예제 3-26 함수 $f: \mathbb{R} \to \mathbb{R}$가 연속이며 모든 실수 α, β에 대해

$$f(\alpha+\beta) = f(\alpha) + f(\beta)$$

를 만족한다. 이 함수를 구하시오.

〈풀이〉 우선 α, β 자리에 0을 대입하면 $f(0) = 2f(0)$이므로 $f(0) = 0$을 얻는다. 편의상 상수 c를 $c = f(1)$로 정의하자. 먼저 수학적 귀납법을 사용하여 모든 자연수 n에 대해 $f(n) = cn$임을 보이자. $n = 1$일 때는 성립한다. $n = k$일 때 $f(n) = cn$이 성립함을 가정하자. α, β자리에 k, 1을 대입하면 $f(k+1) = f(k) + f(1) = ck + c$이므로 $n = k+1$일 때 $f(n) = cn$이 성립한다. 따라서 수학적 귀납법에 의해 $f(n) = cn$이 모든 자연수 n에 대하여 성립한다. 자연수 n에 대하여, α, β 자리에 n, $-n$을 대입하면 $f(n-n) = f(n) + f(-n)$인데 좌변은 $f(0) = 0$이므로 $f(-n) = -f(n) = -cn$을 얻는다. 따라서 $f(n) = cn$이 모든 정수 n에 대하여 성립한다.

주어진 관계식의 β 자리에 $\beta+\gamma$를 대입하면 (단, β, γ는 임의의 실수) $f(\alpha+\beta+\gamma) = f(\alpha) + f(\beta+\gamma) = f(\alpha) + f(\beta) + f(\gamma)$가 성립한다. 비슷하게, 수학적 귀납법을 사용하면, 임의의 실수 α_1, α_2, $\cdots$, α_n에 대하여

$$f(\alpha_1 + \alpha_2 + \cdots + \alpha_n) = f(\alpha_1) + f(\alpha_2) + \cdots + f(\alpha_n)$$

이 성립함을 증명할 수 있다. 이제 α_1, α_2, $\cdots$, α_n 자리에 모두 $\frac{m}{n}$을 대입하면 (단, m은 정수) $f\left(\frac{m}{n} + \cdots + \frac{m}{n}\right) = f\left(\frac{m}{n}\right) + \cdots + f\left(\frac{m}{n}\right)$이므로 $f(m) = nf\left(\frac{m}{n}\right)$을 얻고 따라서 $f\left(\frac{m}{n}\right) = \frac{f(m)}{n} = c\frac{m}{n}$이 성립한다. 따라서 $f(x) = cx$가 모든 유리수 x에 대하여 성립한다.

이제 x를 임의의 실수라고 하자. x에 수렴하는 유리수의 수열 $\{x_n\}_{n=1}^{\infty}$이 존재함이 알려져 있다. f가 x에서 연속이므로 $f(x) = \lim_{n\to\infty} f(x_n) = \lim_{n\to\infty}(cx_n) =$

$c \lim_{n\to\infty} x_n = cx$, 즉 $f(x) = cx$가 성립한다. 따라서 조건을 만족하는 함수는 어떤 상수 c에 대해서 $f(x) = cx$, $x \in \mathbb{R}$로 주어져야 한다. 실제로, 어떤 임의의 상수 c를 골랐을 때, 모든 실수 x에 대해 $f(x) = cx$로 주어진 함수는 예시 3-24의 증명과 비슷한 증명에 의해 연속이며, $f(\alpha+\beta) = f(\alpha) + f(\beta)$, $\alpha, \beta \in \mathbb{R}$을 만족함을 쉽게 확인할 수 있다. 따라서 답은 $f(x) = cx$, $x \in \mathbb{R}$이다. (단, $c = f(0)$)

함수의 합성과 연속은 다음과 같은 관계를 가진다.

정리 3-27 함수의 합성과 연속성 $\mathbb{R}$의 부분집합 X와 Y에 정의된 함수 $f: X \to \mathbb{R}$, $g: Y \to \mathbb{R}$가 $f(X) \subset Y$를 만족한다. 이때 다음이 성립한다.

(1) f가 점 $a \in X$에서 연속이고 g가 점 $f(a) \in Y$에서 연속이면, 함수 $g \circ f: X \to \mathbb{R}$는 a에서 연속이다.

(2) f와 g가 연속함수이면, $g \circ f$도 연속함수이다.

| 증명 | (1) X 안의 수열 $\{x_n\}_{n=1}^{\infty}$가 a로 수렴한다고 하자. f가 점 $a \in X$에서 연속이므로 수열 $\{f(x_n)\}_{n=1}^{\infty}$는 $f(a)$로 수렴한다. $f(x_n) \in f(X) \subset Y$이므로 $f(x_n) \in Y$, $n \in \mathbb{N}$이다. 즉 $\{f(x_n)\}_{n=1}^{\infty}$는 Y의 수열이며 점 $f(a) \in Y$로 수렴한다. g가 점 $f(a) \in Y$에서 연속이므로, $\{g(f(x_n))\}_{n=1}^{\infty}$는 $g(f(a))$로 수렴한다. 따라서 a로 수렴하는 X의 임의의 수열 $\{x_n\}_{n=1}^{\infty}$에 대해 $\{(g \circ f)(x_n)\}_{n=1}^{\infty}$이 수렴하므로, $g \circ f$는 a에서 연속이다.

(2) 위 (1)로부터 쉽게 얻어진다. ■

예제 3-28 함수 $f: \mathbb{R} \to \mathbb{R}$가 연속이며 모든 실수 x에 대해 $f(x) > 0$이고, 모든 실수 α, β에 대해

$$f(\alpha+\beta) = f(\alpha) f(\beta)$$

를 만족한다. 이 함수를 구하시오.

〈풀이〉 관계식 $f(\alpha+\beta) = f(\alpha)f(\beta)$에서 $f(\alpha+\beta)$, $f(\alpha)$, $f(\beta)$ 모두 양수이므로, 양변에 자연로그를 취하면 $\ln f(\alpha+\beta) = \ln(f(\alpha)f(\beta)) = \ln f(\alpha) + \ln f(\beta)$

을 얻는다. 함수 $g:\mathbb{R}\to\mathbb{R}$를 $g(x)=\ln f(x)$로 정의하면 g는 두 연속함수인 ln과 f의 합성이므로 정리 3-27에 의해 연속이며 (f의 치역 $f(\mathbb{R})$는 g의 정의역에 포함되므로 정리 3-27이 사용가능하다), 모든 실수 α, β에 대해 $g(\alpha+\beta)=g(\alpha)+g(\beta)$가 성립한다. 따라서 예제 3-26에 의해 이러한 함수 g는 임의의 고정된 상수 c에 대하여 $g(x)=cx$, $x\in\mathbb{R}$로 주어진다. 한편 $\ln f(x)=g(x)=cx$이므로 $f(x)=e^{cx}=(e^c)^x$, $x\in\mathbb{R}$이 성립한다. $a=e^c$로 두면 a는 양의 상수이다. 따라서 답은 $f(x)=a^x$, $x\in\mathbb{R}$, 즉 밑이 a인 지수함수이다.
(단, $a=f(1)$)

함수의 연속성은 함수의 극한을 사용하여 정의하므로, 함수의 극한과 함수의 연산에 관한 정리 3-10으로부터 다음의 정리를 얻는다.

정리 3-29 함수의 연산과 함수의 연속성과의 관계

(1) 함수 f, g가 $x=a$에서 연속이면 $f+g$도 $x=a$에서 연속이다.
(2) 함수 f가 $x=a$에서 연속이면 상수 c에 대해 cf도 $x=a$에서 연속이다.
(3) 함수 f, g가 $x=a$에서 연속이면 fg도 $x=a$에서 연속이다.
(4) 함수 f, g가 $x=a$에서 연속이고 $g(a)\neq 0$이면 $\dfrac{f}{g}$도 $x=a$에서 연속이다.

특별히, 위 정리 3-29에서 '$x=a$에서'라는 문구를 모두 지워도 정리가 성립한다.

다항함수는 상수함수와 항등함수에 합과 곱의 연산을 적용하여 얻을 수 있으므로, 예시 3-23, 예시 3-24, 정리 3-29에 의해 연속임을 증명할 수 있다. 유리함수는 두 다항함수의 나눗셈으로 정의할 수 있으므로, 정리 3-29(4)에 의해 해당 유리함수가 잘 정의되는 곳에서 연속이다.

정리 3-30

(1) $\mathbb{R}$의 부분집합에 정의된 다항함수는 연속이다.
(2) $\mathbb{R}$의 부분집합에 정의된 유리함수는 연속이다.

나아가 대수함수도 잘 정의되는 곳에서 연속임을 증명할 수 있다.

정리 3-31

(1) n제곱근 함수 $f(x)=\sqrt[n]{x}$는 연속이다. (단, n이 짝수이면 정의역이 $[0, \infty)$, n이 홀수이면 정의역이 $\mathbb{R}$)

(2) $\mathbb{R}$의 부분집합에 정의된 대수함수는 연속이다.

또한 본서에서 다룬 초월함수들도 잘 정의되는 곳에서 연속이다.

정리 3-32 2장 2절에서 다룬 초월함수들은 잘 정의되는 구간에서 연속이다.

예컨대 $\sin(x)$, $\cos(x)$, $\tan(x)$, $\arctan(x)$, $\sinh(x)$, $\cosh(x)$, $\tanh(x)$, a^x는 $\mathbb{R}$에서 연속이고, $\ln x$는 $(0, \infty)$에서 연속, $\arcsin(x)$, $\arccos(x)$는 $[-1, 1]$에서 연속이다.

연속함수는 몇 가지 좋은 성질들을 만족하기 때문에 중요한데, 그중 하나는 다음과 같다.

정리 3-33 중간값 정리(intermediate value theorem 닫힌 구간 $[a, b]$에 정의된 함수 $f:[a, b]\to\mathbb{R}$가 연속이면(단, $a<b$), $f(a)$와 $f(b)$ 사이의 임의의 실수 k에 대해, 어떤 $c\in[a, b]$가 존재하여 $f(c)=k$가 성립한다.

위 정리에서, 만약 $f(a)\le f(b)$이면 k는 구간 $[f(a), f(b)]$의 임의의 실수이며, $f(b)\le f(a)$이면 k는 구간 $[f(b), f(a)]$의 임의의 실수이다. 이 정리의 내용은 도식적으로 다음 그림과 같이 표현할 수 있다.

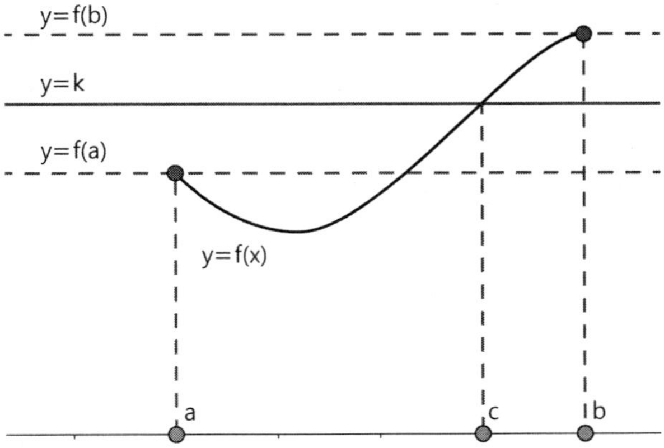

위 그림에서와 같이 f의 그래프는 좌표평면상의 점 $(a,\ f(a))$와 $(b,\ f(b))$를 잇는 끊기지 않은 곡선이며 이 두 점은 $y=k$ 직선을 기준으로 서로 다른 쪽에 위치하기 때문에, f의 그래프가 $y=k$를 적어도 한 번은 만나야 한다는 사실을 말해준다. 이렇게 그래프를 이용하면 직관적으로 이 정리가 왜 성립하는지를 이해할 수 있지만, 실제 엄밀한 증명은 꽤 까다롭기 때문에 본서에서는 생략하기로 한다.

예제 3-34 $x^3+10x^2+100x+1000=0$이 실근을 적어도 한 개 가짐을 보이시오.

〈풀이〉 $f(x)=x^3+10x^2+100x+1000$으로 두면 f는 $\mathbb{R}$ 전체에서 연속이다. $f(0)=1000>0$이며, $f(-100)=-1000000+100000-10000+1000<0$임을 확인할 수 있다. 따라서 구간 $[-100,\ 0]$ 위에서 $f(x)$에 중간값 정리를 적용하면, 어떤 $c\in[-100,\ 0]$가 존재하여 $f(c)=0$을 만족한다.

위 예제의 풀이를 발전시키면 임의의 삼차다항식이 실근을 적어도 한 개 가짐을 보일 수 있다.

연속함수의 또 다른 중요한 성질은 최대·최소에 관한 다음의 정리이다.

정리 3-35 최대·최소 정리 닫힌 구간 $[a,\ b]$에 정의된 함수 $f:[a,\ b]\to\mathbb{R}$이 연속이면 (단, $a<b$), f는 최댓값과 최솟값을 가진다.

모든 함수가 항상 최댓값이나 최솟값을 가지지는 않기 때문에, 최댓값과 최솟값을 구하는 문제에 있어서 위 정리는 매우 중요한 역할을 하는 기본 정리라고 볼 수 있다. 이 정리에서는 함수의 연속성 가정도 중요하지만, 정의역이 길이가 유한한 닫힌 구간이라는 점도 중요하다. 예컨대 열린 구간 $(a,\ b)$에 정의된 함수 $f:(a,\ b)\to\mathbb{R},\ f(x)=x$는 연속이지만 최댓값이나 최솟값이 존재하지 않는다.

본서에서는 이 정리를 증명 없이 사용하기로 한다.

연습문제

1. 다음 각 극한의 존재 여부를 판별하고 존재할 경우 극한값을 구하시오.

   (1) $\lim_{x\to 0}\frac{\tan x}{x}$　　　　(2) $\lim_{x\to 0}\frac{x^2+x^3}{\sin x\tan x}$

2. 상수 c에 대해, 함수 $f:\mathbb{R}\to\mathbb{R}$이 다음과 같이 주어져 있다.

$$f(x)=\begin{cases} c, & x=0, \\ x\sin(1/x), & x\neq 0 \end{cases}$$

   함수 f가 연속이 되도록 하는 상수 c가 존재하는지 판별하고, 존재한다면 그 값을 구하시오.

3. (1) 방정식 $x^4+x^3+x^2+x-1=0$이 구간 $(0,\ 1)$에서 실근을 적어도 한 개 가짐을 보이시오.

   (2) 방정식 $x\ln x=x+\cos x$가 구간 $\left(\frac{\pi}{2},\ e\right)$에서 실근을 적어도 한 개 가짐을 보이시오.

제2절 미분계수와 도함수

미분의 정의

함수의 미분은 함수의 순간변화율을 뜻한다. $\mathbb{R}$의 부분집합 X에 정의된 함수 $f:X\to\mathbb{R}$에 대해, 정의역의 두 점 a, b를 생각해보자. (단, $a<b$) 정의역의 점 x가 a일 때는 함숫값이 $f(a)$, x가 b일 때는 함숫값이 $f(b)$이므로, x가 a에서 b로 변화할 때 함숫값은 $f(a)$에서 $f(b)$로 변화하였다. 정의역에서의 변화량은 $b-a$이고 공역에서의 함숫값의 변화량은 $f(b)-f(a)$이므로, 그 비율인 함숫값의 (평균)변화율은

$$\frac{f(b)-f(a)}{b-a}$$

로 나타낼 수 있다. 이 양은 a, b의 역할을 바꾸어도 바뀌지 않으므로, a, b의 대소관계와 무관하게 이 양을 정의역의 두 점 a와 b 사이에서 함수 f의 함숫값의 변화율로 이해할

수 있다. 이제 a를 고정하고 b를 a에 한없이 가까이 보낼 때, 위 변화율의 극한이 존재한다면, 우리는 그 극한값을 함수 f의 a에서의 순간 함숫값 변화율로 이해할 수 있고, 이것이 미분의 정의이다.

정의 3-36 함수의 미분 정의역 X가 $\mathbb{R}$의 부분집합인 함수 $f: X \to \mathbb{R}$과 정의역의 점 $a \in X$가 있어서, f가 a 근방에서 정의되어 있다고 가정하자. 극한

$$\lim_{x \to a} \frac{f(x) - f(a)}{x - a}$$

가 존재하는 경우, **함수 f가 $x = a$에서 미분가능(differentiable at a)하다**라고 말하며, 이 극한값을 **함수 f의 $x = a$에서의 미분계수(derivative)**라고 부르고 $f'(a)$로 표기한다.

함수 f가 정의역 X의 모든 점에서 미분가능할 경우 **함수 f가 (정의역 X에서) 미분가능하다(differentiable)**라고 하며, 함수 f를 **미분가능함수(differentiable function)**라고 부른다. 이때, 정의역이 X이고 각 점 $a \in X$에서의 함숫값이 $f'(a)$인 함수를 **f의 도함수(derivative)**라 부르며 $f': X \to \mathbb{R}$로 표기한다.

f'의 [′] 기호는 보통 프라임(prime)이라고 읽는다.

미분계수를 정의하는 극한을 다음과 같이 약간의 '변수변환'을 적용하여 표현하기도 한다.

$$f'(a) = \lim_{h \to 0} \frac{f(a+h) - f(a)}{h} \quad \text{(단, 우변의 극한이 존재하는 경우)}$$

미분계수를 표기하는 방법은 몇 가지가 더 있다. 우선 원래 함수 $f(x)$의 변수 이름을 x로 사용하기로 하면

$$f'(a) = \frac{df}{dx}(a) = \frac{d}{dx} f(x) \bigg|_{x=a} = \frac{d}{dx} \bigg|_{x=a} f(x)$$

와 같이 표기하기도 하고, 도함수 $f'(x)$는

$$f'(x) = (f(x))' = \frac{df}{dx}(x) = \frac{d}{dx} f(x), \text{ 혹은 } x\text{를 생략하여 } f' = \frac{df}{dx} = \frac{d}{dx} f$$

로 표기하기도 한다. x를 독립변수로, 변수 y를 $y = f(x)$를 만족하는 종속변수로 이해할 경우, 도함수 혹은 미분계수를

$$f' = \frac{dy}{dx}$$

로 쓰기도 한다. 여기서 분모 dx와 분자 dy는 따로 떼어내서 정의할 수는 없는 기호이며 반드시 $\frac{dy}{dx}$, $\frac{d}{dx}$, $\frac{df}{dx}$와 같은 형태들만 정의 가능한 것으로 이해하기로 한다. dx와 같은 기호를 독립적으로 잘 정의하는 일에는 거의 대학원 수준의 고급 수학이 필요하다.

예시 3-37 (상수함수의 미분) 열린 구간 X에서 정의된 상수함수 $f: X \to \mathbb{R}$, $f(x) = c$는 미분가능하다. 각 점 $a \in X$에서 $\lim_{x \to a} \frac{f(x) - f(a)}{x - a} = \lim_{x \to a} \frac{c - c}{x - a} = \lim_{x \to a} 0 = 0$이므로 $f'(a) = 0$이다. ■

예시 3-38 (항등함수의 미분) 항등함수 $f: \mathbb{R} \to \mathbb{R}$, $f(x) = x$는 미분가능하다. 각 점 $a \in \mathbb{R}$에서 $\lim_{x \to a} \frac{f(x) - f(a)}{x - a} = \lim_{x \to a} \frac{x - a}{x - a} = \lim_{x \to a} 1 = 1$이므로 $f'(a) = 1$이다. ■

함수의 미분은 위와 같이 함수의 극한을 이용해서 정의하였고, 함수의 극한은 수열의 극한을 통하여 이해할 수 있으므로, 함수의 미분도 수열의 극한을 통하여 이해할 수 있다.

정리 3-39 함수의 미분과 수열의 극한 정의역 X가 $\mathbb{R}$의 부분집합인 함수 $f: X \to \mathbb{R}$와 정의역의 점 $a \in X$가 있어서, f가 a 근방에서 정의되어 있다고 가정하자. f가 $x = a$에서 미분가능하다는 조건은 a로 수렴하는 $X \setminus \{a\}$의 임의의 수열 $\{x_n\}_{n=1}^{\infty}$에 대하여 극한 $\lim_{n \to \infty} \frac{f(x_n) - f(a)}{x_n - a}$이 존재한다는 조건과 동치이다. 이때 $\lim_{n \to \infty} \frac{f(x_n) - f(a)}{x_n - a} = f'(a)$이다.

이미 미분가능성을 알고 있다면 편리한 수열 $\{x_n\}_{n=1}^{\infty}$을 택하여 극한 $\lim_{n \to \infty} \frac{f(x_n) - f(a)}{x_n - a}$을 계산하여 미분계수 $f'(a)$를 얻어낼 수도 있다. 하지만 미분가능성을 알고 있지 않다면, 편리한 수열만을 택해서 미분가능성 혹은 미분계수에 관한 결론을 얻을 수는 없다. 위 정리 3-39는 미분에 관한 몇 가지 정리를 증명하는 데에 있어서 유용하게 사용될 예정이다.

모든 함수가 모든 점에서 미분가능한 것은 아니며, 대표적인 경우로는 f가 $x = a$에서 연속이 아닐 때에 $x = a$에서 미분가능하지 않다. 이 사실은 종종 다음과 같이 대우명제 형태로 쓰인다.

정리 3-40 함수의 연속성과 미분가능성 정의역 X가 $\mathbb{R}$의 부분집합인 함수 $f: X \to \mathbb{R}$가 점 $a \in X$에서 미분가능하면, f는 $x=a$에서 연속이다.

증명 f가 a에서 미분가능하면 극한 $\lim\limits_{x\to a}\dfrac{f(x)-f(a)}{x-a}$이 존재한다. 그런데 분모인 $x-a$는 $x\to a$일 때 $x-a\to 0$로, 극한값이 $\lim\limits_{x\to a}(x-a)=0$이다. 따라서 $\dfrac{f(x)-f(a)}{x-a}$의 극한이 존재하려면 $f(x)-f(a)$의 극한이 0으로 존재해야 하는데, 이 사실은 다음과 같이 증명할 수 있다. 정리 3-10(3)에 의하여

$$\begin{aligned}\lim_{x\to a}(f(x)-f(a)) &= \lim_{x\to a}\left(\frac{f(x)-f(a)}{x-a}\cdot(x-a)\right)\\ &= \left(\lim_{x\to a}\frac{f(x)-f(a)}{x-a}\right)\left(\lim_{x\to a}(x-a)\right)\end{aligned}$$

이 성립한다. 우변에서 $\lim\limits_{x\to a}\dfrac{f(x)-f(a)}{x-a}$은 유한한 실수이고 $\lim\limits_{x\to a}(x-a)=0$이므로, 우변 $\left(\lim\limits_{x\to a}\dfrac{f(x)-f(a)}{x-a}\right)\left(\lim\limits_{x\to a}(x-a)\right)$의 값은 0이다. 따라서 좌변 $\lim\limits_{x\to a}(f(x)-f(a))$의 극한이 존재하고 극한값이 0이다.

이제 정리 3-10(1)에 의하여

$$\lim_{x\to a}f(x)=\lim_{x\to a}((f(x)-f(a))+f(a))=\left(\lim_{x\to a}(f(x)-f(a))\right)+\left(\lim_{x\to a}f(a)\right)$$

이다. 우변에서 $\lim\limits_{x\to a}(f(x)-f(a))$는 0이며, $\lim\limits_{x\to a}f(a)=f(a)$이므로, 우변 $\left(\lim\limits_{x\to a}(f(x)-f(a))\right)+\left(\lim\limits_{x\to a}f(a)\right)$의 값은 $0+f(a)=f(a)$이다. 따라서 좌변 $\lim\limits_{x\to a}f(x)$의 극한이 존재하며 극한값은 $f(a)$이다. 따라서 f는 $x=a$에서 연속이다. ■

미분의 계산

미분은 기본적으로 함수의 극한을 이용하여 정의되어 있으므로, 함수의 연산과 함수의 극한의 관계에 관한 정리 3-10으로부터 미분에 관한 다음의 정리를 얻을 수 있다. 주의할 점은 곱과 몫의 미분은 정리 3-10처럼 간단하게 주어지지는 않는다는 것이다.

정리 3-41 함수의 연산과 함수의 미분과의 관계

(1) 합의 미분법: 함수 f, g가 $x=a$에서 미분가능하면 $f+g$도 $x=a$에서 미분가능하고

$$\frac{d}{dx}(f(x)+g(x))\bigg|_{x=a} = \frac{d}{dx}f(x)\bigg|_{x=a} + \frac{d}{dx}g(x)\bigg|_{x=a}$$

이다.

(2) 상수곱의 미분법: 함수 f가 $x=a$에서 미분가능하면 상수 c에 대해 cf도 $x=a$에서 미분가능하고

$$\frac{d}{dx}(cf(x))\bigg|_{x=a} = c\left(\frac{d}{dx}f(x)\bigg|_{x=a}\right)$$

이다.

(3) 곱의 미분법, 라이프니츠 법칙: 함수 f, g가 $x=a$에서 미분가능하면 fg도 $x=a$에서 미분가능하고

$$\frac{d}{dx}(f(x)g(x))\bigg|_{x=a} = \left(\frac{d}{dx}f(x)\bigg|_{x=a}\right)g(a)+f(a)\left(\frac{d}{dx}g(x)\bigg|_{x=a}\right)$$

이다.

(4) 몫의 미분법: 함수 f, g가 $x=a$에서 미분가능하고 $g(a)\neq 0$이면 $\frac{f}{g}$도 $x=a$에서 미분가능하고

$$\frac{d}{dx}\left(\frac{f(x)}{g(x)}\right)\bigg|_{x=a} = \frac{g(a)\left(\frac{d}{dx}f(x)\bigg|_{x=a}\right)-f(a)\left(\frac{d}{dx}g(x)\bigg|_{x=a}\right)}{(g(a))^2}$$

이다.

도함수 버전은 다음과 같이 더욱 깔끔하게 써진다.

(1) $(f(x)+g(x))' = f'(x)+g'(x)$ 혹은 $(f+g)'=f'+g'$

(2) $(cf(x))' = c(f'(x))$ 혹은 $(cf)'=cf'$

(3) $(f(x)g(x))' = f'(x)g(x)+f(x)g'(x)$ 혹은 $(fg)'=f'g+fg'$

(4) $\left(\frac{f(x)}{g(x)}\right)' = \frac{g(x)f'(x)-f(x)g'(x)}{(g(x))^2}$ 혹은 $\left(\frac{f}{g}\right)' = \frac{gf'-fg'}{g^2}$

이 중 몫의 미분법이 외우기 다소 까다로우므로 독자들은 각자에게 맞는 암기법을 찾아 사용하는 것을 추천한다. 예컨대, 분모를 'lo' ('로우'), 분자를 'hi' ('하이')로 칭하면, 몫의 미분의 결과의 분자는 'lo d hi minus hi d low'('로우 디 하이 마이너스 하이 디 로우')와 같이 외우기도 한다.

▌증명▐ (1)과 (2)는 간단하므로 독자에게 맡긴다.

(3) 함수 f, g가 $x=a$에서 미분가능하다고 가정하자. fg의 $x=a$에서의 미분계수는 극한 $\lim_{x\to a}\frac{f(x)g(x)-f(a)g(a)}{x-a}$로 정의된다. 분자를 살펴보면

$$\begin{aligned} f(x)g(x)-f(a)g(a) &= f(x)g(x)-f(a)g(x)+f(a)g(x)-f(a)g(a) \\ &= (f(x)-f(a))g(x)+f(a)(g(x)-g(a)) \end{aligned}$$

이므로

$$\frac{f(x)g(x)-f(a)g(a)}{x-a}=\frac{f(x)-f(a)}{x-a}\cdot g(x)+f(a)\cdot\frac{g(x)-g(a)}{x-a}$$

이다. 여기서 $\frac{f(x)-f(a)}{x-a}$, $g(x)$, $\frac{g(x)-g(a)}{x-a}$는 $x\to a$일 때 모두 극한이 존재하고 극한값은 각각 $f'(a)$, $g(a)$, $g'(a)$이다. 여기서는 f, g의 미분가능성과 정리 3-40으로부터 얻어지는 g의 연속성을 이용했다. 따라서 정리 3-10에 의해 위 식의 우변의 극한이 존재하고 극한값은 $f'(a)g(a)+f(a)g'(a)$이다. 따라서 위 식의 좌변의 극한 $\lim_{x\to a}\frac{f(x)g(x)-f(a)g(a)}{x-a}$이 존재하고 극한값이 $f'(a)g(a)+f(a)g'(a)$이다. 따라서 fg가 $x=a$에서 미분가능하고 미분계수는 $f'(a)g(a)+f(a)g'(a)$이다.

(4) 함수 f, g가 $x=a$에서 미분가능하고 $g(a)\neq 0$이라고 하자. $\frac{f}{g}$의 $x=a$에서의 미분계수는 극한 $\lim_{x\to a}\frac{\frac{f(x)}{g(x)}-\frac{f(a)}{g(a)}}{x-a}$로 정의된다. 여기서 주의할 점은, a를 제외한 a의 어떤 근방에서 $\frac{f(x)}{g(x)}$가 잘 정의되는지, 즉 $g(x)\neq 0$인지 먼저 확인해야 한다는 것이다. g가 a에서 미분가능하므로 정리 3-40에 의해 g는 a에서 연속이고, $g(a)\neq 0$이므로 g는 $x=a$의 어떤 근방에서의 값이 $g(a)$와 매우 가까워서 $g(x)\neq 0$을 만족함을 알 수 있다.

이제 $\frac{\frac{f(x)}{g(x)}-\frac{f(a)}{g(a)}}{x-a}$의 분자를 살펴보면

$$\begin{aligned}\frac{f(x)}{g(x)}-\frac{f(a)}{g(a)} &= \frac{f(x)g(a)-f(a)g(x)}{g(x)g(a)} \\ &= \frac{f(x)g(a)-f(a)g(a)+f(a)g(a)-f(a)g(x)}{g(x)g(a)} \\ &= (f(x)-f(a))\cdot\frac{1}{g(x)}-\frac{f(a)}{g(x)g(a)}\cdot(g(x)-g(a))\end{aligned}$$

이므로

$$\frac{\dfrac{f(x)}{g(x)}-\dfrac{f(a)}{g(a)}}{x-a}=\frac{f(x)-f(a)}{x-a}\cdot\frac{1}{g(x)}-\frac{f(a)}{g(x)g(a)}\cdot\frac{g(x)-g(a)}{x-a}$$

이다. 이 식의 우변에서 $\dfrac{f(x)-f(a)}{x-a}$, $\dfrac{1}{g(x)}$, $\dfrac{f(a)}{g(x)g(a)}$, $\dfrac{g(x)-g(a)}{x-a}$는 $x\to a$일 때 극한이 존재하고 극한값이 각각 $f'(a)$, $\dfrac{1}{g(a)}$, $\dfrac{f(a)}{(g(a))^2}$, $g'(a)$이다. 따라서 우변의 극한이 존재하고 극한값은 $f'(a)\dfrac{1}{g(a)}-\dfrac{f(a)}{(g(a))^2}\cdot g'(a)=\dfrac{g(a)f'(a)-f(a)g'(a)}{(g(a))^2}$ 이다. 이는 좌변의 극한 $\lim\limits_{x\to a}\dfrac{\dfrac{f(x)}{g(x)}-\dfrac{f(a)}{g(a)}}{x-a}$, 즉 $\dfrac{f}{g}$의 $x=a$에서의 미분계수와 같으므로 원하는 명제가 증명된다. ■

예제 3-42 함수 g가 $x=a$에서 미분가능하고 $g(a)\neq 0$이면 함수 $\dfrac{1}{g}$이 $x=a$에서 미분가능하고 미분계수가 $\dfrac{-g'(a)}{(g(a))^2}$이다.

증명 정리 3-41(4)에서 함수 f 자리에 상수함수 1을 넣으면 된다.

예제 3-42의 결과를 도함수 버전으로는 $\left(\dfrac{1}{g}\right)'=\dfrac{-g'}{g^2}$으로 쓸 수 있다.

다항함수는 상수함수와 항등함수로부터 합과 곱만을 사용하여 얻어낼 수 있으므로, 예시 3-37, 3-38과 정리 3-41을 이용하면 임의의 다항함수의 미분을 계산할 수 있다.

정리 3-43 다항함수의 미분 (1) 임의의 음이 아닌 정수 n에 대하여, $\mathbb{R}$의 부분집합에 정의된 다항함수 $f(x)=x^n$은 미분가능하고 도함수는 다음과 같이 주어진다:

$$(x^n)' = n x^{n-1}$$

(2) 다항함수 $f(x) = a_n x^n + \cdots + a_1 x + a_0$는 미분가능하고 도함수는 다음과 같이 주어진다:

$$\begin{aligned}&(a_n x^n + a_{n-1} x^{n-1} + \cdots + a_1 x + a_0)' \\ &= n a_n x^{n-1} + (n-1) a_{n-1} x^{n-2} + \cdots + 2a_2 x + a_1\end{aligned}$$

| 증명 | (1) 정리 3-41과 수학적 귀납법을 통해 증명하는 법을 먼저 알아보자. 우선 $n=0$일 때에는 예시 3-37에 의해 $(x^n)' = n x^{n-1}$이 성립한다. $n=k$일 때 $(x^n)' = n x^{n-1}$이 성립함을 가정하자. 정리 3-41의 곱의 미분법을 활용하면

$$(x^{k+1})' = (x^k \cdot x)' = (x^k)' \cdot x + x^k \cdot x' = kx^{k-1} \cdot x + x^k \cdot 1 = (k+1)x^k$$

이므로 $n=k+1$에 대해 $(x^n)' = n x^{n-1}$이 성립한다. 수학적 귀납법에 의해서 $(x^n)' = n x^{n-1}$이 모든 음이 아닌 정수 n에 대해 성립한다.

위와 같이 수학적 귀납법을 이용하지 않고 직접 증명하는 것도 가능하다. $f(x) = x^n$의 $x=a$에서의 미분계수는

$$\begin{aligned}\lim_{x\to a}\frac{f(x)-f(a)}{x-a} &= \lim_{x\to a}\frac{x^n - a^n}{x-a} \\ &= \lim_{x\to a}\frac{(x-a)(x^{n-1}a^0 + x^{n-2}a^1 + x^{n-3}a^2 + \cdots + x^1 a^{n-1} + x^0 a^n)}{x-a} \\ &= \lim_{x\to a}(x^{n-1}a^0 + x^{n-2}a^1 + x^{n-3}a^2 + \cdots + x^1 a^{n-1} + x^0 a^n) \\ &= a^{n-1}a^0 + a^{n-2}a^1 + \cdots + a^1 a^{n-1} + a^0 a^n \\ &= na^{n-1}\end{aligned}$$

로 존재한다. 이 직접 증명의 핵심은 다음의 간단한 인수분해 공식이다:

$$x^n - a^n = (x-a)(x^{n-1} + x^{n-2}a + \cdots + ax^{n-2} + a^{n-1})$$

(2) 위 (1)의 결과와 정리 3-41로부터 얻어진다. ■

임의의 실수 a에 대해서, 지수함수의 정의인 정의 2-30을 사용하여 $x > 0$인 정의역에서 함수 $f(x) = x^a$를 정의할 수 있다. 이는 다항함수 x^n의 확장으로 볼 수 있으며, a가 유리수 $\frac{n}{m}$인 경우는(단, n, m은 정수이며 $m > 0$),

$$x^a = (\sqrt[m]{x})^n$$

으로 이해할 수도 있다. 특히, n, m이 서로소이고 m이 홀수이면 x^a는 모든 실수 x에 대해 잘 정의되는 함수로 생각할 수도 있다. 이러한 함수 x^a의 미분은 편리하게도 다항함수 x^n의 미분과 같은 공식으로 주어진다.

정리 3-44 실수 a에 대해, 구간 $x > 0$의 부분집합에 정의된 함수 $f(x) = x^a$의 도함수는 다음과 같이 주어진다:

$$(x^a)' = a x^{a-1}$$

이 정리의 증명은 합성함수의 미분법을 배우고 나면 간단히 얻어낼 수 있으므로 잠시 뒤로 미룬다. 합성함수의 미분은 다음과 같이 주어진다.

정리 3-45 합성함수의 미분법(연쇄법칙) 실수의 부분집합에 정의된 함수 $f : X \to \mathbb{R}$, $g : Y \to \mathbb{R}$이 $f(X) \subset Y$를 만족한다. f의 변수는 x로, g의 변수는 y로, $g \circ f : X \to \mathbb{R}$의 변수는 x로 표현하자.
점 $a \in X$에 대해, $f(x)$가 $x = a$에서 미분가능하고 $g(y)$가 $y = f(a)$에서 미분가능하면, $(g \circ f)(x)$는 $x = a$에서 미분가능하며 미분계수는 다음과 같다:

$$\frac{d}{dx}(g \circ f)(x)\bigg|_{x=a} = \left(\frac{d}{dy}g(y)\bigg|_{y=f(a)}\right)\left(\frac{d}{dx}f(x)\bigg|_{x=a}\right)$$

위 미분계수 공식의 우변은 $g'(f(a)) \cdot f'(a)$로 쓸 수 있다. 위 정리의 도함수 버전은

$$(g \circ f)'(x) = g'(f(x)) \cdot f'(x) \text{ 혹은 } (g \circ f)' = (g' \circ f) \cdot f'$$

로 나타낼 수 있다.

f의 변수인 x를 독립변수로 생각하고, g의 변수인 y를 x에 $y = f(x)$와 같이 의존하는 종속변수로 생각하며, 또 하나의 종속변수 z를 y에 $z = g(y)$와 같이 의존하는 변수로 설정하면, z는 x에 $z = (g \circ f)(x)$와 같이 의존하는 종속변수로 여길 수도 있으며, 종속변수와 독립변수간의 미분들 $\frac{dy}{dx}$, $\frac{dz}{dy}$, $\frac{dz}{dx}$는 다음의 관계를 만족한다.

$$\frac{dz}{dx}=\frac{dz}{dy}\cdot\frac{dy}{dx}$$

이 관계식을 연쇄법칙의 한 표현으로 이해할 수 있다.

❙증명❙ $f(x)$가 $x=a$에서 미분가능하고 $g(y)$가 $y=f(a)$에서 미분가능하다고 가정하자. $(g\circ f)(x)$의 $x=a$에서의 미분계수는 극한 $\lim_{x\to a}\frac{(g\circ f)(x)-(g\circ f)(a)}{x-a}$로 주어진다. 우선

$$\frac{g(f(x))-g(f(a))}{x-a}=\frac{g(f(x))-g(f(a))}{f(x)-f(a)}\cdot\frac{f(x)-f(a)}{x-a} \quad \cdots\cdots\cdots\cdots\cdots \quad (*)$$

을 관찰할 수 있다. 이 식은 우변의 분모에 나오는 $f(x)-f(a)$가 0이 아닐 때에만 성립하지만, 일단은 받아들이기로 하자. 이제 $x\to a$일 때 우변의 극한을 살펴보자. $f(x)$는 $x=a$에서 미분가능하므로 정리 3-40에 의해 $x=a$에서 연속이고, 따라서 $x\to a$일 때 $f(x)\to f(a)$이다. 그러므로 우변의 첫 인자인 $\frac{g(f(x))-g(f(a))}{f(x)-f(a)}$를 살펴보면, $g(y)$가 $y=f(a)$에서 미분가능하다는 사실로부터 이 인자가 $x\to a$일 때 극한이 존재하고 그 극한값이 $g'(f(a))$임을 알 수 있다. 한편, 우변의 두 번째 인자인 $\frac{f(x)-f(a)}{x-a}$를 살펴보면, $f(x)$가 $x=a$에서 미분가능하다는 사실로부터 이 인자가 $x\to a$일 때 극한이 존재하고 그 극한값이 $f'(a)$임을 알 수 있다. 따라서 정리 3-10(3)에 의해 $x\to a$일 때 우변의 극한이 존재하고 그 극한값은 $g'(f(a))\cdot f'(a)$이므로, 원하는 명제가 증명된다. ■

❙별해(엄밀한 증명)❙ 그런데 위의 증명에서는 식 (*)의 우변의 $f(x)-f(a)$가 0이 아님을 가정했으므로 사실은 주의가 필요하며, 다음과 같이 정리 3-39를 사용하여 수열의 극한을 통한 방법으로 엄밀하게 증명할 수도 있다. $x\to a$일 때의 극한을 고려하기 위하여, $X\setminus\{a\}$의 수열 $\{x_n\}_{n=1}^{\infty}$ 중 a로 수렴하는 임의의 수열을 택한다. (즉 $x_n\neq a$) 이 수열의 원소 x_n 중 $f(x_n)-f(a)=0$을 만족하는 원소가 있다면 이 원소들은 부분수열 $x_{n_1}, x_{n_2}, x_{n_3}, \cdots$을 이루는데 (즉, $n_1<n_2<n_3<\cdots$), 우선 이 부분수열이 무한 부분수열인 경우를 다뤄보자. 모든 자연수 k에 대해 $f(x_{n_k})-f(a)=0$이므로, $k\to\infty$일 때 $\frac{f(x_{n_k})-f(a)}{x_{n_k}-a}=0\to 0$이다. 한편, f가 $x=a$에서 미분가능하고 수열 $\{x_{n_k}\}_{k=1}^{\infty}$은 a로 수렴하는 $X\setminus\{a\}$의 수열이므로, $k\to\infty$일 때 $\frac{f(x_{n_k})-f(a)}{x_{n_k}-a}\to f'(a)$이다. 따라서 $f'(a)=0$이다. 이제 원래의 수열 $\{x_n\}_{n=1}^{\infty}$로 돌아오면, $f(x_n)-f(a)=0$을

만족하는 n에 대해서는 $f(x_n)=f(a)$이므로 $\dfrac{g(f(x_n))-g(f(a))}{x_n-a}=0$이고, $f(x_n)-f(a)\neq 0$을 만족하는 n, 즉 $n=n_k$에 대해서는 (*)이 다음과 같이 문제없이 성립한다:

$$\frac{g(f(x_n))-g(f(a))}{x_n-a}=\frac{g(f(x_n))-g(f(a))}{f(x_n)-f(a)}\cdot\frac{f(x_n)-f(a)}{x_n-a} \quad \cdots\cdots\cdots\cdots\cdots \text{(**)}$$

위에서 본 바와 같이, $n=n_k$일 때 우변의 첫 인자 $\dfrac{g(f(x_{n_k}))-g(f(a))}{x_{n_k}-a}$는 $k\to\infty$일 때 $g'(f(a))$로 수렴하고 두 번째 인자 $\dfrac{f(x_{n_k})-f(a)}{x_{n_k}-a}$는 $k\to\infty$일 때 $f'(a)$로 수렴한다. 따라서 (**)의 우변은 $k\to\infty$일 때 $g'(f(a))\cdot f'(a)$로 수렴한다. 한편 $f'(a)=0$이므로 $g'(f(a))\cdot f'(a)=0$이다. 따라서 모든 n을 고려해도 $\dfrac{g(f(x_n))-g(f(a))}{x_n-a}$은 $n\to\infty$에 따라 0으로 수렴함을 알 수 있다. 한편 이 극한값 0은 $g'(f(a))\cdot f'(a)$로 쓰일 수도 있다.

이제 $f(x_n)-f(a)=0$을 만족하는 n이 유한 개만 있다고 가정하자. $n\to\infty$일 때 $\dfrac{g(f(x_n))-g(f(a))}{x_n-a}$의 극한을 알아보기 위해서는 이 유한 개의 n은 무시해도 된다. 즉 모든 n에 대해 $f(x_n)-f(a)\neq 0$라고 가정해도 무방하며, 이 경우 위 식 (**)가 성립하고, 위에서와 같은 방법으로 (**)이 $n\to\infty$일 때 $g'(f(a))\cdot f'(a)$로 수렴함을 알 수 있다.

따라서 어느 경우든, a로 수렴하는 $X\setminus\{a\}$의 임의의 수열 $\{x_n\}_{n=1}^{\infty}$에 대하여, $\displaystyle\lim_{n\to\infty}\frac{g(f(x_n))-g(f(a))}{x_n-a}=g'(f(a))\cdot f'(a)$이므로, 원하는 명제가 증명된다. ■

이제 간단한 초월함수의 미분을 계산해보자. 우선 지수함수와 로그함수를 다뤄보자.

정리 3-46 지수함수와 로그함수의 도함수 지수함수는 $\mathbb{R}$ 전체에서 미분가능하고 로그함수는 $x>0$에서 미분가능하며, 도함수가 다음과 같이 주어진다.

(1) $(e^x)'=e^x$

(2) $(a^x)'=(\ln a)a^x$ (단, $a>0$는 상수)

(3) $(\ln x)'=\dfrac{1}{x}$ (단, $x>0$)

(4) $(\log_a x)' = \dfrac{1}{x \ln a}$ (단, $a > 0$는 상수, $x > 0$)

함수 $\ln|x|$, $\log_a|x|$는 $x \neq 0$에서 미분가능하며 도함수가 다음과 같다.

(5) $(\ln|x|)' = \dfrac{1}{x}$

(6) $(\log_a|x|)' = \dfrac{1}{x \ln a}$ (단, $a > 0$는 상수)

▮증명▮ (1) $x = 0$에서의 미분계수는 극한 $\lim_{x\to 0}\dfrac{e^x - e^0}{x} = \lim_{x\to 0}\dfrac{e^x - 1}{x}$로 주어진다. 새로운 변수 t를 $t = e^x - 1$로 정의하면, x가 0과 가까울 때 t는 $e^0 - 1 = 0$과 가까우므로, $t+1$은 1과 가깝고, 따라서 $t+1$이 양수라고 할 수 있다. 이제 $e^x = t+1$로부터 $x = \ln(t+1)$을 얻을 수 있으며,

$$\frac{e^x - 1}{x} = \frac{t}{\ln(1+t)} = \frac{1}{\frac{1}{t}\ln(1+t)} = \frac{1}{\ln\left((1+t)^{\frac{1}{t}}\right)}$$

을 관찰할 수 있다. $x\to 0$일 때 $t = e^x - 1 \to e^0 - 1 = 0$이고, 정리 3-9에 의해 $t \to 0$일 때 $(1+t)^{1/t} \to e$이다. 함수 ln은 연속이므로, 정리 3-24에 의해

$$\lim_{t\to 0}(\ln((1+t)^{1/t})) = \ln\left(\lim_{t\to 0}(1+t)^{1/t}\right) = \ln e = 1$$

임을 알 수 있다. 이제 정리 3-10(4)에 의해 $t\to 0$일 때 $\dfrac{1}{\ln((1+t)^{1/t})} \to \dfrac{1}{1} = 1$임을 얻는다. 종합하면, $x \to 0$일 때 $\dfrac{e^x - 1}{x} \to 1$임을 보였다. 따라서 $f(x) = e^x$는 $x = 0$에서 미분가능하고 미분계수는 1이다. 이제 임의의 점 x에서의 미분계수를 살펴보면

$$\lim_{h\to 0}\frac{e^{x+h} - e^x}{h} = \lim_{h\to 0}\left(e^x \cdot \frac{e^h - 1}{h}\right) = e^x \cdot \lim_{h\to 0}\frac{e^h - 1}{h} = e^x \cdot 1 = e^x$$

이므로 x에서 미분가능하고 미분계수가 e^x이다.

(2) $f(x) = a^x = (e^{\ln a})^x = e^{x \ln a}$이다. 따라서 함수 $g(x) = x \ln a$와 $h(x) = e^x$에 대해 $f(x) = h(g(x))$로 표현할 수 있다. g, h가 모두 미분가능하므로 연쇄법칙인 정리 3-45에 의해 $f = h \circ g$도 미분가능하고, 도함수는 $f'(x) = h'(g(x)) \cdot g'(x)$이다. $g'(x) = \ln a$이고 (1)에 의해 $h'(x) = e^x$이므로 $f'(x) = e^{x \ln a} \cdot \ln a =$

$a^x \cdot \ln a$이다.

(3) $x>0$인 임의의 점 x에서의 미분계수는 극한 $\lim_{h\to 0}\frac{\ln(x+h)-\ln x}{h}$로 주어진다.

$$\frac{\ln(x+h)-\ln x}{h}=\frac{1}{h}\ln\left(\frac{x+h}{x}\right)=\ln\left(1+\frac{h}{x}\right)^{\frac{1}{h}}$$
$$=\ln(1+(h/x))^{\frac{1}{h/x}\cdot\frac{1}{x}}=\frac{1}{x}\ln(1+(h/x))^{\frac{1}{h/x}}$$

이다. $h\to 0$일 때 $h/x\to 0$이므로, 정리 3-9에 의해 $(1+(h/x))^{\frac{1}{h/x}}\to e$이고, $\ln$이 e에서 연속이므로 $\ln(1+(h/x))^{\frac{1}{h/x}}\to \ln e=1$이다. 따라서 $h\to 0$일 때 $\frac{\ln(x+h)-\ln x}{h}\to\frac{1}{x}\cdot 1=\frac{1}{x}$이다.

(4) 정리 2-32(2)에서와 같이 $\log_a x=\frac{\ln x}{\ln a}$이다. $\ln a$는 상수이고 위 (3)에 의해 $(\ln x)'=\frac{1}{x}$이므로, 정리 3-41(2)에 의해 $(\log_a x)'=\frac{1}{\ln a}\cdot\frac{1}{x}$이다. ■

이제 정리 3-44인 $(x^a)'=ax^{a-1}$를 증명할 수 있다. (단, $x>0$이고, a는 임의의 실수 상수)

▌정리 3-44의 증명▐ 정리 2-32(1)을 사용하여 $x^a=e^{a\ln x}$로 쓸 수 있다. 따라서 $f(x)=x^a$는 $g(x)=e^x$와 $h(x)=a\ln x$의 합성인 $f(x)=(g\circ h)(x)$로 쓸 수 있다. 정리 3-46과 정리 3-41(2)에 의해 g, h 모두 미분가능하고 도함수가 $g'(x)=e^x$, $h'(x)=\frac{a}{x}$이므로, 연쇄법칙인 정리 3-45에 의해 $f=g\circ h$도 미분가능하고, 도함수가 다음과 같이 주어짐을 알 수 있다:

$$f'(x)=g'(h(x))\cdot h'(x)=e^{a\ln x}\cdot\frac{a}{x}=x^a\cdot\frac{a}{x}=ax^{a-1}$$

(5) $x>0$에서 $\ln|x|=\ln x$이므로 (3)에 의해 $(\ln|x|)'=\frac{1}{x}$이 성립한다.

임의의 점 $x=a<0$에서의 미분계수는 $\lim_{h\to 0}\frac{\ln|a+h|-\ln|a|}{h}$인데 $\ln|a|=\ln(-a)$이며 0과 가까운 h에 대해 $\ln|a+h|=\ln(-a-h)$이므로

$$\lim_{h\to 0}\frac{\ln|a+h|-\ln|a|}{h}=\lim_{h\to 0}\frac{\ln(-a-h)-\ln(-a)}{h}$$
$$=\lim_{h\to 0}\left(-\frac{\ln(-a-h)-\ln(-a)}{-h}\right)$$

인데 $-a>0$이므로 (3)의 결과에 의해 마지막 극한은

$-\frac{d}{dx}(\ln x)\Big|_{x=-a}=-\frac{1}{-a}=\frac{1}{a}$과 같다.

(6) 위 (5)와 비슷하게 하면 된다. 자세한 것은 독자에게 남긴다. ■

지금까지 얻은 결과를 이용하면 임의의 대수함수의 미분가능성과 도함수의 공식을 얻어낼 수 있다.

정리 3-47 대수함수의 미분가능성 $\mathbb{R}$의 열린 구간에서 정의된 대수함수는 미분가능하다.

예제 3-48 대수함수의 도함수 예시 2-28의 대수함수 $f(x)=\dfrac{2\sqrt[3]{\dfrac{x-1}{x+1}}+x^2}{(2-x)^2}$의 도함수를 계산하시오.

〈풀이〉 예시 2-28에서 살펴본 바와 같이 최대의 정의역은 $x\neq -1,\ 2$이며, 구간 표현으로는 $(-\infty,\ -1)\cup(-1,\ 2)\cup(2,\ \infty)$으로 쓸 수도 있다. 도함수는

$$f'(x)$$
$$=\frac{(2-x)^2\left(2\left(\frac{x-1}{x+1}\right)^{1/3}+x^2\right)'-\left(2\left(\frac{x-1}{x+1}\right)^{1/3}+x^2\right)\cdot((2-x)^2)'}{(2-x)^4}$$
$$=\frac{(2-x)^2\left(\frac{2}{3}\left(\frac{x-1}{x+1}\right)^{-2/3}\frac{(x+1)-(x-1)}{(x+1)^2}+2x\right)-\left(2\left(\frac{x-1}{x+1}\right)^{1/3}+x^2\right)2(2-x)(-1)}{(2-x)^4}$$

와 같이 계산할 수 있다.

이제 삼각함수의 도함수를 계산해보자.

정리 3-49 삼각함수의 도함수 $\sin x$, $\cos x$는 $\mathbb{R}$ 전체에서 미분가능하고 $\tan x$는 구간 $\left(-\frac{\pi}{2}, \frac{\pi}{2}\right)$에서 미분가능하며, 도함수는 다음과 같다.

(1) $(\sin x)' = \cos x$

(2) $(\cos x)' = -\sin x$

(3) $(\tan x)' = \sec^2 x$

$\csc x$, $\sec x$, $\cot x$는 각 정의역에서 미분가능하며 도함수는 다음과 같다.

(4) $(\csc x)' = -\csc x \cot x$

(5) $(\sec x)' = \sec x \tan x$

(6) $(\cot x)' = -\csc^2 x$

증명 (1) 점 x에서의 미분계수는 $\lim_{h\to 0}\frac{\sin(x+h)-\sin x}{h}$이다. 사인의 덧셈정리인 정리 2-39(1)에 의해

$$\begin{aligned}\frac{\sin(x+h)-\sin x}{h} &= \frac{\sin x\cos h+\cos x\sin h-\sin x}{h} \\ &= \sin x\cdot\frac{\cos h-1}{h}+\cos x\cdot\frac{\sin h}{h}\end{aligned}$$

이다. 예제 3-19(2)로부터 $\lim_{h\to 0}\frac{\cos h-1}{h}=0$이고 정리 3-18로부터 $\lim_{h\to 0}\frac{\sin h}{h}=1$이므로 정리 3-10에 의해 $\lim_{h\to 0}\frac{\sin(x+h)-\sin x}{h}=\sin x\cdot 0+\cos x\cdot 1=\cos x$임을 얻는다.

(2) 2장 2절에서 얻었던 관계식 $\sin\left(x+\frac{\pi}{2}\right)=\cos x$와 연쇄법칙인 정리 3-45, 그리고 위 (1)에서 얻은 $\sin'=\cos$을 사용하면, $\cos x$가 미분가능하며 도함수가 다음과 같이 주어짐을 얻는다:

$$\begin{aligned}(\cos x)' &= \left(\sin\left(x+\frac{\pi}{2}\right)\right)' = \sin'\left(x+\frac{\pi}{2}\right)\cdot\left(x+\frac{\pi}{2}\right)' \\ &= \cos\left(x+\frac{\pi}{2}\right)\cdot 1\end{aligned}$$

2장 2절에서 얻었던 관계식 $\cos\left(x+\frac{\pi}{2}\right)=-\sin x$를 사용하면 원하는 결론을 얻는다.

(3) $\tan x = \dfrac{\sin x}{\cos x}$ 이므로, 위 (1), (2)의 결과와 정리 3-41(4)에 의해 $\tan x$가 미분가능하며 도함수가 다음과 같이 주어짐을 알 수 있다:

$$(\tan x)' = \left(\frac{\sin x}{\cos x}\right)' = \frac{\cos x\,(\sin x)' - \sin x\,(\cos x)'}{\cos^2 x}$$

$$= \frac{\cos x \cos x + \sin x \sin x}{\cos^2 x} = \frac{1}{\cos^2 x}$$

(4), (5), (6) 연습문제로 남긴다. ■

쌍곡선 함수의 도함수도 삼각함수의 도함수의 결과와 유사하며, 증명은 더 쉽다.

정리 3-50 쌍곡선 함수의 도함수 쌍곡선 함수들 $\sinh x$, $\cosh x$, $\tanh x$은 $\mathbb{R}$ 전체에서 미분가능하며 도함수는 다음과 같다.

(1) $(\sinh x)' = \cosh x$ (2) $(\cosh x)' = \sinh x$ (3) $(\tanh x)' = \operatorname{sech}^2 x$

$\operatorname{csch} x = \dfrac{1}{\sinh x}$, $\operatorname{sech} x = \dfrac{1}{\cosh x}$, $\coth x = \dfrac{1}{\tanh x}$는 각 정의역에서 미분가능하며 도함수는 다음과 같다.

(4) $(\operatorname{csch} x)' = -\operatorname{csch} x \coth x$ (5) $(\operatorname{sech} x)' = -\operatorname{sech} x \tanh x$

(6) $(\coth x)' = -\operatorname{csch}^2 x$

| 증명 | (1) $(\sinh x)' = \left(\dfrac{e^x - e^{-x}}{2}\right)' = \dfrac{(e^x)' - (e^{-x})'}{2} = \dfrac{e^x - e^{-x}\cdot(-x)'}{2}$

$$= \frac{e^x + e^{-x}}{2} = \cosh x$$

(2) $(\cosh x)' = \left(\dfrac{e^x + e^{-x}}{2}\right)' = \dfrac{(e^x)' + (e^{-x})'}{2} = \dfrac{e^x + e^{-x}\cdot(-x)'}{2}$

$$= \frac{e^x - e^{-x}}{2} = \sinh x$$

(3) $(\tanh x)' = \left(\dfrac{\sinh x}{\cosh x}\right)' = \dfrac{\cosh x\,(\sinh x)' - \sinh x\,(\cosh x)'}{\cosh^2 x}$

$$= \frac{\cosh^2 x - \sinh^2 x}{\cosh^2 x} = \frac{1}{\cosh^2 x}$$

(4), (5), (6) 연습문제로 남긴다. ■

유용한 초월함수의 예로서 위에서 다룬 기본적 삼각함수 및 쌍곡선 함수의 역함수들이 있었다. 일반적으로 역함수의 미분은 원래 함수의 미분과 다음과 같은 관계를 가진다.

정리 3-51 역함수의 미분법 정의역 X와 공역 Y가 $\mathbb{R}$의 부분집합인 함수 $f: X \to Y$가 역함수를 가진다고 가정하자. 함수 f가 $a \in X$에서 미분가능하고 $f'(a) \neq 0$이면, 역함수 $f^{-1}: Y \to X$는 $f(a) \in Y$에서 미분가능하고 미분계수가 다음과 같이 주어진다:

$$(f^{-1})'(f(a)) = \frac{1}{f'(a)}$$

도함수 버전으로는 $(f^{-1})' \circ f = \dfrac{1}{f'}$ 혹은 $(f^{-1})' = \dfrac{1}{f' \circ f^{-1}}$로 표현하기도 한다.

| 증명 | 역함수 $f^{-1}(y)$의 $y = f(a)$에서의 미분계수는 극한 $\displaystyle\lim_{y \to f(a)} \frac{f^{-1}(y) - f^{-1}(f(a))}{y - f(a)}$로 주어진다. 정리 3-39를 활용하여, 미분계수를 수열의 극한으로 이해할 수 있다. $f(a)$로 수렴하는 $Y \setminus \{f(a)\}$ 안의 임의의 수열 $\{y_n\}_{n=1}^{\infty}$를 생각하자. 정리 3-39에 의해, 극한 $\displaystyle\lim_{n \to \infty} \frac{f^{-1}(y_n) - f^{-1}(f(a))}{y_n - f(a)}$이 존재하고 극한값이 $\dfrac{1}{f'(a)}$임을 밝히면 충분하다. 모든 자연수 n에 대해 $x_n = f^{-1}(y_n)$로 두면 $x_n \in X$이고 $f(x_n) = f(f^{-1}(y_n)) = y_n$이다. 따라서

$$\frac{f^{-1}(y_n) - f^{-1}(f(a))}{y_n - f(a)} = \frac{x_n - a}{f(x_n) - f(a)}$$

이다. 또한 $y_n \neq f(a)$이므로 $x_n \neq a$이다(만약 $x_n = a$이면 $y_n = f(x_n) = f(a)$이므로 모순). 따라서 $x_n - a \neq 0$이고,

$$\frac{x_n - a}{f(x_n) - f(a)} = \frac{1}{\dfrac{f(x_n) - f(a)}{x_n - a}}$$

이다. $f(x)$가 $x = a$에서 미분가능하므로 정리 3-39에 의해 $n \to \infty$일 때 $\dfrac{f(x_n) - f(a)}{x_n - a} \to f'(a)$이며, $f'(a) \neq 0$이므로 정리 1-11(4)에 의해 $n \to \infty$일 때 $\dfrac{1}{\dfrac{f(x_n) - f(a)}{x_n - a}} \to \dfrac{1}{f'(a)}$이다. ■

이제 삼각함수와 쌍곡선 함수의 역함수들의 도함수를 구할 수 있다.

정리 3-52 역삼각함수의 미분 삼각함수의 역함수들인 $\arcsin : (-1,\ 1) \to \left(-\frac{\pi}{2},\ \frac{\pi}{2}\right)$, $\arccos : (-1,\ 1) \to (0,\ \pi)$, $\arctan : \mathbb{R} \to \left(-\frac{\pi}{2},\ \frac{\pi}{2}\right)$는 미분가능하며, 도함수는 다음과 같다:

(1) $(\arcsin(x))' = \dfrac{1}{\sqrt{1-x^2}}$ (2) $(\arccos(x))' = \dfrac{-1}{\sqrt{1-x^2}}$

(3) $(\arctan(x))' = \dfrac{1}{1+x^2}$

증명 (1) 정리 3-51과 정리 3-49(1)의 $\sin' = \cos$에 의해 $\arcsin' = (\sin^{-1})' = \dfrac{1}{\sin' \circ \sin^{-1}} = \dfrac{1}{\cos \circ \arcsin}$이므로 $(\arcsin(x))' = \dfrac{1}{\cos(\arcsin x)}$이다. 정리 3-51을 이용하려면 $f'(a) \neq 0$ 조건, 즉 여기서는 $\cos(\arcsin x) \neq 0$ 조건을 확인해줘야 한다. $y = \cos(\arcsin x)$로 두면 $\arcsin x \in \left(-\frac{\pi}{2},\ \frac{\pi}{2}\right)$이므로 $y = \cos(\arcsin x) > 0$이므로 이 조건이 성립하고, 따라서 정리 3-51에 의해 arcsin이 미분가능하고 위의 공식을 사용할 수 있다. $y = \cos(\arcsin x)$로부터 $1 - y^2 = 1 - \cos^2(\arcsin x) = \sin^2(\arcsin x) = (\sin(\arcsin x))^2 = x^2$이므로 $y^2 = 1 - x^2$이며, $y > 0$이므로 $y = \sqrt{1-x^2}$이다.

(2) 정리 3-51과 정리 3-49(2)의 $\cos' = -\sin$에 의해 $\arccos' = (\cos^{-1})' = \dfrac{1}{\cos' \circ \cos^{-1}} = \dfrac{1}{-\sin \circ \arccos}$, 즉 $(\arccos(x))' = \dfrac{1}{-\sin(\arccos x)}$이다. $y = \sin(\arccos x)$로 두면, $\arccos x \in (0,\ \pi)$이므로 $y = \sin(\arccos x) > 0$이고, 따라서 정리 3-51의 조건 $f'(a) \neq 0$이 만족되어 arccos의 미분가능성을 얻는다. $y = \sin(\arccos x)$로부터 $1 - y^2 = 1 - \sin^2(\arccos x) = \cos^2(\arccos x) = x^2$이므로 $y^2 = 1 - x^2$이며, $y > 0$이므로 $y = \sqrt{1-x^2}$이다.

(3) 정리 3-51과 정리 3-49(3)의 $\tan' = \sec^2$에 의해 $\arctan' = (\tan^{-1})' = \dfrac{1}{\tan' \circ \tan^{-1}} = \dfrac{1}{\sec^2 \circ \arctan}$, 즉 $(\arctan(x))' = \dfrac{1}{\sec^2(\arctan(x))}$이다. $y = \sec^2(\arctan(x))$로 두면 $\arctan(x) \in \left(-\frac{\pi}{2},\ \frac{\pi}{2}\right)$이므로 $\cos(\arctan(x)) > 0$이고 따라서 $y = \sec^2(\arctan(x))$가 양수로서 잘 정의된다. 따라서 정리 3-51의 조건 $f'(a) \neq 0$이 만족되어 arctan의 미분가능성

을 얻는다. 등식

$$1+\tan^2\theta=\sec^2\theta \text{ (단, } \cos\theta \neq 0 \text{일 때 성립)}$$

에 의해 $y=1+\tan^2(\arctan(x))=1+x^2$임을 얻는다. ■

삼각함수의 역함수는 다루기 어려운 함수로 생각될 수 있지만, 위와 같이 그 미분은 의외로 간단한 대수함수로 주어진다.

예제 3-53 삼각함수의 역수 $\csc=\dfrac{1}{\sin}$, $\sec=\dfrac{1}{\cos}$, $\cot=\dfrac{1}{\tan}$의 역함수들인 arccsc, arcsec, arccot들이 적당한 정의역과 공역에 대해 미분가능함을 보이고 도함수가 다음과 같이 주어짐을 보이시오.

$$(\operatorname{arccsc}(x))'=\frac{-1}{x\sqrt{x^2-1}},\quad (\operatorname{arcsec}(x))'=\frac{1}{x\sqrt{x^2-1}},\quad (\operatorname{arccot}(x))'=\frac{-1}{1+x^2}$$

이 예제의 증명은 연습문제로 남긴다.

정리 3-54 역쌍곡선 함수의 미분 쌍곡선 함수의 역함수들인 $\operatorname{arsinh}:\mathbb{R}\to\mathbb{R}$, $\operatorname{arcosh}:[1,\infty)\to[0,\infty)$, $\operatorname{artanh}:(-1,1)\to\mathbb{R}$는 미분가능하며, 도함수는 다음과 같다:

(1) $(\operatorname{arsinh}(x))'=\dfrac{1}{\sqrt{x^2+1}}$

(2) $(\operatorname{arcosh}(x))'=\dfrac{1}{\sqrt{x^2-1}}$

(3) $(\operatorname{artanh}(x))'=\dfrac{1}{1-x^2}$

증명은 정리 3-52와 유사하므로 연습문제로 남긴다. (1), (2)에서는 항등식 $\cosh^2(t)-\sinh^2(t)=1$을 사용하고, (3)에서는 항등식 $1+\tanh^2(t)=\operatorname{sech}^2(t)$을 사용하면 된다. 한편, 2장 2절에서 살펴본 역쌍곡선 함수의 공식들, 예컨대 $\operatorname{arsinh}(x)=\ln(x+\sqrt{x^2+1})$로부터 지금까지 배운 미분법들 중 역함수 미분법을 제외한 것들만 적용하여 도함수를 계산하는 것도 가능하다.

예제 3-55 쌍곡선 함수의 역수 $\operatorname{csch} = \dfrac{1}{\sinh}$, $\operatorname{sech} = \dfrac{1}{\cosh}$, $\coth = \dfrac{1}{\tanh}$의 역함수들인 arcsch, arsech, arcoth들이 적당한 정의역과 공역에 대해 미분가능함을 보이고 도함수가 다음과 같이 주어짐을 보이시오.

$$(\operatorname{arcsch}(x))' = \frac{-1}{|x|\sqrt{1+x^2}},\quad (\operatorname{arsech}(x))' = \frac{-1}{x\sqrt{1-x^2}},\quad (\operatorname{arcoth}(x))' = \frac{1}{1-x^2}$$

이 예제의 증명은 연습문제로 남긴다.

역함수의 미분법과 쌍대를 이루는 미분법으로서 **음함수의 미분법**(implicit differentiation)이 있다. 함숫값 $y=f(x)$가 x에 관한 구체적이고 명확한 공식으로 주어지는 함수 f를 양함수(explicit function)라 부르며, 그렇지 않고 함숫값 $y=f(x)$가 x와 y에 관한 어떤 관계식을 만족하는 값으로만 기술될 때 f를 음함수(implicit function)라 부른다. 대표적인 예로는

$$x^2 + (f(x))^2 = 1$$

이 있는데, 이 경우 각 고정된 x에 대하여, $y=f(x)$는 방정식

$$x^2 + y^2 = 1$$

을 만족하는 숫자로 기술된다. 이 예시에서는 해당 방정식을 풀어서 $y=\sqrt{1-x^2}$ 혹은 $y=-\sqrt{1-x^2}$와 같이 양함수 표현을 얻어낼 수도 있다. 이런 상황에서는 종종 이 예에서와 같이 관계식 만으로는 $y=f(x)$의 값이 유일하게 결정되지 않기도 하며, 이때 y의 범위를 잘 정해주면 값이 유일하게 결정된다. 음함수의 미분법이란, 함수가 이처럼 음함수로 주어졌을 때, 방정식을 풀어서 양함수 표현을 얻어내지 않고도, 함수의 미분 $\dfrac{dy}{dx}$을 계산할 수 있게 해주는 방법이다.

음함수의 미분법에서는 y를 결정하는 방정식의 양변을 x로 미분한다. 즉 양변에 $\dfrac{d}{dx}$를 취하며, 합의 미분, 곱의 미분 등의 미분법들을 사용하여 정리한다. 특히 y가 있는 항의 경우는 합성함수 미분에 관한 연쇄법칙을 적용한다. 예컨대

$$\frac{d}{dx}(y^n) = ny^{n-1}\cdot\frac{dy}{dx},\quad \frac{d}{dx}(\sin(y)) = \cos(y)\cdot\frac{dy}{dx},\quad \frac{d}{dx}(e^y) = e^y\cdot\frac{dy}{dx}$$

와 같은 식이다. 이렇게 미분을 통해 얻은 방정식을 x, y에 관한 어떤 식 P, Q에 대해

$Q \cdot \dfrac{dy}{dx} = P$꼴로 정리하고, 최종적으로 $\dfrac{dy}{dx} = \dfrac{P}{Q}$를 얻으면 된다. 이렇게 얻은 미분계수의 값 혹은 도함수인 $\dfrac{P}{Q}$의 표현에는 일반적으로 x뿐만 아니라 y도 들어있게 되므로, 음함수의 미분법을 통하여 음함수의 미분계수 혹은 도함수를 양함수로서 구하게 되는 것은 아니다. 하지만 이 정도 결과만으로도 유용할 때가 많다.

예시 3-56 함수 $y = f(x)$가 방정식 $x^2 + y^2 = 1$을 만족하는 음함수로 주어져 있으며 $f\left(\dfrac{1}{2}\right) = \dfrac{-\sqrt{3}}{2}$이다. 이때 음함수의 미분법을 이용해 $f'\left(\dfrac{1}{2}\right)$의 값을 구해보자.

방정식 $x^2 + y^2 = 1$의 양변을 x로 미분하면 $2x + 2y\dfrac{dy}{dx} = 0$이므로 $2y\dfrac{dy}{dx} = -2x$이다. 따라서 $y \neq 0$인 경우 $\dfrac{dy}{dx} = \dfrac{-2x}{2y} = -\dfrac{x}{y}$이다. 이제 $x = \dfrac{1}{2}$일 때 $\dfrac{dy}{dx}$의 값인 $\left.\dfrac{dy}{dx}\right|_{x=\frac{1}{2}}$를 계산해보면, $y = \dfrac{-\sqrt{3}}{2}$이므로 $\left.\dfrac{dy}{dx}\right|_{x=\frac{1}{2}} = \left.\left(-\dfrac{x}{y}\right)\right|_{x=\frac{1}{2},\ y=\frac{-\sqrt{3}}{2}} = -\dfrac{1/2}{-\sqrt{3}/2} = \dfrac{1}{\sqrt{3}}$이다. 따라서 $f'\left(\dfrac{1}{2}\right) = \dfrac{1}{\sqrt{3}}$ ■

위 예시에서 얻은 $\dfrac{dy}{dx} = -\dfrac{x}{y}$은 도함수의 양함수 표현은 아니지만, 이러한 표현이 도함수의 양함수 표현보다도 더 의미 있는 정보를 포함할 때도 있다.

위에서 말했듯이 이 예시의 경우 애초에 y를 x에 관한 양함수 $y = -\sqrt{1-x^2}$로 표현할 수도 있는데, 이 양함수 표현을 사용하여 도함수를 구하면

$$\begin{aligned}\frac{dy}{dx} &= (-\sqrt{1-x^2})' = (-(1-x^2)^{1/2})' = -\frac{1}{2}(1-x^2)^{-1/2}(1-x^2)' \\ &= -\frac{1}{2\sqrt{1-x^2}} \cdot (-2x) = \frac{x}{\sqrt{1-x^2}}\end{aligned}$$

이므로 음함수 미분법을 통해 얻은 $-\dfrac{x}{y}$와 같은 결과를 얻음을 확인할 수 있다. ■

예시 3-57 함수 $y = f(x)$가 방정식 $x^2 + y^2 = 1$을 만족하는 음함수로 주어져 있을 때, 음함수의 미분법을 사용해 $f'(1)$을 구할 수 있는지 알아보자.

위와 같이 방정식 $x^2 + y^2 = 1$의 양변을 x로 미분하면 $2y\dfrac{dy}{dx} = -2x$를 얻는다. 그런데 $x = 1$일 때 $1 + y^2 = 1$이므로 $y = f(1) = 0$이다. 따라서 $2y\dfrac{dy}{dx} = -2x$로부터는 $\dfrac{dy}{dx}$

에 관한 정보를 얻을 수 없다. 오히려, 만약 미분계수 $\frac{dy}{dx}$가 $x=1$일 때 유한한 값인 k로 잘 정의되었다고 가정할 경우, 식 $2y\frac{dy}{dx}=-2x$는 $2\cdot 0\cdot k=-2\cdot 1$, 즉 $0=-2$임을 의미하므로, 모순이다. 따라서 미분계수 $\frac{dy}{dx}$가 $x=1$일 때 유한한 값으로 정의되지 않음을 알 수 있다. 즉 음함수의 미분법을 통해서 $f(x)$가 $x=1$에서 미분가능하지 않음을 알 수 있다. 그러나, 사실은 미분을 논하기 전에, $x>1$일 때에는 방정식을 만족하는 y가 없으므로 함숫값 $f(x)$가 정의되지 않는다. 따라서 f의 정의역이 $x=1$ 근방을 포함하지 않으므로, 애초에 $x=1$에서의 미분을 고려할 수 없다. ■

예제 3-58 $y^3+x^2y^2+x+y=0$을 만족하도록 주어진 함수 $y=f(x)$가 $f(1)=-1$을 만족할 때, $f'(1)$의 값을 구하시오.

〈풀이〉 음함수의 미분법을 사용해 $y^3+x^2y^2+x+y=0$의 양변을 x로 미분하면

$$3y^2\frac{dy}{dx}+2xy^2+x^2\cdot 2y\frac{dy}{dx}+1+\frac{dy}{dx}=0$$

이므로 정리하면 $(3y^2+2x^2y+1)\frac{dy}{dx}=-2xy^2-1$이고 따라서 $3y^2+2x^2y+1\neq 0$일 경우

$$\frac{dy}{dx}=\frac{-2xy^2-1}{3y^2+2x^2y+1}$$

이다. $x=1,\ y=-1$일 때, 미분계수의 값은 $f'(1)=\left.\frac{dy}{dx}\right|_{x=1,\ y=-1}=\frac{-2-1}{3-2+1}=\frac{-3}{2}$이다.

마지막으로 매개변수함수의 미분법을 다루도록 한다. 이는 두 변수 x, y가 명시적으로 서로 $y=f(x)$와 같이 관계되어 있지는 않지만, 두 변수 모두 또 다른 변수의 함수로 주어져 있을 때, $\frac{dy}{dx}$을 구하는 방법이다.

정리 3-59 매개변수함수의 미분 두 변수 x, y가 변수 t에 대한 함수로 $x=g(t)$, $y=h(t)$로 주어져 있을 때, y를 x에 관한 함수 $y=f(x)$로 여기면 x변수에 대한 y의

미분인 $\dfrac{dy}{dx}$은 다음과 같이 주어진다:

$$\frac{dy}{dx}=\frac{\dfrac{dy}{dt}}{\dfrac{dx}{dt}}, \text{ 즉 } f'(x)=\frac{h'(t)}{g'(t)}$$

단, 이는 $\dfrac{dx}{dt}\neq 0$일 때에 성립한다.

▎증명▐ $y=f(x)$이므로 y는 x의 함수로 볼 수 있고, $x=g(t)$이므로 x는 t의 함수로 볼 수 있다. 따라서 두 함수를 합성하여 $y=f(g(t))=(f\circ g)(t)$이므로 y를 t의 함수로 볼 수 있다. 여기에 연쇄법칙인 정리 3-45를 적용하면

$$\frac{dy}{dt}=\frac{dy}{dx}\cdot\frac{dx}{dt}$$

를 얻고, $\dfrac{dx}{dt}\neq 0$일 때에는 양변에서 $\dfrac{dx}{dt}$를 나누어 원하는 결과를 얻는다. ■

위 매개변수함수의 미분법으로는 $\dfrac{dy}{dx}$의 값이 t에 관한 함수로 얻어진다.

예제 3-60 $x=\sin t$, $y=\cos t$으로 주어져 있다. (단, $0<t<\dfrac{\pi}{2}$) 이때 $\dfrac{dy}{dx}$를 구하고, $\left.\dfrac{dy}{dx}\right|_{t=\frac{\pi}{3}}$을 구하시오.

〈풀이〉 정리 3-59에 의해 $\dfrac{dy}{dx}=\dfrac{\dfrac{dy}{dt}}{\dfrac{dx}{dt}}=\dfrac{\dfrac{d}{dt}\cos t}{\dfrac{d}{dt}\sin t}=\dfrac{-\sin t}{\cos t}$를 얻는다. 따라서

$$\left.\frac{dy}{dx}\right|_{t=\frac{\pi}{3}}=\frac{-\sin\dfrac{\pi}{3}}{\cos\dfrac{\pi}{3}}=\frac{-\dfrac{\sqrt{3}}{2}}{\dfrac{1}{2}}=-\sqrt{3}\text{ 이다.}$$

한편, 위 예제 3-60에서 $x^2+y^2=1$을 만족하므로, 예컨대 예시 3-57에서와 같이 음함수의 미분법으로부터 $\dfrac{dy}{dx}=-\dfrac{x}{y}$임을 얻을 수 있는데, 이는 위 예제에서 얻은 $\dfrac{-\sin t}{\cos t}$와

부합함을 확인할 수 있다. 매개변수함수의 미분법은 x, y가 만족하는 관계식을 이와 같이 명시적으로 찾기 어려운 상황에서도 사용 가능하므로 유용하다.

연습문제

4. 정리 3-46의 (6)을 증명하시오: $(\log_a|x|)' = \dfrac{1}{x\ln a}$ (단, $a>0$는 상수)

5. 정리 3-49의 (4), (5), (6)을 증명하시오:

(4) $(\csc x)' = -\csc x\cot x$ (5) $(\sec x)' = \sec x\tan x$

(6) $(\cot x)' = -\csc^2 x$

6. 예제 3-53을 증명하시오:

$$(\mathrm{arccsc}(x))' = \frac{-1}{x\sqrt{x^2-1}},\quad (\mathrm{arcsec}(x))' = \frac{1}{x\sqrt{x^2-1}},\quad (\mathrm{arccot}(x))' = \frac{-1}{1+x^2}$$

7. 정리 3-50의 (4), (5), (6)을 증명하시오:

(4) $(\mathrm{csch}\, x)' = -\mathrm{csch}\, x\coth x$ (5) $(\mathrm{sech}\, x)' = -\mathrm{sech}\, x\tanh x$

(6) $(\coth x)' = -\mathrm{csch}^2 x$

8. 다음과 같이 주어진 각 함수 $f:\mathbb{R}\to\mathbb{R}$가 0에서 미분가능한지 판별하고, 미분가능하다면 미분계수를 구하시오.

(1) $f(x) = \begin{cases} 0, & x=0, \\ x\sin(1/x), & x\neq 0 \end{cases}$ (2) $f(x) = \begin{cases} 0, & x=0, \\ x^2\sin(1/x), & x\neq 0 \end{cases}$

9. 다음 함수의 도함수를 구하시오.

(1) $f(x) = \dfrac{1}{\ln(\sin x)}$ (2) $f(x) = e^x\sin x$

10. 함수 $f:\mathbb{R}\to\mathbb{R}$, $f(x) = e^x - e^{-x} + x$에 대해, 역함수의 미분계수 $(f^-)'(1)$의 값을 구하시오.

11. $ye^{x}+\ln(x+y)=1$을 만족하도록 주어진 함수 $y=f(x)$가 $f(0)=1$을 만족할 때, $f'(0)$의 값을 구하시오.

12. $x=\sec^2 t,\ y=\tan^2 t$로 주어져 있다. (단, $0<t<\frac{\pi}{2}$) 이때 $\frac{dy}{dx}$를 구하고, $\left.\frac{dy}{dx}\right|_{t=\frac{\pi}{4}}$을 구하시오.

제3절 미분의 활용

접선의 방정식

미분계수의 기하학적 의미는 함수의 그래프를 통해 이해할 수 있다. 우선 함수 $f: X \to \mathbb{R}$의 그래프에서 $x=a$와 $x=b$에 해당하는 점들인 $(a,\ f(a))$와 $(b,\ f(b))$를 지나는 직선의 기울기가 함수의 (평균)변화율 $\frac{f(b)-f(a)}{b-a}$임을 관찰할 수 있다.

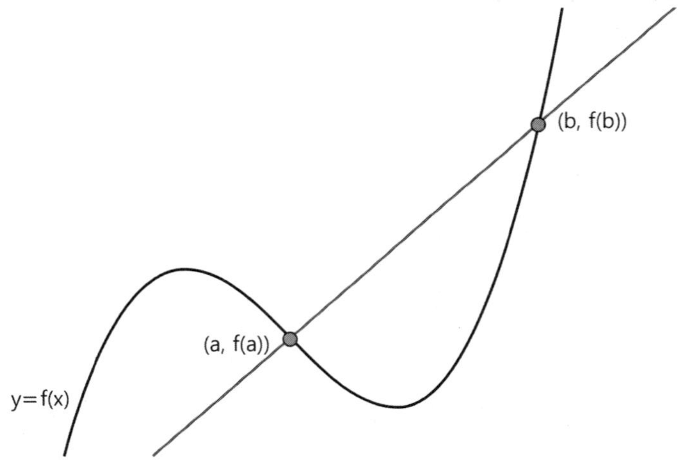

b가 a로 접근함에 따라 이 직선들은 점 $(a,\ f(a))$에서의 함수 f의 그래프의 접선과 가까워진다. 따라서 다음의 명제를 얻는다:

$f'(a)$는 함수 f의 그래프의 점 $(a,\ f(a))$에서의 접선의 기울기이다.

이 명제로부터 접선의 방정식을 다음과 같이 기술할 수 있다.

정리 3-61 접선의 방정식 정의역 X가 $\mathbb{R}$의 부분집합인 함수 $f: X \to \mathbb{R}$가 점 $a \in X$에서 미분가능하면, 함수 f의 그래프의 점 $(a,\ f(a))$에서의 접선의 방정식은

$$y = f'(a) \cdot (x-a) + f(a)$$

로 주어진다.

예시 3-62 함수 $f(x) = \sin x$에 대해, $x=0$에서 f의 그래프의 방정식을 구해보자. $f'(0) = (\sin x)'|_{x=0} = \cos x|_{x=0} = \cos 0 = 1$이고 $f(0) = \sin 0 = 0$이므로 접선의 방정식은 $y = 1 \cdot (x-0) + 0 = x$, 즉 $y = x$이다. ■

접선의 방정식에 대한 공식을 지난 3장 2절의 여러 가지 미분법과 결합해서 사용할 수도 있다. 대표적인 예는 음함수의 미분법과 결합하는 다음의 예이다.

예제 3-63 원의 접선의 방정식 원 $(x-a)^2 + (y-b)^2 = r^2$ (단, a, b, r은 상수이고 $r > 0$)의 임의의 점 $(x_0,\ y_0)$에서의 접선의 방정식이 다음과 같이 주어짐을 보이시오:

$$(x_0 - a)(x-a) + (y_0 - b)(y-b) = r^2$$

〈풀이〉 음함수의 미분법을 사용하여 방정식 $(x-a)^2 + (y-b)^2 = r^2$의 양변을 x로 미분하면 $2(x-a) + 2(y-b)\dfrac{dy}{dx} = 0$이므로, 원의 점 $(x_0,\ y_0)$이 $y_0 - b \neq 0$를 만족하는 경우는 접선의 기울기가 $-\dfrac{x_0 - a}{y_0 - b}$이다. 한편, 직선 $(x_0 - a)(x-a) + (y_0 - b)(y-b) = r^2$의 방정식에 $(x,\ y) = (x_0,\ y_0)$을 대입하면 방정식이 만족되므로 $(x_0,\ y_0)$은 이 직선 위에 있고, 이 방정식을 정리하면 $y = \dfrac{-(x_0 - a)(x-a) + r^2}{y_0 - b}$이고 기울기가 $-\dfrac{x_0 - a}{y_0 - b}$이므로, 이 직선은 원의 $(x_0,\ y_0)$에서의 접선과 동일한 직선이다. 원의 점 $(x_0,\ y_0)$ 중 $y_0 - b = 0$인 점은 $(a \pm r,\ b)$ 두 점뿐인데, 이들 점에서는 접선이 y축과 평행하므로 접선의 방정식이 $x = x_0$로 주어짐을 알 수 있고, 이 방정식은 $(x_0 - a)(x-a) + (y_0 - b)(y-b) = r^2$과도 동치임을 확인할 수 있다.

주의할 점은 위 정리 3-61은 f가 점 $x=a$에서 미분가능할 때에만 성립한다는 것이다. 또한 이 명제는 '접선'이라는 개념이 원래 잘 정의된 개념이며, 그 접선의 기울기를 미분계수로써 계산할 수 있다는 듯한 느낌을 주는데, 사실은 그래프의 접선이라는 개념 자체를 위의 명제로써 정의하는 것이 수학적으로 엄밀하다. 하지만 본서의 수준에서는 그래프의 그림으로부터 직관적으로 이해되는 접선이라는 개념을 이해하는 것으로 충분하다.

하지만 접선의 정의를 어떻게 하기로 했는지와는 별개로, 위 명제는 f가 점 $x=a$에서 미분가능할 때에만 성립한다는 사실은 같다. 만약 f가 점 $x=a$에서 미분가능하지 않은 경우, 접선 혹은 접선의 기울기라는 개념은 어떤 방법으로도 잘 정의되기 어렵다. f가 점 $x=a$에서 미분가능하지 않은 경우 중 그림으로 쉽게 이해할 수 있는 경우는 대표적으로 두 가지가 있는데, 한 가지는 f가 $x=a$에서 연속이 아닌 경우이며, 한 가지는 다음 그림에서와 같이 f의 그래프가 $(a,\ f(a))$에서 매끄럽지 않고 뾰족한 경우이다.

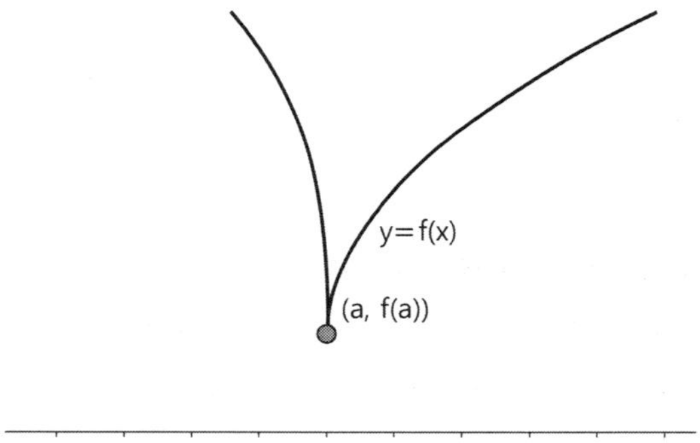

예시 3-64 함수 $f:\mathbb{R}\to\mathbb{R}$, $f(x)=|x|$의 그래프는 $x=0$에 해당하는 점인 $(0,\ 0)$에서 뾰족하다. 실제로, $x=0$에서 $\lim\limits_{x\to 0}\dfrac{f(x)-f(0)}{x-0}=\lim\limits_{x\to 0}\dfrac{|x|}{x}$를 고려해보면, 좌극한은 $\lim\limits_{x\to 0^-}\dfrac{|\ x\ |}{x}=\lim\limits_{x\to 0^-}\dfrac{-x}{x}=\lim\limits_{x\to 0^-}(-1)=-1$이고 우극한은 $\lim\limits_{x\to 0^+}\dfrac{|x|}{x}=\lim\limits_{x\to 0^+}\dfrac{x}{x}=\lim\limits_{x\to 0^+}1=1$이므로 극한 $\lim\limits_{x\to 0}\dfrac{|x|}{x}$은 존재하지 않는다. 따라서 f는 $x=0$에서 미분가능하지 않다. 이 경우, f의 그래프의 $(0,\ 0)$에서의 접선이라는 개념을 정의할 수 없다. ■

미분가능한 함수 $f:X\to\mathbb{R}$의 그래프에서 $x=a$에 해당하는 점인 $(a,\ f(a))$로부터 $x=b$에 해당하는 점인 $(b,\ f(b))$까지의 부분을 살펴보자. (단, $a<b$) 그래프 위의 점 $(t,\ f(t))$(단, $a\le t\le b$)에서의 접선의 기울기 $f'(t)$는 $x=t$에서의 f의 순간변화율을 나타내며, 이미 논의했듯이 $\dfrac{f(b)-f(a)}{b-a}$는 $x=a$에서 $x=b$까지의 f의 평균변화율을 나

타낸다. 어떤 t에 대해서는 순간변화율이 평균변화율을 웃돌 수도 있고, 다른 t에 대해서는 밑돌 수도 있다. 그런데 순간변화율이 평균변화율과 정확히 같은 t가 존재한다는 것을 증명할 수 있다.

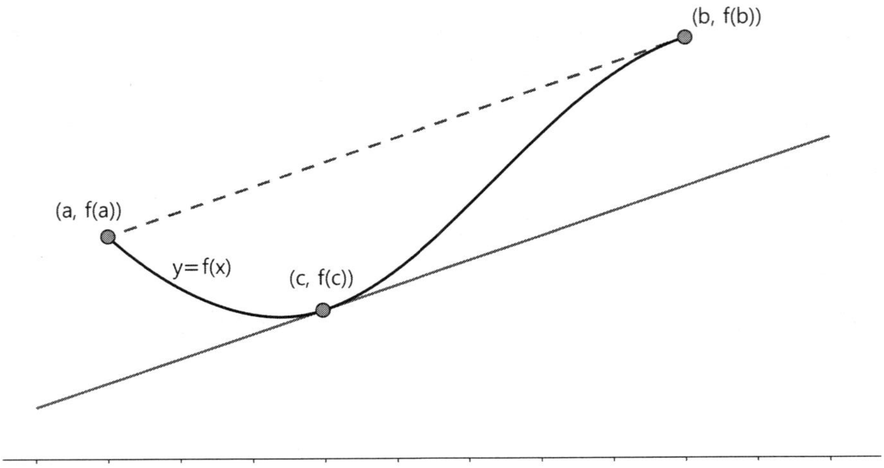

정리 3-65 평균값 정리(mean value theorem)

닫힌 구간에 정의된 함수 $f:[a,\ b]\rightarrow\mathbb{R}$가 연속이며, 열린 구간 $(a,\ b)$에서 미분가능할 때(단, $a<b$), 어떤 $c\in(a,\ b)$가 존재하여 다음이 성립한다:

$$f'(c)=\frac{f(b)-f(a)}{b-a}$$

특별히, $f(a)=f(b)$인 경우는 어떤 $c\in(a,\ b)$가 존재하여 $f'(c)=0$를 만족하는데, 이 경우를 **롤의 정리**(Rolle's theorem)라고 부른다.

❙증명❙ 먼저 롤의 정리를 증명하자. 즉, 닫힌 구간에 정의된 함수 $f:[a,\ b]\rightarrow\mathbb{R}$가 연속이며, 열린 구간 $(a,\ b)$에서 미분가능하고 $f(a)=f(b)$임을 가정하자. 만약 f가 상수함수이면 임의의 $c\in(a,\ b)$에 대해 $f'(c)=0$이며 $\frac{f(b)-f(a)}{b-a}=0$이므로, $f'(c)=\frac{f(b)-f(a)}{b-a}$이 성립한다. 이제 f가 상수함수가 아니라고 가정하자. 닫힌 구간에 정의된 연속함수의 최대·최소에 관한 정리 3-35에 의해, f는 최댓값과 최솟값을 가진다. f의 최댓값을 $f(\alpha)$(단, $\alpha\in[a,\ b]$), 최솟값을 $f(\beta)$(단, $\beta\in[a,\ b]$)라고 하자. 그러면 $f(\beta)\le f(a)=f(b)\le f(\alpha)$가 성립한다. 만약 두 부등호가 전부 등호이면, f의 함

숫값은 모두 동일하여 f가 상수함수여야 하므로, 두 부등호 중 하나는 등호가 아니다.

부등식 $f(\beta) \le f(a) = f(b) \le f(\alpha)$의 첫 번째 부등호가 등호가 아닌 $f(\beta) < f(b) = f(a)$라고 가정해보자. 그러면 $\beta \ne a$, b이므로 $\beta \in (a,\ b)$이고, 따라서 f는 $x=\beta$에서 미분가능하다. 즉 극한 $\lim_{x \to \beta} \frac{f(x)-f(\beta)}{x-\beta}$이 존재한다. 따라서 이 극한의 좌극한 $\lim_{x \to \beta^-} \frac{f(x)-f(\beta)}{x-\beta}$과 우극한 $\lim_{x \to \beta^+} \frac{f(x)-f(\beta)}{x-\beta}$이 모두 존재하며, 그 극한값이 서로 $\lim_{x \to \beta} \frac{f(x)-f(\beta)}{x-\beta}$로 동일하다. 좌극한에서의 x는 $x<\beta$이므로 분자가 $x-\beta<0$이며, 한편 $f(\beta)$는 f의 최솟값이기 때문에 $f(x) \ge f(\beta)$여서 분모는 $f(x)-f(\beta) \ge 0$이다. 따라서 $\frac{f(x)-f(\beta)}{x-\beta} \le 0$이고, $\lim_{x \to \beta^-} \frac{f(x)-f(\beta)}{x-\beta} \le 0$이다. 비슷하게, 우극한에서의 x는 $x>\beta$이므로 $x-\beta>0$이고, $f(x) \ge f(\beta)$이므로 $f(x)-f(\beta) \ge 0$이다. 따라서 $\frac{f(x)-f(\beta)}{x-\beta} \ge 0$이고, $\lim_{x \to \beta^+} \frac{f(x)-f(\beta)}{x-\beta} \ge 0$이다. 즉

$$0 \le \lim_{x \to \beta^+} \frac{f(x)-f(\beta)}{x-\beta} = \lim_{x \to \beta^-} \frac{f(x)-f(\beta)}{x-\beta} \le 0$$

이므로, $\lim_{x \to \beta^+} \frac{f(x)-f(\beta)}{x-\beta} = \lim_{x \to \beta^-} \frac{f(x)-f(\beta)}{x-\beta} = 0$이 성립해야 하며 따라서 $f'(\beta) = \lim_{x \to \beta} \frac{f(x)-f(\beta)}{x-\beta} = 0$이다. 즉 β가 우리가 찾는 c의 역할을 한다.

부등식 $f(\beta) \le f(a) = f(b) \le f(\alpha)$의 두 번째 부등호가 등호가 아닌 $f(b) = f(a) < f(\alpha)$인 경우도 비슷한 방식으로 $f'(\alpha)=0$임을 증명할 수 있는데, 자세한 증명은 독자에게 남긴다. 이로써 롤의 정리가 증명되었다.

이제 원래 문제로 돌아와서 닫힌 구간에 정의된 함수 $f:[a,\ b] \to \mathbb{R}$가 연속이며, 열린 구간 $(a,\ b)$에서 미분가능하다고만 가정하자. 즉 $f(a)=f(b)$를 가정하지는 않는다. 새로운 함수 $g:[a,\ b] \to \mathbb{R}$을 $g(x) = f(x) - \frac{f(b)-f(a)}{b-a} \cdot x$로 정의하자. f도 연속함수이고 $-\frac{f(b)-f(a)}{b-a} \cdot x$도 일차 다항함수로서 연속함수이므로, 정리 3-29에 의해 g도 연속함수이다. 또한 정리 3-41과 3-43에 의해 g는 열린 구간 $(a,\ b)$에서 미분가능하다. 한 편, $g(b)-g(a) = f(b)-f(a) - \frac{f(b)-f(a)}{b-a} \cdot (b-a) = 0$이므로, $g(a)=g(b)$를 만족한다. 따라서 롤의 정리에 의해 어떤 $c \in (a,\ b)$가 존재하여 $g'(c)=0$을 만족한다. 한편 $g'(x) = f'(x) - \frac{f(b)-f(a)}{b-a}$이므로, $0 = g'(c) = f'(c) - \frac{f(b)-f(a)}{b-a}$로부터 $f'(c) = \frac{f(b)-f(a)}{b-a}$를 얻는다. ■

예제 3-66 $\alpha, \beta \in \left(0, \dfrac{\pi}{2}\right)$, $\alpha < \beta$일때 $(\beta-\alpha)\cos\beta < \sin\beta - \sin\alpha < (\beta-\alpha)\cos\alpha$가 성립함을 보이시오.

〈풀이〉 구간 $[\alpha, \beta]$ 위의 함수 $f(x) = \sin x$에 평균값 정리를 적용하면 어떤 $c \in (\alpha, \beta)$가 존재하여 $f'(c) = \dfrac{f(\beta)-f(\alpha)}{\beta-\alpha} = \dfrac{\sin\beta - \sin\alpha}{\beta-\alpha}$가 성립함을 알 수 있다. $f'(x) = \cos x$이므로 $\cos c = \dfrac{\sin\beta - \sin\alpha}{\beta-\alpha}$이다. $\cos x$는 구간 $\left[0, \dfrac{\pi}{2}\right]$에서 감소이고 $\alpha < c < \beta$이므로 $\cos\alpha > \cos c > \cos\beta$이다. 따라서 $\cos\alpha > \dfrac{\sin\beta - \sin\alpha}{\beta-\alpha} > \cos\beta$이므로 원하는 부등식을 얻는다.

최대·최소 문제

함수에 대해 가장 기본적으로 연구하는 문제 중 하나가 최대·최소 문제이다. 함수의 최대와 최소를 찾는 체계적인 방법으로는 먼저 함수의 극대와 극소를 찾는 방법이 있다. 그리고 극대와 극소를 찾는 효율적인 방법은 도함수를 이용하는 것이다.

정의 3-67 함수의 극대와 극소

$\mathbb{R}$의 부분집합 X에 정의된 함수 $f : X \to \mathbb{R}$와 정의역 X의 점 a에 대해 다음을 정의하자.

(1) a 근방에 있는 정의역 X의 모든 점 x에 대하여 $f(a) \geq f(x)$가 성립할 경우, f가 $x = a$에서 **극대(local maximum)**를 갖는다라고 하며, a를 f의 **극대점(local maximum point)**이라 하고, $f(a)$의 값을 f의 **극댓값(local minimum value)**이라 한다.

(2) a 근방에 있는 정의역 X의 모든 점 x에 대하여 $f(a) \leq f(x)$가 성립할 경우, f가 $x = a$에서 **극소(local minimum)**를 갖는다라고 하며, a를 f의 **극소점(local minimum point)**이라 하고, $f(a)$의 값을 f의 **극솟값(local minimum value)**이라 한다.

(3) 극소점과 극대점을 통틀어 **극점(local extremum point)**이라 한다.

f의 최댓값이 존재할 경우 최댓값은 유일하지만, 극댓값은 유일하지 않을 수 있다. 마찬가지로 f의 최솟값이 존재할 경우 최솟값은 유일하지만, 극솟값은 유일하지 않을 수 있다. 최댓값과 최솟값은 극댓값과 극솟값과의 명확한 대비를 위하여, 최댓값(maximum value)과 최솟값(minimum value) 대신 대역적 최댓값(global maximum value) 혹은 절대최

댓값(absolute maximum value), 그리고 대역적 최솟값(global minimum value) 혹은 절대최솟값(absolute minimum value)이라고 부르기도 한다. 극솟값의 의미는 해당 값이 국지적으로는 최솟값이 된다는 말이며, 극댓값은 해당 값이 국지적으로 최댓값이 된다는 말이다.

최대·최솟값과 극대·극솟값은 서로 다음과 같은 자명한 관계를 가진다.

정리 3-68 $\mathbb{R}$의 부분집합 X에 정의된 함수 $f: X \to \mathbb{R}$에 대해 다음이 성립한다.
(1) f가 $x=a$에서 최댓값을 가지면, a는 f의 극대점이다.
(2) f가 $x=a$에서 최솟값을 가지면, a는 f의 극소점이다.

극댓값이 최댓값일 필요는 없으며, 극솟값이 최솟값일 필요도 없다. (예시 3-76 그림 참조) 심지어는 극댓값은 적어도 한 개 존재하지만 최댓값은 없는 경우도 있다. 극솟값과 최솟값도 마찬가지이다. 하지만 정리 3-68에 의해, 최댓값이 있다면 그것은 극댓값이기도 하며, 최솟값이 있다면 그것은 극솟값이기도 하다. 따라서, 최댓값이 존재하는 경우, 최댓값은 모든 극댓값 중 가장 큰 값이고, 최솟값이 존재하는 경우, 최솟값은 모든 극솟값 중 가장 작은 값이다. 따라서 극댓값을 모두 알거나 극솟값을 모두 알 수 있다면 최댓값과 최솟값을 찾는 데 큰 도움이 된다. 다음은 미분을 통하여 극점을 모두 찾는 방법이다.

정의 3-69 임계점 $\mathbb{R}$의 부분집합 X에 정의된 함수 $f: X \to \mathbb{R}$와 정의역 X의 점 a에 대해, f가 $x=a$에서 다음 조건 중 하나를 만족하면 a를 f의 **임계점**(critical point)이라 하고, 함숫값 $f(a)$를 f의 **임계값**(critical value)이라 한다:
(1) f가 $x=a$에서 미분가능하지 않거나,
(2) f가 $x=a$에서 미분가능하며 $f'(a)=0$

본서에서의 정의에 의하면, f가 $x=a$에서 미분가능하려면 우선 f의 정의역이 a 근방을 포함해야 한다. 따라서 만약 f의 정의역이 닫힌 구간 $[a, b]$인 경우 양 끝점은 임계점으로 볼 수 있다. 보통은 혼동을 피하기 위하여 임계점은 구간의 내부인 열린 구간 (a, b)에서만 찾고, 정의역 구간의 끝점에서의 값은 임계값이라고 부르지는 않을 수도 있지만 따로 구해주기도 한다.

정리 3-70 극점과 임계점의 관계 $\mathbb{R}$의 부분집합 X에 정의된 함수 $f: X \to \mathbb{R}$에 대해, 정의역 X의 점 a가 f의 극점이라면 a는 f의 임계점이다.

| 증명 | a가 f의 극점이면서 f가 a에서 미분가능하다고 하자. a가 극소점이면 a 근방에서 $f(x) \geq f(a)$가 성립하며, a가 극대점이면 a 근방에서 $f(x) \leq f(a)$가 성립한다. 평균값 정리의 증명에서와 비슷한 방법으로 $f'(a) = 0$임을 증명할 수 있다. 즉, a가 극소점이면 $\dfrac{f(x) - f(a)}{x - a}$의 $x \to a^-$일 때의 좌극한이 0 이하이고 $x \to a^+$일 때의 우극한은 0 이상이어서, $x \to a$일 때의 극한값이 0이어야 함을 알 수 있다. a가 극대점일 때도 비슷하다. ■

다음 그래프 예시에서와 같이, 임계점이 꼭 극점인 것은 아니다. 하지만 극점이 존재할 경우, 먼저 임계점을 다 찾은 뒤에 각 임계점이 극점인지 조사하면 극점을 모두 찾을 수 있다.

f가 최댓값을 갖는 점은 **최대점**(maximum point), 최솟값을 갖는 점을 **최소점**(minimum point)이라 명하면, 지금까지의 논의를 다음과 같이 정리할 수 있다:

{ 최대점, 최소점 } ⊂ { 극점(극대점, 극소점) } ⊂ { 임계점 }

최댓값이 존재한다면 그것은 극댓값이자 임계값이고, 최솟값이 존재한다면 그것은 극솟값이자 임계값이다. 따라서 f의 미분가능성 및 미분계수를 조사하여 임계점들을 먼저 모두 찾은 뒤, 임계점들에서의 함숫값인 임계값들을 모두 비교하여 최댓값과 최솟값을 찾아내는 것이 f의 최댓값과 최솟값을 찾는 한 가지 좋은 방법이다. 여기에서, 최종적으로 최댓값과 최솟값을 구하는 것만이 목표라면, 각 임계값들이 극댓값인지 극솟값인지 판별할 필요조차 없다. 만약 모든 극값을 구하는 것이 목표라면 각 임계값들이 극댓값인지 극솟값인지 판별해야 하는데, 이러한 판별법은 잠시 후에 이계미분을 이용하여 다룰 예정이다.

주의할 점은, 만약 최댓값이나 최솟값이 존재하지 않는다면 이 방법이 통하지 않는다는 것이다. 예컨대, 최댓값의 존재성을 모르는 상태에서는, 임계값들 중 가장 큰 값이 f의 최댓값인지 아닌지 알 수가 없다.

지금까지 설명한 $f: X \to \mathbb{R}$의 최댓값(혹은 최솟값)을 찾는 과정을 다음과 같이 요약할 수 있다 (**임계점을 이용해 최대·최소 구하기**):

1단계: $f: X \to \mathbb{R}$가 최댓값(혹은 최솟값)을 가짐을 확인한다.

2단계: f의 (끝점을 포함한) 임계점들을 모두 구하고 임계값들을 구한다.

3단계: 임계값들 중 가장 큰 값이 최댓값이다(혹은 가장 작은 값이 최솟값이다).

가장 표준적인 상황은 닫힌 구간 $[a,\ b]$(단, $a < b$)에 정의된 연속함수 $f:[a,\ b]\to\mathbb{R}$의 경우다. 정리 3-35에 의해 이 함수 f는 최대와 최소를 가지므로 1단계가 자동으로 해결된다. 2단계에서는 정의역의 내부인 열린 구간 $(a,\ b)$에서 임계점들을 구하고 임계값을 구한다. 이 임계값들과 끝점에서의 값인 $f(a)$, $f(b)$를 모두 모아 비교하여, 가장 큰 값이 최댓값, 가장 작은 값이 최솟값이다.

예제 3-71 닫힌 구간 $[-1,\ 2]$에 정의된 함수 $f:[-1,\ 2]\to\mathbb{R}$, $f(x)=3x^4-16x^3+18x^2-1$의 최댓값과 최솟값이 존재하는지 판별하고, 존재한다면 그 값을 구하시오.

〈풀이〉 f는 다항함수이므로 연속이다 (정리 3-30). 따라서 정리 3-35에 의해 닫힌 구간 $[-1,\ 2]$에서 최댓값과 최솟값을 가지고, 위에서 설명한 1단계-2단계-3단계 방법으로 최댓값과 최솟값을 구할 수 있다. 우선 정의역의 내부인 열린 구간 $(-1,\ 2)$에서 임계점을 모두 구하자. f는 다항함수여서 정리 3-43에 의해 미분가능하다. 따라서 임계점은 $f'(x)=0$이 되는 점들이다. 정리 3-43에서와 같이 f를 미분하면

$$f'(x)=12x^3-48x^2+36x=12x(x^2-4x+3)=12x(x-1)(x-3)$$

이다. 따라서 $f'(x)=0$인 실수 x는 $x=0,\ 1,\ 3$인데, 이 중 구간 $(-1,\ 2)$에 있는 점은 $x=0,\ 1$이다. 이제 이 임계점들 0, 1과 정의역의 끝점들 -1, 2에서의 함숫값들을 계산해보면 $f(0)=-1$, $f(1)=3-16+18-1=4$, $f(-1)=3+16+18-1=36$, $f(2)=48-128+72-1=-9$이므로, 이 중 가장 큰 값인 $f(-1)=36$이 f의 최댓값이고, 가장 작은 값인 $f(2)=-9$가 f의 최솟값이다.

예제 3-72 닫힌 구간 $[-1,\ 2]$에 정의된 함수 $f:[-1,\ 2]\to\mathbb{R}$, $f(x)=\sqrt{|x|}$의 최댓값과 최솟값이 존재하는지 판별하고, 존재한다면 그 값을 구하시오.

〈풀이〉 f의 정의는 구간별로 다음과 같이 나누는 것이 좋다.

$$f(x)=\begin{cases}\sqrt{x}, & 0\le x\le 2,\\ \sqrt{-x}, & -1\le x\le 0\end{cases}$$

f는 구간 $[0,\ 2]$에서 대수함수이므로 연속이고, 구간 $[-1,\ 0]$에서 대수함수이므로 연속이다. 점 $x=0$에서는 $\lim_{x\to0}f(x)=\lim_{x\to0}\sqrt{|x|}=0=f(0)$이므로 연속이다. 따라서 f는 닫힌 구간 $[-1,\ 2]$에서 연속이므로 최댓값과 최솟값을 갖는다. f는 열린 구간 $(0,\ 2)$에서 대수함수이므로 미분가능하고 (정리 3-47) $f'(x)=\dfrac{1}{2\sqrt{x}}$이므로 $f'(x)=0$이 성립하는 점이 없어서 $(0,\ 2)$에는 f의 임계점이 없다. 비슷하게, f는 $(-1,\ 0)$에서 대수함수이므로 미분가능하고 $f'(x)=\dfrac{-1}{2\sqrt{-x}}$이므로 $(-1,\ 0)$에서는 $f'(x)=0$이 성립하는 점, 즉 임계점이 없다. 한편, 점 $x=0$이 임계점인지 판별해야 할텐데, 사실 임계점인지 굳이 판별하지 않고 그냥 함숫값을 계산하여 위의 3단계에서 사용해도 무방하다. 즉, 끝점인 -1, 2와 이 점 0에서의 값들 $f(-1)$, $f(2)$, $f(0)$ 중 가장 큰 것이 최댓값, 가장 작은 것이 최솟값이다. 여기서는 0이 임계점인지 판별해보도록 하자. f의 0에서의 미분계수는 극한 $\lim_{x\to0}\dfrac{f(x)-f(0)}{x-0}=\lim_{x\to0}\dfrac{f(x)}{x}$로 정의된다. 우극한은 $\lim_{x\to0^+}\dfrac{\sqrt{x}}{x}=\lim_{x\to0^+}\dfrac{1}{\sqrt{x}}=\infty$이므로 극한이 존재하지 않는다. 따라서 f는 $x=0$에서 미분가능하지 않으므로 0은 f의 임계점이다. $f(-1)=1$, $f(2)=\sqrt{2}$, $f(0)=0$이므로 최댓값은 $\sqrt{2}$, 최솟값은 0이다.

예시 3-73 구간 $(-1,\ 1)$에 정의된 함수 $f:(-1,\ 1)\to\mathbb{R}$, $f(x)=x^2$를 생각해보면, f가 미분가능이며 $f'(x)=2x$이므로 유일한 임계점은 $x=0$임을 알 수 있다. 그래프를 그려보면 알 수 있듯이 f는 $x=0$에서 최소를 가지지만, f는 최대가 없는 함수이다. 즉 이 예시에서는 임계값들만 보아서는 최댓값에 대한 결론을 제대로 낼 수 없다. ■

미분과 그래프

함수 $f(x)$의 도함수 $f'(x)$는 $f(x)$의 순간변화율이므로, x가 변할 때 함숫값 $f(x)$가 어떻게 변하는지에 대한 정보, 특히 x가 커짐에 따라 함숫값 $f(x)$가 커지는지 작아지는지에 대한 정보를 담고 있다. 우선 다음의 용어부터 정의한다.

정의 3-74 증가함수와 감소함수

$\mathbb{R}$의 부분집합 X에 정의된 함수 $f:X\to\mathbb{R}$에 대해 다음을 정의하자.

(1) $a<b$를 만족하는 X의 임의의 두 점 a, b에 대해 $f(a)<f(b)$가 성립하면, 함수 f

가 (엄격하게) **증가**((strictly) increasing)한다고 말한다.

(2) $a<b$를 만족하는 X의 임의의 두 점 a, b에 대해 $f(a)\le f(b)$가 성립하면, 함수 f가 **단조증가**(monotone increasing)한다고 말한다.

(3) $a<b$를 만족하는 X의 임의의 두 점 a, b에 대해 $f(a)>f(b)$가 성립하면, 함수 f가 (엄격하게) **감소**((strictly) decreasing)한다고 말한다.

(4) $a<b$를 만족하는 X의 임의의 두 점 a, b에 대해 $f(a)\ge f(b)$가 성립하면, 함수 f가 **단조감소**(monotone decreasing)한다고 말한다.

정리 3-75 도함수와 함수의 증가·감소의 관계

구간 $[a, b]$를 포함하는 $\mathbb{R}$의 부분집합 X에 정의된 연속함수 $f: X\to\mathbb{R}$에 대해 다음이 성립한다.

(1) f가 열린 구간 (a, b)에서 미분가능하고 $f'>0$을 만족하면 f가 $[a, b]$에서 증가한다.

(2) f가 열린 구간 (a, b)에서 미분가능하고 $f'\ge 0$을 만족하면 f가 $[a, b]$에서 단조증가한다.

(3) f가 열린 구간 (a, b)에서 미분가능하고 $f'<0$을 만족하면 f가 $[a, b]$에서 감소한다.

(4) f가 열린 구간 (a, b)에서 미분가능하고 $f'\le 0$을 만족하면 f가 $[a, b]$에서 단조감소한다.

| 증명 | (1) α, $\beta\in[a, b]$이고 $\alpha<\beta$라고 하자. 그러면 f는 $[\alpha, \beta]$에서 연속이고 (α, β)에서 미분가능하다. 따라서 평균값정리에 의해 어떤 $c\in(\alpha, \beta)$가 존재하여 $f'(c)=\dfrac{f(\beta)-f(\alpha)}{\beta-\alpha}$가 성립한다. $c\in(a, b)$이므로 가정에 의해 $f'(c)>0$이고, $\beta-\alpha>0$이므로, $f(\beta)-f(\alpha)>0$여야 한다. 따라서 $f(\alpha)<f(\beta)$이다. 즉 f가 $[a, b]$에서 증가한다.

(2) 위 (1)의 증명에서 $f'(c)\ge 0$이므로, $f(\beta)-f(\alpha)\ge 0$를 얻고, 따라서 $f(\alpha)\le f(\beta)$이므로, f가 $[a, b]$에서 단조증가한다.

(3) 위 (1)의 증명에서 $f'(c)<0$이므로 $f(\beta)-f(\alpha)<0$, 즉 $f(\alpha)>f(\beta)$를 얻는다.

(4) 위 (1)의 증명에서 $f'(c)\le 0$이므로 $f(\beta)-f(\alpha)\le 0$, 즉 $f(\alpha)\ge f(\beta)$를 얻는다. ■

위 정리의 조건에서 열린 구간이 무한한 열린 구간이면, 결론도 그에 해당하는 닫힌 구간에서 성립한다.

함수 f의 그래프의 개형을 그리는 방법으로서, 도함수 f'의 부호 및 어느 구간에서 f가 증가하거나 감소하는지를 기록한 **증감표**를 이용하는 방법이 있다. $f'>0$인 구간에서는 f가 증가하므로 그래프의 모양이 우상향인 ／ 형태이며 $f' < 0$인 구간에서는 f가 감소하므로 그래프의 모양이 우하향인 ＼ 형태이다. $f' = 0$인 점에서는 국소적으로는 그래프가 수평한 — 형태이다. $f'(a) = 0$인 점 a에 대해, a 왼쪽에서는 f가 증가하고 오른쪽에서는 f가 감소하는 경우 a가 f의 극대점이며, a 왼쪽에서는 f가 감소하고 오른쪽에서는 f가 증가하는 경우 a가 f의 극소점이다. 이 정도의 정보만 가지고도 꽤 유용한 정보를 포함하는 함수의 그래프의 개형을 그릴 수 있다.

예시 3-76 $f(x) = 12x^5 - 45x^4 + 40x^3 + 1$의 그래프의 개형을 그려보자.

f는 다항함수이므로 미분가능하며, 도함수는

$$f'(x) = 60x^4 - 180x^3 + 120x^2 = 60x^2(x^2 - 3x + 2) = 60x^2(x-1)(x-2)$$

이다. 따라서 $f'(x) = 0$이 되는 점은 $x = 0,\ 1,\ 2$이다.

구간별로 $f'(x)$의 부호와 f의 증가·감소를 조사해보면

x	$\cdots$	0	$\cdots$	1	$\cdots$	2	$\cdots$
$f'(x)$	+	0	+	0	−	0	+
$f(x)$	／		／	극대	＼	극소	／

임계값을 계산해보면 $f(0) = 1$, $f(1) = 12 - 45 + 40 + 1 = 8$, $f(2) = 12 \cdot 32 - 45 \cdot 16 + 40 \cdot 8 + 1 = 384 - 720 + 320 + 1 = -15$이다. 그래프의 개형을 그려보면 대략 다음과 같다. ■

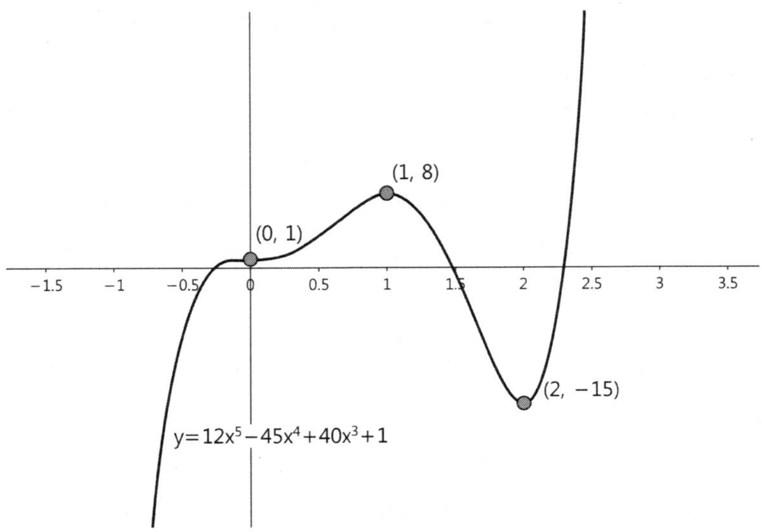

예시 3-77 2장 1절에서 언급된 함수 $f:\mathbb{R}\to\mathbb{R}$, $f(x)=3x^5+5x^3+15x+1$가 전단사함수임을 보이자. 우선 f는 다항함수이므로 미분가능하고, 도함수는

$$f'(x)=15x^4+15x^2+15=15(x^4+x^2+1)=15\left(\left(x^2+\frac{1}{2}\right)^2+\frac{3}{4}\right)\geq 15\cdot\frac{3}{4}>0$$

이므로 f가 증가함수이다. 따라서 f는 단사함수이다.
x가 한없이 커질 때 $f(x)$도 한없이 커져서 $\lim_{x\to\infty}f(x)=\infty$임을 보일 수 있다. 이를 위해 $f(x)=x^5+(2x^5+5x^3+15x+1)$, $g(x)=2x^5+5x^3+15x+1$로 놓으면, $g'(x)=10x^4+15x^2+15=5(2x^4+3x^2+3)=5(2(x^4+3/4)^2+15/8)>0$이므로 g는 증가함수이며 $g(0)=1>0$이므로, 구간 $(0,\ \infty)$에서 $g(x)>0$, 따라서 $f(x)>x^5$가 성립함을 알 수 있다. $\lim_{x\to\infty}x^5=\infty$이므로 $\lim_{x\to\infty}f(x)=\infty$를 얻는다. 비슷한 방법으로 $\lim_{x\to-\infty}f(x)=-\infty$도 보일 수 있다.
이를 이용해 f가 전사함수임을 보일 수 있다. 임의의 실수 k에 대해, $\lim_{x\to\infty}f(x)=\infty$이므로 어떤 큰 실수 b가 존재하여 $f(b)>|k|$가 성립하고, $\lim_{x\to-\infty}f(x)=-\infty$이므로 어떤 작은 실수 a가 존재하여 $f(a)<-|k|$가 성립한다. f는 연속이고 $k\in[f(a),\ f(b)]$이므로 중간값 정리에 의해 어떤 $c\in[a,\ b]$가 존재하여 $f(c)=k$를 만족한다. 따라서 f는 전사함수이다. ■

그래프의 개형을 좀 더 정확하게 그리려면 아래의 이계미분의 정보가 필요하다.

이계미분

$\mathbb{R}$의 부분집합 X에 정의된 함수 $f:X\to\mathbb{R}$가 미분가능하다면 그 도함수 $f':X\to\mathbb{R}$ 역시 같은 정의역 위의 함수이다. 따라서 f'의 미분가능성과 도함수를 고려할 수 있다. 만약 f'가 $x=a$에서 미분가능할 경우, 즉 극한

$$\lim_{x\to a}\frac{f'(x)-f'(a)}{x-a}$$

가 존재할 경우 그 값 $(f')'(a)$을 $f''(a)$로 쓰기도 하며, f의 $x=a$에서의 **이계미분계수**(second order derivative at a)라 한다. 만약 f'가 함수로서 미분가능할 경우 그 도함수 $(f')'$를 f''으로 표현하며, 이를 f의 **이계도함수**(second order derivative)라고 한다. 물론

$f'' : X \to \mathbb{R}$의 도함수 $(f'')' = f'''$ 등 계속 도함수를 취할 수 있으며, 이렇게 여러번 미분을 취해 얻은 함수를 **고계도함수**(higher order derivative)라고 하고, n번 미분하여 얻은 함수를 n**계도함수**(n-th order derivative)라고 한다. 일반 도함수를 이계 이상의 고계도함수와 비교하여 일계도함수라고 칭할 때도 있다.

$y = f(x)$의 (일계)도함수를 기호 $\frac{df}{dx}$, $\frac{d}{dx}f(x)$, $\frac{dy}{dx}$ 등으로 표현할 수 있다. 이계도함수는 여기에 왼쪽에서 $\frac{d}{dx}$를 한 번 더 적용하여 다음과 같은 기호로 표현한다:

$$\frac{d}{dx}\left(\frac{df}{dx}\right) = \frac{d^2f}{dx^2},\ \frac{d}{dx}\left(\frac{d}{dx}f(x)\right) = \frac{d^2}{dx^2}f(x),\ \frac{d}{dx}\left(\frac{dy}{dx}\right) = \frac{d^2y}{dx^2}$$

(일계)도함수가 함수의 그래프의 접선의 기울기에 대한 정보를 담고 있듯이, 이계도함수도 그래프의 기하적 정보인 볼록성과 오목성에 대한 정보를 담고 있다. 그래프가 어떤 구간에서 볼록하거나 오목하다는 개념은 직관적으로 이해할 수 있으며, 이를 이용해 함수의 볼록성과 오목성을 다음과 같이 정의할 수 있다.

정의 3-78 $\mathbb{R}$의 구간에 정의된 함수 $f : X \to \mathbb{R}$의 정의역의 임의의 두 점 a, b에 대해 좌표평면에서 점 $(a,\ f(a))$와 $(b,\ f(b))$를 잇는 선분의 점 중 이 구간 $[a,\ b]$ 위의 f의 그래프보다 밑에 있는 점이 없는 경우, f를 **볼록함수**(convex function)라 한다.
$-f$가 볼록인 경우 f를 **오목함수**(concave function)라 한다.

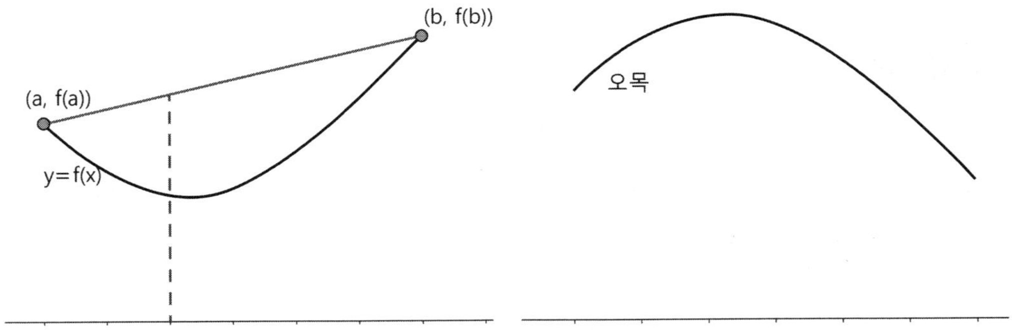

그림에서 알 수 있듯, 볼록함수는 그래프가 아래로 볼록(혹은 위로 오목)하여 ◡와 같이 생겼고, 오목함수는 그래프가 아래로 오목(혹은 위로 볼록)하여 ⌒와 같이 생겼다.

점 $(a,\ f(a))$와 $(b,\ f(b))$를 잇는 선분의 점은 어떤 $0 \le t \le 1$에 대해 $((1-t)a + tb,$

$(1-t)f(a)+tf(b)$)로 표현할 수 있다. 따라서 볼록이라는 조건은 부등식

$$(1-t)f(a)+tf(b) \geq f((1-t)a+tb) \text{ (단, } a,\ b \in X,\ 0 \leq t \leq 1)$$

으로 표현할 수 있다. 여기서 $0<t<1$에 대해 등호 없이 $(1-t)f(a)+tf(b)> f((1-t)a+tb)$를 만족하는 경우 **순볼록** 혹은 **엄격하게 볼록**(strictly convex)이라고 부른다. 오목함수는 $\geq$ 대신 $\leq$, **순오목** 혹은 **엄격하게 오목**(strictly concave)은 $<$가 성립하는 경우이다.

함수가 어떤 구간에서 볼록인 경우, 이 구간에서 그래프의 접선들을 그려보면, x가 커짐에 따라 접선의 기울기 $f'(x)$도 커짐을 알 수 있다. 이를 이용해 다음을 증명할 수 있다.

정리 3-79 열린 구간 위의 함수 $f:(a,\ b)\to\mathbb{R}$가 $f''>0$을 만족하면 볼록이다.

|증명| 구간 $(a,\ b)$에서 $f''>0$이지만 볼록은 아니라고 가정하자. 볼록이 아니므로 어떤 점 $\alpha,\ \beta\in(a,\ b)$(단, $\alpha<\beta$)와 $\gamma\in(\alpha,\ \beta)$가 존재하여, 좌표평면상의 점 $(\gamma,\ f(\gamma))$가 점 $(\alpha,\ f(\alpha))$와 $(\beta,\ f(\beta))$를 잇는 선분보다 위에 있게 된다. 따라서 점 $(\alpha,\ f(\alpha))$와 $(\beta,\ f(\beta))$를 잇는 직선의 기울기는 점 $(\alpha,\ f(\alpha))$와 $(\gamma,\ f(\gamma))$를 잇는 직선의 기울기보다는 작고 점 $(\gamma,\ f(\gamma))$와 $(\beta,\ f(\beta))$를 잇는 직선의 기울기보다는 크므로

$$\frac{f(\gamma)-f(\alpha)}{\gamma-\alpha} > \frac{f(\beta)-f(\alpha)}{\beta-\alpha} > \frac{f(\beta)-f(\gamma)}{\beta-\gamma}$$

를 얻는다. f는 $(a,\ b)$에서 미분가능이므로 연속이고, 따라서 $[\alpha,\ \gamma]$에서 연속이다. 또한 $(\alpha,\ \gamma)$에서 미분가능하므로 평균값정리에 의해 $\delta\in(\alpha,\ \gamma)$가 존재하여 $f'(\delta)=\dfrac{f(\gamma)-f(\alpha)}{\gamma-\alpha}$를 만족한다. 비슷하게, f는 $[\gamma,\ \beta]$에서 연속이고 $(\gamma,\ \beta)$에서 미분가능하므로 평균값정리에 의해 $\sigma\in(\gamma,\ \beta)$가 존재하여 $f'(\sigma)=\dfrac{f(\beta)-f(\gamma)}{\beta-\gamma}$를 만족한다. 이때 위의 부등식에 의해서 $f'(\delta)>f'(\sigma)$가 성립한다. 한편 $\delta\in(\alpha,\ \gamma)$이고 $\sigma\in(\gamma,\ \beta)$이므로 $\delta<\gamma<\sigma$이고 따라서 $\delta<\sigma$이다. 그런데 구간 $(a,\ b)$에서 $(f')'>0$이므로 정리 3-75에 의해 f'는 증가함수이다. 따라서 $\delta<\sigma$, $f'(\delta)>f'(\sigma)$가 성립할 수 없어서 모순이다. 따라서 f는 구간 $(a,\ b)$에서 볼록이다. ■

예시 3-80 예시 3-76에서의 함수 $f(x)=12x^5-45x^4+40x^3+1$을 살펴보자. 도함수는 $f'(x)=60x^4-180x^3+120x^2$이었으므로 다항함수여서 미분가능하다. 이계도함수는

$$f''(x)=240x^3-540x^2+240x=60x(4x^2-9x+4)=240x(x-\alpha)(x-\beta)$$

이고 $f''(x)=0$의 근은 0, $\alpha=\frac{9-\sqrt{17}}{8}\approx 0.61$, $\beta=\frac{9+\sqrt{17}}{8}\approx 1.64$이다. 구간 $(-\infty, 0)$, (α, β)에서 $f''>0$이므로 f가 볼록이며, $(0, \alpha)$, (β, ∞)에서는 $f''<0$이어서 f가 오목이다. f의 그래프의 개형을 그릴 때 이를 참고할 수 있다. ■

그래프에서 오목과 볼록이 변하는 지점을 **변곡점**(inflection point)이라 한다. 함수의 이계도함수 f''가 존재하고 연속이면, 변곡점에서는 f''의 부호가 변하므로 $f''(x)=0$이다. 하지만 $f''(a)=0$이라고 해서 a가 반드시 변곡점인 것은 아니다.

예시 3-81 위에서 다룬 예시 $f(x)=12x^5-45x^4+40x^3+1$에서 $f''(x)=0$인 세 점 0, α, β 각각을 기준으로 f'의 부호가 바뀌므로 이 세 점들 모두 변곡점임을 알 수 있다. ■

예시 3-82 $f(x)=x^4$이면 $f'(x)=4x^3$, $f''(x)=12x^2$이므로 $f''(x)=0$을 만족하는 점은 $x=0$으로 유일하지만, 이 점을 기준으로 f''의 부호가 바뀌지는 않고 0의 왼쪽과 오른쪽에서 모두 $f''>0$이다. 따라서 f는 구간 $(-\infty, 0)$과 $(0, \infty)$에서 모두 볼록이며, f는 변곡점을 가지지 않는다. ■

이계도함수는 구간에서의 함수의 그래프의 볼록성과 오목성을 말해준다. 따라서 한 점에서의 이계미분계수는 함수의 그래프가 그 점 주변에서 국지적으로 볼록인지 오목인지에 대한 정보를 담고 있다. 이를 이용하면 f의 미분가능한 임계점에서 이계미분계수를 통해 해당 임계점이 극대점인지 극소점인지 판별할 수 있는 경우가 있다.

정리 3-83 이계미분판별법(second derivative test) $\mathbb{R}$의 부분집합 X에 정의된 함수 $f: X\to\mathbb{R}$가 정의역의 점 a 근방에서 이계미분가능하며 이계도함수 f''가 연속이라고 가정하자. a가 f의 임계점일 때(즉, $f'(a)=0$), 다음이 성립한다:

(1) $f''(a)>0$이면 a는 f의 극소점이다.
(2) $f''(a)<0$이면 a는 f의 극대점이다.

| 증명 | (1) $f'(a)=0$, $f''(a)>0$라 하자. f''는 a에서 연속이므로 a를 포함하는 어떤 열린 구간 (α, β)에서는 f''의 값이 $f''(a)$와 매우 가까워서 $f''>0$이 성립한다. 따라서 정리 3-75에 의해, (α, β)에서 f'가 증가함수이다.

만약 어떤 $x\in(\alpha, \beta)$가 존재하여 $f(x)<f(a)$가 성립한다고 가정하자. $x<a$인 경우, 평균값정리에 의해 어떤 $y\in(x, a)$가 존재하여 $f'(y)=\dfrac{f(a)-f(x)}{a-x}$가 성립한다. f'가 (α, β)에서 증가함수이고 $y<a$이므로 $f'(y)\le f'(a)=0$이지만, $f(a)-f(x)>0$이고 $a-x>0$이므로 $\dfrac{f(a)-f(x)}{a-x}>0$이어서 모순이다. 이제 $x>a$인 경우, 평균값정리에 의해 어떤 $y\in(a, x)$가 존재하여 $f'(y)=\dfrac{f(x)-f(a)}{x-a}$인데, f'가 (α, β)에서 증가함수이고 $a<y$이므로 $0=f'(a)\le f'(y)$이지만, $f(x)-f(a)<0$이고 $x-a>0$이므로 $\dfrac{f(a)-f(x)}{a-x}<0$이어서 모순이다. 따라서 모든 $x\in(\alpha, \beta)$에 대해 $f(x)\ge f(a)$이 성립하고, 따라서 a는 f의 극소점이다.

(2) 위 증명 (1)과 비슷하게 하면 되므로 독자에게 맡긴다. ■

예시 3-84 예제 3-71의 함수 $f:[-1, 2]\to\mathbb{R}$, $f(x)=3x^4-16x^3+18x^2-1$를 고려해보자. f는 다항함수이므로 미분가능하고 도함수는 $f'(x)=12(x^3-4x^2+3x)=12x(x-1)(x-3)$로 정의역 구간 내의 임계점은 $x=0$, 1이었다. 도함수도 다항함수이므로 미분가능하고 이계도함수는 $f''(x)=12(3x^2-8x+3)$이다. 이계도함수도 다항함수이므로 연속이다 (정리 3-30). 따라서 이계미분판별법을 사용할 수 있다. 두 임계점에서의 이계미분값은 $f''(0)=12\cdot 3>0$, $f''(1)=12(3-8+3)=12\cdot(-2)<0$이므로, 이계미분판별법에 의해 0은 극소점, 1은 극대점이다. 참고로 이들은 최소점이나 최대점은 아닌데, 예제 3-71에서 봤듯이 최대점은 -1, 최소점은 2로 모두 정의역 구간의 끝점에서 나타났다. 그래프의 개형은 다음과 같다. ■

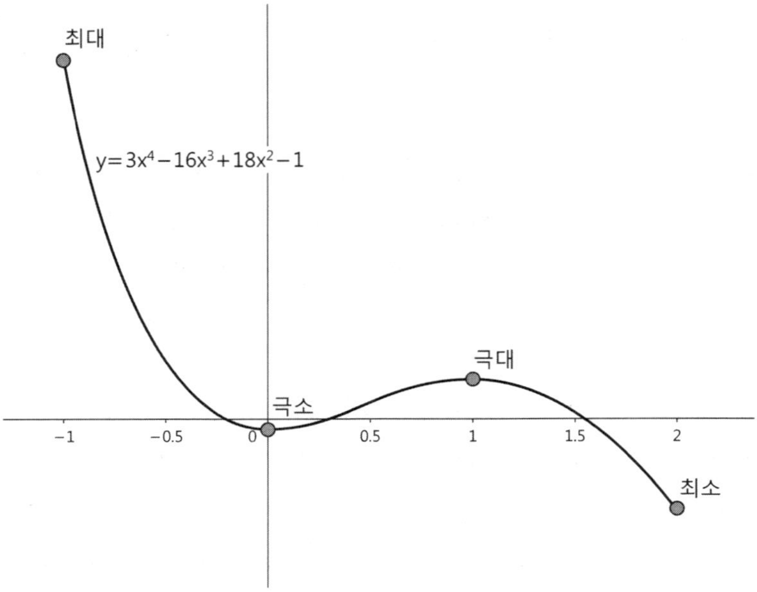

참고로, 임계점 a에서의 이계미분계수가 $f''(a)=0$인 경우는 위 이계미분판별법으로는 극대·극소 판정이 불가능하므로 다른 방법을 써야 한다.

예시 3-85 $f(x)=x^3$의 경우 $f'(x)=3x^2$이므로 $f'(x)=0$은 $x=0$에서만 성립한다. $f''(x)=6x$이므로 $f''(0)=0$이어서 이계미분판별법을 사용할 수 없다. $x=0$의 임의의 근방을 잡으면, 작은 실수 $\varepsilon>0$에 대해 $x=\varepsilon$과 $x=-\varepsilon$이 이 근방에 포함되는 점이며, $f(\varepsilon)=\varepsilon^3>0=f(0)$, $f(-\varepsilon)=-\varepsilon^3<0=f(0)$이므로, $x=0$은 이 근방에서 최소점도 최대점도 아니다. 따라서 $x=0$은 극점이 아니다. ■

예시 3-86 $f(x)=x^4$의 경우 $f'(x)=4x^3$이므로 $f'(x)=0$은 $x=0$에서만 성립한다. $f''(x)=12x^2$이므로 $f''(0)=0$이어서 이계미분판별법을 사용할 수 없다. 그런데 모든 x에 대해 $f(x)=x^4=(x^2)^2\geq 0=f(0)$이므로 $x=0$은 f의 최소점이다. ■

도함수의 활용

함수 f의 도함수를 활용해 f의 그래프의 개형을 알게 되면, $f(x)=0$인 점들을 찾아낼 수 있는 경우도 있다. 즉 도함수를 방정식을 푸는 문제에 활용할 수 있는 것이다.

예제 3-87 $12x^5-45x^4+40x^3+1=0$의 근의 개수를 구하시오.

〈풀이〉 $f(x)=12x^5-45x^4+40x^3+1$로 두면, 예시 3-76에서 증감표를 이용하여 그래프의 개형을 그린 바 있다. 임계값들의 부호는 $f(0)>0$, $f(1)>0$, $f(2)<0$이다. 또한 $f(-1)=-12-45-40+1=-96<0$, $f(10)=12\cdot 10^5-45\cdot 10^4+40\cdot 10^3+1=1200000-450000+40000+1=790001>0$이므로 중간값 정리에 의해 구간 $(-1,\ 0)$에서 근을, $(1,\ 2)$에서 근을, $(2,\ 10)$에서 근을 가진다. 또한 이 세 구간에서 f는 단조증가 혹은 단조감소가 아닌 증가 혹은 감소이므로, 근을 한 개씩만 가짐을 알 수 있다. 따라서 근을 총 3개 가진다.

함수 f의 도함수를 활용해 f의 증가와 감소 상태에 대한 정보를 얻은 후, 이를 이용해 부등식을 증명하는 경우도 있다.

예제 3-88

(1) $x>0$일 때 $x<(1+x)\ln(1+x)$이 성립함을 보이시오.

(2) 구간 $x>0$에서 $f(x)=(1+x)^{\frac{1}{x}}$이 감소함수임을 보이시오.

(3) 구간 $x>0$에서 $f(x)<e$가 성립함을 보이시오.

〈풀이〉 (1) $g(x)=x-(1+x)\ln(1+x)$로 두면, g는 $[0,\ \infty)$에서 연속이고 $(0,\ \infty)$에서 미분가능하다. 도함수는 $g'(x)=1-1\cdot\ln(1+x)-(1+x)\cdot\dfrac{1}{1+x}=-\ln(1+x)$이므로, $x>0$일 때 $g'(x)=-\ln(1+x)<-\ln 1=0$이다 ($\because$ ln은 증가함수). $(0,\ \infty)$에서 $g'<0$이므로 g는 $[0,\ \infty)$에서 감소함수이다. 따라서 $x>0$에 대해 $g(x)<g(0)=0-1\cdot\ln 1=0$이므로 $x-(1+x)\ln(1+x)<0$, 즉 $x<(1+x)\ln(1+x)$이다.

(2) $h(x)=\ln f(x)=\ln(1+x)^{\frac{1}{x}}=\dfrac{\ln(1+x)}{x}$로 두고 h가 감소함수임을 보이자. $x>0$에서 h는 미분가능하고,

$$h'(x)=\frac{x\cdot\dfrac{1}{1+x}-(\ln(1+x))\cdot 1}{x^2}=\frac{x-(1+x)\ln(1+x)}{x^2(1+x)}$$

$$=\frac{g(x)}{x^2(1+x)}$$

이다. 위 (1)에 의해 $g(x) < 0$이고 $x^2(1+x) > 0$이므로 $h'(x) < 0$이고, 따라서 h가 감소함수이다. 구간 $x > 0$ 내에서 $a < b$이면, h가 감소함수이므로 $h(a) > h(b)$이다. 한편 e^x는 증가함수이므로 $e^{h(a)} > e^{h(b)}$이다. 따라서 $f(a) > f(b)$이다. 즉 f가 감소함수이다.

(3) $h(x) = \ln f(x)$이므로 $h(x) < 1$을 보이면 충분하다. $h(x) = \dfrac{\ln(1+x)}{x}$이므로 $\ln(1+x) < x$를 보이면 된다. $k(x) = x - \ln(1+x)$라 하면 k는 $[0, \infty)$에서 연속이고 $(0, \infty)$에서 미분가능하며 $k'(x) = 1 - \dfrac{1}{1+x} = \dfrac{x}{1+x}$이다. 구간 $(0, \infty)$ $x > 0$, $1+x > 0$이므로 $k'(x) > 0$이고 따라서 k는 증가함수이므로, $x \in (0, \infty)$에 대해 $k(x) > k(0) = 0 - \ln 1 = 0$을 만족한다. 즉 $k(x) > 0$이므로 $x - \ln(1+x) > 0$, 즉 $x > \ln(1+x)$가 성립한다.

위 예제의 결과로부터 수열 $\{a_n\}_{n=1}^{\infty}$, $a_n = \left(1+\dfrac{1}{n}\right)^n$, $n \in \mathbb{N}$이 증가수열이며 $a_n < e$, $n \in \mathbb{N}$이 만족됨을 알 수 있다. 이렇게 모든 항이 어떤 고정된 숫자보다 작은 증가수열은 수렴함이 알려져 있는데 (대학교 해석학에서 다루는 내용), 따라서 극한 $\lim\limits_{n\to\infty}\left(1+\dfrac{1}{n}\right)^n$이 존재함을 알 수 있다. 독자들은 이를 통해 정의 1-15에서 가정했던 극한 $\lim\limits_{n\to\infty}\left(1+\dfrac{1}{n}\right)^n = e$에서 극한 $\lim\limits_{n\to\infty}\left(1+\dfrac{1}{n}\right)^n$의 값은 아니더라도 적어도 극한의 존재성을 미분을 이용해 증명했다고 생각할 수도 있겠지만, 사실은 위 예제의 풀이에서 함수 ln의 도함수를 이용하였고, 정리 3-46에서 ln의 도함수를 구할 때에 $\lim\limits_{x\to 0}(1+x)^{\frac{1}{x}} = e$를 이용했던 바 있다. 따라서 극한 $\lim\limits_{n\to\infty}\left(1+\dfrac{1}{n}\right)^n$의 존재성은 여전히 본서에서는 증명된 명제가 아니고 증명 없이 사실로 받아들이는 명제로 봐야 한다.

도함수를 활용하는 대표적인 상황 중 하나는 변수들이 시간 변수 t에 의존할 때인데, 각 변수들의 t에 관한 미분은 각 변수들이 시간에 따라 어떻게 변하는지에 대한 정보를 담고 있다. 이러한 상황은 물리학에서 많이 볼 수 있으며, 가장 쉬운 예로는 물체가 시간에 따라 움직일 때로서, 물체의 위치를 시간에 의존하는 변수로 본다. 직선상에서 움직이는 물체의 경우는 위치 변수가 하나만 필요하여 $x = x(t)$로 생각할 수 있고, 좌표평면상에서 움직이는 물체의 경우는 위치를 (x, y)로 나타낼 수 있으므로 위치 변수가 두 개 필요하여 $x = x(t)$, $y = y(t)$로 생각할 수 있다.

논의를 간단하게 하기 위하여 우선 위치 변수가 하나만 있는 경우를 살펴보자. 여기서 위치 변수 $x = x(t)$는 시간이 t인 시점에 물체의 **위치**(position)를 나타낸다. 이를 시간에 대해 미분한 결과인 $x' = x'(t) = \dfrac{dx}{dt}$는 위치의 순간변화율이며, 움직이는 물체의 **속도**(velocity)를 나타낸다. 속도마저 시간에 따라 변할 때, 속도의 순간변화율은 위치의 이계미분 $x'' = x''(t) = \dfrac{d^2x}{dt^2}$으로 주어지며, 이는 움직이는 물체의 **가속도**(acceleration)를 나타낸다. 여기서 속도와 가속도는 음수가 될 수도 있으며, **속력**(speed)은 속도의 절댓값을 나타낸다.

예제 3-89 수직 윗방향으로 공을 던졌더니 공이 직선상에서 움직였고, t초 후 높이가 $12t - 5t^2$이었다(단위는 m). 속력이 0(m/sec)인 시점은 몇 초 후인가? 또한 이때 가속도를 계산하시오.

〈풀이〉 $x(t) = 12t - 5t^2$(m)이므로 속도는 $x'(t) = 12 - 10t$(m/sec), 가속도는 $x''(t) = -10$(m/sec^2)이다. 속력이 0이면 $|x'(t)| = |12 - 10t| = 0$, 즉 $12 - 10t = 0$이므로 $t = \dfrac{6}{5}$(sec)이다. 즉 답은 1.2초 후이며, 이때 가속도는 -10(m/sec^2)이다.

좌표평면상에서 움직이는 물체의 경우 위치변수가 $x = x(t)$, $y = y(t)$로 두 개 필요하다. 이 때는 위치를 $(x, y) = (x(t), y(t))$로서 벡터로 이해할 수 있으며, 속도는 각 성분을 미분하여 얻어지는 벡터 $(x', y') = (x'(t), y'(t))$로, 가속도는 속도의 각 성분을 미분하여 얻어지는 벡터 $(x'', y'') = (x''(t), y''(t))$로 이해할 수 있다. 속력(speed)은 속도벡터의 길이인 $\sqrt{(x'(t))^2 + (y'(t))^2}$로 정의된다.

예제 3-90 좌표평면 안에서 사선 방향으로 공을 던졌더니 t초 후 공의 위치가 $(10t, 12t - 5t^2)$이었다. 최소 속력을 구하시오.

〈풀이〉 위치가 $(x(t), y(t)) = (10t, 12t - 5t^2)$이므로 속도는 $(x'(t), y'(t)) = (10, 12 - 10t)$이며 속력은 $\sqrt{10^2 + (12 - 10t)^2}$이다. 속력이 최소가 되려면 속력의 제곱인 $f(t) = 10^2 + (12 - 10t)^2$가 최소가 되면 된다. f는 다항함수이므로 미분가능하고 $f'(t) = 2(12 - 10t)(-10) = 200\left(t - \dfrac{6}{5}\right)$이므로 $f'(t) = 0$

은 $t=\dfrac{6}{5}$일 때에만 성립한다. $0<t<\dfrac{6}{5}$일 때 $f'(t)<0$이므로 f가 감소하고 $t>\dfrac{6}{5}$일 때 $f'(t)>0$이므로 f가 증가한다. 따라서 f는 $t=\dfrac{6}{5}$일 때 최솟값 $f(t)=10^2$을 가진다. 따라서 최소 속력은 10이다.

연습문제

13. 쌍곡선 $x^2-y^2=-1$ 위의 점 $(x_0,\ y_0)$에서의 접선의 방정식을 구하시오.

14. $0<x<\dfrac{\pi}{2}-1$일 때 $\sec^2 x<\tan(x+1)-\tan x<\sec^2(x+1)$이 성립함을 보이시오.
(힌트: 평균값 정리)

15. 함수 $f:[-2,\ 2]\to\mathbb{R}$, $f(x)=12x^5-15x^4-20x^3+30x^2+2$에 대하여 다음 물음에 답하시오.

(1) 임계점을 모두 구하시오.

(2) 최댓값과 최솟값이 각기 존재하는지 판별하고, 존재하는 경우 값을 구하시오.

(3) 각 임계점에 대해, 해당 점이 극소점인지 극대점인지 극점이 아닌지 판별하시오.

16. 함수 $f:\mathbb{R}\to\mathbb{R}$, $f(x)=3x^4-16x^3+18x^2-1$이 증가하는 구간을 모두 구하고, 변곡점을 모두 구하시오.

17. (1) $x>0$일 때 $2e^x>2x+1$이 성립함을 보이시오.

(2) $x>0$일 때 $2e^x>x^2+x-1$이 성립함을 보이시오.

18. 좌표평면 안에서 움직이는 물체의 t초 후 위치가 $(t-\cos t,\ t+\sin t)$라 할 때, 최소 속력과 최대 속력을 구하시오.

제 4 장

적분

제 1 절　부정적분과 정적분

제 2 절　적분법

제 3 절　적분의 활용

제1절 부정적분과 정적분

부정적분

함수 $f: X \to \mathbb{R}$가 미분가능할 때, **미분(differentation)**이라는 행위를 통하여 도함수 $f': X \to \mathbb{R}$을 얻어낼 수 있었다. 이와 반대 방향으로, 어떤 함수 $f: X \to \mathbb{R}$로부터 새로운 함수 $F: X \to \mathbb{R}$를 찾아내어 $F' = f$가 만족하도록 하는 행위를 **적분(integration)**이라 한다.

정의 4-1 $\mathbb{R}$의 부분집합 X에 정의된 함수 $f: X \to \mathbb{R}$와 미분가능한 함수 $F: X \to \mathbb{R}$가 $F' = f$를 만족하면 F를 f의 **역도함수 혹은 원함수(antiderivative)**라 한다.

위 정의에서, 물론 f는 F의 도함수라고 부른다. 미분가능한 함수 $F: X \to \mathbb{R}$가 주어지면 그 도함수 F'은 유일하게 결정된다. 반대로, 함수 f가 주어지면, f의 역도함수 F가 존재하는지, 그리고 그러한 F는 유일한지 생각해볼 수 있다. 우선 유일성에 대하여 생각해보자.

예시 4-2 $\mathbb{R}$ 전체에 정의된 상수함수 $f(x) = a$를 생각해보자. 임의의 상수 C에 대해 함수 F를 $F(x) = ax + C$로 정의하면, F는 미분가능하고 $F' = f$가 성립한다. ■

위와 같이 주어진 f에 대해 $F' = f$를 만족하는 F가 유일하지는 않다는 것을 알 수 있다. 이를 만족하는 F에 상수를 더한 함수 $F + C$도 $(F + C)' = f$를 만족하기 때문이다. 그런데, $G' = f$인 임의의 미분가능한 함수 G는 반드시 $F + C$꼴이어야 함이 알려져 있다.

정리 4-3 $\mathbb{R}$의 열린 구간에 정의된 미분가능한 함수 $F: X \to \mathbb{R}$가 $F' = 0$를 만족하면, 즉 모든 $x \in X$에 대해 $F'(x) = 0$을 만족하면, F는 상수함수이다.

| 증명 | $F' = 0$라고 하자. 정의역의 임의의 두 점 a, $b \in X$(단, $a < b$)에 대해, 평균값정리에 의해 어떤 $c \in (a, b)$가 존재하여 $F'(c) = \dfrac{F(b) - F(a)}{b - a}$를 만족한다. 한편 $F'(c) = 0$이므로 $F(b) - F(a) = 0$, 즉 $F(a) = F(b)$여야 한다. 따라서 정의역의 임의의 두 점

에서 함숫값이 같으므로, 모든 점에서의 함숫값이 서로 같다. 따라서 F는 상수함수이다. ■

따름정리 4-4 $\mathbb{R}$의 열린 구간에 정의된 미분가능한 함수 $F: X \to \mathbb{R}$와 $G: X \to \mathbb{R}$가 $F' = G'$를 만족하면, 즉 모든 $x \in X$에 대해 $F'(x) = G'(x)$를 만족하면, 어떤 상수 C에 대해 $G = F + C$, 즉 모든 $x \in X$에 대해 $G(x) = F(x) + C$가 성립한다.

| 증명 | $F' = G'$이면 $(G - F)' = G' - F' = 0$이므로 정리 4-3에 의해 $G - F = C$이다. ■

따라서 역도함수가 존재한다면, 상수 더하기만큼을 무시하면 역도함수는 유일하다. 이 상황을 종종 다음과 같이 표현한다:

$$\int f(x)\,dx = F(x) + C$$

즉 좌변의 $\int f(x)\,dx$ 기호는 함수 $f(x)$의 역도함수를 뜻하며, 이를 f의 **부정적분**(indefinite integral)이라고 부른다. 함수 f의 부정적분은 함수로서 잘 정의되지는 않고 상수 더하기만큼의 비유일성이 있으므로, 위의 우변에서와 같이 상수 더하기를 표기해준다. 이때, 정해지지 않은 상수 C를 **적분상수**라고 부른다. 위와 같은 부정적분 표기에는 통상 함수의 정의역은 표기하지 않으므로, 상황에 맞게 이해해야 하며, 별다른 설명이 없다면 $f(x)$의 최대의 정의역을 고려해야 한다.

예시 4-5 예시 4-2의 결과는 $\int a\,dx = ax + C$로 표현할 수 있다. ■

3장에서 살펴본 도함수의 예시들로부터 부정적분의 예시들을 얻을 수 있다.

정리 4-6

(1) 임의의 실수 $a \neq -1$에 대해 $\int x^a\,dx = \dfrac{x^{a+1}}{a+1} + C$이다.

(2) $\int x^{-1}\,dx = \ln|x| + C$이다.

(3) 다항함수의 부정적분은 다음과 같다:

$$\int (a_n x^n + a_{n-1} x^{n-1} + \cdots + a_1 x + a_0)\,dx$$

$$= \frac{a_n}{n+1} x^{n+1} + \frac{a_{n-1}}{n} x^n + \cdots + \frac{a_1}{2} x^2 + a_0 x + C$$

정리 4-7

(1) $\int e^x\,dx = e^x + C$

(2) $\int a^x\,dx = \frac{a^x}{\ln a} + C$ (단, $a > 0$, $a \neq 1$)

정리 4-8

(1) $\int \sin x\,dx = -\cos x + C$

(2) $\int \cos x\,dx = \sin x + C$

(3) $\int \sec^2 x\,dx = \tan x + C$

(4) $\int \sec x \tan x\,dx = \sec x + C$

정리 4-9

(1) $\int \sinh x\,dx = \cosh x + C$

(2) $\int \cosh x\,dx = \sinh x + C$

(3) $\int \operatorname{sech}^2 x\,dx = \tanh x + C$

(4) $\int \operatorname{sech} x \tanh x\,dx = -\operatorname{sech} x + C$

정리 4-10

(1) $\int \frac{dx}{\sqrt{1-x^2}} = \arcsin x + C$

(2) $\int \frac{dx}{1+x^2} = \arctan x + C$

(3) $\int \frac{dx}{x\sqrt{x^2-1}} = \operatorname{arcsec} x + C$

위 정리 4-10에서 기호 dx는 마치 숫자처럼 $\int \frac{dx}{\sqrt{1-x^2}} = \int \frac{1}{\sqrt{1-x^2}}\,dx$를 의미한다고 보면 된다.

이 외에도 다음과 같이 유용한 부정적분의 공식들이 있다.

정리 4-11

(1) $\int \tan x\, dx = \ln|\sec x| + C$ (2) $\int \sec x\, dx = \ln|\sec x + \tan x| + C$

증명 (1) 우변을 미분해보면 된다. 몫의 미분법에 의해 $(\ln|\sec x|)' = \dfrac{(|\sec x|)'}{|\sec x|}$

$\sec x > 0$일 때에는 $\dfrac{(|\sec x|)'}{|\sec x|} = \dfrac{(\sec x)'}{\sec x} = \dfrac{\sec x \tan x}{\sec x} = \tan x$이고

$\sec x < 0$일 때도 비슷하다.

(2) 연습문제로 남긴다. ■

부정적분의 공식을 알고 있을 때 그 공식을 증명하는 것은 위와 같이 우변을 미분해보면 된다. 하지만 부정적분의 공식을 모르는 상태에서 공식을 찾는 것은 항상 쉬운 일은 아니며, 다음 절에서 이에 필요한 여러 기법들을 다루기로 한다. 여기서는 간단한 기본 정리만 살펴본다.

정리 4-12 부정적분의 기본 성질

(1) 함수 f, g의 부정적분이 정의될 때 $f+g$의 부정적분도 정의되며 다음이 성립한다:

$$\int (f(x)+g(x))\,dx = \int f(x)\,dx + \int g(x)\,dx$$

(2) 함수 f의 부정적분이 정의되면 임의의 상수 c에 대해 cf의 부정적분이 정의되고 다음이 성립한다:

$$\int cf(x)\,dx = c\int f(x)\,dx$$

예제 4-13 $\displaystyle\int \frac{x}{1+x}\,dx$를 계산하시오.

〈풀이〉 $$\int \frac{x}{1+x}\,dx = \int\left(1-\frac{1}{1+x}\right)dx = \int 1\,dx - \int \frac{1}{1+x}\,dx$$
$$= x - \ln|1+x| + C$$

정적분

미분의 기하학적 의미가 '그래프의 접선의 기울기'였듯이, 적분도 기하학적 의미를 가지는데, 이는 그래프와 x축 사이 영역의 넓이와 관련이 있다. 구간 $[a,\ b]$에서 정의된 함수 $y=f(x)$에 대해 $f \ge 0$일 경우, f의 **그래프의 아랫부분**은 f의 그래프와 x축 사이 영역, 즉 좌표평면에서

$$\{(x,\ y) \mid a \le x \le b,\quad 0 \le y \le f(x)\}$$

인 영역을 뜻한다.

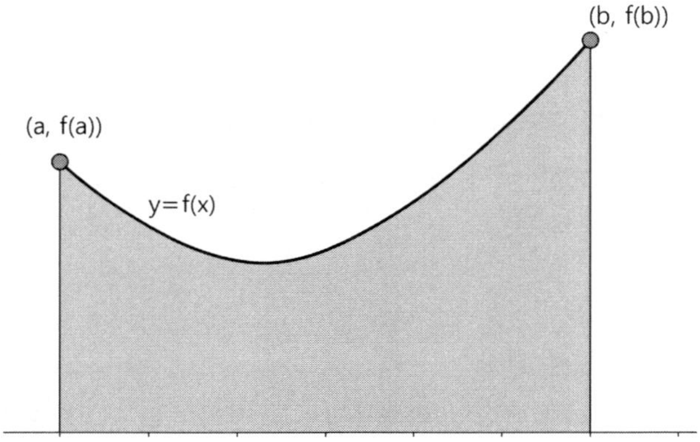

정의 4-14

구간 $[a,\ b]$에서 정의된 함수 $y=f(x)$가 연속함수이거나, 혹은 어떤 $M>0$이 존재하여 $|f| \le M$이고 f가 유한 개의 점을 제외한 모든 점에서 연속이라고 가정하자.

(1) $f \ge 0$일 경우, f의 그래프의 아랫 부분의 넓이를 구간 $[a,\ b]$에서의 (혹은 a에서 b까지의) 함수 f의 **정적분**(definite integral)이라 하며 $\int_a^b f(x)\,dx$로 표기한다.

(2) $f \le 0$일 경우 $-f \ge 0$이므로 $\int_a^b (-f(x))\,dx$는 위 (1)과 같이 정의하고, 정적분 $\int_a^b f(x)\,dx$를 $-\int_a^b (-f(x))\,dx$로 정의한다.

(3) 일반적인 경우, 구간 $[a,\ b]$를 n개의 부분구간들 $[a_0,\ a_1],\ [a_1,\ a_2],\ \cdots,\ [a_{n-1},\ a_n]$로 나누어(단, $a=a_0<a_1<\cdots<a_n=b$) 각 부분구간 $[a_{i-1},\ a_i]$에서 $f \ge 0$ 혹은 $f \le 0$가 성립하게 할 수 있고, 이때 정적분 $\int_a^b f(x)\,dx$를 $\sum_{i=1}^{n}\int_{a_{i-1}}^{a_i} f(x)\,dx$로 정의

한다.

정적분 $\int_a^b f(x)\,dx$에서 a, b를 각각 이 정적분의 **아래끝**(lower limit), **위끝**(upper limit)이라 한다.

즉, 정적분은 f의 그래프와 x축 사이 영역의 '부호를 고려한 넓이'라고 여길 수 있다. f의 그래프가 직선이거나 원의 일부인 경우에는 f의 그래프의 아랫부분의 넓이가 무엇을 의미하는지 명확하고 대부분의 경우 계산도 가능하다.

예시 4-15 함수 $f(x)=mx+c$(단, m, c는 상수)의 그래프는 직선이다. 따라서 구간 $[a,\ b]$ 위에서 $f \geq 0$이라면 f의 그래프 아랫 부분은 사다리꼴로, 넓이가 다음과 같다:

$$\int_a^b (mx+c)\,dx = \frac{f(a)+f(b)}{2}\cdot(b-a) = \left(m\frac{a+b}{2}+c\right)(b-a)$$
$$= m\frac{b^2-a^2}{2}+c(b-a)$$ ■

예시 4-16 함수 $f(x)=\sqrt{1-x^2}$의 구간 $[-1,\ 1]$ 위의 그래프는 원의 일부인 반원이다. 따라서 구간 $[-1,\ 1]$ 아랫부분의 넓이는 반지름이 1인 원판의 넓이의 반인 $\frac{\pi\cdot 1^2}{2}=\frac{\pi}{2}$이다. 따라서 $\int_{-1}^{1}\sqrt{1-x^2}\,dx=\frac{\pi}{2}$이다. 비슷하게 $\int_0^1\sqrt{1-x^2}\,dx=\frac{\pi}{4}$이다. ■

일반적인 함수 f에 대해서는 사실 '좌표평면의 영역의 넓이'라는 개념을 엄밀하게 먼저 정의해야만 한다. 편의상 $f \geq 0$이라 하고, 구간 $[a,\ b]$를 n개의 임의의 부분구간들 $[a_0,\ a_1]$, $[a_1,\ a_2]$, $\cdots$, $[a_{n-1},\ a_n]$로 분할한다. (단, $a=a_0<a_1<\cdots<a_n=b$) f의 그래프의 아랫 부분 영역인 $a \leq x \leq b$, $0 \leq y \leq f(x)$는 부분구간에 해당하는 n개의 영역 $a_{i-1} \leq x \leq a_i$, $0 \leq y \leq f(x)$들로 분할되며, 원래 영역의 넓이는 이 부분영역의 넓이의 합으로 표현할 수 있다. i번째 부분영역인 $a_{i-1} \leq x \leq a_i$, $0 \leq y \leq f(x)$의 넓이를 높이가 h_i인 직사각형 영역 $a_{i-1} \leq x \leq a_i$, $0 \leq y \leq h_i$의 넓이인 $(a_i-a_{i-1})h_i$로 근사해보자. m_i를 $a_{i-1} \leq x \leq a_i$에서 f의 최솟값, M_i를 $a_{i-1} \leq x \leq a_i$에서 f의 최댓값이라 하면, $a_{i-1} \leq x \leq a_i$에서 $m_i \leq f \leq M_i$이므로

$$(a_i - a_{i-1})m_i \leq (i\text{번째 부분영역의 넓이}) \leq (a_i - a_{i-1})M_i$$

이다. 모든 $i = 1, 2, \cdots, n$에 대해 합하면

$$\sum_{i=1}^{n}(a_i - a_{i-1})m_i \leq (f\text{의 그래프의 아랫 부분 영역의 넓이}) \leq \sum_{i=1}^{n}(a_i - a_{i-1})M_i$$

이다. 이때 $\sum_{i=1}^{n}(a_i - a_{i-1})m_i$를 하합(lower sum), $\sum_{i=1}^{n}(a_i - a_{i-1})M_i$를 상합(upper sum)이라 한다. 구간 $[a, b]$의 분할을 고려할 때마다 이렇게 f의 그래프의 아랫 부분 영역의 넓이를 근사하는 두 숫자를 얻는데, 분할을 점점 잘게 하여 각 부분구간 $[a_{i-1}, a_i]$의 너비 $a_i - a_{i-1}$가 0으로 감에 따라 이 하합과 상합의 극한을 취했을 때, 두 극한이 존재하며 같은 경우 그 극한값을 비로소 f의 그래프의 아랫 부분 영역의 넓이로 정의할 수 있으며, 이것이 넓이와 정적분의 엄밀한 정의이다. 이러한 넓이는 모든 함수 f에 대해서 존재하지는 않으며, 존재하는 경우 f를 **적분가능(integrable)**한 함수라고 부른다.

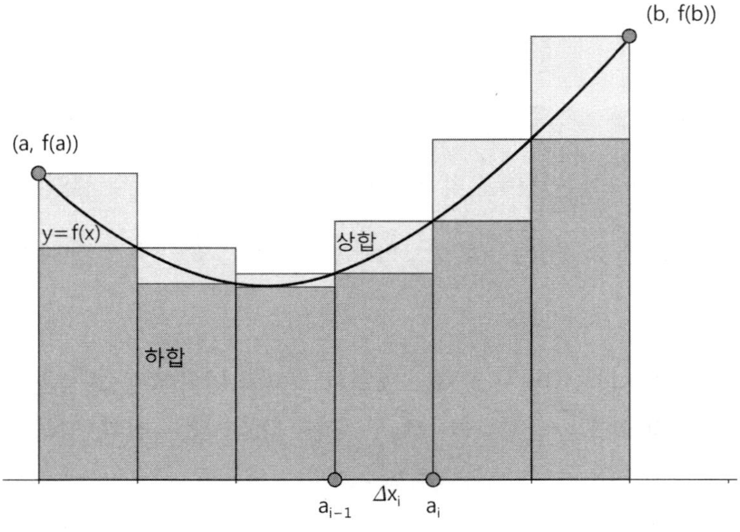

기호로서 위의 상황을 표현해보면, i번째 부분구간의 너비를 $\Delta x_i = a_i - a_{i-1}$로 표현하기도 하며, m_i, M_i가 나타내는 것은 이 구간의 어떤 점 $x_i^* \in [a_{i-1}, a_i]$에서의 함숫값 $f(x_i^*)$이다. 따라서 상합과 하합, 혹은 그 사이에 있는 양은

$$\sum_{i=1}^{n} f(x_i^*)\Delta x_i$$

의 형태로 표현할 수 있으며, 분할을 점점 잘게 쪼개어 위의 유한급수의 값의 극한을 취하여 얻는 양이 바로 정적분인

$$\int_a^b f(x)\,dx$$

가 된다. 즉, 구간의 너비들이 0으로 갈 때의 극한을 취하면 합 $\sum$이 적분 $\int$이 되고(실제 두 기호는 sum의 앞글자인 S를 나타낸다), 구간 너비 Δx_i가 '무한소(infinitesimal) 요소'인 dx가 되는 것으로 이해할 수 있다.

다시 예시 4-16으로 돌아가보면, 우리는 이 경우 함수 $f(x)=\sqrt{1-x^2}$의 그래프가 정확히 반원이므로 그래프 아랫부분의 넓이를 우리가 알고 있는 원판의 넓이의 공식을 사용하여 구할 수 있었다. 그런데 원판의 넓이라는 개념의 정의, 그리고 원판 넓이의 공식의 증명은 사실 위에서와 같이 정적분을 정의하기 전에는 엄밀하게 논의할 수 없다. 이제는 정적분이라는 개념으로 오히려 원판의 넓이라는 개념을 정의하고 그 넓이를 적분을 통해 계산하여 비로소 원판 넓이 공식을 엄밀히 증명할 수 있게 되는 것이다. 이미 알고 있던 원판 넓이의 공식을 이용하지 않고 예시 4-16의 정적분을 계산하는 일은 다음 절에서 다룬다.

한편 본서에서는 위의 적분의 정의에서 언급한 적분가능한 함수의 일반적인 상황을 다루지 않고 정의 4-14에서의 특수한 경우만 다루는데, 정의 4-14에서의 함수들은 적분가능함이 알려져 있다. 또한 본서에서는 구간 $[a,\ b]$를 분할할 때 균등한 너비의 n개 부분구간으로 분할하는 경우만을 다루기로 하며(즉 $a_i - a_{i-1} = \dfrac{b-a}{n}$이 되도록), 이때 위 방법으로 넓이와 정적분 값을 계산하는 방법을 **구분구적법**이라 부른다. 구분구적법의 경우, 자연수 n마다 구간 $[a,\ b]$의 분할이 명확히 결정되므로 하합 a_n, 상합 A_n도 결정된다. 따라서 이 경우 하합들이 이루는 수열 $\{a_n\}_{n=1}^{\infty}$과 상합들이 이루는 수열 $\{A_n\}_{n=1}^{\infty}$의 극한을 이용해서 넓이와 정적분을 이해할 수 있다.

예시 4-17 양수 $b>0$에 대해 정적분 $\int_0^b x^2\,dx$의 값을 구분구적법으로 구해보자.

구간 $[0,\ b]$를 균등한 너비 $\dfrac{b}{n}$의 부분구간 n개로 나누면 i번째 구간은 $\left[\dfrac{b}{n}(i-1),\ \dfrac{b}{n}i\right]$이다. (단, $i=1,\ 2,\ \cdots,\ n$) $f(x)=x^2$는 이 구간에서 증가함수이므로 최솟값은 $f\left(\dfrac{b}{n}(i-1)\right)=\dfrac{b^2}{n^2}(i-1)^2$이고 최댓값은 $f\left(\dfrac{b}{n}i\right)=\dfrac{b^2}{n^2}i^2$이다. 따라서 하합은 $a_n=$

$\sum_{i=1}^{n}\frac{b}{n}\cdot\frac{b^2}{n^2}(i-1)^2=\frac{b^3}{n^3}\sum_{i=1}^{n-1}i^2$, 상합은 $A_n=\sum_{i=1}^{n}\frac{b}{n}\cdot\frac{b^2}{n^2}i^2=\frac{b^3}{n^3}\sum_{i=1}^{n}i^2$이다. 예제 1-18에 의해 $\sum_{i=1}^{n}i^2=\frac{n(n+1)(2n+1)}{6}$이므로 하합은 $\frac{b^3}{n^3}\frac{(n-1)n(2n-1)}{6}$, 상합은 $\frac{b^3}{n^3}\frac{n(n+1)(2n+1)}{6}$이다. 극한을 취해보면

$$\lim_{n\to\infty}a_n=\lim_{n\to\infty}\frac{b^3}{6}\left(1-\frac{1}{n}\right)\left(2-\frac{1}{n}\right)=\frac{b^3}{6}\cdot 2=\frac{b^3}{3},$$

$$\lim_{n\to\infty}A_n=\lim_{n\to\infty}\frac{b^3}{6}\left(1+\frac{1}{n}\right)\left(2+\frac{1}{n}\right)=\frac{b^3}{3}$$

따라서 $\int_0^b x^2\,dx=\frac{b^3}{3}$이다. ■

예시 4-18 $0<x\le 1$, $f(x)=\frac{1}{\sqrt{x}}$의 경우 구간 $(0,\ 1]$에 정의된 연속함수이지만, 0에서의 함숫값 $f(0)$을 잘 정의하여 $[0,\ 1]$에서의 함수로 만들더라도, $\lim_{x\to 0+}f(x)=\infty$이기 때문에 정의 4-14의 조건을 만족하지 않는다. 이렇게 닫힌 구간이 아닌 구간에 정의된 함수의 정적분은, 이 예시의 경우 $\int_0^1 f(x)\,dx$를 극한 $\lim_{a\to 0+}\int_a^1 f(x)\,dx$로 정의할 수 있다. 본 예시에서는 이 극한이 존재하지만, 예컨대 $0<x\le 1$, $f(x)=\frac{1}{x}$의 경우 이러한 극한이 존재하지 않으므로 $\int_0^1 f(x)\,dx$가 유한한 값으로 잘 정의되지 않는다. ■

위 예시와 비슷한 방법으로, 길이가 무한인 구간에서의 정적분을 길이가 유한한 구간의 정적분의 극한으로 정의하고 이해할 수 있다. 예컨대 $[0,\ \infty)$에 정의된 함수 f의 정적분 $\int_0^\infty f(x)\,dx$는 극한 $\lim_{b\to\infty}\int_a^b f(x)\,dx$로 정의하고, $\mathbb{R}=(-\infty,\ \infty)$에 정의된 함수 f의 정적분 $\int_{-\infty}^{\infty} f(x)\,dx$는 극한 $\lim_{a\to-\infty}\left(\lim_{b\to\infty}\int_a^b f(x)\,dx\right)$로 정의한다. 이렇게 정의 4-14에 해당하지 않아 극한으로 정의하는 적분을 **특이적분 혹은 이상적분**(singular integral)이라 하며, 극한값이 존재할 때 이 특이적분이 **수렴한다**고 말하고 그러지 않으면 **발산한다**고 말한다. 이러한 적분을 다룰 때에는 극한의 존재성에 항상 유의해야 하는데, 이것은 3절에서 더욱 자세히 다룰 예정이다.

정적분의 유용한 기본 성질들로는 다음이 있다. 이 성질들은 일견 간단해 보일 수 있지만, 사실은 적분이라는 개념을 '구성'하는 매우 중요한 성질들이다.

정리 4-19 정적분의 기본 성질

(1) 구간 $[a, b]$에서 $f(x)$, $g(x)$의 정적분이 정의될 경우 $f(x)+g(x)$의 정적분도 정의되며 다음이 성립한다:

$$\int_a^b (f(x)+g(x))\,dx = \int_a^b f(x)\,dx + \int_a^b g(x)\,dx$$

(2) 구간 $[a, b]$에서 $f(x)$의 정적분이 정의될 경우 상수 c에 대해 $cf(x)$의 정적분도 정의되며 다음이 성립한다:

$$\int_a^b cf(x)\,dx = c\int_a^b f(x)\,dx$$

(3) 구간 $[a, b]$에서 $f(x)$의 정적분이 정의되고 $a<c<b$인 경우 구간 $[a, c]$와 $[c, b]$에서 $f(x)$의 정적분이 정의되고 다음이 성립한다:

$$\int_a^c f(x)\,dx = \int_a^b f(x)\,dx + \int_b^c f(x)\,dx$$

예시 4-20 정리 4-19(3)에 의해 $0<a<b$일 때 $\int_0^b f(x)\,dx = \int_0^a f(x)\,dx + \int_a^b f(x)\,dx$이므로 $\int_a^b f(x)\,dx = \int_0^b f(x)\,dx - \int_0^a f(x)\,dx$이다. 이를 예시 4-17에 적용하면 $\int_a^b x^2\,dx = \dfrac{b^3-a^3}{3}$을 얻는다. ■

편의상 a에서 a까지의 정적분 값과 $a<b$일 때 b에서 a까지의 정적분 값을 다음과 같이 정의하면, 위 정리 4-19에서 정적분의 위끝과 아래끝의 크기관계에 관한 가정을 빼도 정리가 성립한다.

$$\int_a^a f(x)\,dx = 0, \quad \int_b^a f(x)\,dx = -\int_a^b f(x)\,dx$$

미적분학의 기본정리

함수 $f(x)$의 부정적분 $\int f(x)\,dx$와 정적분 $\int_a^b f(x)\,dx$은 정의상 매우 다른 개념인 듯 보이지만, 밀접한 관련을 맺고 있다.

정리 4-21 미적분학의 기본정리 함수 $f(x)$의 부정적분이 $\int f(x)\,dx = F(x) + C$ 라 하고, 구간 $[a,\ b]$에서 $f(x)$의 정적분이 정의된다고 가정하자.

(1) 정적분의 값은 부정적분을 사용하여 다음과 같이 계산할 수 있다:

$$\int_a^b f(x)\,dx = F(b) - F(a)$$

(2) 구간 $[a,\ b]$ 위에 정의된 함수 $g(x) = \int_a^x f(t)\,dt$는 $(a,\ b)$에서 미분가능하고 도함수는 $f(x)$이다. 즉, 다음이 성립한다:

$$\frac{d}{dx}\int_a^x f(t)\,dt = f(x)$$

여기서 주의할 점은, 정적분이나 부정적분을 표현할 때에 변수가 항상 x일 필요는 없다는 것이다. 특히 정적분 $\int_a^b f(x)\,dx$에서의 x의 역할은 마치 급수 $\sum_{n=1}^{\infty} a_n$에서 n이라는 기호의 역할과 같아서, 최종 계산 결과와는 무관한 모조 변수(dummy variable)이다. 따라서 다른 기호로 쉽게 대체될 수 있다. 예컨대 $\int_a^b f(x)\,dx = \int_a^b f(t)\,dt$이다. 위 정리 4-19(2)의 경우 위끝에 변수 x가 들어가므로 정적분 내부의 변수를 x로 쓰면 안 된다. 정리 4-21(1)의 우변인 $F(b) - F(a)$는 기호로 다음과 같이 표현한다.

$$[F(x)]_a^b = [F(x)]_{x=a}^{x=b} = F(b) - F(a)$$

본서에서는 위 정리를 엄밀한 증명 없이 사용하기로 한다. 증명에의 아이디어를 간단히 써보면 다음과 같다. 우선 (2)를 증명하기 위하여 각 $x \in (a,\ b)$에 대해 g의 미분계수 $\lim_{h\to 0}\frac{g(x+h) - g(h)}{h}$를 고려해야 한다. h가 양수일 때는 $g(x+h) - g(x) = \int_x^{x+h} f(t)\,dt$인데, f가 연속이므로 작은 h에 대해서는 구간 $[x,\ x+h]$에서 f의 값이 $f(x)$와 매우 비슷하다. 따라서 정적분값 $\int_x^{x+h} f(t)\,dt$은 $\int_x^{x+h} f(x)\,dt = f(x)\int_x^{x+h} dt = f(x)((x+h) - x) = hf(x)$와 비슷하고, 따라서 $\frac{g(x+h) - g(x)}{h} = \frac{1}{h}\int_x^{x+h} f(t)\,dt$가 $f(x)$와 비슷하다. 이 아이디어를 잘 발전시키면 $\lim_{h\to 0}\frac{g(x+h) - g(x)}{h} = f(x)$임을 증명할 수 있다. (2)가 증명되었다면 $g(x) = \int_a^x f(t)\,dt$가 $f(x)$의 역도함수임을 알게 되는 것이므로 $g(x) = F(x) + C$이다. 이로부터

$$\int_a^b f(x)\,dx = \int_a^b f(t)\,dt = g(b) - g(a) = (F(b) + C) - (F(a) + C) = F(b) - F(a)$$

를 얻는다.

예시 4-22 예시 4-20에서는 $0 < a < b$인 실수 a, b에 대해 $\int_a^b x^2\,dx = \dfrac{b^3 - a^3}{3}$를 증명한 바 있는데, 이 등식이 $a < b$인 임의의 실수 a, b에서도 성립함을 미적분학의 기본정리와 $\int x^2\,dx = \dfrac{x^3}{3} + C$로부터 얻어낼 수 있다. ■

예제 4-23 구간 $[1,\ b]$(단, $b > 1$) 위에서 함수 $f(x) = \dfrac{1}{x}$의 그래프의 아랫부분의 넓이를 구하시오.

〈풀이〉 그래프 아랫부분의 넓이는 정적분 $\int_1^b \dfrac{1}{x}\,dx$이며, 함수 $\dfrac{1}{x}$의 부정적분이 $\int \dfrac{1}{x}\,dx = \ln x + C$이므로 미적분학의 기본정리에 의해

$$\int_1^b \frac{1}{x}\,dx = [\ln x]_1^b = \ln b - \ln 1 = \ln b$$

이다.

예제 4-24 $0 < a < b$ 인 실수 a, b에 대해 $\int_a^b \dfrac{x}{1+x}\,dx$를 계산하시오.

〈풀이〉 예제 4-13에 의해 $\int \dfrac{x}{1+x}\,dx = x - \ln(1+x) + C$이므로

$$\begin{aligned}\int_a^b \frac{x}{1+x}\,dx &= [x - \ln(1+x)]_a^b = (b-a) - (\ln(1+b) - \ln(1+a)) \\ &= b - a - \ln\frac{1+b}{1+a}\end{aligned}$$

이다.

연습문제

1. $\displaystyle\int \sec x\,dx = \ln|\sec x + \tan x| + C$를 증명하시오.

2. (1) 부정적분 $\displaystyle\int \frac{1}{1-x}dx$를 계산하시오.

   (2) 부정적분 $\displaystyle\int \frac{x}{1-x}dx$를 계산하시오.

3. 실수 $b > 0$에 대해 정적분 $\displaystyle\int_0^b x^3\,dx$의 값을 구분구적법을 통해 계산하시오.

4. $0 < \theta_1 < \theta_2 < \pi$인 임의의 실수 θ_1, θ_2에 대해 $\displaystyle\int_{\cos(\theta_2)}^{\cos(\theta_1)} \sqrt{1-x^2}\,dx$의 값을 계산하시오.

   (단, 답을 θ_1, θ_2에 관하여 표현하시오.)

5. 정적분 $\displaystyle\int_0^1 \frac{dx}{1+x^2}$의 값을 계산하시오.

6. 함수 g, h가 $g(x) = \displaystyle\int_0^{x^2} \sin(t^2)\,dt$, $h(x) = \displaystyle\int_{2x}^{3x} \sin(t^2)\,dt$로 정의되어 있다. 미분계수 $g'(\sqrt{\pi/4})$와 $h'(\pi/6)$의 값을 계산하시오.

제2절 적분법

적분법

이번 절에서는 부정적분을 계산하기 위한 기법들을 알아본다. 미적분학의 기본정리에 의해 정적분을 부정적분을 통해 표현할 수 있으므로, 이 기법들은 정적분에도 적용할 수 있다. 함수의 부정적분, 즉 역도함수를 취하는 것은 미분을 취하는 것의 반대 방향 과정이다. 따라서 미분에 관한 정리를 부정적분에 관한 정리로 변환할 수 있다. 먼저, 미분에 관한 연쇄법칙을 상기해보면

$$\frac{d}{dx}F(g(x)) = F'(g(x)) \cdot g'(x)$$

인데, 따라서 양변에 부정적분을 취하고 양변의 위치를 바꾸면 다음을 얻는다.

$$\int F'(g(x)) \cdot g'(x)\,dx = F(g(x)) + C$$

여기서, x에 의존하는 종속변수 $u = g(x)$를 고려하면, 위 식의 우변은

$$F(u) + C = \int F'(u)\,du$$

로 쓸 수 있다. 이로부터 다음의 치환적분법을 얻는다.

정리 4-25 치환적분법(integration by substitution)

(1) 미분가능한 함수 $g(x)$와 부정적분이 존재하는 함수 $f(u)$에 대하여 다음이 성립한다:

$$\int f(g(x)) \cdot g'(x)\,dx = \int f(u)\,du$$

(2) 정적분이 정의되는 함수 f와 구간 $[a,\ b]$를 포함하는 열린 구간에서 미분가능한 함수 $g(x)$에 대하여 다음이 성립한다:

$$\int_a^b f(g(x)) \cdot g'(x)\,dx = \int_{g(a)}^{g(b)} f(u)\,du$$

여기서 $g(x)$를 새로운 변수 $u = g(x)$로 대체하는 행위를 **치환**(substitution)이라고 하며, u를 실제 변수로 여겨서 적분을 하려면 치환을 매개하는 함수 g가 미분가능할 뿐만 아니라 전단사함수(bijective function), 즉 일대일대응함수여야 한다. 이는 특히 위 정리의 (1)이 엄밀한 의미에서 성립하려면 필요하다. (2)는 결과적으로는 g가 전단사함수가 아니어도 성립한다.

치환적분법은 원래 x 변수로 기술되어 있던 적분을 새로운 변수인 u에 관한 적분으로 변환한다. 이때 $u = g(x)$로부터 x 변수 적분에 쓰이는 dx 기호와 u 변수 적분에 쓰이는 du 기호 간의 다음 관계식이 유도된다:

$$d(g(x)) = du = \frac{du}{dx}dx = g'(x)\,dx$$

이전에 언급한 바 있듯이 dx와 같은 기호에 적분기호 없이 단독으로 의미를 부여하는 일은 본서의 수준을 벗어난 일이다. 관계식 $du = g'(x)\,dx$는 du 혹은 dx 기호 각각에 관한 식이라기보다는 두 기호간의 관계에 관한 식으로 이해할 수 있다.

예제 4-26 $\int \frac{\ln x}{x}\,dx$를 계산하시오.

〈풀이〉 해당 정의역은 $x > 0$이다. 이 정의역에서 $u = \ln x$로 놓으면 $\ln : (0,\ \infty) \to \mathbb{R}$은 전단사함수이고 미분가능하며, $du = (\ln x)'dx = \frac{dx}{x}$이다. 따라서 $\int \frac{\ln x}{x}dx = \int u\,du = \frac{u^2}{2} + C$인데, 다시 $u = \ln x$를 대입하면

$$\int \frac{\ln x}{x}dx = \frac{(\ln x)^2}{2} + C$$

이다.

예제 4-27 (1) $\int_0^1 x\sqrt{1-x^2}\,dx$를 계산하시오.

(2) 원판 넓이의 공식을 사용하지 않고 $\int_0^{1/3} \sqrt{1-x^2}\,dx$, $\int_0^1 \sqrt{1-x^2}\,dx$를 계산하시오.

〈풀이〉 (1) $0 < x < 1$ 구간에서 $u = g(x) = 1 - x^2$로 정의하면 $g(x)$가 감소함수이므로 전단사함수이다. 또한 g는 미분가능하다. 이때 $du = g'(x)\,dx = -2x\,dx$이고 따라서 $x\,dx = \frac{-1}{2}du$이다. x가 0에서 1까지 변할 때, u는 $g(0) = 1$에서 $g(1) = 0$까지 변한다. 따라서 치환적분법에 의해

$$\begin{aligned}\int_0^1 \sqrt{1-x^2}\,x\,dx &= \int_1^0 \sqrt{u}\,\frac{-du}{2} \\ &= -\frac{1}{2}\int_1^0 \sqrt{u}\,du = -\frac{1}{2}\left[\frac{2}{3}u^{\frac{3}{2}}\right]_{u=1}^{u=0} \\ &= -\frac{1}{3}(0-1) = \frac{1}{3}\end{aligned}$$

이다.

(2) $0 < x < 1$ 구간에서 $t = g(x) = \arcsin x$로 정의하면 $g(x)$가 증가함수이므로 전단사함수이다. 또한 g는 미분가능하다. x가 0에서 1까지 변할 때 t는 $\arcsin(0) = 0$에서 $\arcsin(1) = \pi/2$까지 변한다. $\sin t = x$이므로, $dx = d(\sin t) = \left(\frac{d}{dt}(\sin t)\right)dt = \cos t\, dt$이다. 한편 $\sqrt{1-x^2} = \sqrt{1-\sin^2 t} = \sqrt{\cos^2 t} = |\cos t|$인데, $0 < t < \pi/2$일 때 $\cos t > 0$이므로 $\sqrt{1-x^2} = \cos t$이다. 따라서 치환적분법에 의해

$$\begin{aligned}\int_0^1 \sqrt{1-x^2}\, dx &= \int_0^{\pi/2} \cos t \cos t\, dt = \int_0^{\pi/2} \frac{1+\cos 2t}{2}\, dt \\ &= \left[\frac{t}{2} + \frac{\sin 2t}{4}\right]_{t=0}^{t=\pi/2} \\ &= \frac{1}{2}\left(\frac{\pi}{2} - 0\right) + \frac{1}{4}(\sin\pi - \sin 0) \\ &= \frac{\pi}{4}\end{aligned}$$

이다. 한편 x가 0에서 1/3까지 변할 때 t는 $\arcsin(0) = 0$에서 $\arcsin(1/3) = \theta$까지 변한다. 따라서 치환적분법에 의해

$$\begin{aligned}\int_0^{1/3} \sqrt{1-x^2}\, dx &= \int_0^{\theta} \cos t \cos t\, dt = \int_0^{\theta} \frac{1+\cos 2t}{2}\, dt \\ &= \left[\frac{t}{2} + \frac{\sin 2t}{4}\right]_{t=0}^{t=\theta} \\ &= \frac{1}{2}(\theta - 0) + \frac{1}{4}(\sin(2\theta) - \sin 0) \\ &= \frac{\theta}{2} + \frac{1}{4}\sin 2\theta\end{aligned}$$

이다. $\sin 2\theta = 2\sin\theta\cos\theta$인데 $\sin\theta = 1/3$이고 $\cos\theta = \sqrt{1-\sin^2\theta} = \sqrt{1-(1/3)^2} = 2\sqrt{2}/3$이므로 $\int_0^{1/3} \sqrt{1-x^2}\, dx = \frac{\arcsin(1/3)}{2} + \frac{\sqrt{2}}{9}$

이다.

위 예제에서 $\int_0^1 \sqrt{1-x^2}\, dx$는 원판의 $\frac{1}{4}$만큼의 면적이고 이 값이 $\frac{\pi}{4}$임을 정적분을 통해 계산하였으므로, 반지름이 1인 원판 전체의 넓이는 $\frac{\pi}{4} \cdot 4 = \pi$이다. 이로써 지난 4장 1절에서 언급한 대로, 원판 넓이의 공식이 엄밀히 증명된 셈이다.

예시 4-28 치환적분을 이용하면 타원의 넓이를 구할 수도 있다. 중심이 원점인 타원은 양의 상수 a, b에 대해

$$\frac{x^2}{a^2}+\frac{y^2}{b^2}=1$$

로 써진다. 정리하면 $y^2=b^2\left(1-\frac{x^2}{a^2}\right)$이므로, 타원의 점들 중 $y\geq 0$인 점들은 $y=b\sqrt{1-\frac{x^2}{a^2}}$, $-a\leq x\leq a$로 주어진다. 이를 정적분하면 타원의 윗쪽 반만큼의 넓이가 나오므로 정적분 값에 2를 곱하면 타원의 넓이를 얻을 수 있다. 이제 정적분

$$\int_{-a}^{a} b\sqrt{1-\frac{x^2}{a^2}}\,dx$$

를 계산해보자. 새로운 변수를 $u=g(x)=\frac{x}{a}$로 정의하면 g는 $[-a,\ a]$에서 $[-1,\ 1]$로 가는 미분가능한 증가함수로 전단사함수이고, $du=(x/a)'dx=\frac{dx}{a}$이며, x가 $-a$에서 a로 움직일 때 u는 -1에서 1로 움직인다. 따라서 $\int_{-a}^{a} b\sqrt{1-\frac{x^2}{a^2}}\,dx=\int_{-1}^{1} b\sqrt{1-u^2}\,(a\,du)=ab\int_{-1}^{1}\sqrt{1-u^2}\,du$. 그런데 $\int_{-1}^{1}\sqrt{1-u^2}\,du=\int_{-1}^{1}\sqrt{1-x^2}\,dx$는 예시 4-16에서 본 바와 같이 반지름이 1인 원판의 넓이의 반인 $\pi/2$이다. (예제 4-27에서와 같이 치환적분으로 계산도 가능하다.) 따라서 $\int_{-a}^{a} b\sqrt{1-\frac{x^2}{a^2}}\,dx=\pi ab/2$이고, 타원의 넓이는 이것의 2배인 πab이다. 따라서 타원의 넓이는 $\pi\cdot$(장축 길이의 반)$\cdot$(단축 길이의 반)이다. ■

치환적분은 미분의 기법 중 합성함수의 미분법인 연쇄법칙의 적분 버전이다. 미분의 기법 중 곱의 미분법인 라이프니츠 법칙

$$(f(x)g(x))'=f'(x)\,g(x)+f(x)\,g'(x)$$

의 적분 버전을 생각해보자. 위 식의 양변에 부정적분을 취하면

$$f(x)g(x)=\int f'(x)\,g(x)\,dx+\int f(x)\,g'(x)\,dx$$

이다. 여기서 기호 f를 F로 대체하고 $f=F'$으로 놓은 뒤 우변의 두 번째 항을 좌변으로 넘기면 다음을 얻는다.

정리 4-29 부분적분법(integration by parts)

(1) 미분가능한 함수 $g(x)$와 부정적분이 존재하는 함수 $f(x)$에 대하여, $\int f(x) = F(x) + C$라 할 때 다음이 성립한다:

$$\int f(x)g(x)\,dx = F(x)g(x) - \int F(x)g'(x)\,dx$$

(2) 위에서 $F(x)g'(x)$의 구간 $[a, b]$에서의 정적분이 존재할 때, $f(x)g(x)$의 구간 $[a, b]$에서의 정적분이 존재하고 다음이 성립한다:

$$\int_a^b f(x)g(x)\,dx = [F(x)g(x)]_a^b - \int_a^b F(x)g'(x)\,dx$$

부분적분법은 적분하려는 피적분함수 $h(x)$(즉, $\int h\,dx$를 계산하고 싶은 상황이다)가 곱의 형태, 즉 $h(x) = f(x)g(x)$일 때 도움을 줄 수 있다. 원래 계산하고 싶은 적분은 좌변의 $\int fg\,dx$인데, 우변에도 역시 적분인 $\int Fg'\,dx$가 있다. 여기에서 요지는, 적분 $\int Fg'\,dx$이 원래의 적분 $\int fg\,dx$보다 계산하기 쉽도록 f, g를 잡아야 한다는 것이다. 피적분함수 h를 곱 fg로 표현하는 방법을 선택하면, f를 먼저 따로 적분하여 F를 계산하고, g는 미분하여 g'를 계산한 뒤, 적분 $\int Fg'\,dx$가 다루기 쉬운 적분인지 확인하여 계산한다. 주어진 함수 h를 곱으로 표현하는 방법은 무한히 많이 있으므로, 이 중 도움되는 방법을 골라야 하며, 그러한 선택 방법은 정해진 것이 없어서 많은 연습을 필요로 한다.

예제 4-30 부정적분 $\int x e^x\,dx$를 계산하시오.

〈풀이〉 적분할 부분을 $f(x) = e^x$, 미분할 부분을 $g(x) = x$로 놓으면, $\int f(x)\,dx = \int e^x\,dx = e^x + C$, $g'(x) = 1$이다. 따라서 부분적분법에 의해 $\int e^x x\,dx = e^x \cdot x - \int e^x \cdot 1\,dx = xe^x - e^x + C$이다.

예시 4-31 위 문제에서 적분할 부분과 미분할 부분을 달리 골라보자. 적분할 부분을 $f(x) = x$, 미분할 부분을 $g(x) = e^x$로 놓으면 $\int f(x)\,dx = \int x\,dx = \frac{x^2}{2} + C$, $g'(x) =$

e^x이므로 부분적분법에 의해 $\int x e^x\,dx = \frac{x^2}{2}e^x - \int \frac{x^2}{2}e^x\,dx$이다. 따라서 이제는 $\int x^2 e^x\,dx$를 계산해야 하는데, 이것은 원래의 적분인 $\int xe^x\,dx$보다도 더 복잡하므로, $f(x)=x$, $g(x)=e^x$이 별로 좋은 선택이 아니었다는 것을 깨달을 수 있다. ■

보통은 부분적으로 적분과 미분을 했을 때 식이 간단해지는 방향을 고르는 것이 현명하기는 하지만, 항상 그런 것은 아닐 수도 있다.

예제 4-32 부정적분 $\int \ln x\,dx$를 계산하시오.

〈풀이〉 $\ln x = 1 \cdot \ln x$로 쓰고 적분할 부분을 $f(x)=1$, 미분할 부분을 $g(x)=\ln x$로 택하면 $\int f(x)\,dx = x + C$, $g'(x) = \frac{1}{x}$이므로 부분적분법에 의해

$$\int \ln x\,dx = x\ln x - \int x \cdot \frac{1}{x}dx = x\ln x - \int dx = x\ln x - x + C$$

이다.

부분적분은 여러 번 해야 할 때도 있다.

예제 4-33 정적분 $\int_0^1 x^2 e^x\,dx$를 계산하시오.

〈풀이〉 적분할 부분을 $f(x)=e^x$, 미분할 부분을 $g(x)=x^2$로 고르면 $\int f(x)\,dx = e^x + C$, $g'(x) = 2x$이므로 부분적분법에 의해

$$\int_0^1 x^2 e^x\,dx = \left[x^2 e^x\right]_0^1 - \int_0^1 2x\,e^x\,dx = (e-0) - 2\int_0^1 x\,e^x\,dx$$

이다. 예제 4-30에서처럼 $\int_0^1 x\,e^x\,dx$에 부분적분법을 적용하는데, e^x를 적분할 부분, x를 미분할 부분으로 고르면

$$\int_0^1 x\,e^x\,dx = \left[x\,e^x\right]_0^1 - \int_0^1 1 \cdot e^x\,dx = (e-0) - \left[e^x\right]_0^1 = e - (e-1) = 1$$

이다. 따라서 $\int_0^1 x^2 e^x\,dx = e-2\cdot 1 = e-2$이다.

부분적분법을 적용하여 얻은 적분식이 이전보다 간단하지는 않지만, 부분적분법으로부터 서로 다른 적분들의 관계식을 얻어내어 문제를 풀 수 있는 경우도 있다.

예제 4-34 임의의 음이 아닌 정수 n에 대해, 정적분 $\int_0^\pi \cos^n x\,dx$를 계산하시오.

〈풀이〉 임의의 음이 아닌 정수 n에 대해 $a_n = \int_0^\pi \cos^n x\,dx$로 놓으면 수열을 얻는다. $n \ge 2$인 경우 $\cos^n x = \cos^{n-1}x\cdot\cos x$로 놓고 부분적분법을 적용하자. 적분할 부분을 $f(x)=\cos x$, 미분할 부분을 $g(x)=\cos^{n-1}x$로 놓으면 $\int f(x)\,dx = \sin x + C$, $g'(x) = (n-1)\cos^{n-2}x\cdot(-\sin x)$이다. 따라서 부분적분법에 의해

$$\begin{aligned}\int_0^\pi \cos^n x\,dx &= \int_0^\pi \cos^{n-1}x\cdot\cos x\,dx\\ &= \left[\cos^{n-1}x\cdot\sin x\right]_0^\pi - \int_0^\pi (n-1)\cos^{n-2}x\cdot(-\sin x)\cdot\sin x\,dx\\ &= (0-0)+(n-1)\int_0^\pi \cos^{n-2}x\cdot\sin^2 x\,dx\\ &= (n-1)\int_0^\pi \cos^{n-2}x\cdot(1-\cos^2 x)\,dx\\ &= (n-1)\int_0^\pi \cos^{n-2}x\,dx-(n-1)\int_0^\pi \cos^n x\,dx\end{aligned}$$

를 얻고, 정리하면

$$n\int_0^\pi \cos^n x\,dx = (n-1)\int_0^\pi \cos^{n-2}x\,dx$$

를 얻는다. 따라서 모든 정수 $n \ge 2$에 대해 $a_n = \dfrac{n-1}{n}\cdot a_{n-2}$를 얻는다. 따라서 n이 짝수인 경우, 즉 $n=2m$인 경우(단, $m \ge 0$)

$$a_{2m} = \frac{2m-1}{2m}a_{2m-2} = \frac{2m-1}{2m}\,\frac{2m-3}{2m-2}a_{2m-4}$$

$$=\cdots=\frac{(2m-1)(2m-3)\cdots 1}{2m(2m-2)\cdot 2}a_0$$

이며 n이 홀수 $n=2m+1$인 경우(단, $m \geq 0$)

$$a_{2m+1}=\frac{2m}{2m+1}a_{2m-1}=\frac{2m}{2m+1}\frac{2m-2}{2m-1}a_{2m-3}$$

$$=\cdots=\frac{2m(2m-2)\cdots 2}{(2m+1)(2m-1)\cdot 3}a_1$$

을 얻는다. $a_0=\int_0^\pi \cos^0 x\,dx=\int_0^\pi dx=[x]_0^\pi=\pi$이고 $a_1=\int_0^\pi \cos^1 x\,dx=[\sin x]_0^\pi=0$이다. 따라서 원하는 정적분의 값 $a_n=\int_0^\pi \cos^n x\,dx$은, n이 짝수인 경우 $a_n=\frac{(n-1)(n-3)(n-5)\cdots 1}{n(n-2)(n-4)\cdots 2}\pi$이고 n이 홀수인 경우 $a_n=0$이다.

연습문제

7. (1) 부정적분 $\int \frac{e^x}{e^x+2}dx$를 계산하시오.

(2) 부정적분 $\int \frac{e^x+1}{e^x+2}dx$를 계산하시오.

8. 정적분 $\int_0^{\pi/3}(\cos^3 x+\cos x+1)\sin x\,dx$의 값을 계산하시오.

9. 부정적분 $\int x\cos x\,dx$를 계산하시오.

10. 임의의 음이 아닌 정수 n에 대해, 정적분 $\int_0^\pi \sin^n x\,dx$의 값을 계산하시오.

11. 부정적분 $\int e^x \sin x\,dx$를 계산하시오.

제3절 적분의 활용

기하학적 활용

정적분은 이미 정의에서부터 함수의 그래프와 x축 사이 넓이를 계산하므로, 이를 이용해 좀 더 일반적인 좌표평면의 영역의 넓이를 정의하고 계산할 수 있다. 아래 정리는 영역이 두 함수의 그래프들 사이의 영역으로 주어질 때, 넓이를 정적분으로써 계산하는 방법이다.

정리 4-35 좌표평면에서 두 그래프 사이 영역의 넓이

(1) 좌표평면의 영역 D가 어떤 두 함수 $f,\ g:[a,\ b]\to\mathbb{R}$(단, 정적분이 존재한다고 가정)에 대해 다음과 같이 주어지면

$$a\le x\le b,\ f(x)\le y\le g(x)$$

이 영역의 넓이는 정적분 $\int_a^b (g(x)-f(x))\,dx$로 주어진다.

(2) 좌표평면의 영역 D가 어떤 두 함수 $h,\ k:[c,\ d]\to\mathbb{R}$(단, 정적분이 존재한다고 가정)에 대해 다음과 같이 주어지면

$$c\le y\le d,\ h(y)\le x\le k(y)$$

이 영역의 넓이는 정적분 $\int_c^d (k(y)-h(y))\,dy$로 주어진다.

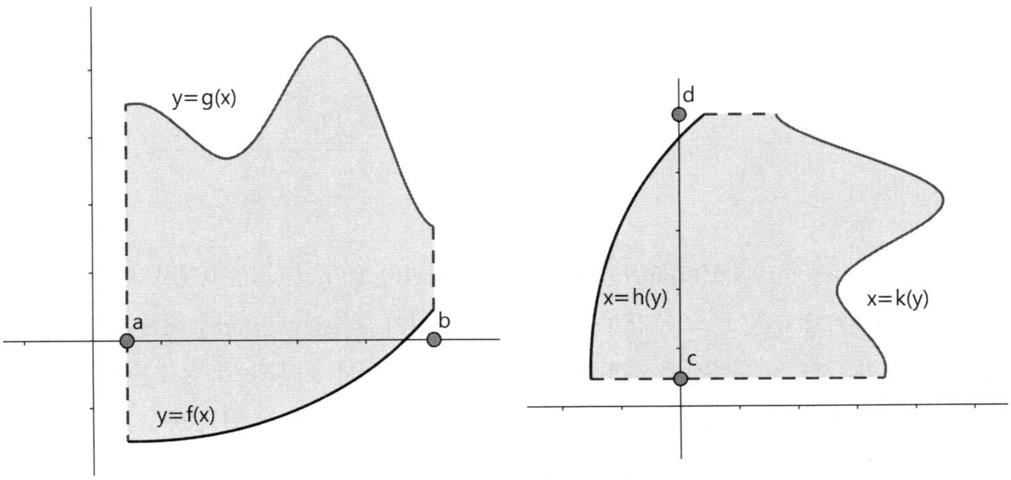

예시 4-36 타원 $\frac{x^2}{a^2}+\frac{y^2}{b^2}=1$(단, a, $b>0$)의 넓이, 즉 이 타원으로 둘러싸인 부분의 넓이를 구해보자. 우리는 이미 예시 4-28에서 타원의 위쪽 반 부분의 넓이만 계산하고 타원의 대칭성을 이용하여 넓이를 계산한 바 있지만, 좀 더 직접적으로 계산해보자. 타원의 방정식으로부터 $y=\pm b\sqrt{1-\frac{x^2}{a^2}}$를 얻으므로, 타원의 윗부분($y\geq 0$)은 $y=b\sqrt{1-\frac{x^2}{a^2}}$의 그래프, 아랫부분($y\leq 0$)은 $y=-b\sqrt{1-\frac{x^2}{a^2}}$의 그래프로 볼 수 있다. 따라서 타원으로 둘러싸인 부분은 $-a\leq x\leq a$, $-b\sqrt{1-\frac{x^2}{a^2}}\leq y\leq b\sqrt{1-\frac{x^2}{a^2}}$로 표현할 수 있으며, 넓이는 정적분

$$\int_{-a}^{a}\left(b\sqrt{1-\frac{x^2}{a^2}}-\left(-b\sqrt{1-\frac{x^2}{a^2}}\right)\right)dx=2\int_{-a}^{a}b\sqrt{1-\frac{x^2}{a^2}}\,dx$$

으로 주어진다. 이미 예시 4-28에서 정적분 $\int_{-a}^{a}b\sqrt{1-\frac{x^2}{a^2}}\,dx$를 $\pi ab/2$로 계산한 바 있으므로 이 예시에서 구하는 넓이는 πab이다. ■

예제 4-37 포물선 $y=x^2$와 직선 $y=2$로 둘러싸인 영역의 넓이를 구하시오.

〈풀이〉 먼저 정리 4-35(1)을 이용해보자. 해당 영역을 표현하기 위해 우선 직선 $y=2$가 포물선 $y=x^2$와 만나는 점을 계산해보면 $2=x^2$이므로 $x=\pm\sqrt{2}$이므로, $(\sqrt{2},\ 2)$, $(-\sqrt{2},\ 2)$이다. 따라서 영역은 $-\sqrt{2}\leq x\leq\sqrt{2}$, $x^2\leq y\leq 2$로 표현할 수 있고, 넓이는 정적분

$$\begin{aligned}\int_{-\sqrt{2}}^{\sqrt{2}}(2-x^2)dx&=\left[2x-\frac{x^3}{3}\right]_{-\sqrt{2}}^{\sqrt{2}}\\&=2(\sqrt{2}-(-\sqrt{2}))-\frac{(\sqrt{2})^3-(-\sqrt{2})^3}{3}=\frac{8\sqrt{2}}{3}\end{aligned}$$

이다.

이제 정리 4-35(2)를 이용해보자. 해당 영역의 점의 y좌표는 0에서 2 사이이며 (여기서 0은 x^2의 구간 $[-\sqrt{2},\ \sqrt{2}]$에서의 최솟값), 각 y에 대해 x는 가장 왼쪽으로는 포물선의 왼쪽 부분 $x=-\sqrt{y}$, 그리고 오른쪽으로는 포물선의 오른쪽 부분 $x=\sqrt{y}$까지의 값을 가질 수 있다. 따라서 영역을 $0\leq y\leq 2$, $-\sqrt{y}\leq x\leq\sqrt{y}$로 표현할 수 있고, 넓이는 정적분

$$\int_0^2 \{\sqrt{y} - (-\sqrt{y})\}\,dy = 2\int_0^2 y^{1/2}dy = 2\left[\frac{2}{3}y^{3/2}\right]_{y=0}^{y=2}$$

$$= \frac{4}{3}(2^{3/2} - 0) = \frac{8\sqrt{2}}{3}$$

이다.

넓이의 구분구적법, 혹은 지난 절에서 다룬 넓이와 정적분의 정의를 생각해보면, 다루고자 하는 영역을 가느다란 영역으로 잘게 쪼개어 가느다란 직사각형 영역으로 그 넓이를 근사하고, 이 넓이들을 합한 뒤 극한을 취하는 방식을 사용했다. 비슷하게 쪼개고 근사하고 합하여 극한을 취하는 방식으로 다른 기하학적 양들을 정의하고 계산할 수 있는데, 대표적으로는 곡선 혹은 좌표평면상의 그래프의 길이와, 공간에서의 물체의 부피를 들 수 있다.

우선 좌표공간에서의 영역 E의 부피를 다루도록 하자. 간단한 상황으로, 축이 x축이라고 하고, 영역 E의 점들의 x좌표는 구간 $[a,\ b]$에 속한다고 하자. 축의 각 점 $x \in [a,\ b]$에서 축에 수직인 평면을 생각하고, 이 평면과 E의 교집합, 즉 E의 수직 단면의 넓이를 $A(x)$라 하자. 자연수 n에 대해 구간 $[a,\ b]$를 n개 구간 $[a_0,\ a_1]$, $[a_1,\ a_2]$, $\dots$, $[a_{n-1},\ a_n]$으로 분할한다(단, $a = a_0 < a_1 < \cdots < a_n = b$). i번째 부분구간 $[a_{i-1},\ a_i]$의 너비는 $\Delta x_i = a_i - a_{i-1}$이다. 부분구간 $[a_{i-1},\ a_i]$에서 점 x_i^*를 골라 수직 단면 넓이 $A(x_i^*)$를 생각하고, 부분구간 $[a_{i-1},\ a_i]$에 해당하는 E의 부분영역의 부피를 부분구간 $[a_{i-1},\ a_i]$에서 수직 단면 넓이가 항상 $A(x_i^*)$인 원통형 영역의 부피인 $A(x_i^*)\Delta x_i$로 근사한다. 이들을 합한

$$\sum_{i=1}^{n} A(x_i^*)\Delta x_i$$

를 고려하고, $[a,\ b]$를 점점 더 잘게 분할함에 따라, 즉 Δx_i들이 0으로 감에 따라 이 합의 극한을 취한다. 이 극한이 존재하면 극한값을 영역 E의 **부피(volume)**로 정의하고

$$\mathrm{Vol}(E) = \int_a^b A(x)\,dx$$

로 표현한다. 이때, 각 부분영역에서 $A(x_i^*)$의 최솟값 m_i를 사용한 합을 하합, 최댓값 M_i를 사용한 합을 상합이라고 하고 하합과 상합의 극한을 취하여 두 극한이 존재하고 동일

한지 확인하는 방법이 있다. 또한 $[a,\ b]$를 너비가 균등한 부분구간으로 분할하여 $\Delta x_i = \dfrac{b-a}{n}$가 되는 경우 이렇게 부피를 구하는 방법을 부피의 구분구적법이라 한다. 구분구적법으로 수열의 극한을 통하여 부피를 계산해보자.

예제 4-38 밑면의 반지름이 r이고 높이가 h인 원뿔 영역의 부피를 계산하시오.

〈풀이〉 x축이 원뿔의 밑면과 수직이라고 가정하고, 영역의 x좌표가 구간 $[0,\ h]$에 있으며, 영역의 꼭짓점이 원점, 그리고 밑면이 평면 $x=h$상에 있음을 가정하자. 원뿔의 빗면은 직선 $y=\dfrac{r}{h}x,\ 0 \le x \le h$를 x축을 중심으로 360도 회전하여 얻어지는 자취이다. $x \in [0,\ h]$에서의 이 영역의 수직단면은 중심이 x축상의 점 $(x,\ 0,\ 0)$이고 반지름이 $r \cdot \dfrac{x}{h}$인 원으로, 넓이가 $A(x)=\pi r^2x^2/h^2$이다. 구간 $[0,\ h]$를 균등한 너비의 부분구간 n개로 분할하면 i번째 부분구간 $\left[\dfrac{h}{n}(i-1),\ \dfrac{h}{n}i\right]$에서 함수 $A(x)$가 증가함수이므로 최솟값은 $A\left(\dfrac{h}{n}(i-1)\right)=\pi r^2\dfrac{(i-1)^2}{n^2}$이고 최댓값은 $A\left(\dfrac{h}{n}i\right)^2=\pi r^2\dfrac{i^2}{n^2}$이다. 따라서 영역의 부피의 하합은 $v_n=\displaystyle\sum_{i=1}^{n}\pi r^2\frac{(i-1)^2}{n^2}\cdot\frac{h}{n}=\frac{\pi r^2 h}{n^3}\sum_{i=1}^{n}(i-1)^2$이고 상합은 $V_n=\displaystyle\sum_{i=1}^{n}\pi r^2\frac{i^2}{n^2}\cdot\frac{h}{n}=\frac{\pi r^2 h}{n^3}\sum_{i=1}^{n}i^2$이다. 예제 1-18에 의해 $\displaystyle\sum_{i=1}^{n}i^2=\frac{n(n+1)(2n+1)}{6},\ \sum_{i=1}^{n}(i-1)^2=\sum_{i=1}^{n-1}i^2=\frac{(n-1)n(2n-1)}{6}$이므로

$$\lim_{n\to\infty}v_n=\lim_{n\to\infty}\frac{\pi r^2h}{n^3}\frac{(n-1)n(2n-1)}{6}=\frac{\pi r^2h}{3},$$

$$\lim_{n\to\infty}V_n=\lim_{n\to\infty}\frac{\pi r^2h}{n^3}\frac{n(n+1)(2n+1)}{6}=\frac{\pi r^2h}{3}$$

이다. 따라서 하합과 상합의 극한이 존재하고 동일하므로 그 극한값인 $\dfrac{\pi r^2h}{3}$이 원뿔 영역의 부피이다.

구분구적법 대신 정적분의 여러 가지 계산법을 통해 부피를 계산하는 편이 쉬울 때가 많다.

예제 4-39 밑면의 넓이가 A이고 높이가 h인 원뿔 영역의 부피를 계산하시오.

〈풀이〉 x축이 원뿔의 밑면과 수직이라고 가정하고, 영역의 x좌표가 구간 $[0,\ h]$에 있으며, 영역의 꼭짓점이 원점, 그리고 밑면이 평면 $x=h$상에 있음을 가정하자. $x\in[0,\ h]$에서의 수직단면은 밑면과 닮음이며, 닮음비는 $x:h$이므로 수직단면의 넓이는 $A(x)=A\cdot\dfrac{x^2}{h^2}$이다. 따라서 부피는 $\displaystyle\int_0^h A(x)\,dx=\int_0^h A\frac{x^2}{h^2}dx=\left[\frac{A}{3h^2}x^3\right]_0^h=\frac{Ah}{3}$, 즉 $\dfrac{1}{3}\cdot$(밑면의 넓이)$\cdot$(높이)이다.

위 예제 4-39는 밑면과 단면이 원판 모양이 아닌 임의의 도형인 경우의 뿔꼴(cone) 영역, 예컨대 삼각뿔이나 사각뿔에도 적용 가능하다.

예제 4-38은 예제 4-39의 특수한 경우로 볼 수도 있지만, 평면상의 영역을 축을 중심으로 회전한 자취로 얻어지는 **회전체**의 부피의 특수한 경우로 볼 수도 있다.

정리 4-40 회전체의 부피 좌표공간의 xy평면상에 그려진 함수 $y=f(x)$, $a\le x\le b$ (단, $f\ge 0$)의 그래프의 아랫부분을 x축을 중심으로 360도 회전한 자취로 얻어지는 회전체의 부피는 정적분 $\displaystyle\int_a^b \pi\,(f(x))^2\,dx$의 값으로 주어진다.

회전하는 축이 x축이 아닌 경우도 비슷한 결과가 성립하며, 이때 적분에서 $(f(x))^2$ 부분을 영역의 가장 바깥쪽 부분과 축 사이의 거리의 제곱으로 대체하면 된다.

예시 4-41 반지름이 r인 구의 부피를 정적분을 통해 구해보자. 해당 구의 중심이 원점이라 하면, 이 구는 xy평면상에 그려진 함수 $y=\sqrt{r^2-x^2}$, $-r\le x\le r$의 그래프의 아랫 부분을 x축을 중심으로 회전한 자취로 얻어진다. 따라서 부피는

$$\int_{-r}^{r}\pi\left(\sqrt{r^2-x^2}\right)^2dx=\int_{-r}^{r}\pi(r^2-x^2)dx=\left[\pi\left(r^2x-\frac{x^3}{3}\right)\right]_{-r}^{r}$$
$$=\pi\left(r^2(r-(-r))-\frac{r^3-(-r)^3}{3}\right)=\frac{4\pi r^3}{3}$$

이다. 이는 우리가 알고 있는 구의 구피의 공식과 일치하며, 이것이 그 공식의 증명이라고 여겨도 된다. ■

반지름이 r인 구에 외접하는 원기둥은 단면이 반지름 r인 원판이고 높이가 $2r$이므로, 이 원기둥의 부피는 $\pi r^2 \cdot 2r = 2\pi r^3$이다. 따라서 원기둥에 내접하는 구의 부피는 원기둥의 부피의 $\frac{2}{3}$이다. 이는 고대 그리스의 아르키메데스가 발견한 사실인데, 아르키메데스는 이 사실이 너무 자랑스러워 그의 묘비에도 이를 새기도록 했다고 한다.

위에서 언급한 바와 같이 정적분을 통해 좌표평면의 곡선, 혹은 그래프 $y = f(x)$, $a \le x \le b$의 길이를 정의하고 계산할 수도 있다. 역시 구간 $[a, b]$을 잘게 쪼개어 각 부분구간 $[a_{i-1}, a_i]$에 해당하는 그래프의 부분의 길이를 근사하는데, 이때 그래프의 작은 부분은 이 작은 부분의 양 끝점 $(a_{i-1}, f(a_{i-1}))$과 $(a_i, f(a_i))$를 잇는 선분의 길이인 $\sqrt{(\Delta x_i)^2 + (\Delta y_i)^2}$로 근사한다. 여기서 $\Delta x_i = a_i - a_{i-1}$이고 $\Delta y_i = f(a_i) - f(a_{i-1})$이다. 이들의 합을 취하고 극한을 취하여 길이를 정의하고 얻는다. 이때 $\sqrt{(\Delta x_i)^2 + (\Delta y_i)^2}$의 극한은 기호로 보통 $ds = \sqrt{dx^2 + dy^2}$로 나타내며 '무한소 길이요소'로 칭하기도 한다. 실제 본서에서 다룬 정적분으로 나타내려면 이 요소를 $\sqrt{1 + \left(\frac{dy}{dx}\right)^2}\,dx$로 표현하고, 여기에 적분 기호를 붙인다.

정의 4-42 곡선의 길이 미분가능한 함수 $y = f(x)$, $a \le x \le b$의 그래프의 길이는 정적분 $\int_a^b \sqrt{1 + (f'(x))^2}\,dx$의 값으로 주어진다.

예제 4-43 함수 $y = x^2$, $0 \le x \le \frac{1}{2}$의 그래프의 길이를 구하시오.

〈풀이〉 길이는 정적분 $\int_0^{1/2} \sqrt{1 + \{(x^2)'\}^2}\,dx = \int_0^{1/2} \sqrt{1 + (2x)^2}\,dx$의 값으로 주어진다. $t = 2x$로 치환하면 $x = 0$에서 $x = 1/2$일 때 $t = 0$에서 $t = 1$이고 $dt = 2dx$이므로 $\int_0^{1/2} \sqrt{1 + (2x)^2}\,dx = \frac{1}{2}\int_0^1 \sqrt{1 + t^2}\,dt$이다. 이제 이 적분을 계산해보자. $u = \arctan t$로 치환하면 $t = 0$에서 $t = 1$일 때 $u = \arctan 0 = 0$에서 $u = \arctan 1 = \pi/4$이고 $du = (\arctan t)'dt = \frac{dt}{1 + t^2}$이다. $t = \tan u$이므로 $1 + t^2 = 1 + \tan^2 u = \sec^2 u$이다. 따라서 $dt = (1 + t^2)du = \sec^2 u\,du$이고, 치환적분법에 의해

$$\frac{1}{2}\int_0^1 \sqrt{1 + t^2}\,dt = \frac{1}{2}\int_0^{\pi/4} \sqrt{\sec^2 u}\,\sec^2 u\,du = \frac{1}{2}\int_0^{\pi/4} \sec^3 u\,du$$

이다. $\sec^3 u = \dfrac{1}{\cos^3 u} = \dfrac{\cos u}{(\cos^2 u)^2} = \dfrac{\cos u}{(1-\sin^2 u)^2}$인데, $v = \sin u$로 치환하면 $u=0$에서 $u=\pi/4$일 때 $v=\sin 0 = 0$에서 $v = \sin(\pi/4) = \sqrt{2}/2$이고 $dv = \cos u\, du$이므로 치환적분법에 의해

$$\frac{1}{2}\int_0^{\pi/4} \sec^3 u\, du = \frac{1}{2}\int_0^{\pi/4} \frac{\cos u\, du}{(1-\sin^2 u)^2} = \frac{1}{2}\int_0^{\sqrt{2}/2} \frac{dv}{(1-v^2)^2}$$

이다.

$$\begin{aligned}\frac{1}{(1-v^2)^2} &= \left(\frac{1}{(1-v)(1+v)}\right)^2 = \frac{1}{4}\left(\frac{1}{1-v} + \frac{1}{1+v}\right)^2 \\ &= \frac{1}{4}\left(\frac{1}{(1-v)^2} + \frac{2}{(1-v)(1+v)} + \frac{1}{(1+v)^2}\right)\end{aligned}$$

인데

$$\begin{aligned}&\int \frac{1}{(1-v)^2}dv = \frac{1}{1-v} + C,\ \int \frac{1}{(1+v)^2}dv = \frac{-1}{1+v} + C, \\ &\int \frac{2}{(1-v)(1+v)}dv = \int\left(\frac{1}{1-v} + \frac{1}{1+v}\right)dv \\ &\qquad = -\ln(1-v) + \ln(1+v) + C = \ln\frac{1+v}{1-v} + C\end{aligned}$$

이므로,

$$\frac{1}{2}\int_0^{\sqrt{2}/2} \frac{dv}{(1-v^2)^2} = \frac{1}{8}\left[\frac{1}{1-v} + \ln\frac{1+v}{1-v} - \frac{1}{1+v}\right]_{v=0}^{v=\sqrt{2}/2}$$

인데, 이를 계산해보면 $\dfrac{1}{8}\left(2\sqrt{2} + \ln\dfrac{2+\sqrt{2}}{2-\sqrt{2}}\right)$이다.

무한소 길이요소를 이용하면 그래프를 회전한 자취로 나오는 곡면의 넓이도 정의하고 계산할 수 있다. 그래프 $y = f(x)$, $a \le f(x) \le b$를 x축을 중심으로 360도 회전한 자취인 곡면을 생각해보자. 구간 $[a, b]$를 분할하여 각 작은 부분구간에 해당하는 부분곡면의 넓이는 무한소 길이요소와 이 무한소 길이요소가 회전한 자취의 길이의 곱으로 근사된다. 따라서 다음을 얻는다.

정의 4-44 회전체의 넓이 좌표공간의 xy평면상에 그려진 함수 $y=f(x)$, $a \le x \le b$ (단, $f \ge 0$)의 그래프를 x축을 중심으로 360도 회전한 자취로 얻어지는 회전체의 넓이는 정적분 $\int_a^b 2\pi f(x)\sqrt{1+(f'(x))^2}\,dx$의 값으로 주어진다.

예시 4-45 반지름이 r인 구면의 넓이를 정적분을 통해 구해보자. 해당 구의 중심이 원점이라 하면, 이 구면은 xy평면상에 그려진 함수 $y=f(x)=\sqrt{r^2-x^2}$, $-r \le x \le r$의 그래프를 x축을 중심으로 회전한 자취로 얻어진다. $f'(x)=\dfrac{(r^2-x^2)'}{2\sqrt{r^2-x^2}}=\dfrac{-x}{\sqrt{r^2-x^2}}$이므로 넓이는

$$\begin{aligned}\int_{-r}^{r} 2\pi f(x)\sqrt{1+(f'(x))^2}\,dx &= \int_{-r}^{r} 2\pi\sqrt{r^2-x^2}\sqrt{1+\frac{x^2}{r^2-x^2}}\,dx \\ &= \int_{-r}^{r} 2\pi\sqrt{(r^2-x^2)+x^2}\,dx = \int_{-r}^{r} 2\pi r\,dx\end{aligned}$$

이므로 $[2\pi rx]_{-r}^{r}=2\pi r(r-(-r))=4\pi r^2$이다. 이는 우리가 알고 있는 구면의 넓이의 공식과 일치하며, 이것이 그 공식의 증명이라고 여겨도 된다. ■

정적분의 수렴성과 급수의 수렴성

길이가 유한한 구간 $[a, b]$에 정의된 함수 $f(x)$의 정적분 $\int_a^b f(x)\,dx$을 고려할 때, 우리는 정의 4-14에서와 같이, f가 $[a, b]$에서 연속이거나, 고정된 $M>0$에 대해 $f \le M$이고 f가 유한 개의 점을 제외한 모든 점에서 연속인 경우만 다뤘다. 이런 경우에는 정적분 $\int_a^b f(x)\,dx$의 값이 유한하게 존재하는 것으로 알려져 있다. 이러한 경우가 아닌 경우의 정적분은, 즉 특이적분은 이미 언급했듯이 위 경우의 유한한 정적분의 극한으로 정의한다. 특이적분은 극한으로 정의되므로, 이 극한의 존재성을 항상 염두에 둬야 한다.

특이적분 중에 많이 쓰이는 상황은 적분의 구간이 무한 구간으로 $\int_a^\infty f(x)\,dx$ 혹은 $\int_{-\infty}^\infty f(x)\,dx$과 같은 경우이다.

예시 4-46 특이적분 $\int_1^\infty \frac{dx}{x}$을 고려해보자.

이 적분은 $\lim_{b\to\infty}\int_1^b \frac{dx}{x}$로 정의되어 있다. $\int_1^b \frac{dx}{x} = [\ln x]_1^b = (\ln b - \ln 1) = \ln b$이고 $\lim_{b\to\infty}\ln b = \infty$이므로 극한 $\lim_{b\to\infty}\int_1^b \frac{dx}{x} = \infty$는 유한한 값으로 존재하지 않는다. 따라서 특이적분 $\int_1^\infty \frac{dx}{x}$은 수렴하지 않는다. 이 경우는 $\int_1^\infty \frac{dx}{x}$를 정의하는 극한이 ∞이므로 특별히 $\int_1^\infty \frac{dx}{x} = \infty$라고 쓸 수 있다. ■

예제 4-47 $\int_1^\infty x^a\,dx$가 수렴하도록 하는 실수 a를 모두 구하시오.

〈풀이〉 특이적분 $\int_1^\infty x^a\,dx$은 극한 $\lim_{b\to\infty}\int_1^b x^a\,dx$로 정의된다. $a=-1$인 경우는 예시 4-46에서 다뤘으므로 $a\neq -1$로 두면, $\int_1^b x^a dx = \left[\frac{x^{a+1}}{a+1}\right]_1^b = \frac{b^{a+1}-1}{a+1}$이다.
$a+1>0$인 경우 $\lim_{b\to\infty} b^{a+1} = \infty$이므로 $\lim_{b\to\infty}\int_1^b x^a\,dx = \infty$로 극한이 존재하지 않는다. $a+1<0$인 경우 $\lim_{b\to\infty} b^{a+1} = 0$이므로 $\lim_{b\to\infty}\int_1^b x^a\,dx = \lim_{b\to\infty}\frac{b^{a+1}-1}{a+1} = \frac{-1}{a+1}$로 극한이 존재한다. 따라서 답은 $a<-1$이다.

정적분은 합의 극한으로 정의되므로, 수열의 급수와 일맥상통하는 점이 있다. 특히, 유한한 구간의 정적분이 유한급수에 대응되고 무한한 구간의 특이적분이 무한급수에 대응되는 것으로 이해하는 방법이 있다. 이는 잠시 뒤 더 자세히 살펴보기로 한다.

무한급수의 수렴성에서와 비슷하게, 무한 구간 위의 특이적분의 수렴성을 판별할 때에는 유한한 구간에서의 적분은 무시해도 된다.

정리 4-48 무한 구간 $[a, \infty)$에 정의된 연속함수 $f(x)$와 $a' \in [a, \infty)$에 대해, 특이적분 $\int_a^\infty f(x)\,dx$의 수렴성은 $\int_{a'}^\infty f(x)\,dx$의 수렴성과 동치이다.

| 증명 | $\int_a^\infty f(x)\,dx = \lim_{b\to\infty}\int_a^b f(x)\,dx$, $\int_{a'}^\infty f(x)\,dx = \lim_{b\to\infty}\int_{a'}^b f(x)\,dx$이며,

$\int_a^b f(x)\,dx = \int_a^{a'} f(x)\,dx + \int_{a'}^b f(x)\,dx$이다. 여기서 $\int_a^b f(x)\,dx$와 $\int_{a'}^b f(x)\,dx$의 차이인 $\int_a^{a'} f(x)\,dx$는 잘 정의된 고정된 상수이다. ■

증명에서 알 수 있듯이, 위 정리는 f가 구간 $[a,\ \infty)$의 모든 점에서 연속임을 가정할 필요는 없고, 모든 $a' \in [a,\ \infty)$에 대해 유한 구간 위의 정적분 $\int_a^{a'} f(x)\,dx$이 잘 정의되기만 하면 된다. 예컨대 $[a,\ a']$에서 정의 4-14의 조건이 만족되면 위의 정리가 여전히 성립한다.

역시 무한급수의 수렴성에서의 경우와 비슷하게, 이미 수렴성을 알고 있는 함수의 특이적분과의 비교를 통해 수렴성을 알아낼 수 있는 경우가 있다.

정리 4-49 무한 구간 위의 특이적분의 수렴성에 관한 비교판정법

무한 구간 $[a,\ \infty)$에 정의된 연속함수 $f(x)$와 $g(x)$가 $f \ge g \ge 0$를 만족한다고 하자.

(1) 만약 $\int_a^\infty f(x)\,dx$이 수렴하면 $\int_a^\infty g(x)\,dx$도 수렴하고 그 값은 $\int_a^\infty f(x)\,dx$ 이하이다.

(2) 만약 $\int_a^\infty g(x)\,dx = \infty$이면 $\int_a^\infty f(x)\,dx = \infty$이다.

위 정리에서 $f,\ g$는 연속함수일 필요는 없으며, 임의의 유한한 구간 $[a,\ a']$에서의 정적분이 잘 정의되어 있기만 하면 된다. 또한 $f \ge g \ge 0$조건은 구간 $[a,\ \infty)$ 전체에서 성립할 필요는 없으며 어떤 $a' \in [a,\ \infty)$에 대해 $[a',\ \infty)$ 위에서만 성립해도 된다.

예제 4-50 특이적분 $\int_1^\infty \frac{dx}{1+x^4}$의 수렴성을 판별하시오.

〈풀이〉 구간 $[1,\ \infty)$에서 $\frac{1}{x^4} \ge \frac{1}{1+x^4} \ge 0$이다. 또한 $\int_1^\infty \frac{dx}{x^4}$는 예제 4-47에 의해 수렴한다. 따라서 비교판정법에 의해 $\int_1^\infty \frac{dx}{1+x^4}$도 수렴한다.

예제 4-51 특이적분 $\int_0^{\infty} e^{-x^2}dx$의 수렴함을 증명하시오.

〈풀이〉 우선 구간 $[0, \infty)$에서 $e^x \geq x$가 성립함을 증명하자. $f(x)=e^x-x$로 두면 f는 미분가능하고 $f'(x)=e^x-1$이다. $x>0$일 때 $e^x-1>e^0-1=0$이므로 $f'(x)>0$이고, 따라서 f는 구간 $[0, \infty)$에서 증가함수이다. 따라서 $x>0$일 때 $f(x)=e^x-x>f(0)=e^0-1=0$이므로 $e^x>x$이다. $x=0$일 때는 $e^x>x$가 성립한다. 따라서 $e^x \geq x$도 성립한다.

이제 $x\in[0, \infty)$일 때 $x^2\in[0, \infty)$이므로 $e^{x^2} \geq x^2$임을 알 수 있고, 따라서 $x>0$일 때 $\frac{1}{x^2} \geq \frac{1}{e^{x^2}} \geq 0$이다. 이를 구간 $[1, \infty)$에 적용하자. 예제 4-47에 의해 특이적분 $\int_1^{\infty} \frac{1}{x^2}dx$이 수렴하므로 비교판정법에 의해 $\int_1^{\infty} \frac{1}{e^{x^2}}dx$도 수렴한다. 따라서 정리 4-48에 의해 $\int_0^{\infty} \frac{1}{e^{x^2}}dx$가 수렴한다.

예제 4-52 특이적분 $\int_{-\infty}^{\infty} e^{-x^2}dx$의 수렴함을 증명하시오.

〈풀이〉 실수 전체의 집합에 정의된 함수 $f(x)=e^{-x^2}$는 $f(-x)=f(x)$를 만족하는 우함수(even function)이다. 따라서 임의의 $b>0$에 대해 $\int_0^b f(x)dx=\int_{-b}^0 f(x)dx$임을 치환적분을 통해 증명할 수 있다. 실제로, $\int_0^b f(x)dx$에서 $t=-x$로 치환하면 $dt=-dx$이므로

$$\begin{aligned}\int_0^b f(x)\,dx &= \int_0^{-b} f(-t)\,(-dt) = -\int_0^{-b} f(-t)\,dt \\ &= \int_{-b}^0 f(-t)\,dt = \int_{-b}^0 f(t)\,dt\end{aligned}$$

를 얻는다. 이제 특이적분 $\int_{-\infty}^{\infty} f(x)\,dx = \lim_{a\to\infty}\lim_{b\to\infty}\int_{-a}^b f(x)\,dx$를 생각해보자. 임의의 양수 a, b에 대해

$$\int_{-a}^b f(x)\,dx = \int_{-a}^0 f(x)\,dx + \int_0^b f(x)\,dx = \int_0^a f(x)\,dx + \int_0^b f(x)\,dx$$

이므로

$$\begin{aligned}\lim_{a\to\infty}\lim_{b\to\infty}\int_{-a}^{b} f(x)\,dx &= \lim_{a\to\infty}\lim_{b\to\infty}\left(\int_0^a f(x)\,dx + \int_0^b f(x)\,dx\right)\\ &= \lim_{a\to\infty}\left(\int_0^a f(x)\,dx + \int_0^\infty f(x)\,dx\right)\\ &= \int_0^\infty f(x)\,dx + \int_0^\infty f(x)\,dx < \infty\end{aligned}$$

를 얻는다. 따라서 예제 4-51에 의해 $\int_{-\infty}^{\infty} e^{-x^2}dx$이 수렴하며, 그 값은 $2\int_0^\infty e^{-x^2}dx$이다.

대학교 미분적분학을 배우고 나면 위 특이적분 $\int_{-\infty}^{\infty} e^{-x^2}dx$의 값을 정확히 계산할 수 있는데, 참고로 이 값은 $\sqrt{\pi}$이다. 위 예시에서의 함수 $f(x)=e^{-x^2}$는 확률론에서 **정규분포 혹은 가우스 분포**(normal distribution 혹은 Gauss distribution)를 나타낼 때 쓰이는 함수이다. 확률론에서 쓰이는 **확률밀도함수**(probability distribution)는 $\mathbb{R}$에 정의된 함수 $f(x)$로 $0\le f\le 1$과 $\int_{-\infty}^{\infty} f(x)\,dx=1$을 만족해야만 하는데, 위의 함수는 $0\le f\le 1$과 $\int_{-\infty}^{\infty} f(x)\,dx<\infty$를 만족하므로, 약간 변형하여 확률밀도함수를 만들어낼 수 있다. 평균이 μ이고 표준편차가 σ인 정규분포함수는

$$f(x)=\frac{1}{\sigma\sqrt{2\pi}}e^{-(x-\mu)^2/(2\sigma^2)}$$

로 주어진다. 참고로 $\mu=0$, $\sigma=1$일 때의 $f(x)=\frac{1}{\sqrt{2\pi}}e^{-x^2/2}$를 **표준정규분포**라고 한다.

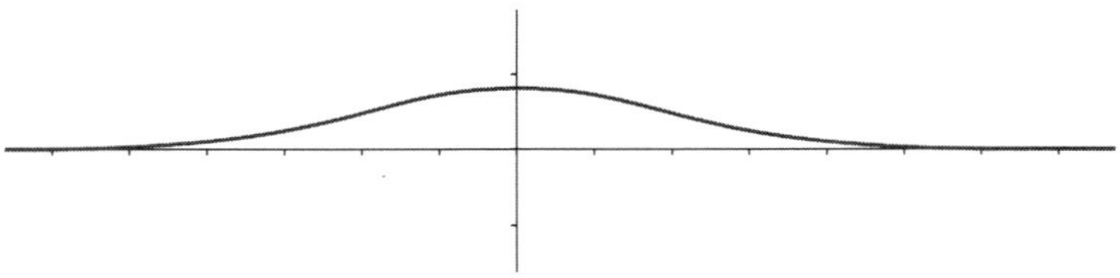

한편, 무한한 구간의 특이적분의 수렴성과 특정한 무한급수의 수렴성을 비교적 직접적으로 관련짓는 방법이 있다. 함수 $f(x)$가 구간 $[1,\ \infty)$에 주어져 있다고 하고, 각 유한 구간 $[1,\ b]$에서의 정적분 $\int_1^b f(x)\,dx$가 잘 정의된다고 가정하자. 또한 f가 감소함수이

며 $f \geq 0$이라고 가정하자. 두 함수 g, $h:[1, \infty) \to \mathbb{R}$를 다음의 계단식 함수로 정의하자:

$$g(x) = f(n),\ x \in [n, n+1),\ n \in \mathbb{N},\ h(x) = f(n+1),\ x \in [n, n+1),\ n \in \mathbb{N}$$

이제 특이적분 $\int_1^\infty g(x)\,dx$와 $\int_1^\infty h(x)\,dx$를 고려해보면 이들은 함수 g, h의 그래프 아랫부분의 넓이로 볼 수 있으므로 다음 그림과 같은 상황이다.

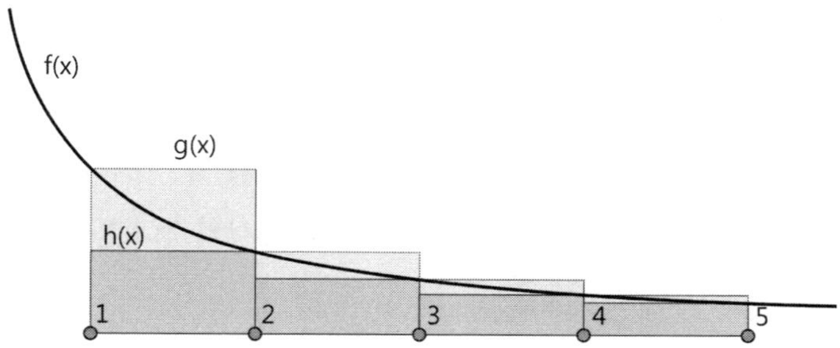

특히,

$$0 \leq h(x) \leq f(x) \leq g(x)$$

임을 관찰할 수 있다. 한편, 임의의 자연수 n에 대해 유한 구간 $[1, n]$에서의 정적분을 계산해보면 그림에서 쉽게 관찰할 수 있는 바와 같이

$$\int_1^n g(x)\,dx = f(1) + f(2) + \cdots + f(n-1) = \sum_{i=1}^{n-1} f(i),$$

$$\int_1^n h(x)\,dx = f(2) + f(3) + \cdots + f(n) = \sum_{i=2}^{n} f(i)$$

임을 알 수 있다.

이제 특이적분의 비교판정법을 사용하자. 만약 $\int_1^\infty f(x)\,dx < \infty$라면, 비교판정법에 의해 $\int_1^\infty h(x)\,dx < \infty$임을 얻는다. 그런데 $\int_1^\infty h(x)\,dx = \lim_{n\to\infty} \int_1^n h(x)\,dx = \lim_{n\to\infty} \sum_{i=2}^{n} f(i) = \sum_{i=2}^{\infty} f(i)$이므로 무한급수 $\sum_{i=2}^{\infty} f(i)$가 수렴한다. 따라서 $\sum_{i=1}^{\infty} f(i)$도 수렴한다. 만약 $\int_1^\infty f(x)\,dx = \infty$인 경우라면, 비교판정법에 의해 $\int_1^\infty g(x)\,dx = \infty$를 얻는다. 그런데 $\int_1^\infty g(x)\,dx = \lim_{n\to\infty} \int_1^n g(x)\,dx = \lim_{n\to\infty} \sum_{i=1}^{n-1} f(i) = \sum_{i=1}^{\infty} f(i)$이므로 무한급수

$\sum_{i=1}^{\infty} f(i)$가 발산한다. 정리하면 다음을 얻는다.

정리 4-53 구간 $[1, \infty)$에 정의된 함수 f가 연속이고 감소함수이며 $f \geq 0$를 만족한다고 가정하자. 수열 $a_n = f(n)$, $n \in \mathbb{N}$에 대해, 특이적분 $\int_1^{\infty} f(x)\,dx$의 수렴성은 무한급수 $\sum_{n=1}^{\infty} a_n$의 수렴성과 동치이다.

위에서 언급했듯이, f의 조건들은 임의의 $a \geq 1$에 대해 $[a, \infty)$에서만 성립하면 되며, f는 꼭 연속일 필요는 없고 임의의 유한 구간 $[a, a']$에서의 정적분만 잘 정의되면 된다.

예제 4-54 무한급수 $\sum_{n=1}^{\infty} \frac{1}{n^a}$이 수렴하도록 하는 실수 a를 모두 구하시오.

〈풀이〉 우선 $a > 0$인 경우를 다루자. 구간 $[1, \infty)$에 정의된 함수 $f(x) = \frac{1}{x^a}$는 정리 4-53의 조건을 만족하고, 특이적분 $\int_1^{\infty} \frac{1}{x^a}\,dx$는 예제 4-47에 의해 $a > 1$일 때 수렴하고 $0 < a \leq 1$일 때 ∞로 발산한다. 따라서 정리 4-53에 의해 무한급수 $\sum_{n=1}^{\infty} \frac{1}{n^a}$이 $a > 1$일 때 수렴하고 $0 < a \leq 1$일 때 ∞로 발산한다.

$a = 0$이면 $\frac{1}{n^a} = \frac{1}{n^0} = 1$이므로 $\sum_{n=1}^{\infty} \frac{1}{n^a} = \sum_{n=1}^{\infty} 1$이 발산함을 쉽게 볼 수 있다.

$a < 0$이면 $-a > 0$이므로 $\frac{1}{n^a} = n^{-a} \geq n^0 = 1 \geq 0$이고 $\sum_{n=1}^{\infty} 1$이므로 급수의 비교판정법에 의해 $\sum_{n=1}^{\infty} \frac{1}{n^a}$도 발산한다.

따라서 답은 $a > 1$이다.

연습문제

12. $y=\ln x$와 $y=\dfrac{(x-1)(x-(e-1))}{e-1}$로 둘러싸인 유한한 영역의 넓이를 구하시오.

(힌트: 두 그래프 모두 $(e,\ 1)$을 지난다)

13. $y=(x-1)(x-2)$와 $y=-2(x-1)(x-2)$로 둘러싸인 유한한 영역을 x축을 중심으로 360도 회전하여 얻어지는 회전체의 부피를 구하시오.

14. (1) 특이적분 $\displaystyle\int_e^{\infty}\frac{dx}{x\ln x}$가 수렴하는지 판별하시오.

(2) 특이적분 $\displaystyle\int_1^{\infty}\frac{dx}{x^2+\sin x}$가 수렴하는지 판별하시오. (힌트: $\displaystyle\int_1^{\infty}\frac{2dx}{x^2}$와 비교)

15. (1) 무한급수 $\displaystyle\sum_{n=3}^{\infty}\frac{1}{n(\ln n)^2}$이 수렴하는지 여부를 판별하시오.

(2) 무한급수 $\displaystyle\sum_{n=3}^{\infty}\frac{1}{n\ln n+(\ln n)^2}$이 수렴하는지 여부를 판별하시오.

(힌트: $\displaystyle\sum_{n=3}^{\infty}\frac{1}{2n\ln n}$과 비교)

PART Ⅱ

제 5 장

복소수

제1절 복소수의 연산

허수와 복소수

실수 x에 대하여 $x^2 \geq 0$이다. 따라서 실수에서는 방정식 $x^2+1=0$의 해가 존재하지 않는다. 이 이차방정식이 해를 갖도록 하기 위해서는 실수 외의 수의 추가가 필요한데, 이 이차방정식 $x^2+1=0$의 해를 $i=\sqrt{-1}$로 나타내고 허수단위라 부른다. i를 추가하여 확장한 수의 체계를 복소수체라 하는데, 실수 a, b에 대하여 $a+bi$ 꼴의 수를 **복소수**라 한다.

실수 a, b, c, d에 대하여 두 복소수 $a+bi$, $c+di$가 **상등**이라는 것, 즉 $a+bi=c+di$는 $a=b$, $c=d$를 나타낸다. 실수 a, b에 대하여 $a+0i=a$, $0+bi=bi$로 나타낸다. 특히 $0+0i=0=0i$이다.

복소수의 덧셈과 곱셈

복소수의 덧셈과 곱셈은 다음과 같이 정의한다.

실수 a, b, c, d에 대하여

$$\text{덧셈: } (a+bi)+(c+di) = (a+c)+(b+d)i,$$
$$\text{곱셈: } (a+bi)(c+di) = (ac-bd)+(ad+bc)i$$

실수 a, b에 대하여

$$(a+bi)+0 = a+bi,$$
$$(a+bi)+(-a-bi) = (a+(-a))+(b+(-b))i = 0$$

이므로 0은 덧셈에 대한 **항등원**이고 $-a-bi$는 $a+bi$의 덧셈에 대한 **역원**이다.

실수 a, b에 대하여

$$(a+bi)\cdot 1 = a-0+(0+b)i = a+bi$$

이므로 1은 곱셈에 대한 **항등원**이다. 복소수 $a+bi \neq 0$의 곱셈에 대한 **역원** $\frac{1}{a+bi}$를 $c+di$라 하면, $1=(a+bi)\cdot(c+di)=ac-bd+(ad+bc)i$이므로 $ac-bd=1$, $ad+bc=0$이다.

따라서 $c=\dfrac{a}{a^2+b^2}$, $d=-\dfrac{b}{a^2+b^2}$이 된다. 즉, $\dfrac{1}{a+bi}=\dfrac{a}{a^2+b^2}-\dfrac{b}{a^2+b^2}i$이다.

예시 5-1 복소수의 연산을 이용하여 다음 계산을 할 수 있다.

$$(1+i)^3=1+3i+3i^2+i^3=1+3i-3-i=-2+2i$$

■

복소수의 상등을 이용하여 다음과 같이 방정식을 해결할 수 있다.

예시 5-2 복소수 $z=x+iy$가 $z^2-z+1=0$을 만족할 때,

$$z^2-z+1=(x+iy)^2-(x+iy)+1=x^2-y^2-x+1+i(2xy-y)$$

이므로

$$x^2-y^2-x+1=0,\quad 2xy-y=0$$

이다. 따라서 방정식을 만족하는 복소수는 $z=x+iy=\dfrac{1\pm\sqrt{3}i}{2}$이다. ■

예시 5-3 복소수 z가 $z^2-z+1=0$을 만족할 때, 방정식을 활용하여 $z^{100}+z^2-1$의 값을 계산할 수 있다. 복소수 z가 방정식을 만족하므로 $z^3=-1$이다. 따라서

$$z^{100}+z^2-1=(z^3)^{33}\cdot z+z^2-1=-z+z^2-1=-2$$

이다. ■

연습문제

1. 다음 계산을 하시오.

(1) $\left(\dfrac{1+i}{1-i}\right)^{2021}$ (2) $\left(\dfrac{1+\sqrt{3}i}{2}\right)^2$ (3) $\left(\dfrac{-1+\sqrt{3}i}{2}\right)^4$

2. 다음 물음에 답하시오.

(1) $z=1+i$일 때, z^3+z^2-1의 값을 구하시오.

(2) $z=-1+\sqrt{3}i$일 때, $z^{10}+z^2+1$의 값을 구하시오.

제2절 켤레복소수와 절댓값

복소수 $z=a+bi$에 대하여 z의 **켤레복소수**는 $\overline{z}$로 표시하고 $\overline{z}=a-bi$를 나타낸다. 복소수 z_1, z_2에 대하여 두 복소수의 합의 켤레복소수와 곱의 켤레복소수는 각각 $\overline{z_1+z_2}=\overline{z_1}+\overline{z_2}$, $\overline{z_1z_2}=\overline{z_1}\,\overline{z_2}$이다.

$z_1=a_1+b_1i$, $z_2=a_2+b_2i$에 대하여

$$\overline{z_1+z_2}=\overline{(a_1+a_2)+(b_1+b_2)i}=(a_1+a_2)-(b_1+b_2)i=a_1-b_1i+a_2-b_2i=\overline{z_1}+\overline{z_2},$$

$$\begin{aligned}\overline{z_1z_2}=\overline{(a_1a_2-b_1b_2)+(a_1b_2+b_1a_2)i}&=(a_1a_2-b_1b_2)-(a_1b_2+b_1a_2)i\\&=(a_1-b_1i)(a_2-b_2i)=\overline{z_1}\,\overline{z_2}\end{aligned}$$

예시 5-4 복소수 z가 실계수를 갖는 다항식 $a_nx^n+\cdots+a_1x+a_0=0$의 근일 때, 복소수 z의 켤레복소수 $\overline{z}$도 같은 방정식의 근이 됨을 보일 수 있다.

켤레복소수의 덧셈과 곱셈에 대한 성질을 이용하면

$$\begin{aligned}0&=\overline{a_nz^n+\cdots+a_1z+a_0}=\overline{a_nz^n}+\cdots+\overline{a_1z}+\overline{a_0}=a_n\overline{z^n}+\cdots+a_1\overline{z}+a_0\\&=a_n\overline{z}^n+\cdots+a_1\overline{z}+a_0\end{aligned}$$

을 만족하므로 켤레복소수 $\overline{z}$도 같은 방정식의 근이다. ■

복소수 $z=a+bi$의 **절댓값**은 $|z|$로 표시하고 $|z|=\sqrt{a^2+b^2}$를 나타낸다.

복소수 $z=a+bi$에 대하여 $z\overline{z}=(a+bi)(a-bi)=a^2+b^2=|z|^2$이고, $\overline{\overline{z}}=z$이므로 $|\overline{z}|^2=\overline{z}\,\overline{\overline{z}}=\overline{z}z=|z|^2$이다. 즉 $|\overline{z}|=|z|$이다.

$z_1=a_1+b_1i$, $z_2=a_2+b_2i$에 대하여 $z_1z_2=(a_1+b_1i)(a_2+b_2i)=(a_1a_2-b_1b_2)+$

$(a_1b_2+b_1a_2)i$이므로

$$
\begin{aligned}
|z_1z_2|^2 &= (a_1a_2-b_1b_2)^2+(a_1b_2+b_1a_2)^2 = a_1^2a_2^2+b_1^2b_2^2+a_1^2b_2^2+b_1^2a_2^2 \\
&= (a_1^2+b_1^2)(a_2^2+b_2^2) = |z_1|^2|z_2|^2
\end{aligned}
$$

이다. 따라서 $|z_1z_2| = |z_1||z_2|$이다.

$z = a+bi \neq 0$에 대하여

$\overline{\left(\frac{1}{z}\right)} = \overline{\left(\frac{1}{a+bi}\right)} = \overline{\left(\frac{a-bi}{(a+bi)(a-bi)}\right)} = \overline{\left(\frac{a-bi}{a^2+b^2}\right)} = \frac{a+bi}{a^2+b^2} = \frac{z}{z\overline{z}} = \frac{1}{\overline{z}}$이므로

$\left|\frac{z_2}{z_1}\right|^2 = \left(\frac{z_2}{z_1}\right)\overline{\left(\frac{z_2}{z_1}\right)} = \frac{z_2}{z_1}\frac{\overline{z_2}}{\overline{z_1}} = \frac{|z_2|^2}{|z_1|^2}$이다. 따라서 $\left|\frac{z_2}{z_1}\right| = \frac{|z_2|}{|z_1|}$이다.

한편, 복소수의 절댓값에 대하여 삼각부등식이 성립한다.

예시 5-5 복소수 $z=a+bi$에 대하여 $z+\overline{z} = 2a \leq 2|z|$이 성립한다.
복소수 z_1, z_2에 대하여

$$
\begin{aligned}
|z_1+z_2|^2 &= (z_1+z_2)\overline{(z_1+z_2)} \\
&= (z_1+z_2)(\overline{z}_1+\overline{z}_2) \\
&= z_1\overline{z}_1+z_1\overline{z}_2+z_2\overline{z}_1+\overline{z_2\overline{z}_2} \\
&= |z_1|^2+|z_2|^2+z_1\overline{z}_2+\overline{z_1\overline{z}_2} \\
&\leq |z_1|^2+|z_2|^2+2|z_1z_2| \\
&= |z_1|^2+|z_2|^2+2|z_1||z_2| = (|z_1|+|z_2|)^2
\end{aligned}
$$

이므로 삼각부등식 $|z_1+z_2| \leq |z_1|+|z_2|$이 성립한다. ■

연습문제

3. 복소수 $z_1 = \frac{1+\sqrt{3}i}{2}$, $z_2 = 2-3i$에 대하여 다음 값을 계산하시오.

(1) $z_1+2\overline{z}_2-1$　　(2) $\frac{z_1}{1+z_2^2}$

(3) $\left|\dfrac{z_1 - z_2}{1 - z_1 z_2}\right|$ (4) $\left|z_1 - \overline{z}_2\right|$

4. 복소수 z_1, z_2에 대하여 다음 부등식과 등식이 성립함을 보이시오.

(1) $|z_1 - z_2| \geq \big||z_1| - |z_2|\big|$

(2) $|z_1 + z_2|^2 + |z_1 - z_2|^2 = 2\left(|z_1|^2 + |z_2|^2\right)$

제3절 복소수의 극형식

복소수 $z = a + bi \neq 0$에 대하여 $z = r(\cos\theta + i\sin\theta)$를 z의 **극형식**이라 한다. 이때 $r = |z| = \sqrt{a^2 + b^2}$, $\arg z = \theta$, $\tan\theta = \dfrac{b}{a}$, $a \neq 0$ ($\arg z = \operatorname{Arg} z + 2n\pi$, $-\pi < \operatorname{Arg} z \leq \pi$, $n = 0,\ \pm 1,\ \pm 2,\ \cdots$)

$$\operatorname{Arg} z = \frac{\pi}{2},\ a = 0,\ b > 0;\ \operatorname{Arg} z = -\frac{\pi}{2},\ a = 0,\ b < 0$$

를 나타낸다. 이때 $\arg z$를 복소수 z의 **편각**이라 한다. $z = 0$인 경우 $\arg z$를 정의할 수 없으므로 $\arg z$는 $z \neq 0$인 경우에 대해서만 생각하도록 한다.

예시 5-6 복소수 $z = 1 + \sqrt{3}i$에 대하여 $|z| = \sqrt{1^2 + (\sqrt{3})^2} = 2$이고 $\operatorname{Arg} z = \arctan\sqrt{3} = \dfrac{\pi}{3}$이다.

복소수 $z = -2i$에 대하여 $|z| = \sqrt{0^2 + (-2)^2} = 2$이고 $\operatorname{Arg} z = -\dfrac{\pi}{2}$이다.

극형식으로 나타낸 복소수 $z_1 = r_1(\cos\theta_1 + i\sin\theta_1)$, $z_2 = r_2(\cos\theta_2 + i\sin\theta_2)$에 대하여, 삼각함수의 덧셈정리를 적용하면

$$\begin{aligned} z_1 z_2 &= r_1 r_2\big((\cos\theta_1\cos\theta_2 - \sin\theta_1\sin\theta_2) + i(\cos\theta_1\sin\theta_2 + \sin\theta_1\cos\theta_2)\big) \\ &= r_1 r_2\big(\cos(\theta_1 + \theta_2) + i\sin(\theta_1 + \theta_2)\big) \end{aligned}$$

를 얻는다. 따라서 $\arg(z_1 z_2) = \arg z_1 + \arg z_2 + 2n\pi$임을 알 수 있다. ■

예시 5-7 복소수 $z_1 = \dfrac{1+\sqrt{3}i}{2}$, $z_2 = \dfrac{-1+\sqrt{3}i}{2}$에 대하여 $\mathrm{Arg}\, z_1 = \dfrac{\pi}{3}$, $\mathrm{Arg}\, z_2 = \dfrac{2\pi}{3}$이다. 한편 $z_1 z_2 = -1$이고 $\mathrm{Arg}\, z_1 z_2 = \pi$이므로 $\mathrm{Arg}\, z_1 z_2 = \mathrm{Arg}\, z_1 + \mathrm{Arg}\, z_2$임을 알 수 있다. ■

수학적귀납법을 적용하면 복소수 $z_k = r_k(\cos\theta_k + i\sin\theta_k)$, $(k=1,\ 2,\ \cdots,\ n)$에 대하여,

$$z_1 z_2 \cdots z_n = r_1 r_2 \cdots r_n(\cos(\theta_1+\theta_2+\cdots+\theta_n)+i\sin(\theta_1+\theta_2+\cdots+\theta_n))$$

를 얻는다. 따라서 $z_1 = z_2 = \cdots = z_n = z = r(\cos\theta + i\sin\theta)$인 경우,

$$z^n = r^n(\cos n\theta + i\sin n\theta)$$

임을 알 수 있다. 특별히 $r=|z|=1$인 경우, 다음과 같은 **드 므와브르 정리**를 얻게 된다.

$$(\cos\theta + i\sin\theta)^n = \cos n\theta + i\sin n\theta$$

드 므와브르 정리를 활용하면 삼각함수의 3배각 공식을 증명할 수 있다. $n=3$인 경우에

$$(\cos\theta + i\sin\theta)^3 = \cos^3\theta + 3i\cos^2\theta\sin\theta - 3\cos\theta\sin^2\theta - i\sin^3\theta$$

이므로, 드 므와브르 정리로부터

$$\cos 3\theta + i\sin 3\theta = \cos^3\theta + 3i\cos^2\theta\sin\theta - 3\cos\theta\sin^2\theta - i\sin^3\theta$$

을 얻고, 복소수의 상등에 의해 다음과 같이 삼각함수의 3배각 공식을 확인할 수 있다.

$$\cos 3\theta = \cos^3\theta - 3\cos\theta\sin^2\theta = 4\cos^3\theta - 3\cos\theta$$
$$\sin 3\theta = 3\cos^2\theta\sin\theta - \sin^3\theta = 3\sin\theta - 4\sin^3\theta$$

복소수 $z = r(\cos\theta + i\sin\theta)$에 대하여 켤레복소수는 $\overline{z} = r(\cos\theta - i\sin\theta)$이므로

$$\frac{1}{z} = \frac{\overline{z}}{|z|^2} = \frac{1}{r}(\cos\theta - i\sin\theta) = \frac{1}{r}(\cos(-\theta) + i\sin(-\theta))$$

이다. 따라서 $\arg\left(\dfrac{1}{z}\right) = -\arg z + 2n\pi$임을 알 수 있다.

복소수 $z_1 = r_1(\cos\theta_1 + i\sin\theta_1)$, $z_2 = r_2(\cos\theta_2 + i\sin\theta_2)$에 대하여,

$$\begin{aligned}\frac{z_1}{z_2} &= r_1(\cos\theta_1 + i\sin\theta_1)\cdot\frac{1}{r_2}(\cos(-\theta_2) + i\sin(-\theta_2)) \\ &= \frac{r_1}{r_2}(\cos(\theta_1-\theta_2) + i\sin(\theta_1-\theta_2))\end{aligned}$$

이다. 따라서 $\arg\left(\frac{z_1}{z_2}\right) = \arg z_1 - \arg z_2 + 2n\pi$임을 알 수 있다.

예시 5-8 복소수 $1-i$는 편각이 $-\frac{\pi}{4}$이고 복소수 $1+i$는 편각이 $\frac{\pi}{4}$이다. 한편 $\frac{1-i}{1+i} = -i$이므로 편각은 $-\frac{\pi}{2}$이다. 이 경우 $\mathrm{Arg}\left(\frac{1-i}{1+i}\right) = \mathrm{Arg}(1-i) - \mathrm{Arg}(1+i)$이 성립하는 것을 알 수 있다. ■

n제곱근

복소수 $z_0 = r_0(\cos\theta_0 + i\sin\theta_0)$에 대하여 $z^n = z_0$를 만족하는 n제곱근들을 찾아보자. $z = r(\cos\theta + i\sin\theta)$라 하면 $r^n(\cos n\theta + i\sin n\theta) = r_0(\cos\theta_0 + i\sin\theta_0)$를 만족하므로 $r^n = r_0$,

$$\theta = \left(\frac{\theta_0 + 2k\pi}{n}\right),\quad k = 0,\ \pm 1,\ \pm 2,\ \cdots.$$

따라서 n제곱근은

$$z = z_0^{1/n} = r_0^{1/n}\left(\cos\left(\frac{\theta_0 + 2k\pi}{n}\right) + i\sin\left(\frac{\theta_0 + 2k\pi}{n}\right)\right),\quad k = 0,\ 1,\ 2,\ \cdots,\ n-1$$

이다.

예시 5-9 복소수 i는 절댓값이 1이고 편각이 $\frac{\pi}{2}$이므로

$$i^{1/2} = \cos\left(\frac{\pi}{4} + k\pi\right) + i\sin\left(\frac{\pi}{4} + k\pi\right),\quad k = 0,\ 1$$

이다. 따라서 $i^{1/2} = \frac{\sqrt{2} + \sqrt{2}i}{2},\ \frac{-\sqrt{2} - \sqrt{2}i}{2}$이다. 복소수 -1은 절댓값이 1이고

편각이 π이므로 $(-1)^{1/3} = \cos\left(\frac{\pi+2k\pi}{3}\right) + i\sin\left(\frac{\pi+2k\pi}{3}\right)$, $k=0,\ 1,\ 2$이다. 따라서 $(-1)^{1/3} = \frac{1+\sqrt{3}i}{2},\ -1,\ \frac{-1-\sqrt{3}i}{2}$이다.

복소수 $1-2i$는 절댓값이 $\sqrt{5}$이고 편각이 $-\frac{\pi}{3}$이므로

$$\sqrt{1-2i} = 5^{1/4}\left(\cos\left(-\frac{\pi}{6}+k\pi\right) + i\sin\left(-\frac{\pi}{6}+k\pi\right)\right),\ k=0,\ 1$$

이다. 따라서 $\sqrt{1-2i} = \frac{\sqrt[4]{5}}{2}(\sqrt{3}-i),\ \frac{\sqrt[4]{5}}{2}(-\sqrt{3}+i)$이다. ■

특별히 $z_0=1$인 경우, $z^n=z_0$를 만족하는 n제곱근은

$$z=\omega,\ \omega^2,\ \omega^3,\ \cdots,\ \omega^{n-1},\ \omega^n=1,\ \omega=\cos\left(\frac{2\pi}{n}\right)+i\sin\left(\frac{2\pi}{n}\right)$$

이다.

예시 5-10 $z^n=1$을 만족하는 n제곱근 z'는 $\omega=\cos\left(\frac{2\pi}{n}\right)+i\sin\left(\frac{2\pi}{n}\right)$에 대하여, $z'=\omega^k$, $k=0,\ 1,\ 2,\ \cdots,\ n-1$로 표현된다. 따라서 n제곱근 z', z''의 곱 $z'z''$은 다시 $z^n=1$를 만족하는 n제곱근이 되는 것을 알 수 있다.

한편, $1+\omega+\omega^2+\cdots+\omega^{n-1}=\frac{1-\omega^n}{1-\omega}=0$이므로, $z^n=1$을 만족하는 모든 n제곱근들의 합이 0임을 알 수 있다. ■

복소수의 지수함수표현

실함수 $f(x)=e^x$는 다음 성질을 만족한다.

임의의 실수 x, y에 대하여 $f(x+y)=f(x)f(y)$이고 $f(0)=1$이다.

이와 같은 성질은 복소수로 확장하여 정의한 지수함수 $f(z)=e^z$에 대해서도 성립한다. 복소수 $z=x+iy$에 대하여 $e^z=e^{x+iy}=e^x\cdot e^{iy}$로 쓸 수 있다. 특별히

$$e^{iy}=\cos y+i\sin y$$

로 정의하는데, 이는 오일러 공식(Euler's formula)으로 알려진 식이다. 이 공식은 여러 가지 방법으로 증명할 수 있는데 여기서는 증명 없이 사용하도록 한다. 공식으로부터 $|e^{iy}|=1$임을 알 수 있다. 한편 임의의 z에 대하여 $e^z \cdot e^{-z}=1$이므로, $e^z \neq 0$이고 $e^{-z}=\dfrac{1}{e^z}$이다.

이제 절댓값 $|z|=r$이고 편각이 θ인 복소수 z는

$$z=r(\cos\theta+i\sin\theta)=re^{i\theta}$$

로 나타낼 수 있다. 이와 같이 $z=re^{i\theta}$로 나타내는 것을 복소수 z의 지수함수표현이라고 한다.

예시 5-11 복소수의 지수함수표현으로부터 다음 등식들을 확인할 수 있다.

$$e^{2\pi i}=1,\ e^{\pi i}=-1,\ e^{\frac{\pi}{2}i}=i$$

■

또한 복소수의 지수함수표현을 이용하면 삼각함수의 덧셈정리를 좀 더 간단히 확인할 수 있다.

예시 5-12 임의의 실수 θ_1, θ_2에 대하여

$$e^{i(\theta_1+\theta_2)}=e^{i\theta_1+i\theta_2}=e^{i\theta_1}\cdot e^{i\theta_2}$$

이다. $e^{i(\theta_1+\theta_2)}=\cos(\theta_1+\theta_2)+i\sin(\theta_1+\theta_2)$, $e^{i\theta_1}=\cos\theta_1+i\sin\theta_1$, $e^{i\theta_2}=\cos\theta_2+i\sin\theta_2$이므로

$$\begin{aligned}\cos(\theta_1+\theta_2)+i\sin(\theta_1+\theta_2)&=(\cos\theta_1+i\sin\theta_1)(\cos\theta_2+i\sin\theta_2)\\&=\cos\theta_1\cos\theta_2-\sin\theta_1\sin\theta_2+i(\cos\theta_1\sin\theta_2+\sin\theta_1\cos\theta_2)\end{aligned}$$

이 성립한다. 따라서 다음과 같은 삼각함수의 덧셈정리가 성립함을 확인할 수 있다.

$$\cos(\theta_1+\theta_2)=\cos\theta_1\cos\theta_2-\sin\theta_1\sin\theta_2,\ \sin(\theta_1+\theta_2)=\cos\theta_1\sin\theta_2+\sin\theta_1\cos\theta_2$$

■

한편 지수함수 e^z는 주기함수임을 알 수 있다.

예시 5-13 복소수 $z_1 = x_1 + iy_1$, $z_2 = x_2 + iy_2$에 대하여, $e^{z_1} = e^{z_2}$라 하자. $e^{z_1 - z_2} = 1$이므로

$$1 = e^{x_1 - x_2} \cdot e^{i(y_1 - y_2)} = e^{x_1 - x_2} \cdot (\cos(y_1 - y_2) + i\sin(y_1 - y_2))$$

이다. 따라서

$$e^{x_1 - x_2}\cos(y_1 - y_2) = 1, \ e^{x_1 - x_2}\sin(y_1 - y_2) = 0$$

이다. $e^{x_1 - x_2} > 0$이므로 $\sin(y_1 - y_2) = 0$이다. 즉 $y_1 = y_2 + n\pi$, $n = 0, \pm 1, \pm 2, \cdots$이다. 이 중 $e^{x_1 - x_2}\cos(y_1 - y_2) = 1$을 만족하는 경우는 $x_1 = x_2$, $y_1 = y_2 + 2n\pi$, $n = 0, \pm 1, \pm 2, \cdots$일 때이다. 따라서 지수함수 e^z는 주기가 $2\pi i$인 주기함수이다. ■

한편 복소수의 지수함수표현으로부터 삼각함수와 지수함수 사이의 관계를 알아볼 수 있다. $e^{i\theta} = \cos\theta + i\sin\theta$, $e^{-i\theta} = \cos(-\theta) + i\sin(-\theta) = \cos\theta - i\sin\theta$이므로

$$\cos\theta = \frac{e^{i\theta} + e^{-i\theta}}{2}, \ \sin\theta = \frac{e^{i\theta} - e^{-i\theta}}{2i}$$

이다. 다음의 쌍곡선 함수의 정의와 비교해 보면 매우 유사하게 정의되는 것을 알 수 있다.

$$\cosh\theta = \frac{e^{\theta} + e^{-\theta}}{2}, \ \sinh\theta = \frac{e^{\theta} - e^{-\theta}}{2}$$

연습문제

5. $z = 1 - \sqrt{3}i$, $w = 1 + i$일 때, 다음 복소수의 절댓값과 편각을 구하시오.

(1) $\bar{z}w$ (2) $\dfrac{z}{w}$

(3) z^n, $n = 0, \pm 1, \pm 2, \cdots$

6. 다음 방정식을 만족하는 모든 해를 구하시오.

(1) $z^2 = i$ (2) $z^3 = -i$ (3) $z^2 = 1 - i$

7. 다음 방정식을 만족하는 모든 해를 구하시오.

(1) $e^{2z}=1$　　(2) $e^{\bar{z}}=1$　　(3) $e^{z^2}=1$

8. $|z|=r$인 복소수에 대하여 다음 부등식이 성립함을 보이시오.

(1) $e^{-r}\le\left|e^{z}\right|\le e^{r}$　　(2) $e^{-\frac{1}{r}}\le\left|e^{\frac{1}{z}}\right|\le e^{\frac{1}{r}}$

제4절 극좌표

좌표평면 위의 점을 표현하는 방법으로 원점에서 만나는 두 직교축을 좌표축으로 하여 좌표를 표현하는 직교좌표계 표현이 있다. 예를 들어 복소수 $z=x+iy$를 좌표평면 위의 점 $(x,\ y)$로 표현하는 방법이다. 좌표평면 위의 점을 표현하는 또 다른 방법으로 극좌표 표현이 있다.

극좌표계

극좌표계에서는 원점 O를 극점이라 하고 양의 x-축을 극축이라 한다. 좌표평면 위의 한점 $\mathrm{P}(\neq \mathrm{O})$에 대하여 원점 O로부터의 거리를 r, 선분 OP가 극축과 이루는 각을 θ라 할 때, $(r,\ \theta)$로 좌표를 대응시킨다. 이와 같은 표현 $(r,\ \theta)$를 점 P의 **극좌표**라 한다. 직교좌표계의 점 $(x,\ y)$에 대하여

$$r=\sqrt{x^2+y^2},\ \tan\theta=\frac{y}{x}\quad(x\neq 0)$$

인 관계가 성립한다. 한편 직교좌표에서는 한 점에 대한 직교좌표 표현이 유일하지만 극좌표에서는 그렇지 않다. 각을 나타내는 부분이 2π의 정수배 차이가 나는 표현들은 모두 같은 점을 표현한다. 즉 극좌표로 $(r,\ \theta)$인 점과 $(r,\ \theta+2n\pi)$, $n=0,\ \pm1,\ \pm2,\ \cdots$인 점은 같은 점이다.

앞서 언급한 것처럼 복소수 $z=x+iy$는 직교좌표계에서 좌표평면 위의 점 $(x,\ y)$로 표현할 수 있다. 한편 복소수 $z=x+iy\neq 0$에 대한 극형식 $z=r(\cos\theta+i\sin\theta)$, $r=|z|$, $\theta=\arg z$은 극좌표 표현 $(r,\ \theta)$에 대응된다. 복소수에서와 마찬가지로 원점 $(0,\ 0)$에 대해서는 θ를 정의할 수 없으므로 극좌표 표현 $(r,\ \theta)$는 원점을 제외한 점에서

만 생각한다.

예시 5-14 직교좌표가 $(1,\ 1)$인 점은

$$r=\sqrt{1^2+1^2}=\sqrt{2},\ \tan\theta=\frac{1}{1}=1$$

이므로 극좌표는 $\left(\sqrt{2},\ \frac{\pi}{4}+2n\pi\right)$, $n=0,\ \pm1,\ \pm2,\ \cdots$이고, 직교좌표가 $(1,\ -\sqrt{3})$인 점은

$$r=\sqrt{1^2+(-\sqrt{3})^2}=2,\ \tan\theta=\frac{-\sqrt{3}}{1}=-\sqrt{3}$$

이므로 극좌표는 $\left(2,\ \frac{5\pi}{3}+2n\pi\right)$, $n=0,\ \pm1,\ \pm2,\ \cdots$이다. ■

극좌표로 표시된 점을 직교좌표로 표현할 수도 있다.

예시 5-15 극좌표로 $\left(2,\ \frac{2\pi}{3}\right)$인 점은

$$x=2\cos\frac{2\pi}{3}=-1,\ y=2\sin\frac{2\pi}{3}=\sqrt{3}$$

이므로 직교좌표는 $(-1,\ \sqrt{3})$이다. ■

직교좌표로 표현되는 곡선의 방정식들을 극좌표로 표현할 수 있다.

예시 5-16 중심이 원점이고 반경이 $a>0$인 원의 방정식은 직교좌표에서

$$x^2+y^2=a^2$$

로 표현되는데, 이를 극좌표로 표현하면 $r^2=a^2$이고 a가 양수이므로

$$r=a$$

로 표현할 수 있다.

직교좌표로 표현되는 원의 방정식

$$(x-1)^2+y^2=1$$

은 $x^2+y^2=2x$이다. 이를 극좌표로 표현하면 $r^2=2r\cos\theta$이므로

$$r=2\cos\theta$$

로 표현할 수 있다. ■

예시 5-17 직교좌표로 표현되는 쌍곡선

$$xy=1$$

을 극좌표로 표현하면 $r\cos\theta\cdot r\sin\theta=1$이므로

$$r^2\sin 2\theta=2$$

로 표현할 수 있다. ■

극방정식과 그래프

직교좌표로 표현되는 함수 $y=f(x)$의 그래프를 좌표평면 위에 그리는 것처럼 극좌표로 표현되는 함수 $r=f(\theta)$를 좌표평면 위에 그릴 수 있다. 예를 들어 상수함수 $r=1$은 아래 그림과 같이 원을 나타낸다.

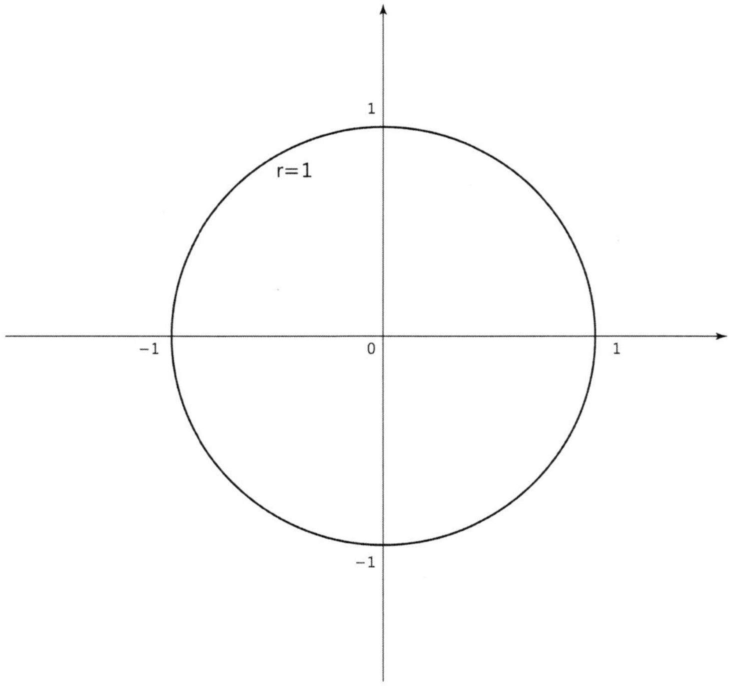

한편 좌표평면 위의 점 P에 대한 극좌표 표현 $(r,\ \theta)$에서 r은 원점 O로부터 점 P까지의 거리를 나타내기 때문에 항상 $r \geq 0$이다. 하지만 극좌표로 표현된 함수 $r = f(\theta)$에 대하여 함숫값 $f(\theta)$가 음수인 경우, r의 영역을 $r < 0$인 경우까지 확장하여 표현한다. 구체적으로 $r < 0$인 경우

$$(r,\ \theta) = (-r,\ \theta + \pi)$$

로 정의하도록 한다. 실제로 $r < 0$인 경우, $-r > 0$이고 극좌표 $(-r,\ \theta + \pi)$은 $(-r,\ \theta)$의 원점 대칭인 점을 나타낸다.

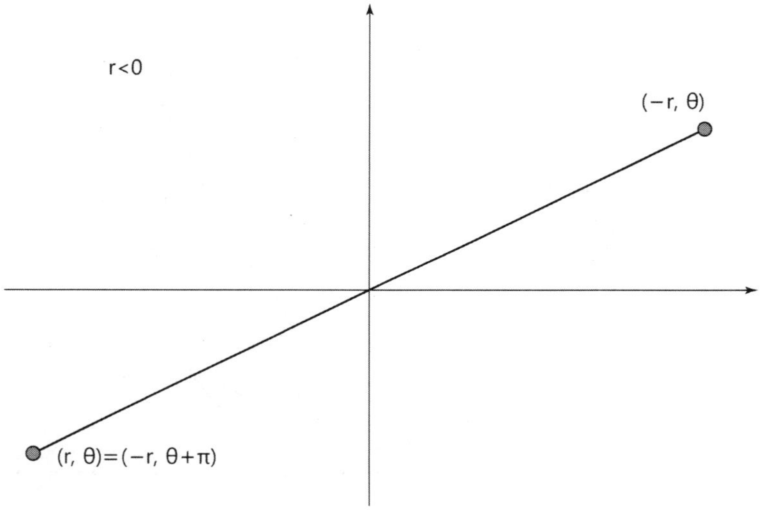

예시 5-18 극좌표로 $r = \sin\theta$로 주어진 함수의 경우, 구간 $0 \leq \theta \leq \pi$에서 $\sin\theta \geq 0$이므로 $r \geq 0$이고, 구간 $\pi \leq \theta \leq 2\pi$에서는 $\sin\theta \leq 0$이므로 $r \leq 0$이다. 또한 사인함수 $\sin\theta$가 구간 $0 \leq \theta \leq \frac{\pi}{2}$에서 증가이고 구간 $\frac{\pi}{2} \leq \theta \leq \pi$에서 감소임을 알고 있다.

이와 같은 특성을 반영하면 r은 $r(0) = 0$이고 구간 $0 \leq \theta \leq \frac{\pi}{2}$에서 증가하여 최댓값 $r\left(\frac{\pi}{2}\right) = 1$을 갖고, 구간 $\frac{\pi}{2} \leq \theta \leq \pi$에서 감소하여 $r(\pi) = 0$이 된다. 한편 구간 $\pi \leq \theta \leq 2\pi$에서는 $r \leq 0$이므로, 이 구간에서 $r = \sin\theta = -\sin(\theta - \pi)$를 적용하면 $-r = \sin(\theta - \pi)$이므로 각 점 $(r,\ \theta)$는 점 $(-r,\ \theta - \pi)$에 위치한다. 따라서 이 구간에서 함수 $r = \sin\theta$의 그래프는 구간 $0 \leq \theta \leq \pi$에서의 그래프의 반복이다.

구체적으로 몇 개의 θ값에 대한 r값을 구하면 다음과 같다.

θ	0		$\frac{\pi}{6}$		$\frac{\pi}{4}$		$\frac{\pi}{3}$		$\frac{\pi}{2}$		$\frac{2\pi}{3}$		$\frac{3\pi}{4}$		$\frac{5\pi}{6}$		π
r	0	↗	$\frac{1}{2}$	↗	$\frac{\sqrt{2}}{2}$	↗	$\frac{\sqrt{3}}{2}$	↗	1	↘	$\frac{\sqrt{3}}{2}$	↘	$\frac{\sqrt{2}}{2}$	↘	$\frac{1}{2}$	↘	0

위의 θ값들에 대한 점 $(r,\ \theta)$들을 좌표평면에 표시하면 함수의 성질을 반영하여 그래프의 개형을 아래 그림과 같이 가늠해 볼 수 있다.

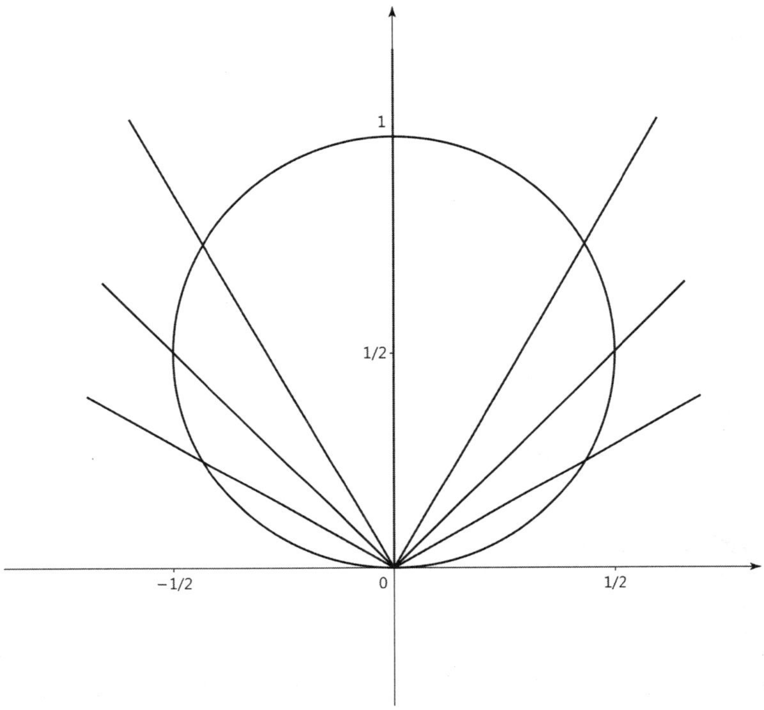

■

예시 5-19 극좌표로 $r = 1 + \sin\theta$로 주어진 함수는 구간 $0 \le \theta \le \frac{\pi}{2}$에서 증가이고 구간 $\frac{\pi}{2} \le \theta \le \pi$에서 감소이다. 한편 $-1 \le \sin\theta \le 1$이므로 $r \ge 0$임을 알 수 있다.

구체적으로 몇 개의 θ값에 대한 r값을 구하면 다음과 같다.

θ	0		$\frac{\pi}{4}$		$\frac{\pi}{2}$		$\frac{3\pi}{4}$		π		$\frac{5\pi}{4}$		$\frac{3\pi}{2}$		$\frac{7\pi}{4}$		2π
r	1	↗	$1+\frac{\sqrt{2}}{2}$	↗	2	↘	$1+\frac{\sqrt{2}}{2}$	↘	1	↘	$1-\frac{\sqrt{2}}{2}$	↘	0	↗	$1-\frac{\sqrt{2}}{2}$	↗	1

$\theta = \frac{\pi}{2}$에서 함숫값 $r = 2$이 최댓값을 갖고 $\theta = \frac{3\pi}{2}$에서 함숫값 $r = 0$이 최솟값을 갖는 것을 알 수 있다. 위의 θ값들에 대한 점 $(r,\ \theta)$들을 좌표평면에 표시하여 그래프의 개형을 가늠해 볼 수 있다.

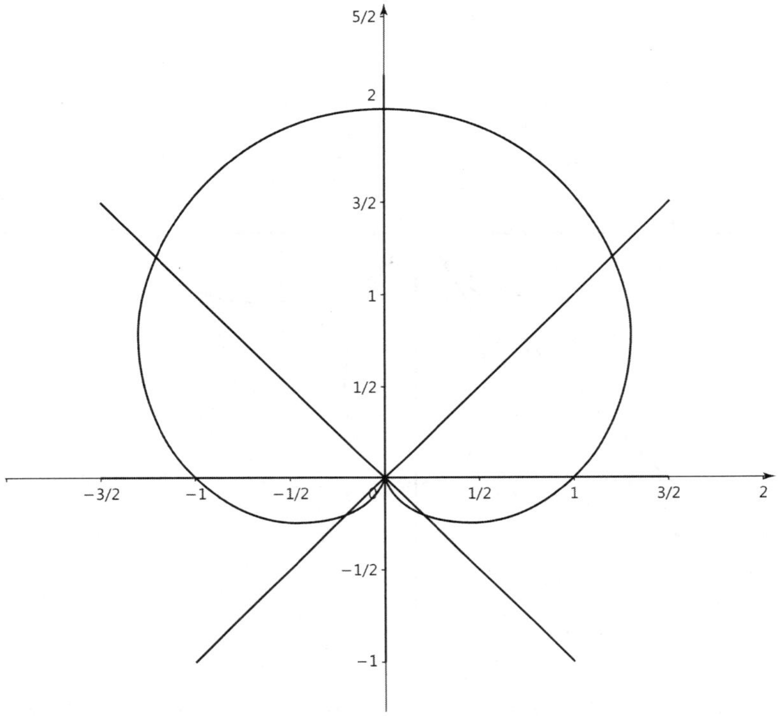

■

예시 5-20 극좌표로 $r = \cos 2\theta$로 주어진 함수의 경우, 구간 $0 \le \theta \le \frac{\pi}{2}$, $\pi \le \theta \le \frac{3\pi}{2}$에서 감소이고 구간 $\frac{\pi}{2} \le \theta \le \pi$, $\frac{3\pi}{2} \le \theta \le 2\pi$에서 증가이다. 한편 구간 $0 \le \theta \le \frac{\pi}{4}$, $\frac{3\pi}{4} \le \theta \le \frac{5\pi}{4}$, $\frac{7\pi}{4} \le \theta \le 2\pi$에서 $r \ge 0$이고, 구간 $\frac{\pi}{4} \le \theta \le \frac{3\pi}{4}$, $\frac{5\pi}{4} \le \theta \le \frac{7\pi}{4}$에서 $r \le 0$이다.

구체적으로 몇 개의 θ값에 대한 r값을 구하면 다음과 같다.

θ	0		$\frac{\pi}{4}$		$\frac{\pi}{2}$		$\frac{3\pi}{4}$		π		$\frac{5\pi}{4}$		$\frac{3\pi}{2}$		$\frac{7\pi}{4}$		2π
r	1	↘	0	↘	-1	↗	0	↗	1	↘	0	↘	-1	↗	0	↗	1

위의 θ값들에 대한 점 $(r,\ \theta)$들을 좌표평면에 표시하여 그래프의 개형을 그려볼 수 있다.

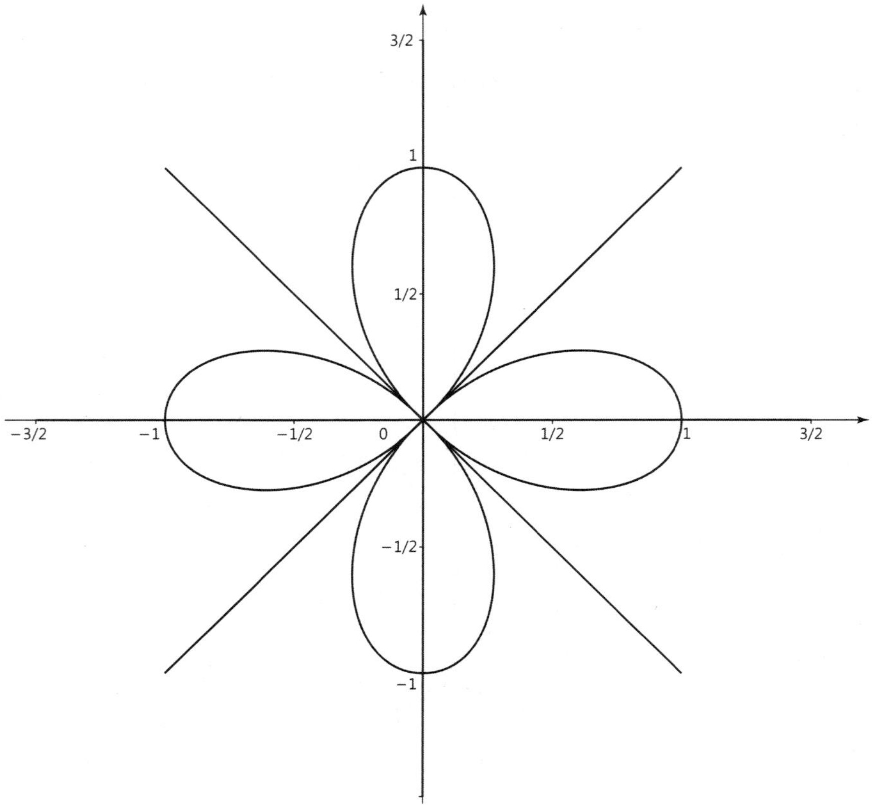

■

예시 5-21 극좌표로 $r=\sin 3\theta$로 주어진 함수의 경우, 구간 $0 \le \theta \le \frac{\pi}{3}$에서는 $r \ge 0$이고 구간 $\pi \le \theta \le \frac{4\pi}{3}$에서는 $r \le 0$이다. 실제로 $\sin 3(\pi+\theta) = -\sin 3\theta$이므로 이 구간들에 대한 함수 $r=\sin 3\theta$의 그래프는 구간 $0 \le \theta \le \frac{\pi}{3}$에서만 겹쳐서 나타난다. 마찬가지로 구간 $\frac{\pi}{3} \le \theta \le \frac{2\pi}{3}$와 $\frac{4\pi}{3} \le \theta \le \frac{5\pi}{3}$에 대한 함수 $r=\sin 3\theta$의 그래프는 구간 $\frac{4\pi}{3} \le \theta \le \frac{5\pi}{3}$에서 겹쳐서 나타나고, 구간 $\frac{2\pi}{3} \le \theta \le \pi$와 $\frac{7\pi}{3} \le \theta \le 2\pi$에 대해서는 구간 $\frac{2\pi}{3} \le \theta \le \pi$에서 겹쳐서 나타난다.

구체적으로 몇 개의 θ값에 대한 r값을 구하면 다음과 같다.

θ	0		$\frac{\pi}{6}$		$\frac{\pi}{3}$		$\frac{\pi}{2}$		$\frac{2\pi}{3}$		$\frac{5\pi}{6}$		π		$\frac{7\pi}{6}$		$\frac{4\pi}{3}$		$\frac{3\pi}{2}$		$\frac{5\pi}{3}$		$\frac{11\pi}{6}$		2π
r	0	↗	1	↘	0	↘	-1	↗	0	↗	1	↘	0	↘	-1	↗	0	↗	1	↘	0	↘	-1	↗	0

위의 θ값들에 대한 점 $(r,\ \theta)$들을 좌표평면에 표시하여 그래프를 그려보면 다음과 같다.

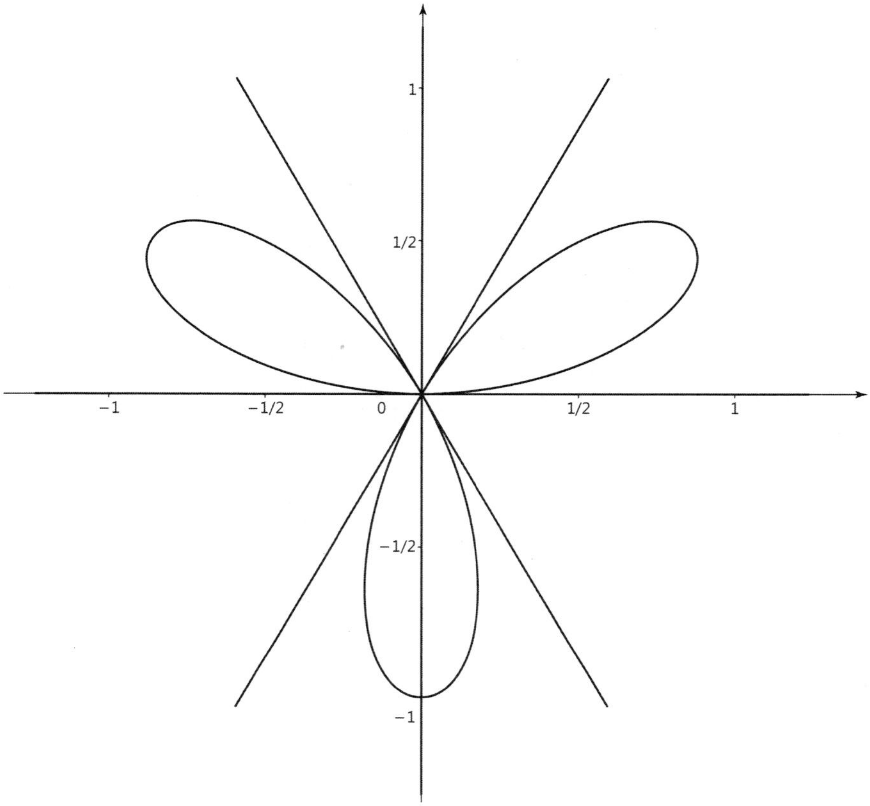

■

연습문제

9. 다음 방정식을 극좌표로 표현하시오.

(1) $x+2y=1$　　(2) $x^2-y^2=2$　　(3) $(x-1)^2+y^2=1$

10. 극좌표로 표현된 다음 함수의 그래프를 그리시오.

(1) $r=\sin 2\theta$　　(2) $r=|\sin 3\theta|$　　(3) $r=\tan\theta$

(4) $r=\theta$　　(5) $r=\dfrac{1}{\cos\theta}$　　(6) $r=\dfrac{1}{2-\cos\theta}$

(7) $r=\dfrac{1}{1-\cos\theta}$ $(\theta \neq 2n\pi,\ n=0,\ \pm 1,\ \pm 2,\ \cdots)$

제 6 장

부등식

제1절 절대부등식

수학에서 다루는 많은 명제들은 부등식을 포함한 이야기들로 구성되어 있다. 부등식은 수나 식의 값의 대소관계를 나타내는 식이다. 그중에서도 절대부등식은 양변의 값의 대소관계가 변수에 상관없이 항상 성립하는 식이다.

거듭제곱, 제곱근의 부등식

실수 a, b에 대하여

$$|a| > |b| \Leftrightarrow a^2 > b^2$$

이다. 여기서 실수 a의 절댓값 $|a| = \begin{cases} a, & a \geq 0 \\ -a, & a < 0 \end{cases}$ 를 의미하고 $|a| = \sqrt{a^2}$이 된다. 한편 절댓값의 정의로부터 $|a| \leq b$는 $-b \leq a \leq b$와 동치이다.

양의 실수 a, b에 대하여

$$a > b \Leftrightarrow a^2 > b^2, \; a > b \Leftrightarrow \sqrt{a} > \sqrt{b}$$

이 성립한다.

예시 6-1 $|a| < 1$, $|b| < 1$일 때, $\left|\dfrac{a-b}{1-ab}\right| < 1$이 성립한다. $|a| < 1$, $|b| < 1$이므로 $1 - ab \neq 0$이다. 따라서 $|a-b| < |1-ab|$임을 보이면 충분하다. 양변을 제곱하여 차를 구하면 $(1-ab)^2 - (a-b)^2 = 1 + a^2b^2 - a^2 - b^2 = (1-a^2)(1-b^2) > 0$이 된다. 따라서 $(a-b)^2 < (1-ab)^2$이 되어 $|a-b| < |1-ab|$이다. ■

삼각 부등식

실수 a, b에 대하여 다음과 같은 삼각 부등식이 성립한다.

$$|a+b| \leq |a| + |b|, \; ||a| - |b|| \leq |a-b|$$

우선 $|a+b| \leq |a| + |b|$임을 보이기 위해 다음과 같이 양변을 제곱하여 비교하면 된다.

$$|a+b| \le |a|+|b| \Leftrightarrow (a+b)^2 \le (|a|+|b|)^2 \Leftrightarrow a^2+2ab+b^2 \le |a|^2+2|a||b|+|b|^2$$
$$\Leftrightarrow ab \le |a||b|$$

한편, 부등식 $|a+b| \le |a|+|b|$에서 a 대신 $c-b$를 대입하면 $|c| \le |b|+|c-b|$를 얻고 $|c|-|b| \le |c-b|$가 성립한다. 또한 b와 c의 역할을 바꾸면 $|b|-|c| \le |b-c|=|c-b|$가 성립한다. 따라서

$$-|c-b| \le |c|-|b| \le |c-b|$$

가 성립한다. 즉 $||c|-|b|| \le |c-b|$이다.

완전제곱꼴의 부등식

실수 a, b에 대하여

$$a^2 \pm 2ab+b^2 \ge 0$$

이다. 등호는 $a=\mp b$일 때 성립한다. (복호동순)

실수 a, b, c에 대하여 $a^2+b^2+c^2-ab-bc-ca=\frac{1}{2}((a-b)^2+(b-c)^2+(c-a)^2)$이므로

$$a^2+b^2+c^2-ab-bc-ca \ge 0$$

이다. 등호는 $a=b=c$일 때 성립한다.

예시 6-2 $a \ge 0$, $b \ge 0$, $c \ge 0$일 때 $a^3+b^3+c^3-3abc \ge 0$이다. $a \ge 0$, $b \ge 0$, $c \ge 0$이고 $a^2+b^2+c^2-ab-bc-ca \ge 0$이므로

$$a^3+b^3+c^3-3abc=(a+b+c)(a^2+b^2+c^2-ab-bc-ca) \ge 0$$

이다. 등호는 $a=b=c$일 때 성립한다. ■

실수 a, b에 대하여 $a^2+ab+b^2=\left(a+\frac{b}{2}\right)^2+\frac{3b^2}{4} \ge 0$이다. 여기서 완전제곱꼴을 이용하여 부등식을 증명할 수 있었는데, 이와 같은 형태의 부등식은 이차부등식을 활용하여 증명할 수 있다.

임의의 실수 x에 대하여

$$ax^2+bx+c \ge 0 \Leftrightarrow a>0,\ \ b^2-4ac \le 0$$

이다. 마찬가지로 임의의 실수 α, β에 대하여

$$a\alpha^2+b\alpha\beta+c\beta^2 \ge 0 \Leftrightarrow a>0,\ \ b^2-4ac \le 0$$

이다.

예시 6-3 실수 a, b에 대하여 $a^2-\sqrt{7}ab+2b^2 \ge 0$이다. ■

산술-기하-조화평균 부등식

양의 실수 a, b에 대하여 $\frac{a+b}{2}$, $\sqrt{ab}$, $\frac{2ab}{a+b}$를 각각 a, b의 **산술평균, 기하평균, 조화평균**이라고 한다. 이 값들 사이에 다음과 같은 부등식이 성립한다.

$$\frac{2ab}{a+b} \le \sqrt{ab} \le \frac{a+b}{2}$$

각 부등식의 등호는 $a=b$일 때 성립한다.

a, b는 각각 양수이므로

$$\frac{a+b}{2}-\sqrt{ab}=\frac{1}{2}(a-2\sqrt{ab}+b)=\frac{1}{2}(\sqrt{a}-\sqrt{b})^2 \ge 0$$

이다. 여기서 등호는 $a=b$일 때 성립하는 것을 알 수 있다.

한편, $\dfrac{1}{\frac{2ab}{a+b}}=\dfrac{\frac{1}{a}+\frac{1}{b}}{2}$이므로 산술-기하평균 부등식으로부터

$$\frac{1}{\frac{2ab}{a+b}} \ge \sqrt{\frac{1}{a}\cdot\frac{1}{b}}=\frac{1}{\sqrt{ab}}$$

이 성립한다. 따라서 $\frac{2ab}{a+b} \le \sqrt{ab}$이다. 마찬가지로 여기서 등호는 $a=b$일 때 성립한다.

산술-기하-조화평균 부등식은 일반화하여 임의의 양의 실수 a_1, a_2, $\cdots$, a_n에 대해 다음과 같이 기술할 수 있다.

$$\frac{n}{\frac{1}{a_1}+\frac{1}{a_2}+\cdots+\frac{1}{a_n}} \le \sqrt[n]{a_1a_2\cdots a_n} \le \frac{a_1+a_2+\cdots+a_n}{n}$$

우선 산술-기하평균 부등식을 증명하기 위해 로그함수의 볼록성을 이용하도록 한다. 로그함수 $f(x)=\ln x$는 $f''(x)=-\frac{1}{x^2}<0$이므로 도함수 $f'(x)$가 감소함수임을 알 수 있다. 도함수 $f'(x)$가 감소함수이면 다음 부등식을 만족시키는 것을 보일 수 있다.

$0<a<b$이고 $0<t<1$일 때

$$f(ta+(1-t)b) > tf(a)+(1-t)f(b) \quad \cdots\cdots \text{(*)}$$

이다.

$a<b$이므로 $a<ta+(1-t)b<b$이다. 평균값 정리(정리 3-64)에 의해서

$$f'(c)=\frac{f(ta+(1-t)b)-f(a)}{(1-t)(b-a)}, \quad f'(d)=\frac{f(b)-f(ta+(1-t)b)}{t(b-a)}$$

를 만족하는 적당한 c, d가 각각 a와 $ta+(1-t)b$ 사이와 $ta+(1-t)b$와 b 사이에 존재한다. $a<ta+(1-t)b<b$이므로 $c<d$이다. 로그함수의 도함수가 감소함수이므로 $f'(c)>f'(d)$이다. 따라서

$$\frac{f(ta+(1-t)b)-f(a)}{(1-t)(b-a)} > \frac{f(b)-f(ta+(1-t)b)}{t(b-a)}$$

이다. 이를 정리하면 부등식 (*)를 얻는다.

이제 산술-기하평균 부등식의 증명으로 돌아가 보자. 수학적귀납법을 이용하여 증명하도록 한다.

$n=2$인 경우는 이미 증명을 하였다.

$n=k$일 때 산술-기하평균 부등식이 성립한다고 가정하자.

$n=k+1$일 때 산술-기하평균 부등식이 성립하는 것을 보이자. 로그함수의 성질과 가정에 의해서

$$\begin{aligned}
\ln \sqrt[k+1]{a_1a_2\cdots a_{k+1}} &= \frac{1}{k+1}(\ln a_1+\ln a_2+\cdots+\ln a_{k+1}) \\
&= \frac{1}{k+1}(\ln a_1+\ln a_2+\cdots+\ln a_k)+\frac{1}{k+1}\ln a_{k+1} \\
&= \frac{k}{k+1}\ln \sqrt[k]{a_1a_2\cdots a_k}+\frac{1}{k+1}\ln a_{k+1} \\
&\le \frac{k}{k+1}\ln\frac{a_1+a_2+\cdots+a_k}{k}+\frac{1}{k+1}\ln a_{k+1}
\end{aligned}$$

이다. 한편 로그함수가 부등식 (*)를 만족시키므로, $0 < a < b$이고 $0 < t < 1$일 때

$$t\ln a + (1-t)\ln b < \ln(ta + (1-t)b)$$

가 성립한다. $\dfrac{a_1 + a_2 + \cdots + a_k}{k} < a_{k+1}$인 경우, $a = \dfrac{a_1 + a_2 + \cdots + a_k}{k}$, $b = a_{k+1}$, $t = \dfrac{k}{k+1}$을 대입하면

$$\begin{aligned}\frac{k}{k+1}\ln\frac{a_1 + a_2 + \cdots + a_k}{k} + \frac{1}{k+1}\ln a_{k+1} &< \ln\left(\frac{k}{k+1}\frac{a_1 + a_2 + \cdots + a_k}{k} + \frac{1}{k+1}a_{k+1}\right) \\ &= \ln\frac{a_1 + a_2 + \cdots + a_{k+1}}{k+1}\end{aligned}$$

이 성립한다. $a_{k+1} < \dfrac{a_1 + a_2 + \cdots + a_k}{k}$인 경우, $a = a_{k+1}$, $b = \dfrac{a_1 + a_2 + \cdots + a_k}{k}$, $t = \dfrac{1}{k+1}$을 대입하면 같은 결과를 얻는다. 따라서 $\ln\sqrt[k+1]{a_1 a_2 \cdots a_{k+1}} \le \ln\dfrac{a_1 + a_2 + \cdots + a_{k+1}}{k+1}$이 성립하고 로그함수가 증가함수이므로 부등식

$$\sqrt[k+1]{a_1 a_2 \cdots a_{k+1}} \le \frac{a_1 + a_2 + \cdots + a_{k+1}}{k+1}$$

을 얻는다.

따라서 수학적귀납법에 의해서 산술-기하평균 부등식이 성립하는 것을 알 수 있다.

기하-조화평균 부등식은 $n = 2$인 경우에 이용했던 방법을 적용하면 된다.

예시 6-4 $a > 0$일 때 $a + \dfrac{1}{a} \ge 2\sqrt{a \cdot \dfrac{1}{a}} = 2$이다. ■

코시-슈바르츠 부등식

실수 a, b, c, d에 대하여

$$(ac + bd)^2 \le (a^2 + b^2)(c^2 + d^2)$$

이다. 이 부등식을 **코시-슈바르츠 부등식**이라 부르고, 일반화하여 임의의 실수 a_1, a_2, $\cdots$, a_n, b_1, b_2, $\cdots$, b_n에 대하여

$$(a_1b_1+a_2b_2+\cdots+a_nb_n)^2 \le (a_1^2+a_2^2+\cdots+a_n^2)(b_1^2+b_2^2+\cdots+b_n^2)$$

이다. 부등식의 등호는 모든 $i=1, 2, \cdots, n$에 대하여 $a_i = tb_i$ (혹은 $b_i = ta_i$)를 만족시키는 t가 존재할 때 성립한다.

이 부등식은 이차부등식을 통해 증명할 수 있다. 임의의 실수 t에 대하여 t에 관한 이차부등식

$$(a_1t+b_1)^2+(a_2t+b_2)^2+\cdots+(a_nt+b_n)^2 \ge 0$$

이 성립한다. t에 관한 이차부등식

$$(a_1^2+a_2^2+\cdots+a_n^2)t^2+2(a_1b_1+a_2b_2+\cdots+a_nb_n)t+b_1^2+b_2^2+\cdots+b_n^2 \ge 0$$

이 성립하려면 $a_1=a_2=\cdots=a_n=0$이거나

$$\frac{D}{4}= (a_1b_1+a_2b_2+\cdots+a_nb_n)^2-(a_1^2+a_2^2+\cdots+a_n^2)(b_1^2+b_2^2+\cdots+b_n^2) \le 0$$

이다. 두 경우 모두 코시-슈바르츠 부등식이 성립함을 보여준다.

한편 부등식의 등호가 성립하면

$$0=(a_1^2+a_2^2+\cdots+a_n^2)(b_1^2+b_2^2+\cdots+b_n^2)-(a_1b_1+a_2b_2+\cdots+a_nb_n)^2=\sum_{i<j}(a_ib_j-a_jb_i)^2$$

이다. 즉 임의의 $i \ne j$에 대하여 $a_ib_j=a_jb_i$가 성립한다.

(i) $a_1=a_2=\cdots=a_n=0$인 경우, $t=0$에 대하여 $a_i=tb_i$, $i=1, 2, \cdots, n$이다.

(ii) 어떤 $i=1, 2, \cdots, n$에 대하여 $a_i \ne 0$인 경우,

① $j \ne i$에 대하여 $a_j=0$이면 $a_ib_j=a_jb_i$이므로 $b_j=0$이다. 따라서 임의의 t에 대하여 $b_j=ta_j$가 성립한다.

② 한편 $a_k \ne 0$인 모든 $k \ne i$에 대하여 $a_ib_k=a_kb_i$이므로

$$\frac{b_k}{a_k}=\frac{b_i}{a_i}$$

이 성립한다. 따라서 $t=\dfrac{b_i}{a_i}$에 대하여 $b_k=ta_k$이다.

①과 ②에 의해서 $t=\dfrac{b_i}{a_i}$에 대하여 $b_j=ta_j$, $j=1, 2, \cdots, n$이다.

따라서 (i), (ii)의 결과에 의해서 부등식의 등호가 성립하면 모든 $i = 1,\ 2,\ \cdots,\ n$에 대하여 $a_i = tb_i$ (혹은 $b_i = ta_i$)를 만족시키는 t가 존재한다.

한편 모든 $i = 1,\ 2,\ \cdots,\ n$에 대하여 $a_i = tb_i$ (혹은 $b_i = ta_i$)를 만족시키는 t가 존재하면 코시-슈바르츠 부등식의 양변에 직접 대입하여 등호가 성립하는 것을 확인할 수 있다.

예시 6-5 임의의 실수 $a_1,\ a_2,\ \cdots,\ a_n$에 대하여

$$(a_1 + a_2 + \cdots + a_n)^2 \le (1^2 + 1^2 + \cdots + 1^2)(a_1^2 + a_2^2 + \cdots + a_n^2) = n(a_1^2 + a_2^2 + \cdots + a_n^2)$$

이 성립한다. ■

적분 형식의 코시-슈바르츠 부등식도 같은 방법으로 증명할 수 있다.

예시 6-6 함수 $f,\ g$가 구간 $[a,\ b]$에서 정의된 연속함수일 때,

$$\left(\int_a^b f(x)g(x)\,dx\right)^2 \le \left(\int_a^b (f(x))^2\,dx\right)\left(\int_a^b (g(x))^2 dx\right)$$

이다.

임의의 실수 t에 대하여 t에 관한 이차부등식

$$\left(\int_a^b (f(x))^2\,dx\right)t^2 + 2\left(\int_a^b f(x)g(x)\,dx\right)t + \int_a^b (g(x))^2\,dx = \int_a^b (tf(x) + g(x))^2\,dx \ge 0$$

이 성립한다. 따라서 $\int_a^b (f(x))^2\,dx = 0,\ \int_a^b f(x)g(x)\,dx = 0$이거나

$$\frac{\mathrm{D}}{4} = \left(\int_a^b f(x)g(x)\,dx\right)^2 - \left(\int_a^b (f(x))^2\,dx\right)\left(\int_a^b (g(x))^2\,dx\right) \le 0$$

이다. 두 경우 모두 부등식이 성립함을 보여준다. ■

부등식과 최대, 최소

절대부등식을 활용하여 몇몇 식들의 최댓값, 최솟값을 구할 수 있다.

예시 6-7 $x>0$, $y>0$이고 $x+y=1$일 때 xy의 최댓값은 $\frac{1}{4}$이다.

$$\sqrt{xy} \le \frac{x+y}{2} = \frac{1}{2}$$

이고 $x=y=\frac{1}{2}$일 때 최댓값 $\frac{1}{4}$을 갖는다. ■

예시 6-8 $x>0$, $y>0$이고 $x+y=1$일 때 $\sqrt{x}+\sqrt{y}$의 최댓값은 $\sqrt{2}$이다.

$$(\sqrt{x}+\sqrt{y})^2 = x+y+2\sqrt{xy} \le 2(x+y) = 2$$

이고 $x=y=\frac{1}{2}$일 때 최댓값 $\sqrt{2}$를 갖는다. ■

예시 6-9 $x>0$, $y>0$이고 $x^2+y^2=1$일 때 $2x+y$의 최댓값은 $\sqrt{5}$이다.

$$(2x+y)^2 \le (2^2+1^2)(x^2+y^2) = 5$$

이고 최댓값은 위 부등식의 등호가 성립할 때 갖는다. 즉 $x=2t$, $y=t$ 중에서 $x^2+y^2=1$을 만족하는 $x>0$, $y>0$인 값을 찾으면 된다. 따라서 $x=\frac{2\sqrt{5}}{5}$, $y=\frac{\sqrt{5}}{5}$일 때 최댓값 $\sqrt{5}$를 갖는다. ■

예시 6-10 $x>0$, $y>0$, $z>0$이고 $xy+yz+zx=1$일 때 $x+y+z$의 최솟값은 $\sqrt{3}$이다.

$$(x+y+z)^2 = x^2+y^2+z^2+2(xy+yz+zx) \ge 3(xy+yz+zx) = 3$$

이고 $x=y=z=\frac{\sqrt{3}}{3}$일 때 최솟값 $\sqrt{3}$을 갖는다. ■

연습문제

1. $|a| < 1$, $|b| < 1$일 때, $\left|\dfrac{a+b}{1+ab}\right| < 1$임을 보이시오.

2. 다음 물음에 답하여라.

(1) 양의 실수 a, b에 대하여 $\sqrt{a} + \sqrt{b} \geq \sqrt{a+b}$임을 보이시오.

(2) 양의 실수 a, b에 대하여 $\dfrac{a^3+b^3}{2} \geq \left(\dfrac{a+b}{2}\right)^3$임을 보이시오.

(3) 양의 실수 a, b, c에 대하여 $\dfrac{b+c}{a} + \dfrac{c+a}{b} + \dfrac{a+b}{c} \geq 6$임을 보이시오.

제2절 부등식의 영역

좌표평면상의 도형의 영역 중 부등식에 의해 기술하는 경우가 있다. 이 경우 해당 영역의 경계는 연관된 방정식에 의해 기술된다. 예를 들어 부등식의 영역 $\{(x, y) : f(x, y) > 0\}$는 방정식 $f(x, y) = 0$과 관련하여 기술할 수 있다. 또한 해당 부등식의 영역이 경계를 포함할지는 부등식이 등호를 포함하는지에 따라 달라진다.

방정식과 부등식의 영역

좌표평면상의 방정식 $f(x, y) = 0$의 간단한 형태로 함수 $y = f(x)$의 그래프를 생각해 볼 수 있다. 이 경우 부등식의 영역 $\{(x, y) : y > f(x)\}$는 좌표평면의 점 (x, y)의 y좌표가 함숫값 $f(x)$보다 큰 점들의 모임이다. 즉 그래프 $\{(x, y) : y = f(x)\}$보다 윗부분을 나타낸다.

예시 6-11 부등식의 영역 $\{(x, y) : y > -x+1\}$는 직선 $y = -x+1$보다 윗부분이고, 부등식의 영역 $\{(x, y) : y < x^2+1\}$는 포물선 $y = x^2+1$보다 아랫부분이다.

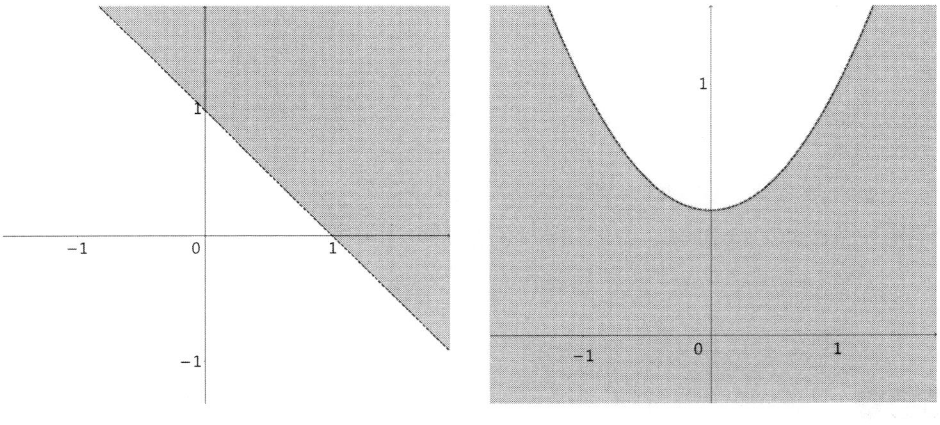

■

경계가 방정식 $f(x,\ y)=0$으로 주어진 경우, 부등식의 영역 $\{(x,\ y): f(x,\ y)>0\}$은 좌표평면의 점 $(x,\ y)$ 중 부등식 $f(x,\ y)>0$을 만족시키는 점들의 집합이다.

예시 6-12 부등식의 영역 $\{(x,\ y): x^2+y^2<1\}$은 원점이 중심인 단위원의 안쪽이다. 부등식의 영역 $\{(x,\ y): x^2-y^2 \le 1\}$는 좌우 쌍곡선의 사이 부분이고 경계를 포함한다.

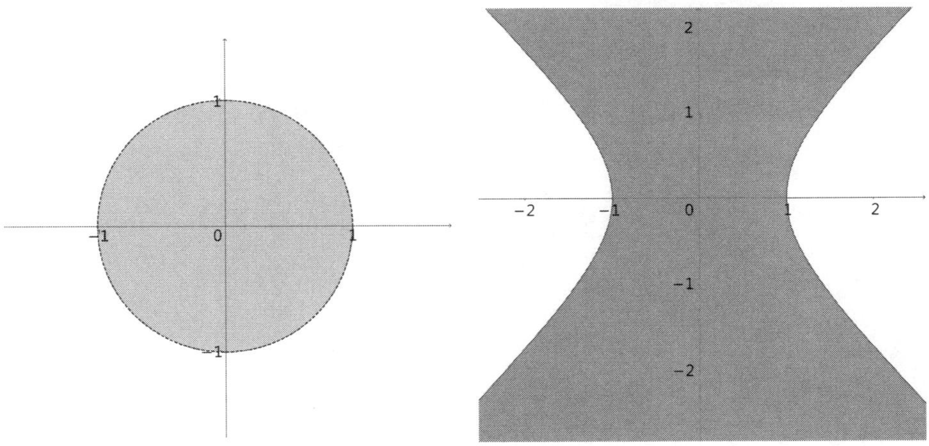

■

부등식 $f(x,\ y)g(x,\ y)>0$를 만족시키는 점 $(x,\ y)$는 $f(x,\ y)>0,\ g(x,\ y)>0$이거나 $f(x,\ y)<0,\ g(x,\ y)<0$이다. 따라서 부등식의 영역은

$$\begin{aligned}&\{(x,\ y): f(x,\ y)g(x,\ y)>0\}\\ &=\{(x,\ y): f(x,\ y)>0,\ g(x,\ y)>0\}\cup\{(x,\ y): f(x,\ y)<0,\ g(x,\ y)<0\}\end{aligned}$$

이다.

한편 부등식 $f(x,\ y)g(x,\ y) < 0$를 만족시키는 점 $(x,\ y)$는 $f(x,\ y) > 0$, $g(x,\ y) < 0$이거나 $f(x,\ y) > 0$, $g(x,\ y) < 0$이므로 부등식의 영역은

$$\begin{aligned}&\{(x,\ y) : f(x,\ y)g(x,\ y) < 0\}\\&= \{(x,\ y) : f(x,\ y) > 0,\ g(x,\ y) < 0\} \cup \{(x,\ y) : f(x,\ y) < 0,\ g(x,\ y) > 0\}\end{aligned}$$

이다.

예시 6-13 부등식의 영역 $\{(x,\ y) : (y-x)(x^2+y^2-1) > 0\}$은 원 $x^2+y^2=1$의 안쪽이면서 직선 $y=x$의 아래쪽 영역과 원 $x^2+y^2=1$의 바깥쪽이면서 직선 $y=x$의 위쪽 영역의 합집합이다.

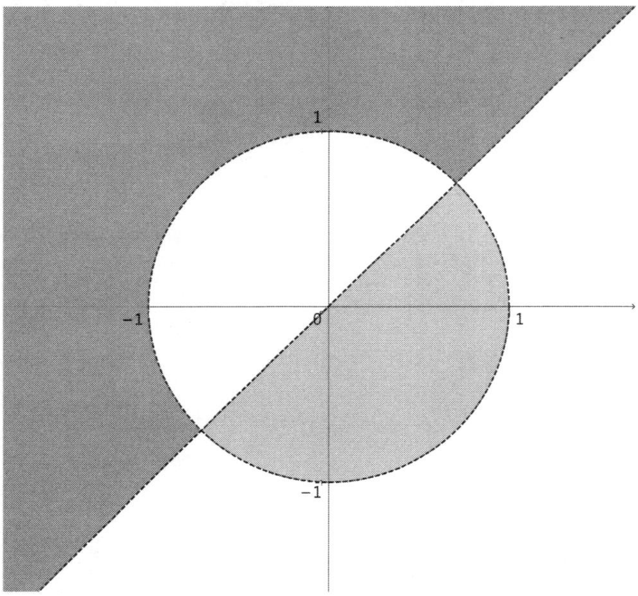

■

예시 6-14 부등식의 영역 $\{(x,\ y) : (|x|+|y|-2)(x^2+y^2-2) < 0\}$은 원 $x^2+y^2=2$의 바깥쪽이면서 마름모꼴 $|x|+|y|=2$의 안쪽 영역이다.

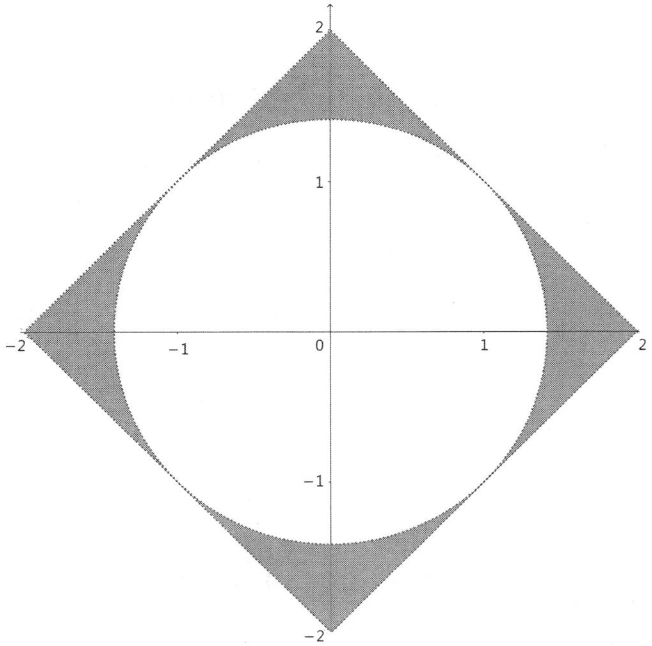

■

좌표평면상에서 극좌표로 표현되는 부등식의 영역을 생각해 볼 수 있다. 부등식의 영역 $\{(r,\ \theta): f(r,\ \theta) > 0\}$은 극좌표 방정식 $f(r,\ \theta) = 0$과 관련하여 기술할 수 있다.

예시 6-15 부등식의 영역 $\{(r,\ \theta): (r-1)(r-2\sin 3\theta) < 0\}$은 원 $r=1$의 안쪽이면서 꽃잎 모양 $r=2\sin 3\theta$의 바깥쪽 영역과 원 $r=1$의 바깥쪽이면서 꽃잎 모양 $r=2\sin 3\theta$의 안쪽 영역의 합집합이다.

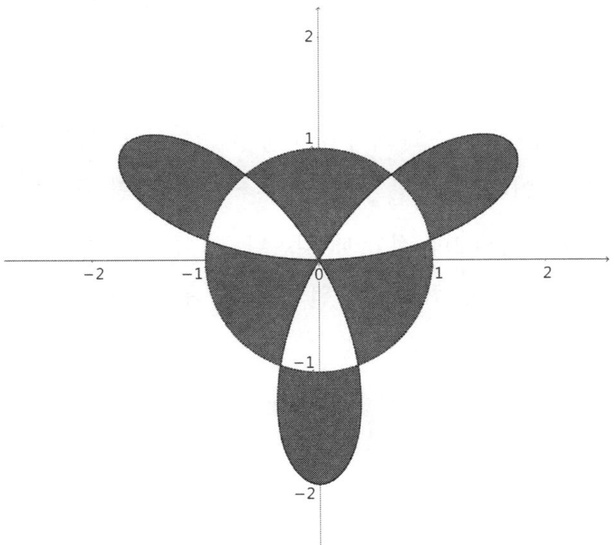

■

최대, 최소

좌표평면에서 정의되는 함수 f에 대하여, 함수 f가 좌표평면 전체에서 최댓값이나 최솟값을 갖지 않더라도 특정한 조건으로 제한하면 최댓값이나 최솟값을 갖는 경우가 있다. 예를 들어 부등식의 영역이나 이들의 조합 등으로 이루어진 영역에서 생각해 볼 수 있다.

예제 6-16 $\{(x,\ y) : x^2+y^2 \le 2,\ y \ge x^2\}$에서 함수 $f(x,\ y)=x+2y$의 최댓값과 최솟값을 구하시오.

〈풀이〉 주어진 영역의 x좌표는 $-1 \le x \le 1$에 제한되고 원 $x^2+y^2=2$과 포물선 $y=x^2$의 교점은 $(-1,\ 1)$, $(1,\ 1)$이다. 함숫값 $f(x,\ y)=k$라 하면, 최댓값과 최솟값은 직선 $y=-\dfrac{x}{2}+\dfrac{k}{2}$가 원 $x^2+y^2=2$이나 포물선 $y=x^2$과 접하는 경우, 교점 $(-1,\ 1)$ 혹은 $(1,\ 1)$을 지나는 경우이다.

주어진 영역에서 직선 $y=-\dfrac{x}{2}+\dfrac{k}{2}$가 원 $x^2+y^2=2$와 접하는 경우는 $x=\dfrac{\sqrt{10}}{5}$일 때이고 이 경우 $k=\sqrt{10}$이다. 직선 $y=-\dfrac{x}{2}+\dfrac{k}{2}$가 포물선 $y=x^2$과 접하는 경우는 $x=-\dfrac{1}{2}$일 때이고 이 경우 $k=-\dfrac{1}{4}$이다. $x=-1$일 때 $k=1$이고 $x=1$일 때 $k=3$이므로 최댓값은 $\sqrt{10}$이고 최솟값은 $-\dfrac{1}{4}$이다.

위 예시의 함수 $f(x,\ y)=x+2y$는 제시된 영역에서는 최댓값과 최솟값을 갖지만 좌표평면 전체에서는 최댓값과 최솟값을 갖지 않는다.

예시 6-17 $\{(x,\ y) : |x|+2|y| \le 2\}$에서 함수 $f(x,\ y)=(x-2)^2+(y-1)^2$의 최솟값은 $\dfrac{4}{5}$이고 최댓값은 17이다. 함숫값 $f(x,\ y)=r^2$이라 하면 최솟값은 원 $(x-2)^2+(y-1)^2=r^2$이 직선 $x+2y=2$에 접할 때 갖는다. 이 경우 반경 r은 점 $(2,\ 1)$에서 직선 $x+2y=2$까지의 거리이다. 최댓값은 원 $(x-2)^2+(y-1)^2=r^2$이 점 $(-2,\ 0)$을 지날 때 갖는다. ■

연습문제

3. 다음 부등식의 영역을 좌표평면 위에 나타내시오.

(1) $\left\{(x,\ y) : (|x|-1)^2+(|y|-1)^2 \le 1\right\}$

(2) $\left\{(x,\ y) : ((x-1)^2+y^2-1)(x^2+y^2-4) \le 0\right\}$

(3) $\left\{(x,\ y) : x^2y(xy-1)(x^2+y^2-4) < 0\right\}$

(4) $\{(r,\ \theta) : (r\cos\theta-1)(r-2+\cos\theta) > 0\}$

4. 다음 영역 A에 제한된 함수 f의 최댓값과 최솟값을 구하시오.

(1) $A=\{(x,\ y) : |x|+2|y| \le 2\}$, $f(x,\ y)=xy$

(2) $A=\left\{(x,\ y) : x^2+4y^2 \le 4\right\}$, $f(x,\ y)=x^2+y^2$

(3) $A=\left\{(x,\ y) : x^2+y^2 \le 1\right\}$, $f(x,\ y)=x^2+y^2-x-y$

제 7 장

벡터

제1절 좌표공간과 벡터

좌표평면과 좌표공간

좌표평면 $\mathbb{R}^2$와 좌표공간 $\mathbb{R}^3$은 다음과 같이 각각 두 개의 실수와 세 개의 실수로 구성된 좌표들의 집합을 나타낸다.

$$\mathbb{R}^2 = \{(x,\ y) : x,\ y \in \mathbb{R}\},\ \mathbb{R}^3 = \{(x,\ y,\ z) : x,\ y,\ z \in \mathbb{R}\}$$

좌표공간 $\mathbb{R}^3$에서는 다음과 같이 원소의 합과 실수곱을 정의한다.

임의의 $(x_1,\ y_1,\ z_1),\ (x_2,\ y_2,\ z_2) \in \mathbb{R}^3$와 $c \in \mathbb{R}$에 대하여

$$(x_1,\ y_1,\ z_1) + (x_2,\ y_2,\ z_2) = (x_1 + x_2,\ y_1 + y_2,\ z_1 + z_2),$$
$$c(x_1,\ y_1,\ z_1) = (cx_1,\ cy_1,\ cz_1)$$

좌표평면 $\mathbb{R}^2$에서도 마찬가지 방법으로 원소의 합과 실수곱을 정의한다.

좌표공간의 두 점 $A(x_1,\ y_1,\ z_1),\ B(x_2,\ y_2,\ z_2) \in \mathbb{R}^3$에 대하여, 두 점 A, B 사이의 거리는 선분 AB의 길이로 정의한다.

$$\overline{AB} = \sqrt{(x_2 - x_1)^2 + (y_2 - y_1)^2 + (z_2 - z_1)^2}$$

예시 7-1 좌표공간의 두 점 $A(1,\ 1,\ 2),\ B(-1,\ 2,\ 0)$ 사이의 거리는

$$\overline{AB} = \sqrt{(-1-1)^2 + (2-1)^2 + (0-2)^2} = 3$$

이다. ■

좌표공간의 두 점 $A(x_1,\ y_1,\ z_1),\ B(x_2,\ y_2,\ z_2) \in \mathbb{R}^3$에 대하여, 선분 AB를 $m:n$으로 내분하는 점 P는 $\overline{AP} : \overline{PB} = m:n$을 만족시키는 점이다. 이 경우

$$P = \left(\frac{mx_2 + nx_1}{m+n},\ \frac{my_2 + ny_1}{m+n},\ \frac{mz_2 + nz_1}{m+n}\right)$$

이다. 특별히 $m:n = 1:1$인 경우 점 P는 선분 AB의 중점이다. 선분 AB를 $m:n$으로 외분하는 점 P는 $\overline{AP} : \overline{BP} = m:n$을 만족시키는 점이다. 이 경우

$$\mathrm{P}=\left(\frac{mx_2-nx_1}{m-n},\ \frac{my_2-ny_1}{m-n},\ \frac{mz_2-nz_1}{m-n}\right)$$

이다.

예시 7-2 좌표공간의 두 점 A(1, 1, 2), B(−1, 2, 0)에 대하여 선분 AB를 2:1로 내분하는 점 P는

$$\mathrm{P}=\left(\frac{-2+1}{3},\ \frac{4+1}{3},\ \frac{2}{3}\right)=\left(-\frac{1}{3},\ \frac{5}{3},\ \frac{2}{3}\right)$$

이다. ■

벡터

좌표평면 또는 좌표공간 상의 두 점 A, B에 대하여, 벡터 $\overrightarrow{\mathrm{AB}}$는 점 A를 시점으로 하고 점 B를 종점으로 하는 유향선분으로 크기가 $|\overrightarrow{\mathrm{AB}}|=\overline{\mathrm{AB}}$인 벡터를 나타낸다. 또 벡터는 한 문자를 써서 나타내기도 하는데 $\vec{a}=\overrightarrow{\mathrm{AB}}$일 때 벡터 $\vec{a}$의 크기는 $|\vec{a}|=|\overrightarrow{\mathrm{AB}}|$를 나타낸다. $\vec{a}=(a_1,\ a_2,\ a_3)$인 경우 벡터 $\vec{a}$의 크기는

$$|\vec{a}|=\sqrt{a_1^2+a_2^2+a_3^2}$$

이다.

특별히 크기가 1인 벡터를 **단위벡터**라 한다. $\vec{a}=(0,\ 0,\ 0)$은 **영벡터**라 하고 $\vec{0}$으로 표시한다. 크기가 0인 벡터는 영벡터가 되고 시점과 종점이 같은 벡터들도 영벡터이다.

예시 7-3 벡터 $\vec{a}=(-1,\ 2,\ 1)$의 크기는

$$|\vec{a}|=\sqrt{(-1)^2+2^2+1^2}=\sqrt{6}$$

이다. ■

벡터 $\vec{a}=\overrightarrow{\mathrm{AB}}$, $\vec{b}=\overrightarrow{\mathrm{CD}}$에 대하여, 두 벡터 $\vec{a}$, $\vec{b}$의 크기와 방향이 각각 같으면 두 벡터는 '같다' 또는 '**상등**'이라고 하고 $\vec{a}=\vec{b}$, $\overrightarrow{\mathrm{AB}}=\overrightarrow{\mathrm{CD}}$로 나타낸다.

예시 7-4 좌표공간의 점 A(1, 1, 2), B(−1, 2, 0), C(2, 3, 4), D(0, 4, 2)에 대하여 두 벡터 $\overrightarrow{AB}$, $\overrightarrow{CD}$는 상등이다.

$$\overrightarrow{AB} = (-2,\ 1,\ -2) = \overrightarrow{CD}$$ ■

벡터 $\vec{a} = (a_1,\ a_2,\ a_3)$, $\vec{b} = (b_1,\ b_2,\ b_3)$와 실수 k에 대하여, 벡터의 덧셈과 실수곱은 다음과 같다.

$$\vec{a} + \vec{b} = (a_1 + b_1,\ a_2 + b_2,\ a_3 + b_3),\ k\vec{a} = (ka_1,\ ka_2,\ ka_3)$$

벡터의 덧셈과 실수곱에 대하여 다음과 같은 성질들이 성립하는 것을 알 수 있다.

정리 7-5 임의의 벡터 $\vec{a}$, $\vec{b}$, $\vec{c}$와 실수 k, l에 대하여

(1) $(\vec{a} + \vec{b}) + \vec{c} = \vec{a} + (\vec{b} + \vec{c})$

(2) $\vec{a} + \vec{0} = \vec{a} = \vec{0} + \vec{a}$

(3) $\vec{a} + (-1)\vec{a} = \vec{0} = (-1)\vec{a} + \vec{a}$

(4) $\vec{a} + \vec{b} = \vec{b} + \vec{a}$

(5) $k(\vec{a} + \vec{b}) = k\vec{a} + k\vec{b}$

(6) $(k + l)\vec{a} = k\vec{a} + l\vec{a}$

(7) $(kl)\vec{a} = k(l\vec{a})$

(8) $1\vec{a} = \vec{a}$

특별히 $k\vec{0} = \vec{0}$이고 $0\vec{a} = \vec{0}$이다.

영벡터가 아닌 두 벡터 $\vec{a}$, $\vec{b}$에 대하여 $\vec{a} = k\vec{b}$인 실수 k가 존재하면 두 벡터 $\vec{a}$, $\vec{b}$가 평행하다고 하고, $\vec{a} /\!/ \vec{b}$로 나타낸다. 특별히 $k > 0$이면 $\vec{a}$, $\vec{b}$는 같은 방향이라고 하고, $k < 0$이면 반대 방향이라고 한다.

예시 7-6 영벡터가 아닌 벡터 $\vec{a}$에 대하여 벡터 $\vec{u} = \frac{1}{|\vec{a}|}\vec{a}$는 벡터 $\vec{a}$와 평행이며 같은 방향인 단위벡터이다. ■

두 벡터 $\vec{a}$, $\vec{b}$에 대하여 벡터 $\vec{a}$, $\vec{b}$ 사이의 거리는 $|\vec{b}-\vec{a}|$로 정의한다. $\vec{a}=(a_1,\ a_2,\ a_3)$, $\vec{b}=(b_1,\ b_2,\ b_3)$인 경우

$$|\vec{b}-\vec{a}|=\sqrt{(b_1-a_1)^2+(b_2-a_2)^2+(b_3-a_3)^2}$$

이다.

연습문제

1. 좌표공간의 서로 다른 세 점 A, B, C에 대하여, 점 A가 선분 BC 위에 있을 조건은

$$\overrightarrow{\mathrm{OA}}=t\overrightarrow{\mathrm{OB}}+(1-t)\overrightarrow{\mathrm{OC}}$$

을 만족시키는 $t\in(0,\ 1)$가 존재하는 것임을 보이시오. (O$=(0,\ 0,\ 0)$는 좌표공간의 원점이다.)

2. 좌표공간의 서로 다른 네 점 A, B, C, D가 평행사변형을 이룰 때, 대각선 AC와 BD가 서로 다른 대각선을 이등분함을 보이시오.

제2절 벡터의 내적

내적의 정의와 성질

정의 7-7 두 벡터 $\vec{a}=(a_1,\ a_2,\ a_3)$와 $\vec{b}=(b_1,\ b_2,\ b_3)$에 대하여 벡터 $\vec{a}$, $\vec{b}$의 내적은 $\vec{a}\cdot\vec{b}$로 표시하고

$$\vec{a}\cdot\vec{b}=a_1b_1+a_2b_2+a_3b_3$$

로 정의한다.

벡터의 내적은 다음과 같은 성질을 만족시킨다.

정리 7-8 임의의 벡터 $\vec{a}$, $\vec{b}$, $\vec{c}$와 실수 t에 대하여

(1) $\vec{a} \cdot \vec{b} = \vec{b} \cdot \vec{a}$

(2) $\vec{a} \cdot (\vec{b} + \vec{c}) = \vec{a} \cdot \vec{b} + \vec{a} \cdot \vec{c}$

(3) $(t\vec{a}) \cdot \vec{b} = t(\vec{a} \cdot \vec{b}) = \vec{a} \cdot (t\vec{b})$

(4) $\vec{a} \neq \vec{0}$이면 $\vec{a} \cdot \vec{a} > 0$

벡터 $\vec{a} = (a_1,\ a_2,\ a_3)$에 대하여 $\vec{a} \cdot \vec{a} = a_1^2 + a_2^2 + a_3^2$이므로 벡터 $\vec{a}$의 크기는 다음과 같이 내적으로 표현된다.

$$|\vec{a}| = \sqrt{\vec{a} \cdot \vec{a}}$$

한편 두 벡터 $\vec{a}$, $\vec{b}$에 대하여 $\vec{a} \cdot \vec{b} = 0$이면 두 벡터 $\vec{a}$, $\vec{b}$가 **수직**이라고 하고 $\vec{a} \perp \vec{b}$로 표시한다.

예제 7-9 임의의 벡터 $\vec{a}$와 실수 t에 대하여

$$|t\vec{a}| = |t||\vec{a}|$$

임을 보이시오.

〈풀이〉 $|t\vec{a}| = \sqrt{(t\vec{a}) \cdot (t\vec{a})} = \sqrt{t^2\vec{a} \cdot \vec{a}} = |t|\sqrt{\vec{a} \cdot \vec{a}} = |t||\vec{a}|$

예시 7-10 벡터 $\vec{a} = (1,\ 1,\ 0)$, $\vec{b} = (1,\ -1,\ 3)$에 대하여

$$\vec{a} \cdot \vec{b} = (1,\ 1,\ 0) \cdot (1,\ -1,\ 3) = 1 + (-1) + 0 = 0$$

이므로 두 벡터 $\vec{a}$, $\vec{b}$는 수직이다. ■

정의 7-11 두 벡터 $\vec{a}$, $\vec{b}$ $(\vec{a} \neq \vec{0})$에 대하여 벡터 $\vec{a}$와 평행인 벡터 중 벡터 $\vec{b}$와 가장 가까운 거리에 있는 벡터를 $\mathrm{proj}_{\vec{a}}(\vec{b})$로 표시하고, 이를 벡터 $\vec{b}$의 $\vec{a}$에 대한 **정사영**이라 한다.

정리 7-12 정사영의 성질 두 벡터 $\vec{a}$, $\vec{b}$ $(\vec{a} \neq \vec{0})$에 대하여 다음 성질이 성립한다.

(1) $\mathrm{proj}_{\vec{a}}(\vec{b}) = \left(\dfrac{\vec{a}}{|\vec{a}|} \cdot \vec{b}\right)\dfrac{\vec{a}}{|\vec{a}|}$

(2) $\mathrm{proj}_{\vec{a}}(\vec{b}) \perp \vec{b} - \mathrm{proj}_{\vec{a}}(\vec{b})$

| 증명 | (1) 정사영 $\mathrm{proj}_{\vec{a}}(\vec{b})$는 벡터 $\vec{a}$와 평행인 벡터이므로 $\mathrm{proj}_{\vec{a}}(\vec{b}) = t\vec{a}$를 만족시키는 실수 t가 존재한다. 정사영 $\mathrm{proj}_{\vec{a}}(\vec{b})$는 벡터 $\vec{a}$와 평행인 벡터 중에서 $\vec{b}$와 가장 가까운 벡터이므로 t는

$$|\vec{b} - t\vec{a}|^2 = (\vec{b} - t\vec{a}) \cdot (\vec{b} - t\vec{a}) = \vec{b} \cdot \vec{b} - 2t(\vec{b} \cdot \vec{a}) + t^2(\vec{a} \cdot \vec{a})$$

가 가장 작을 때의 값이다. $\vec{a} \neq \vec{0}$이므로 $t = \dfrac{\vec{b} \cdot \vec{a}}{\vec{a} \cdot \vec{a}}$이다. 따라서

$$\mathrm{proj}_{\vec{a}}(\vec{b}) = \frac{\vec{b} \cdot \vec{a}}{\vec{a} \cdot \vec{a}}\vec{a} = \left(\frac{\vec{a}}{|\vec{a}|} \cdot \vec{b}\right)\frac{\vec{a}}{|\vec{a}|}$$

이다.

(2) $\vec{a} \cdot \left(\vec{b} - \mathrm{proj}_{\vec{a}}(\vec{b})\right) = \vec{a} \cdot \vec{b} - \left(\dfrac{\vec{a}}{|\vec{a}|} \cdot \vec{b}\right)\left(\vec{a} \cdot \dfrac{\vec{a}}{|\vec{a}|}\right) = 0$이므로 벡터 $\vec{a}$와 $\vec{b} - \mathrm{proj}_{\vec{a}}(\vec{b})$는 서로 수직이다. 한편 $\mathrm{proj}_{\vec{a}}(\vec{b})$는 벡터 $\vec{a}$와 평행이므로 벡터 $\mathrm{proj}_{\vec{a}}(\vec{b})$도 벡터 $\vec{b} - \mathrm{proj}_{\vec{a}}(\vec{b})$와 서로 수직이다. ■

정사영의 성질로부터 두 벡터 $\vec{a}$, $\vec{b}$ $(\vec{a} \neq \vec{0})$에 대하여 $\mathrm{proj}_{\vec{a}}(\vec{b}) = \dfrac{\vec{b} \cdot \vec{a}}{\vec{a} \cdot \vec{a}}\vec{a}$는 벡터 $\vec{a}$에 평행하고 $\vec{b} - \mathrm{proj}_{\vec{a}}(\vec{b})$는 $\vec{a}$에 수직임을 알 수 있었다. 따라서 벡터 $\vec{b}$는 다음과 같이 $\vec{a}$에 평행한 벡터와 $\vec{a}$에 수직인 벡터로 분해할 수 있고

$$\vec{b} = \mathrm{proj}_{\vec{a}}(\vec{b}) + \left(\vec{b} - \mathrm{proj}_{\vec{a}}(\vec{b})\right)$$

피타고라스의 정리에 의해

$$|\vec{b}|^2 = |\mathrm{proj}_{\vec{a}}(\vec{b})|^2 + |\vec{b} - \mathrm{proj}_{\vec{a}}(\vec{b})|^2$$

이다.

예시 7-13 벡터 $\vec{a}=(1,\ 1,\ 0)$과 $\vec{b}=(1,\ 2,\ 3)$에 대하여 벡터 $\vec{b}$의 벡터 $\vec{a}$에 대한 정사영은

$$\mathrm{proj}_{\vec{a}}(\vec{b})=\frac{(1,\ 2,\ 3)\cdot(1,\ 1,\ 0)}{(1,\ 1,\ 0)\cdot(1,\ 1,\ 0)}(1,\ 1,\ 0)=\frac{3}{2}(1,\ 1,\ 0)$$

이다. ■

정리 7-14 영벡터가 아닌 두 벡터 $\vec{a}$와 $\vec{b}$의 사잇각이 θ일 때, 다음 등식이 성립한다.

$$\vec{a}\cdot\vec{b}=|\vec{a}||\vec{b}|\cos\theta$$

| 증명 | (i) $0\le\theta<\frac{\pi}{2}$일 때, $\mathrm{proj}_{\vec{a}}(\vec{b})$는 $\vec{a}$와 같은 방향이다. 이 경우 $|\mathrm{proj}_{\vec{a}}(\vec{b})|=|\vec{b}|\cos\theta$이고 $\mathrm{proj}_{\vec{a}}(\vec{b})=|\vec{b}|\cos\theta\frac{\vec{a}}{|\vec{a}|}$이다. 정리 7-12 정사영의 성질 (1)로부터 $\mathrm{proj}_{\vec{a}}(\vec{b})=\left(\frac{\vec{a}}{|\vec{a}|}\cdot\vec{b}\right)\frac{\vec{a}}{|\vec{a}|}$이므로

$$|\vec{b}|\cos\theta\frac{\vec{a}}{|\vec{a}|}=\mathrm{proj}_{\vec{a}}(\vec{b})=\left(\frac{\vec{a}}{|\vec{a}|}\cdot\vec{b}\right)\frac{\vec{a}}{|\vec{a}|}$$

이다. 따라서 $|\vec{a}||\vec{b}|\cos\theta=\vec{a}\cdot\vec{b}$이다.

(ii) $\theta=\frac{\pi}{2}$일 때, $\cos\frac{\pi}{2}=0$이다.

한편 $\mathrm{proj}_{\vec{a}}(\vec{b})=\vec{0}$이다. 만일 $\mathrm{proj}_{\vec{a}}(\vec{b})\neq\vec{0}$이면 $\theta=\frac{\pi}{2}$이므로 피타고라스의 정리에 의해

$$|\vec{b}-\mathrm{proj}_{\vec{a}}(\vec{b})|>|\vec{b}|=|\vec{b}-0\,\vec{a}|$$

이고 이것은 $\mathrm{proj}_{\vec{a}}(\vec{b})$의 정의에 위배된다. 따라서 $\mathrm{proj}_{\vec{a}}(\vec{b})=\vec{0}$이고

$$\vec{a}\cdot\vec{b}=\vec{a}\cdot\left(\vec{b}-\mathrm{proj}_{\vec{a}}(\vec{b})\right)=0$$

이다. 결론적으로 등식이 성립한다.

(iii) $\frac{\pi}{2}<\theta\le\pi$일 때, $\cos\theta<0$이다. $|\mathrm{proj}_{\vec{a}}(\vec{b})|=|\vec{b}|\cos(\pi-\theta)$이고 $\mathrm{proj}_{\vec{a}}(\vec{b})$는 $\vec{a}$와 반대 방향이므로 $\mathrm{proj}_{\vec{a}}(\vec{b})=|\vec{b}|\cos\theta\frac{\vec{a}}{|\vec{a}|}$이다. 정리 7-12 정사영의 성질 (1)

을 적용하면 마찬가지로 등식 $|\vec{a}||\vec{b}|\cos\theta = \vec{a}\cdot\vec{b}$이 성립한다. ■

따름정리 7-15 코시-슈바르츠 부등식 임의의 두 벡터 $\vec{a}$, $\vec{b}$에 대하여 다음 부등식이 성립한다.

$$|\vec{a}\cdot\vec{b}| \le |\vec{a}||\vec{b}|$$

등호가 성립할 조건은 두 벡터 $\vec{a}$와 $\vec{b}$가 평행인 경우이다.

따름정리 7-16 삼각부등식 임의의 두 벡터 $\vec{a}$, $\vec{b}$에 대하여 다음 부등식이 성립한다.

$$|\vec{a}+\vec{b}| \le |\vec{a}| + |\vec{b}|$$

등호가 성립할 조건은 두 벡터 $\vec{a}$와 $\vec{b}$가 같은 방향인 경우이다.

| 증명 | 코시-슈바르츠 부등식으로부터

$$\begin{aligned}|\vec{a}+\vec{b}|^2 &= (\vec{a}+\vec{b})\cdot(\vec{a}+\vec{b}) = \vec{a}\cdot\vec{a} + 2\vec{a}\cdot\vec{b} + \vec{b}\cdot\vec{b} \le |\vec{a}|^2 + 2|\vec{a}||\vec{b}| + |\vec{b}|^2 \\ &= (|\vec{a}| + |\vec{b}|)^2\end{aligned}$$

이 성립한다. 따라서 부등식 $|\vec{a}+\vec{b}| \le |\vec{a}| + |\vec{b}|$이 성립한다.

등호가 성립하는 경우는 위 식에서 등호가 성립하는 경우이다. 따라서 두 벡터 $\vec{a}$와 $\vec{b}$가 같은 방향인 경우이다. ■

예시 7-17 벡터 $\vec{a} = (2,\ 1,\ 1)$와 $\vec{b} = (1,\ 2,\ -1)$의 사잇각은 $\frac{\pi}{3}$이다.

$$\cos\theta = \frac{\vec{a}\cdot\vec{b}}{|\vec{a}||\vec{b}|} = \frac{3}{6} = \frac{1}{2}$$

■

예제 7-18 임의의 두 벡터 $\vec{a}$, $\vec{b}$에 대하여 다음과 같은 부등식이 성립함을 보이시오.

$$\big||\vec{a}| - |\vec{b}|\big| \le |\vec{a}-\vec{b}| \quad \cdots\cdots \ (*)$$

| 증명 | 삼각부등식 $|\vec{a}+\vec{b}| \le |\vec{a}| + |\vec{b}|$에 $\vec{b} = \vec{c} - \vec{a}$를 대입하면 $|\vec{c}| \le |\vec{a}| + |\vec{c}-\vec{a}|$

를 얻는다. 따라서

$$|\vec{c}| - |\vec{a}| \le |\vec{c} - \vec{a}|$$

가 성립한다. 여기서 벡터 $\vec{a}$, $\vec{c}$의 역할을 바꾸면

$$|\vec{a}| - |\vec{c}| \le |\vec{a} - \vec{c}| = |(-1)(\vec{c} - \vec{a})| = |\vec{c} - \vec{a}|$$

가 성립한다. 따라서 부등식 (*)가 성립한다.

연습문제

3. 벡터 $\vec{a} = (1,\ -1,\ 1)$과 $\vec{b} = (2,\ 1,\ 0)$에 대하여 벡터 $\vec{b}$의 벡터 $\vec{a}$에 대한 정사영을 구하시오.

4. 벡터 $\vec{a} = (1,\ 0,\ 1)$과 $\vec{b} = (2,\ 2,\ 1)$가 이루는 사잇각을 구하시오.

5. 임의의 두 벡터 $\vec{a}$, $\vec{b}$에 대하여 다음 등식이 성립함을 보이시오.

$$|\vec{a} + \vec{b}|^2 + |\vec{a} - \vec{b}|^2 = 2\left(|\vec{a}|^2 + |\vec{b}|^2\right)$$

6. 임의의 두 벡터 $\vec{a}$, $\vec{b}$가 서로 수직일 필요충분조건은 $|\vec{a} + \vec{b}| = |\vec{a} - \vec{b}|$임을 보이시오.

7. 벡터 $\vec{a}$가 임의의 벡터에 수직이면 $\vec{a} = \vec{0}$임을 보이시오.

제3절 도형의 방정식

직선의 방정식

좌표평면 위의 한 점 $\mathrm{P}(x_1,\ y_1)$를 지나고 벡터 $\vec{v}=(a,\ b)\neq\vec{0}$에 평행한 직선 l의 방정식을 구해보자.

직선 l 위의 점 $\mathrm{X}(x,\ y)$에 대하여 $\overrightarrow{\mathrm{PX}}\,//\,\vec{v}$이므로 $\overrightarrow{\mathrm{PX}}=t\vec{v}$를 만족시키는 실수 t가 존재한다. 즉 $(x-x_1,\ y-y_1)=t(a,\ b)=(ta,\ tb)$이다. 따라서 직선 l의 방정식은

(i) $a=0$인 경우

$$x=x_1$$

이다.

(ii) $a\neq 0$인 경우

$$y-y_1=\frac{b}{a}(x-x_1)$$

이다. 특별히 $ab\neq 0$인 경우

$$\frac{x-x_1}{a}=\frac{y-y_1}{b}$$

로 기술할 수 있다.

다음은 좌표평면 위의 두 점 $\mathrm{P}(x_1,\ y_1)$, $\mathrm{Q}(x_2,\ y_2)$를 지나는 직선 l의 방정식을 구해보자. 이 경우 직선 l은 한 점 $\mathrm{P}(x_1,\ y_1)$를 지나고 벡터 $\overrightarrow{\mathrm{PQ}}=(x_2-x_1,\ y_2-y_1)$에 평행한 직선이다. 따라서 직선 l의 방정식은

(i) $x_2=x_1$인 경우

$$x=x_1$$

이다.

(ii) $x_2\neq x_1$인 경우

$$y-y_1=\frac{y_2-y_1}{x_2-x_1}(x-x_1)$$

이다. 특별히 $x_2\neq x_1, y_2\neq y_1$인 경우

$$\frac{x-x_1}{x_2-x_1}=\frac{y-y_1}{y_2-y_1}$$

로 기술할 수 있다.

좌표공간상의 직선의 방정식도 좌표평면에서와 마찬가지로 구할 수 있다. 좌표공간 위의 한 점 $\mathrm{P}(x_1, y_1, z_1)$를 지나고 벡터 $\vec{v}=(a, b, c)\neq\vec{0}$에 평행한 직선 l의 방정식은

(ⅰ) $a=0$, $b=0$인 경우

$$x=x_1,\ y=y_1$$

이다.

(ⅱ) $a=0$, $b\neq0$인 경우

$$x=x_1,\ y-y_1=\frac{c}{b}(z-z_1)$$

이다.

(ⅲ) $a\neq0$, $b\neq0$인 경우

$$z-z_1=\frac{c}{a}(x-x_1)=\frac{c}{b}(y-y_1)$$

이다. 특별히 $abc\neq0$인 경우

$$\frac{x-x_1}{a}=\frac{y-y_1}{b}=\frac{z-z_1}{c}$$

로 기술할 수 있다.

마찬가지 방법으로 좌표공간 위의 두 점 $\mathrm{P}(x_1, y_1, z_1)$, $\mathrm{Q}(x_2, y_2, z_2)$를 지나는 직선 l의 방정식을 구할 수 있다.

(ⅰ) $x_2=x_1$, $y_2=y_1$인 경우

$$x=x_1,\ y=y_1$$

이다.

(ⅱ) $x_2=x_1$, $y_2\neq y_1$인 경우

$$x=x_1,\ z-z_1=\frac{z_2-z_1}{y_2-y_1}(y-y_1)$$

이다.

(iii) $x_2 \neq x_1$, $y_2 \neq y_1$인 경우

$$z - z_1 = \frac{z_2 - z_1}{x_2 - x_1}(x - x_1) = \frac{z_2 - z_1}{y_2 - y_1}(y - y_1)$$

이다. 특별히 $x_2 \neq x_1$, $y_2 \neq y_1$, $z_2 \neq z_1$인 경우

$$\frac{x - x_1}{x_2 - x_1} = \frac{y - y_1}{y_2 - y_1} = \frac{z - z_1}{z_2 - z_1}$$

로 기술할 수 있다.

예시 7-19 좌표공간의 두 점 $(2,\ -1,\ 0)$, $(1,\ 1,\ 1)$을 지나는 직선의 식은

$$-(x-2) = \frac{y+1}{2} = z$$

이다. ■

예시 7-20 좌표공간의 한 점 $(x_0,\ y_0,\ z_0)$을 지나는 두 직선이 각각 벡터 $\vec{a} = (a_1,\ a_2,\ a_3)$, $\vec{b} = (b_1,\ b_2,\ b_3)$에 평행일 때, 두 직선이 이루는 각은 두 벡터 $\vec{a}$, $\vec{b}$가 이루는 사잇각이다.

$$\cos\theta = \frac{\vec{a} \cdot \vec{b}}{|\vec{a}||\vec{b}|} = \frac{a_1b_1 + a_2b_2 + a_3b_3}{\sqrt{a_1^2 + a_2^2 + a_3^2}\sqrt{b_1^2 + b_2^2 + b_3^2}}$$ ■

초평면의 방정식

좌표평면 위의 한 점 $P(x_1,\ y_1)$를 지나고 벡터 $\vec{n} = (a,\ b) \neq \vec{0}$에 수직인 직선 l의 방정식을 구해보자.

직선 l 위의 점 $X(x,\ y)$에 대하여 $\overrightarrow{PX} \perp \vec{n}$이므로 $\overrightarrow{PX} \cdot \vec{n} = 0$이다. 따라서 직선 l의 방정식은 $(x - x_1,\ y - y_1) \cdot (a,\ b) = 0$, 즉

$$ax + by = ax_1 + by_1$$

이다.

좌표공간에서도 좌표평면과 같은 방법을 적용할 수 있다. 좌표공간 위의 한 점 $P(x_1, y_1, z_1)$를 지나고 벡터 $\vec{n}=(a, b, c)\neq\vec{0}$에 수직인 평면 π의 방정식을 구해보자. 평면 π 위의 점 $X(x, y, z)$에 대하여 $\overrightarrow{PX}\perp\vec{n}$이므로 $\overrightarrow{PX}\cdot\vec{n}=0$이다. 따라서 평면 π의 방정식은 $(x-x_1, y-y_1, z-z_1)\cdot(a, b, c)=0$, 즉

$$ax+by+cz=ax_1+by_1+cz_1$$

이다.

예시 7-21 좌표평면의 한 점 $(2, 1)$을 지나고 벡터 $\vec{v}=(a, b)\neq\vec{0}$에 평행한 직선 l_1의 방정식과 벡터 $\vec{v}$에 수직인 직선 l_2의 방정식은 각각 다음과 같다.

(i) $a=0$인 경우

$$l_1 : x=2,\ l_2 : y=1$$

(ii) $a\neq 0$인 경우

$$l_1 : y-1=\frac{b}{a}(x-2),\ l_2 : ax+by=2a+b$$

이다.

직선 l_1, l_2가 각각 영벡터가 아닌 벡터 $\vec{v}$에 평행과 수직이므로 두 직선은 서로 수직이다. (ii)의 경우에서 두 직선 l_1, l_2의 기울기가 각각 $\frac{b}{a}$와 $-\frac{a}{b}$이고, 기울기의 곱이

$$\frac{b}{a}\cdot\left(-\frac{a}{b}\right)=-1$$

임을 확인할 수 있다. ■

예시 7-22 좌표공간의 한 점 $(1, 0, 1)$을 지나고 벡터 $\vec{v}=(1, 2, 3)$에 수직인 평면의 방정식은

$$x+2y+3z=1+3=4$$

이다. ■

예시 7-23 좌표공간의 서로 만나는 두 평면 $a_1x+a_2y+a_3z=d_1$과 $b_1x+b_2y+b_3z=d_2$에 대하여, 두 벡터 (a_1, a_2, a_3)와 (b_1, b_2, b_3)가 각각 두 평면에 수직인 벡터이다.

두 벡터 $(a_1,\ a_2,\ a_3)$, $(b_1,\ b_2,\ b_3)$가 이루는 각의 크기를 θ라 하면, 두 평면이 이루는 각 중 예각의 크기 ϕ는 θ와 $\pi-\theta$ 중 크지 않은 값이다.

예를 들어 평면 $x+z=1$과 $2x-y+z=2$에 대하여

$$\cos\theta=\frac{(1,\ 0,\ 1)\cdot(2,\ -1,\ 1)}{\sqrt{2}\sqrt{6}}=\frac{\sqrt{3}}{2}$$

이므로 $\theta=\frac{\pi}{6}$이고 두 평면이 이루는 각 중 예각의 크기 $\phi=\frac{\pi}{6}$이다. ■

좌표평면 위의 한 점 $\mathrm{P}(x_1,\ y_1)$를 지나고 벡터 $\vec{n}=(a,\ b)\neq\vec{0}$에 수직인 직선 l의 방정식은

$$ax+by=ax_1+by_1$$

이다. 좌표평면 위의 한 점 $\mathrm{Q}(x_0,\ y_0)$로부터 직선 l까지의 거리 d를 구해보자.

점 $\mathrm{Q}(x_0,\ y_0)$로부터 직선 l 위에 내린 수선의 발을 $\mathrm{R}(x_2,\ y_2)$이라 하면, $\overrightarrow{\mathrm{QR}}$은 직선 l에 수직이 된다. 이때 $\overrightarrow{\mathrm{QR}}$은 $\overrightarrow{\mathrm{QP}}$의 $\vec{n}$에 대한 정사영이 된다. 따라서

$$\overrightarrow{\mathrm{QR}}=\mathrm{proj}_{\vec{n}}(\overrightarrow{\mathrm{QP}})=\frac{\overrightarrow{\mathrm{QP}}\cdot\vec{n}}{\vec{n}\cdot\vec{n}}\vec{n}=\frac{a(x_0-x_1)+b(y_0-y_1)}{a^2+b^2}\vec{n}$$

이고, 거리는

$$d=|\overrightarrow{\mathrm{QR}}|=\frac{|ax_0+by_0-ax_1-by_1|}{\sqrt{a^2+b^2}}$$

이 된다.

좌표공간에서도 마찬가지 방법으로 거리를 구할 수 있다. 좌표공간 위의 한 점 $\mathrm{P}(x_1,\ y_1,\ z_1)$를 지나고 벡터 $\vec{n}=(a,\ b,\ c)\neq\vec{0}$에 수직인 평면 π의 방정식은

$$ax+by+cz=ax_1+by_1+cz_1$$

이다. 좌표공간 위의 한 점 $\mathrm{Q}(x_0,\ y_0,\ z_0)$로부터 평면 π까지의 거리 d를 구해보자.

점 $\mathrm{Q}(x_0,\ y_0,\ z_0)$로부터 평면 π 위에 내린 수선의 발을 $\mathrm{R}(x_2,\ y_2,\ z_2)$이라 하면, $\overrightarrow{\mathrm{QR}}$은 평면 π에 수직이 되고, $\overrightarrow{\mathrm{QP}}$의 $\vec{n}$에 대한 정사영이 된다. 따라서

$$\overrightarrow{\mathrm{QR}}=\mathrm{proj}_{\vec{n}}(\overrightarrow{\mathrm{QP}})=\frac{\overrightarrow{\mathrm{QP}}\cdot\vec{n}}{\vec{n}\cdot\vec{n}}\vec{n}=\frac{a(x_0-x_1)+b(y_0-y_1)+c(z_0-z_1)}{a^2+b^2+c^2}\vec{n}$$

이고, 거리는

$$d = |\overrightarrow{\mathrm{QR}}| = \frac{|ax_0 + by_0 + cz_0 - ax_1 - by_1 - cz_1|}{\sqrt{a^2 + b^2 + c^2}}$$

이 된다.

예시 7-24 좌표공간의 한 점 (1, −1, 2)에서 평면 $2x + 3y - z = 1$ 사이의 거리는

$$d = \frac{|2 \cdot 1 + 3 \cdot (-1) + (-1) \cdot 2 - 1|}{\sqrt{2^2 + 3^2 + (-1)^2}} = \frac{4}{\sqrt{14}} = \frac{2\sqrt{14}}{7}$$

이다. ■

정리 7-25 삼수선의 정리

좌표공간의 평면 π 위의 한 직선 l이 있고 직선 l 밖의 한 점 O가 평면 π 위에 있다. 평면 π 밖의 한 점 P와 직선 l 위의 한 점 H에 대하여, $\overrightarrow{\mathrm{PO}}$가 π와 수직이고 $\overrightarrow{\mathrm{OH}}$가 l에 수직이면, $\overrightarrow{\mathrm{PH}}$는 l과 수직이다.

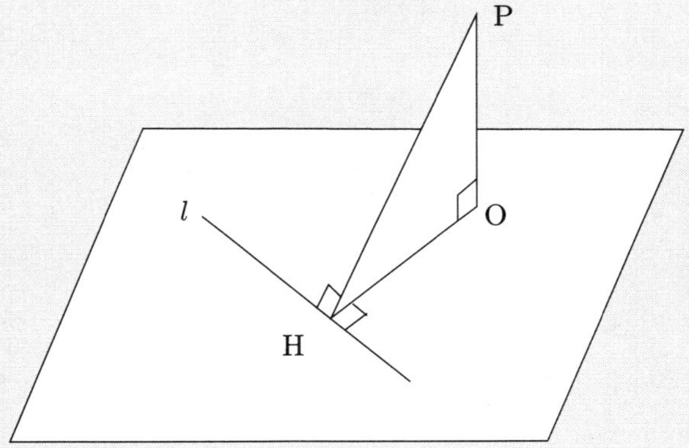

| 증명 | 평면 π에 수직인 벡터를 $\vec{n}$이라 하고 직선 l에 평행인 벡터를 $\vec{v}$라 하면,

$$\overrightarrow{\mathrm{PO}} = t\vec{n}$$

를 만족시키는 실수 t가 존재한다. 한편 $\overrightarrow{\mathrm{OH}}$가 l에 수직이므로

$$\overrightarrow{\mathrm{OH}} \cdot \vec{v} = 0$$

이다. 직선 l은 평면 π 위의 직선이므로

$$\vec{n} \cdot \vec{v} = 0$$

이다. 따라서

$$\overrightarrow{\mathrm{PH}} \cdot \vec{v} = (\overrightarrow{\mathrm{PO}} + \overrightarrow{\mathrm{OH}}) \cdot \vec{v} = \overrightarrow{\mathrm{PO}} \cdot \vec{v} + \overrightarrow{\mathrm{OH}} \cdot \vec{v} = t\vec{n} \cdot \vec{v} + \overrightarrow{\mathrm{OH}} \cdot \vec{v} = 0$$

이므로 $\overrightarrow{\mathrm{PH}}$는 l과 수직이다. ■

예제 7-26 좌표공간의 평면 π 위의 서로 다른 세 점 A, B, C에 대하여 $\triangle\mathrm{ABC}$는 $\angle\mathrm{ABC}$가 직각인 삼각형이다. 평면 π 밖의 한 점 P에서 π에 내린 수선의 발이 C이다. $\overline{\mathrm{AB}} = 1 = \overline{\mathrm{BC}}$, $\overline{\mathrm{PC}} = \sqrt{2}$일 때, $\angle\mathrm{PAB}$의 값을 구하시오.

〈풀이〉 점 P에서 π에 내린 수선의 발이 점 C이므로 $\overrightarrow{\mathrm{PC}}$는 π에 수직이다. $\angle\mathrm{ABC}$가 직각이므로 $\overrightarrow{\mathrm{BC}}$와 $\overrightarrow{\mathrm{AB}}$는 서로 수직이다. 따라서 삼수선의 정리에 의해 $\overrightarrow{\mathrm{PB}}$는 선분 $\overline{\mathrm{AB}}$에 수직이다.

$\overline{\mathrm{BC}} = 1$, $\overline{\mathrm{PC}} = \sqrt{2}$이고 $\triangle\mathrm{BCP}$는 $\angle\mathrm{BCP}$가 직각인 삼각형이므로 $\overline{\mathrm{PB}} = \sqrt{3}$이다. 한편 $\overline{\mathrm{AB}} = 1$, $\overline{\mathrm{PB}} = \sqrt{3}$이고 $\triangle\mathrm{ABP}$는 $\angle\mathrm{ABP}$가 직각인 삼각형이므로 $\overline{\mathrm{AP}} = 2$이다.

$$\cos(\angle\mathrm{PAB}) = \frac{\overline{\mathrm{AB}}}{\overline{\mathrm{PA}}} = \frac{1}{2}$$

이므로 $\angle\mathrm{PAB} = \frac{\pi}{3}$이다.

구의 방정식

좌표공간의 구는 한 정점으로부터 일정한 거리에 있는 점들의 집합을 의미한다. 이때 정점은 구의 중심이라 하고 일정한 거리는 구의 반지름의 길이이다.

좌표공간의 점 $\mathrm{C}(x_0, y_0, z_0)$를 중심으로 하고 반지름의 길이가 r인 구 위의 점 $\mathrm{X}(x, y, z)$에 대하여 $|\overrightarrow{\mathrm{CX}}| = r$이므로 구의 방정식은

$$(x - x_0)^2 + (y - y_0)^2 + (z - z_0)^2 = r^2$$

이다.

점 $\mathrm{C}(x_0,\ y_0,\ z_0)$를 중심으로 하고 반지름의 길이가 r인 구 위의 한 점 $\mathrm{P}(x_1,\ y_1,\ z_1)$에서 접평면 π의 방정식을 구해보자.

접평면 π는 점 $\mathrm{P}(x_1,\ y_1,\ z_1)$에서 구에 접하므로 $\overrightarrow{\mathrm{CP}}$에 수직이다. 접평면 π 위의 점 $\mathrm{X}(x,\ y,\ z)$에 대하여 $\overrightarrow{\mathrm{PX}} \perp \overrightarrow{\mathrm{CP}}$이다. 즉 $\overrightarrow{\mathrm{PX}} \cdot \overrightarrow{\mathrm{CP}} = 0$이므로

$$\begin{aligned} 0 &= (x-x_1,\ y-y_1,\ z-z_1) \cdot (x_1-x_0,\ y_1-y_0,\ z_1-z_0) \\ &= (x-x_0-(x_1-x_0),\ y-y_0-(y_1-y_0),\ z-z_0-(z_1-z_0)) \\ &\quad \cdot (x_1-x_0,\ y_1-y_0,\ z_1-z_0) \\ &= (x_1-x_0)(x-x_0)+(y_1-y_0)(y-y_0)+(z_1-z_0)(z-z_0) \\ &\quad -(x_1-x_0)^2-(y_1-y_0)^2-(z_1-z_0)^2 \end{aligned}$$

이다. 점 $\mathrm{P}(x_1,\ y_1,\ z_1)$은 구 위의 점이므로 $(x_1-x_0)^2+(y_1-y_0)^2+(z_1-z_0)^2=r^2$이다. 따라서 접평면 π의 방정식은

$$(x_1-x_0)(x-x_0)+(y_1-y_0)(y-y_0)+(z_1-z_0)(z-z_0)=r^2$$

이다.

예시 7-27 좌표공간의 구 $x^2+y^2+z^2=r^2$ 위의 한 점 $(x_1,\ y_1,\ z_1)$에서 접평면의 방정식은

$$x_1x+y_1y+z_1z=r^2$$

이다. ■

좌표평면의 원과 접선에 대해서도 마찬가지 방법으로 이야기할 수 있다. 좌표평면 위의 점 $\mathrm{C}(x_0,\ y_0)$를 중심으로 하고 반지름의 길이가 r인 원의 방정식은

$$(x-x_0)^2+(y-y_0)^2=r^2$$

이고, 점 $\mathrm{C}(x_0,\ y_0)$를 중심으로 하고 반지름의 길이가 r인 원 위의 한 점 $\mathrm{P}(x_1,\ y_1)$에서 접선의 방정식은

$$(x_1-x_0)(x-x_0)+(y_1-y_0)(y-y_0)=r^2$$

이다.

연습문제

8. 좌표공간의 세 점 $(1,\ 0,\ 1)$, $(1,\ -1,\ 1)$, $(2,\ 1,\ 0)$을 지나는 평면의 방정식을 구하시오.

9. 좌표공간의 한 점 $(1,\ 0,\ 1)$을 지나고 직선 $x = y-1 = 2z$을 포함하는 평면의 방정식을 구하시오.

10. 좌표공간의 두 평면 $x+y+z=1$과 $x-y+3z=3$의 교선을 구하시오.

11. 좌표공간의 한 점 $(1,\ 1,\ 1)$에서 평면 $x-y+2z=1$ 사이의 거리를 구하시오.

12. 평면 $x-y+2z=1$에 대하여 점 $(1,\ 1,\ 1)$의 대칭인 점을 구하시오.

13. 좌표공간의 서로 다른 네 점 A, B, C, D가 정사면체의 꼭짓점을 이룬다. 벡터 $\overrightarrow{AB}$, $\overrightarrow{CD}$가 서로 수직임을 보이시오.

14. 구 $(x-1)^2+y^2+(z+2)^2=9$ 위의 한 점 $(0,\ 2,\ 0)$에서 접평면의 방정식을 구하시오.

제4절 2차곡선

2차곡선

2차곡선 방정식의 일반형은

$$ax^2+by^2+cxy+dx+ey+f=0$$

으로 쓸 수 있다. (단 $a,\ b,\ c$ 모두가 0은 아닌 경우) 한편 위 $x,\ y$에 관한 이차식이 일차식의 곱의 형태로 주어지는

$$ax^2+by^2+cxy+dx+ey+f=(\alpha_1 x+\beta_1 y+\gamma_1)(\alpha_2 x+\beta_2 y+\gamma_2)=0$$

인 경우, 방정식은 직선 $\alpha_1 x + \beta_1 y + \gamma_1 = 0$와 $\alpha_2 x + \beta_2 y + \gamma_2 = 0$의 합집합을 나타낸다. 이와 같이 방정식이 나타내는 곡선이 2차곡선의 형태가 아닌 경우를 제외하면, 2차곡선 방정식은 적절한 분류를 통해 포물선, 원, 타원, 쌍곡선의 표현이 된다. 2차곡선 방정식의 특별한 형태로서 포물선, 타원, 쌍곡선의 표준형에 대하여 살펴보도록 하자.

포물선은 좌표평면의 한 정점과 이 점을 지나지 않는 한 직선까지의 거리가 같은 점들의 집합이다. 이때 이 정점을 초점이라 하고 직선을 준선이라 한다.

초점이 $\mathrm{F} = (0,\ p)$이고 준선이 $l : y = -p$일 때, 포물선 위의 점 $(x,\ y)$은 다음을 만족시킨다.

$$\sqrt{(x-0)^2 + (y-p)^2} = |y+p|$$

따라서 포물선의 방정식은

$$y = \frac{1}{4p} x^2$$

이다.

예시 7-28 초점이 $\mathrm{F} = (2,\ 1)$이고 준선이 $l : x = 4\ \ (c \neq a)$인 포물선은

$$\sqrt{(x-2)^2 + (y-1)^2} = |x-4|$$

을 만족시킨다. 따라서 포물선의 방정식은

$$x = -\frac{1}{4}(y-1)^2 + 3$$

이다. ■

타원은 좌표평면의 두 정점으로부터 거리의 합이 일정한 점들의 집합이다. 이때 이 정점들을 초점이라 한다.

초점이 $\mathrm{F}_1 = (-c,\ 0)$, $\mathrm{F}_2 = (c,\ 0)$이고 초점까지 거리의 합이 $2a$인 타원 위의 점 $(x,\ y)$은 다음을 만족시킨다.

$$\sqrt{(x+c)^2 + y^2} + \sqrt{(x-c)^2 + y^2} = 2a$$

$\sqrt{(x+c)^2 + y^2} = 2a - \sqrt{(x-c)^2 + y^2}$의 양변을 제곱하여 정리하면 $a\sqrt{(x-c)^2 + y^2} =$

$a^2 - cx$가 된다. 다시 양변을 제곱하여 정리하면 다음과 같은 타원의 방정식을 얻는다.

$$\frac{x^2}{a^2} + \frac{y^2}{a^2 - c^2} = 1$$

이때 타원의 중심은 초점의 중점 $(0,\ 0)$이고 중심으로부터 초점까지의 거리는 $|c|$가 된다. 두 초점이 서로 다른 점일 때, 두 초점을 포함하는 직선은 유일하게 결정된다. 이 직선이 타원과 만나는 두 점을 잇는 선분을 타원의 장축이라 한다. 이때 장축의 중점은 타원의 중심이다. 한편 타원의 중심을 지나고 장축에 수직인 직선이 타원과 만나는 두 점을 잇는 선분을 타원의 단축이라 한다. 이때 단축의 중점은 타원의 중심이다. 장축의 길이는 $2a$이고 단축의 길이는 $2\sqrt{a^2 - c^2}$이다.

예시 7-29 초점이 $\mathrm{F}_1 = (1,\ 0)$, $\mathrm{F}_2 = (1,\ 8)$이고 초점까지 거리의 합이 10인 타원은

$$\sqrt{(x-1)^2 + y^2} + \sqrt{(x-1)^2 + (y-8)^2} = 10$$

이다. 위에서와 마찬가지 방법으로 $\sqrt{(x-1)^2 + y^2} = 10 - \sqrt{(x-1)^2 + (y-8)^2}$의 양변을 제곱하여 정리하면 $5\sqrt{(x-1)^2 + (y-8)^2} = 41 - 4y$를 얻는다. 다시 양변을 제곱하여 정리하면 다음과 같은 타원의 방정식을 얻는다.

$$\frac{(x-1)^2}{9} + \frac{(y-4)^2}{25} = 1$$ ■

쌍곡선은 좌표평면의 두 정점으로부터 거리의 차가 일정한 점들의 집합이다. 이때 이 정점들을 초점이라 한다.

초점이 $\mathrm{F}_1 = (-c,\ 0)$, $\mathrm{F}_2 = (c,\ 0)$이고 초점까지 거리의 차가 $2a$인 쌍곡선 위의 점 $(x,\ y)$은 다음을 만족시킨다. (단 $0 < a < c$)

$$\sqrt{(x-c)^2 + y^2} - \sqrt{(x+c)^2 + y^2} = \pm 2a$$

$\sqrt{(x-c)^2 + y^2} = \pm 2a + \sqrt{(x+c)^2 + y^2}$의 양변을 제곱하여 정리하면
$\mp a\sqrt{(x+c)^2 + y^2} = cx + a^2$가 된다. 다시 양변을 제곱하여 정리하면 다음과 같은 쌍곡선의 방정식을 얻는다.

$$\frac{x^2}{a^2} - \frac{y^2}{c^2 - a^2} = 1$$

이때 쌍곡선의 중심은 초점의 중점 $(0,\ 0)$이고 중심으로부터 초점까지의 거리는 c가 된다. 두 초점을 포함하는 직선이 쌍곡선과 만나는 두 점을 잇는 선분을 쌍곡선의 주축이라 한다. 주축의 중점은 쌍곡선의 중심이고 주축의 길이는 $2a$이다.

예시 7-30 초점이 $F_1 = (1,\ -2)$, $F_2 = (1,\ 4)$이고 초점까지 거리의 차가 4인 타원은

$$\sqrt{(x-1)^2 + (y+2)^2} - \sqrt{(x-1)^2 + (y-4)^2} = \pm 4$$

이다. 위에서와 마찬가지 방법으로 $\sqrt{(x-1)^2 + (y+2)^2} = \sqrt{(x-1)^2 + (y-4)^2} \pm 4$의 양변을 제곱하여 정리하면 $\mp \sqrt{(x-1)^2 + (y-4)^2} = 7 - 3y$를 얻는다. 다시 양변을 제곱하여 정리하면 다음과 같은 타원의 방정식을 얻는다.

$$\frac{(x-1)^2}{5} + \frac{(y-1)^2}{4} = -1$$ ■

접선의 방정식

2차곡선처럼 방정식으로 주어진 경우에 대한 접선의 방정식을 구해보자. 접선의 방정식을 구하기 위해 접점을 확인하고 그 점에서 기울기를 결정하면 된다. 함수의 그래프 형태의 곡선에서는 함수의 미분을 통해 기울기를 결정하면 되지만 음함수 $f(x,\ y) = 0$ 형태로 주어진 곡선의 경우에는 음함수 미분법(3장 2절의 음함수의 미분법 참조)을 사용하여 기울기를 구할 수 있다.

예시 7-31 포물선 $y = x^2$ 위의 점 $(1,\ 1)$에서 접선의 방정식은

$$y - 1 = 2(x-1)$$

이다. 한편 포물선 $x = y^2$의 경우 음함수 미분을 통해 $1 = 2y\frac{dy}{dx}$임을 알 수 있고, 기울기는 $\frac{dy}{dx} = \frac{1}{2y}$로 결정할 수 있다. (단 $y \neq 0$) 예를 들어 포물선 $x = y^2$ 위의 점 $(4,\ 2)$에서 접선의 방정식은

$$y-2=\frac{1}{2\cdot 2}(x-4)=\frac{1}{4}x-1$$

임을 알 수 있다. ■

예제 7-32 원 $x^2+y^2=r^2$ 위의 점 $(x_1,\ y_1)$에서 접선의 방정식이

$$x_1x+y_1y=r^2 \quad \cdots\cdots \text{ (*)}$$

임을 음함수의 미분법을 사용해서 보이시오.

〈풀이〉 음함수 미분을 통해 $2x+2y\frac{dy}{dx}=0$임을 알 수 있다. $y\neq 0$일 때, $\frac{dy}{dx}=-\frac{x}{y}$이다. 따라서 원 위의 점 $(x_1,\ y_1)\neq(\pm r,\ 0)$에서 접선의 방정식은

$$y-y_1=-\frac{x_1}{y_1}(x-x_1)=-\frac{x_1}{y_1}x+\frac{x_1^2}{y_1}$$

이다. 점 $(x_1,\ y_1)\neq(\pm r,\ 0)$이 원 위의 점이므로

$$y_1y+x_1x=x_1^2+y_1^2=r^2$$

이 성립한다.

한편 점 $(x_1,\ y_1)=(\pm r,\ 0)$에서 원 $x^2+y^2=r^2$에 접하는 직선은 y축에 평행이므로, 점 $(x_1,\ y_1)=(\pm r,\ 0)$에서 접선의 방정식은 $x=x_1$이다. 이 경우도 점 $(x_1,\ y_1)=(\pm r,\ 0)$이 원 위의 점이므로 방정식 (*)를 만족시키는 것을 알 수 있다.

예제 7-33 타원 $\frac{(x-\alpha)^2}{a^2}+\frac{(y-\beta)^2}{b^2}=1$ 위의 점 $(x_1,\ y_1)$에서 접선의 방정식이

$$\frac{(x_1-\alpha)(x-\alpha)}{a^2}+\frac{(y_1-\beta)(y-\beta)}{b^2}=1 \quad \cdots\cdots \text{ (*)}$$

임을 보이시오.

〈풀이〉 음함수 미분을 통해 $\frac{2(x-\alpha)}{a^2}+\frac{2(y-\beta)}{b^2}\frac{dy}{dx}=0$임을 알 수 있다. $y\neq\beta$일

때, $\dfrac{dy}{dx}=-\dfrac{b^2}{a^2}\dfrac{x-\alpha}{y-\beta}$이다. 따라서 타원 위의 점 $(x_1,\ y_1)\neq(\alpha\pm a,\ \beta)$에서 접선의 방정식은

$$y-y_1=-\frac{b^2}{a^2}\frac{x_1-\alpha}{y_1-\beta}(x-x_1)$$

이다. 양변에 $\dfrac{y_1-\beta}{b^2}$을 곱해 전개하면

$$\begin{aligned}0&=\frac{(y_1-\beta)(y-y_1)}{b^2}+\frac{(x_1-\alpha)(x-x_1)}{a^2}\\&=\frac{(y_1-\beta)(y-\beta)}{b^2}+\frac{(x_1-\alpha)(x-\alpha)}{a^2}-\frac{(y_1-\beta)^2}{b^2}-\frac{(x_1-\alpha)^2}{a^2}\end{aligned}$$

이다. 점 $(x_1,\ y_1)\neq(\alpha\pm a,\ \beta)$이 타원 위의 점이므로

$$\frac{(y_1-\beta)(y-\beta)}{b^2}+\frac{(x_1-\alpha)(x-\alpha)}{a^2}=1$$

이 성립한다.

한편 점 $(x_1,\ y_1)=(\alpha\pm a,\ \beta)$에서 타원 $\dfrac{(x-\alpha)^2}{a^2}+\dfrac{(y-\beta)^2}{b^2}=1$에 접하는 직선은 y축에 평행이므로, 점 $(x_1,\ y_1)=(\alpha\pm a,\ \beta)$에서 접선의 방정식은 $x=x_1$이다. 이 경우도 점 $(x_1,\ y_1)=(\alpha\pm a,\ \beta)$이 타원 위의 점이므로 방정식 (*)를 만족시키는 것을 알 수 있다.

예시 7-34 예제 7-33과 마찬가지 방법을 적용하면 쌍곡선 $\dfrac{(x-\alpha)^2}{a^2}-\dfrac{(y-\beta)^2}{b^2}=-1$ 위의 점 $(x_1,\ y_1)$에서 접선의 방정식이

$$\frac{(x_1-\alpha)(x-\alpha)}{a^2}-\frac{(y_1-\beta)(y-\beta)}{b^2}=-1$$

임을 알 수 있다.

음함수 미분을 통해 $\dfrac{dy}{dx}=\dfrac{b^2}{a^2}\dfrac{x-\alpha}{y-\beta}$이다. 쌍곡선의 점근선의 기울기가 $\dfrac{b}{a}$이므로, 쌍곡선 위의 점 $(x_1,\ y_1)$에 대해 $\dfrac{b}{a}<\dfrac{y_1-\beta}{x_1-\alpha}$이다. 따라서 점 $(x_1,\ y_1)$에서 접선의 기울기에 대해

$$\left.\frac{dy}{dx}\right|_{(x_1,\ y_1)} = \frac{b^2}{a^2}\frac{x_1-\alpha}{y_1-\beta} < \frac{b}{a}$$

이 성립한다. ■

자취와 영역

몇몇 특정한 조건을 만족하는 점들의 집합은 우리에게 잘 알려져 있는 방정식들과 연관이 있다. 이와 관련하여 특정한 조건을 만족시키는 자취들이 이루는 방정식들을 살펴보도록 하자.

예제 7-35 원 $x^2+(y-1)^2=1$에 외접하고 x축에 접하는 원의 중심의 자취를 구하시오.

〈풀이〉 원 $x^2+(y-1)^2=1$에 외접하고 x축에 접하는 원을 $(x-a)^2+(y-b)^2=r^2$이라 하면 원 $(x-a)^2+(y-b)^2=r^2$이 x축에 접하므로 $b=r$이다.

한편 주어진 조건에 의해 원 $x^2+(y-1)^2=1$의 중심 $(0,\ 1)$과 $(a,\ b)$ 사이의 거리는 $1+r$이다. 중심 $(a,\ b)$와 x축 사이의 거리가 r이므로 중심 $(a,\ b)$와 직선 $y=-1$ 사이의 거리는 $1+r$이다. 따라서 원의 중심 $(a,\ b)$는 점 $(0,\ 1)$를 초점으로 하고 직선 $y=-1$를 준선으로 하는 포물선 위의 점이고, 자취의 방정식은

$$y=\frac{1}{4}x^2$$

이다.

주어진 조건으로부터 직접 계산하여 구할 수도 있다. 원 $(x-a)^2+(y-b)^2=r^2$이 x축에 접하므로 $b=r$이고, 점 $(0,\ 1)$과 $(a,\ b)$ 사이의 거리가 $1+r$이므로

$$1+b=1+r=\sqrt{a^2+(b-1)^2}$$

이다. 양변을 제곱하여 정리하면 포물선

$$b=\frac{1}{4}a^2$$

을 얻는다.

예제 7-36 원 C가 x축에 접한다. 점 $(0,\ 1)$이 중심이고 원 C의 중심을 지나는 원이 원 C에 내접할 때, 원 C의 중심의 자취를 구하시오.

〈풀이〉 원 C의 중심이 $(a,\ b)$이고 반지름의 길이는 r이라 하자. 원 C가 x축에 접하므로 $|b|=r$이다. 점 $(0,\ 1)$이 중심이고 $(a,\ b)$를 지나는 원이 원 C에 내접하므로

$$r=2\sqrt{a^2+(b-1)^2}$$

이다. $r=|b|$이므로

$$|b|=2\sqrt{a^2+(b-1)^2}$$

이다. 양변을 제곱하여 정리하면 타원

$$3a^2+\frac{9}{4}\left(b-\frac{4}{3}\right)^2=1$$

을 얻는다.

예제 7-37 원 C가 y축에 접한다. 점 $(1,\ 0)$이 중심이고 원 C에 외접하는 원의 반지름의 길이가 원 C의 반지름의 길이와 같을 때, 원 C의 중심의 자취를 구하시오.

〈풀이〉 원 C의 중심이 $(a,\ b)$이고 반지름의 길이는 r이라 하자. 원 C가 y축에 접하므로 $|a|=r$이다. 점 $(1,\ 0)$이 중심이고 원 C에 외접하는 원의 반지름의 길이가 r이므로

$$2r=\sqrt{(a-1)^2+b^2}$$

이다. $|a|=r$이므로

$$2|a|=\sqrt{(a-1)^2+b^2}$$

이다. 양변을 제곱하여 정리하면 쌍곡선

$$\frac{9}{4}\left(a+\frac{1}{3}\right)^2-\frac{3}{4}b^2=1$$

을 얻는다.

예제 7-38 $\{(x,\ y) : x^2+2y^2 \le 2\}$에서 함수 $f(x,\ y)=y-x$의 최댓값과 최솟값을 구하시오.

〈풀이〉 함숫값 $f(x,\ y)=k$라 하면, 최댓값과 최솟값은 직선 $y=x+k$의 y절편의 최댓값과 최솟값이고 타원 $x^2+2y^2=2$와 접하는 경우이다.

타원 $x^2+2y^2=2$ 위의 점 $(x_1,\ y_1)$에서 직선 $y=x+k$가 타원과 접하는 경우, 점 $(x_1,\ y_1)$에서 접선의 기울기가 $\left.\frac{dy}{dx}\right|_{(x_1,\ y_1)}=-\frac{x_1}{2y_1}=1$이다 $(y_1 \neq 0)$. 따라서 $x_1=-2y_1$이고 점 $(x_1,\ y_1)$이 타원 위의 점이므로 $2=x_1^2+2y_1^2=(-2y_1)^2+2y_1^2=6y_1^2$이다. 이때 점 $(x_1,\ y_1)=\left(\mp\frac{2\sqrt{3}}{3},\ \pm\frac{\sqrt{3}}{3}\right)$이고 $k=\pm\sqrt{3}$이다. 따라서 k의 최댓값은 $\sqrt{3}$이고 최솟값은 $-\sqrt{3}$이다.

예제 7-39 $\{(x,\ y) : x^2-2y^2 \ge 2\}$에서 함수 $f(x,\ y)=\frac{y-1}{x}$의 최댓값과 최솟값을 구하시오.

〈풀이〉 함숫값 $f(x,\ y)=k$라 하면, 최댓값과 최솟값은 직선 $y=kx+1$의 기울기의 최댓값과 최솟값이고 쌍곡선 $x^2-2y^2=2$와 접하는 경우이다. 직선 $y=kx+1$가 쌍곡선 $x^2-2y^2=2$와 접하는 경우는 $k=\pm1$일 때이다. 따라서 최댓값은 1이고 최솟값은 -1이다.

연습문제

15. 좌표평면 위의 포물선 $y=2(x-1)^2+3$의 초점과 준선을 구하시오.

16. 좌표평면 위의 타원 $2x^2+3y^2-8x+6y+5=0$의 장축의 길이와 단축의 길이를 구하시오.

17. 좌표평면 위의 쌍곡선 $x^2-4y^2+2x+16y-11=0$의 주축의 길이를 구하시오.

18. 좌표평면 위의 한 점 $(0,\ a)$와 x축에 이르는 거리의 합이 일정한 점의 자취를 구하시오. (단, $a > 0$)

19. 다음 영역 A에 제한된 함수 f의 최댓값과 최솟값을 구하시오.

(1) $A = \{(x,\ y) : x^2 + 2y^2 \leq 2\},\ f(x,\ y) = xy$

(2) $A = \{(x,\ y) : x^2 + y^2 \leq 4\},\ f(x,\ y) = x^2 - y^2$

제 8 장

행렬

제1절 행렬의 연산

$m \times n$개의 실수 a_{ij}, $i=1, 2, \cdots, m$, $j=1, 2, \cdots, n$를 직사각형 형태로 다음과 같이 배열한 것을 $m \times n$ **행렬**이라 한다.

$$\begin{pmatrix} a_{11} & a_{12} & \cdots & a_{1n} \\ a_{21} & a_{22} & \cdots & a_{2n} \\ \vdots & \vdots & \ddots & \vdots \\ a_{m1} & a_{m2} & \cdots & a_{mn} \end{pmatrix}$$

행렬에서 가로로 배열한 줄을 행이라 하고 세로로 배열한 줄을 열이라 한다. 위 행렬은 m개의 행과 n개의 열이 있는 행렬이다. 각각의 a_{ij}를 (i, j)항이라 부르고 각 항들을 행렬의 성분이라 부른다. 특별히 모든 성분이 0인 행렬을 **영행렬**이라 부르고 O으로 나타낸다. 행렬 (a_{ij})에 대하여 $b_{ij}=a_{ji}$를 만족시키는 행렬 (b_{ij})를 행렬 (a_{ij})의 **전치행렬**이라 부르고 $(a_{ij})^T$로 나타낸다.

행과 열의 개수가 같은 행렬을 정사각행렬이라 하고 정사각행렬의 대각성분 a_{ii}을 제외한 나머지 성분이 0인 행렬을 **대각행렬**이라 한다. 특별히 대각행렬 중 대각성분이 모두 1인 행렬을 **단위행렬**이라 하고 I로 나타낸다.

두 $m \times n$ 행렬 (a_{ij}), (b_{ij})이 상등이라는 것, 즉 $(a_{ij})=(b_{ij})$는 각 성분에 대하여 $a_{ij}=b_{ij}$를 나타낸다.

행렬들에 대하여 덧셈과 실수곱을 다음과 같이 정의한다.

$m \times n$ 행렬 (a_{ij}), (b_{ij})와 실수 t에 대하여

$$(a_{ij})+(b_{ij})=(a_{ij}+b_{ij}),\ t(a_{ij})=(ta_{ij})$$

이다. 위의 정의로부터 다음 성질들을 쉽게 확인할 수 있다.

정리 8-1 임의의 $m \times n$ 행렬 (a_{ij}), (b_{ij}), (c_{ij})와 실수 t, s에 대하여 다음이 성립한다.

(1) $((a_{ij})+(b_{ij}))+(c_{ij})=(a_{ij})+((b_{ij})+(c_{ij}))$

(2) $(a_{ij})+(b_{ij})=(b_{ij})+(a_{ij})$

(3) $(a_{ij})+O=(a_{ij})$

(4) $(a_{ij})+(-1)(a_{ij})=O$

(5) $1(a_{ij})=(a_{ij})$

(6) $(ts)(a_{ij}) = t(s(a_{ij}))$

(7) $t((a_{ij}) + (b_{ij})) = t(a_{ij}) + t(b_{ij})$

(8) $(t+s)(a_{ij}) = t(a_{ij}) + s(a_{ij})$

성질 (3)에 의해 영행렬 O은 덧셈에 대한 **항등원**이고 성질 (4)에 의해 $(-1)(a_{ij})$은 (a_{ij})의 덧셈에 대한 **역원**임을 알 수 있다. (a_{ij})의 역원 $(-1)(a_{ij})$은 $-(a_{ij})$로 나타낸다.

행렬 사이의 곱은 다음과 같이 정의한다.

정의 8-2 $m \times n$ 행렬 (a_{ij})와 $n \times l$ 행렬 (b_{jk})의 곱 $(c_{ik}) = (a_{ij})(b_{jk})$의 $(i,\ k)$항은 다음 값으로 정의한다.

$$c_{ik} = \sum_{j=1}^{n} a_{ij} b_{jk}$$

행과 열의 개수가 같은 $n \times n$ 정사각행렬을 n차 정사각행렬이라 부른다. n차 정사각행렬의 경우 곱의 정의로부터 다음 성질들이 성립함을 확인할 수 있다.

정리 8-3 임의의 n차 정사각행렬 $A = (a_{ij}),\ B = (b_{ij}),\ C = (c_{ij})$와 실수 t에 대하여 다음이 성립한다.

(1) $(AB)C = A(BC)$

(2) $AI = A = IA$

(3) $(A+B)C = AC + BC,\ A(B+C) = AB + AC$

(4) $(tA)B = t(AB) = A(tB)$

행렬의 곱에 대하여 교환법칙은 성립하지 않는다.

예시 8-4 행렬 $A = \begin{pmatrix} 1 & 0 \\ 1 & 1 \end{pmatrix},\ B = \begin{pmatrix} 1 & 1 \\ 1 & 1 \end{pmatrix}$에 대하여

$$AB = \begin{pmatrix} 1 & 0 \\ 1 & 1 \end{pmatrix}\begin{pmatrix} 1 & 1 \\ 1 & 1 \end{pmatrix} = \begin{pmatrix} 1 & 1 \\ 2 & 2 \end{pmatrix},\quad BA = \begin{pmatrix} 1 & 1 \\ 1 & 1 \end{pmatrix}\begin{pmatrix} 1 & 0 \\ 1 & 1 \end{pmatrix} = \begin{pmatrix} 2 & 1 \\ 2 & 1 \end{pmatrix}$$

이므로 $AB \neq BA$이다. ■

예제 8-5 행렬 A, B와 실수 t에 대하여 다음 성질이 성립한다.

(1) $(A^T)^T = A$

(2) $(tA)^T = tA^T$

(3) $(AB)^T = B^T A^T$이다.

| 증명 | (3) 행렬 $A=(a_{ij})$, $B=(b_{ij})$의 전치행렬을 각각 $A^T=(c_{ij})$, $B^T=(d_{ij})$이라 하면 $c_{ij}=a_{ji}$, $d_{ij}=b_{ji}$이다. 행렬 $B^T A^T$의 $(i,\ j)$항은

$$\sum_k d_{ik}c_{kj} = \sum_k b_{ki}a_{jk} = \sum_k a_{jk}b_{ki}$$

이므로 행렬 AB의 $(j,\ i)$항과 같다. 따라서 $B^T A^T = (AB)^T$이다.

제2절 행렬식과 가역행렬

정사각행렬에 대해서 행렬식을 정의할 수 있는데 여기서는 2차 정사각행렬과 3차 정사각행렬에 대해서만 정의하도록 한다.

정의 8-6

(1) 2차 정사각행렬 $A = \begin{pmatrix} a_{11} & a_{12} \\ a_{21} & a_{22} \end{pmatrix}$에 대한 행렬식 $\det A$은 다음과 같이 정의한다.

$$\det A = \begin{vmatrix} a_{11} & a_{12} \\ a_{21} & a_{22} \end{vmatrix} = a_{11}a_{22} - a_{12}a_{21}$$

(2) 3차 정사각행렬 $A = \begin{pmatrix} a_{11} & a_{12} & a_{13} \\ a_{21} & a_{22} & a_{23} \\ a_{31} & a_{32} & a_{33} \end{pmatrix}$에 대한 행렬식 $\det A$은 다음과 같이 정의한다.

$$\det A = \begin{vmatrix} a_{11} & a_{12} & a_{13} \\ a_{21} & a_{22} & a_{23} \\ a_{31} & a_{32} & a_{33} \end{vmatrix} = a_{11}\begin{vmatrix} a_{22} & a_{23} \\ a_{32} & a_{33} \end{vmatrix} - a_{12}\begin{vmatrix} a_{21} & a_{23} \\ a_{31} & a_{33} \end{vmatrix} + a_{13}\begin{vmatrix} a_{21} & a_{22} \\ a_{31} & a_{32} \end{vmatrix} \quad \cdots (*)$$

$$= a_{11}a_{22}a_{33} - a_{11}a_{23}a_{32} - a_{12}a_{21}a_{33} + a_{12}a_{23}a_{31} + a_{13}a_{21}a_{32} - a_{13}a_{22}a_{31}$$

$$= a_{11}a_{22}a_{33} + a_{12}a_{23}a_{31} + a_{13}a_{21}a_{32} - a_{11}a_{23}a_{32} - a_{12}a_{21}a_{33} - a_{13}a_{22}a_{31}$$

예시 8-7 행렬 $A = \begin{pmatrix} 1 & -2 & 3 \\ -2 & 0 & -1 \\ 2 & 3 & 1 \end{pmatrix}$에 대한 행렬식은

$$\det A = 1\begin{vmatrix} 0 & -1 \\ 3 & 1 \end{vmatrix} - (-2)\begin{vmatrix} -2 & -1 \\ 2 & 1 \end{vmatrix} + 3\begin{vmatrix} -2 & 0 \\ 2 & 3 \end{vmatrix} = 3 + 0 - 18 = -15$$

이다. ■

보조정리 8-8 행렬식에 대하여 다음 성질이 성립한다.

(1) 임의의 실수 t에 대하여

$$\det\begin{pmatrix} ta_{11} & ta_{12} & ta_{13} \\ a_{21} & a_{22} & a_{23} \\ a_{31} & a_{32} & a_{33} \end{pmatrix} = \det\begin{pmatrix} a_{11} & a_{12} & a_{13} \\ ta_{21} & ta_{22} & ta_{23} \\ a_{31} & a_{32} & a_{33} \end{pmatrix} = \det\begin{pmatrix} a_{11} & a_{12} & a_{13} \\ a_{21} & a_{22} & a_{23} \\ ta_{31} & ta_{32} & ta_{33} \end{pmatrix} = t\det\begin{pmatrix} a_{11} & a_{12} & a_{13} \\ a_{21} & a_{22} & a_{23} \\ a_{31} & a_{32} & a_{33} \end{pmatrix}$$

(2) 행렬의 두 행을 바꿔서 행렬식을 구하면 -1만큼 부호 차이가 생긴다. 즉

$$\det\begin{pmatrix} a_{21} & a_{22} & a_{23} \\ a_{11} & a_{12} & a_{13} \\ a_{31} & a_{32} & a_{33} \end{pmatrix} = -\det\begin{pmatrix} a_{11} & a_{12} & a_{13} \\ a_{21} & a_{22} & a_{23} \\ a_{31} & a_{32} & a_{33} \end{pmatrix} = \det\begin{pmatrix} a_{31} & a_{32} & a_{33} \\ a_{21} & a_{22} & a_{23} \\ a_{11} & a_{12} & a_{13} \end{pmatrix}$$

(3) 임의의 실수 b_1, b_2, b_3에 대하여

$$\det\begin{pmatrix} a_{11}+b_1 & a_{12}+b_2 & a_{13}+b_3 \\ a_{21} & a_{22} & a_{23} \\ a_{31} & a_{32} & a_{33} \end{pmatrix} = \det\begin{pmatrix} a_{11} & a_{12} & a_{13} \\ a_{21} & a_{22} & a_{23} \\ a_{31} & a_{32} & a_{33} \end{pmatrix} + \det\begin{pmatrix} b_1 & b_2 & b_3 \\ a_{21} & a_{22} & a_{23} \\ a_{31} & a_{32} & a_{33} \end{pmatrix}$$

두 번째, 세 번째 행에 대하여도 같은 형태의 등식이 성립한다.

❙증명❙ (1) 행렬식의 정의 (*)로부터 쉽게 확인할 수 있다.

(2) $\det\begin{pmatrix} a_{21} & a_{22} & a_{23} \\ a_{11} & a_{12} & a_{13} \\ a_{31} & a_{32} & a_{33} \end{pmatrix} = a_{21}\begin{vmatrix} a_{12} & a_{13} \\ a_{32} & a_{33} \end{vmatrix} - a_{22}\begin{vmatrix} a_{11} & a_{13} \\ a_{31} & a_{33} \end{vmatrix} + a_{23}\begin{vmatrix} a_{11} & a_{12} \\ a_{31} & a_{32} \end{vmatrix}$

$$= a_{21}a_{12}a_{33} - a_{21}a_{13}a_{32} - a_{22}a_{11}a_{33} + a_{22}a_{13}a_{31} + a_{23}a_{11}a_{32} - a_{23}a_{12}a_{31}$$

$$= a_{12}a_{21}a_{33} - a_{13}a_{21}a_{32} - a_{11}a_{22}a_{33} + a_{13}a_{22}a_{31} + a_{11}a_{23}a_{32} - a_{12}a_{23}a_{31}$$

$$= -\left(a_{11}a_{22}a_{33} + a_{12}a_{23}a_{31} + a_{13}a_{21}a_{32} - a_{12}a_{21}a_{33} - a_{13}a_{22}a_{31} - a_{11}a_{23}a_{32}\right)$$

$$= -\det\begin{pmatrix} a_{11} & a_{12} & a_{13} \\ a_{21} & a_{22} & a_{23} \\ a_{31} & a_{32} & a_{33} \end{pmatrix}$$

이다. 나머지 등식도 마찬가지 방법으로 보일 수 있다.

(3) $\det\begin{pmatrix} a_{11}+b_1 & a_{12}+b_2 & a_{13}+b_3 \\ a_{21} & a_{22} & a_{23} \\ a_{31} & a_{32} & a_{33} \end{pmatrix}$

$$= (a_{11}+b_1)\begin{vmatrix} a_{22} & a_{23} \\ a_{32} & a_{33} \end{vmatrix} - (a_{12}+b_2)\begin{vmatrix} a_{21} & a_{23} \\ a_{31} & a_{33} \end{vmatrix} + (a_{13}+b_3)\begin{vmatrix} a_{21} & a_{22} \\ a_{31} & a_{32} \end{vmatrix}$$

$$= a_{11}\begin{vmatrix} a_{22} & a_{23} \\ a_{32} & a_{33} \end{vmatrix} - a_{12}\begin{vmatrix} a_{21} & a_{23} \\ a_{31} & a_{33} \end{vmatrix} + a_{13}\begin{vmatrix} a_{21} & a_{22} \\ a_{31} & a_{32} \end{vmatrix} + b_1\begin{vmatrix} a_{22} & a_{23} \\ a_{32} & a_{33} \end{vmatrix}$$

$$- b_2\begin{vmatrix} a_{21} & a_{23} \\ a_{31} & a_{33} \end{vmatrix} + b_3\begin{vmatrix} a_{21} & a_{22} \\ a_{31} & a_{32} \end{vmatrix}$$

$$= \det\begin{pmatrix} a_{11} & a_{12} & a_{13} \\ a_{21} & a_{22} & a_{23} \\ a_{31} & a_{32} & a_{33} \end{pmatrix} + \det\begin{pmatrix} b_1 & b_2 & b_3 \\ a_{21} & a_{22} & a_{23} \\ a_{31} & a_{32} & a_{33} \end{pmatrix}$$ ■

위 보조정리로부터 다음과 같은 행렬의 곱의 행렬식 표현을 얻는다.

따름정리 8-9 행렬식에 대하여 다음 성질이 성립한다.

(1) 한 행에 실수 t배를 하는 경우

$$\det\left(\begin{pmatrix} t & 0 & 0 \\ 0 & 1 & 0 \\ 0 & 0 & 1 \end{pmatrix}\begin{pmatrix} a_{11} & a_{12} & a_{13} \\ a_{21} & a_{22} & a_{23} \\ a_{31} & a_{32} & a_{33} \end{pmatrix}\right) = \det\begin{pmatrix} t & 0 & 0 \\ 0 & 1 & 0 \\ 0 & 0 & 1 \end{pmatrix}\det\begin{pmatrix} a_{11} & a_{12} & a_{13} \\ a_{21} & a_{22} & a_{23} \\ a_{31} & a_{32} & a_{33} \end{pmatrix}$$

(2) 행렬의 두 행을 바꾸는 경우

$$\det\left(\begin{pmatrix}0&1&0\\1&0&0\\0&0&1\end{pmatrix}\begin{pmatrix}a_{11}&a_{12}&a_{13}\\a_{21}&a_{22}&a_{23}\\a_{31}&a_{32}&a_{33}\end{pmatrix}\right)=\det\begin{pmatrix}0&1&0\\1&0&0\\0&0&1\end{pmatrix}\det\begin{pmatrix}a_{11}&a_{12}&a_{13}\\a_{21}&a_{22}&a_{23}\\a_{31}&a_{32}&a_{33}\end{pmatrix}$$

(3) 한 행에 다른 행을 더하는 경우

$$\det\left(\begin{pmatrix}1&1&0\\0&1&0\\0&0&1\end{pmatrix}\begin{pmatrix}a_{11}&a_{12}&a_{13}\\a_{21}&a_{22}&a_{23}\\a_{31}&a_{32}&a_{33}\end{pmatrix}\right)=\det\begin{pmatrix}1&1&0\\0&1&0\\0&0&1\end{pmatrix}\det\begin{pmatrix}a_{11}&a_{12}&a_{13}\\a_{21}&a_{22}&a_{23}\\a_{31}&a_{32}&a_{33}\end{pmatrix}$$

다른 행에 대하여도 같은 형태의 등식이 성립한다.

행렬식에 대한 다음 성질들은 매우 유용하게 활용된다.

정리 8-10 임의의 3차 정사각행렬 A, B와 실수 t에 대하여 다음이 성립한다.

(1) $\det(tA) = t^3 \det A$

(2) $\det A^T = \det A$

(3) $\det(AB) = \det A \cdot \det B$

| 증명 | (1) $A = \begin{pmatrix}a_{11}&a_{12}&a_{13}\\a_{21}&a_{22}&a_{23}\\a_{31}&a_{32}&a_{33}\end{pmatrix}$라 하면 $tA = \begin{pmatrix}ta_{11}&ta_{12}&ta_{13}\\ta_{21}&ta_{22}&ta_{23}\\ta_{31}&ta_{32}&ta_{33}\end{pmatrix}$이므로

$$\begin{aligned}\det(tA) &= \begin{vmatrix}ta_{11}&ta_{12}&ta_{13}\\ta_{21}&ta_{22}&ta_{23}\\ta_{31}&ta_{32}&ta_{33}\end{vmatrix}\\ &= t^3a_{11}a_{22}a_{33} + t^3a_{12}a_{23}a_{31} + t^3a_{13}a_{21}a_{32}\\ &\quad - t^3a_{11}a_{23}a_{32} - t^3a_{12}a_{21}a_{33} - t^3a_{13}a_{22}a_{31}\\ &= t^3\det A\end{aligned}$$

이다.

(2) $A = \begin{pmatrix}a_{11}&a_{12}&a_{13}\\a_{21}&a_{22}&a_{23}\\a_{31}&a_{32}&a_{33}\end{pmatrix}$이고 $A^T = \begin{pmatrix}b_{11}&b_{12}&b_{13}\\b_{21}&b_{22}&b_{23}\\b_{31}&b_{32}&b_{33}\end{pmatrix} = \begin{pmatrix}a_{11}&a_{21}&a_{31}\\a_{12}&a_{22}&a_{32}\\a_{13}&a_{23}&a_{33}\end{pmatrix}$라 하면

$$\det A^T = \begin{vmatrix} b_{11} & b_{12} & b_{13} \\ b_{21} & b_{22} & b_{23} \\ b_{31} & b_{32} & b_{33} \end{vmatrix}$$

$$= b_{11}b_{22}b_{33} + b_{12}b_{23}b_{31} + b_{13}b_{21}b_{32} - b_{11}b_{23}b_{32} - b_{12}b_{21}b_{33} - b_{13}b_{22}b_{31}$$

$$= a_{11}a_{22}a_{33} + a_{21}a_{32}a_{13} + a_{31}a_{12}a_{23} - a_{11}a_{32}a_{23} - a_{21}a_{12}a_{33} - a_{31}a_{22}a_{13}$$

$$= a_{11}a_{22}a_{33} + a_{13}a_{21}a_{32} + a_{12}a_{23}a_{31} - a_{11}a_{23}a_{32} - a_{12}a_{21}a_{33} - a_{13}a_{22}a_{31}$$

$$= \det A$$

이다.

(3) 2차 정사각행렬에 대해서 증명해 보도록 한다. 일반적인 정사각행렬에 대해서도 보조정리 8-8을 활용하여 마찬가지 방법으로 증명할 수 있다.

$A = \begin{pmatrix} a & b \\ c & d \end{pmatrix}$라 하면

$$\begin{pmatrix} c & 0 \\ 0 & a \end{pmatrix}\begin{pmatrix} a & b \\ c & d \end{pmatrix} = \begin{pmatrix} ac & bc \\ ac & ad \end{pmatrix} \qquad \cdots (*)$$

$$\begin{pmatrix} 1 & 0 \\ -1 & 1 \end{pmatrix}\begin{pmatrix} c & 0 \\ 0 & a \end{pmatrix}\begin{pmatrix} a & b \\ c & d \end{pmatrix} = \begin{pmatrix} ac & bc \\ 0 & ad-bc \end{pmatrix}$$

$$\begin{pmatrix} ad-bc & 0 \\ 0 & bc \end{pmatrix}\begin{pmatrix} 1 & 0 \\ -1 & 1 \end{pmatrix}\begin{pmatrix} c & 0 \\ 0 & a \end{pmatrix}\begin{pmatrix} a & b \\ c & d \end{pmatrix} = \begin{pmatrix} ac(ad-bc) & bc(ad-bc) \\ 0 & bc(ad-bc) \end{pmatrix}$$

$$\begin{pmatrix} 1 & -1 \\ 0 & 1 \end{pmatrix}\begin{pmatrix} ad-bc & 0 \\ 0 & bc \end{pmatrix}\begin{pmatrix} 1 & 0 \\ -1 & 1 \end{pmatrix}\begin{pmatrix} c & 0 \\ 0 & a \end{pmatrix}\begin{pmatrix} a & b \\ c & d \end{pmatrix} = \begin{pmatrix} ac(ad-bc) & 0 \\ 0 & bc(ad-bc) \end{pmatrix}$$

이므로 양변에 행렬 B를 곱한 후 따름정리 8-9를 적용하면

$$(ad-bc)bc^2 a \det(AB) = ac(ad-bc)bc(ad-bc)\det B$$

이다. 정리하면

$$abc^2(ad-bc)\det(AB) = abc^2(ad-bc)^2 \det B$$

이다.

(i) $abc^2(ad-bc) \neq 0$인 경우,

$$\det(AB) = (ad-bc)\det B = \det A \cdot \det B$$

이다.

(ii) $abc \neq 0$이고 $ad-bc = 0$인 경우, 식 (*)의 둘째 줄에서 양변에 행렬 B를 곱한 후 따름정리 8-9를 적용하면 $ac\det(AB) = 0$을 얻는다. $\det A = ad-bc = 0$이므로 $\det(AB) = \det A \cdot \det B$이 성립한다.

(iii) $ac \neq 0$이고 $b = 0$인 경우, 식 (*)의 둘째 줄에서 양변에 행렬 B를 곱한 후 따

름정리 8-9를 적용하면 $ac\det(AB) = ac(ad-bc)\det B = ac\det A \cdot \det B$ 이므로 $\det(AB) = \det A \cdot \det B$이 성립한다.

(iv) $c=0$인 경우, $\begin{pmatrix} a & b \\ c & d \end{pmatrix} = \begin{pmatrix} a & b \\ 0 & d \end{pmatrix} = \begin{pmatrix} 1 & \frac{b}{d} \\ 0 & 1 \end{pmatrix}\begin{pmatrix} a & 0 \\ 0 & d \end{pmatrix}$이므로 양변에 행렬 B를 곱한 후 따름정리 8-9를 적용하면

$$\det(AB) = ad\det B = \det A \cdot \det B$$

이다.

(v) $a=0$인 경우, $\begin{pmatrix} 0 & 1 \\ 1 & 0 \end{pmatrix}\begin{pmatrix} a & b \\ c & d \end{pmatrix} = \begin{pmatrix} c & d \\ 0 & b \end{pmatrix} = \begin{pmatrix} 1 & \frac{d}{b} \\ 0 & 1 \end{pmatrix}\begin{pmatrix} c & 0 \\ 0 & b \end{pmatrix}$이므로 양변에 행렬 B를 곱한 후 따름정리 8-9를 적용하면 $-\det(AB) = cb\det B = -\det A \cdot \det B$이다. 따라서 $\det(AB) = \det A \cdot \det B$이 성립한다.

| 별해 | 직접 계산을 통해 등식이 성립함을 확인할 수 있다.
$A = \begin{pmatrix} a & b \\ c & d \end{pmatrix}$, $B = \begin{pmatrix} e & f \\ g & h \end{pmatrix}$라 하면 $AB = \begin{pmatrix} ae+bg & af+bh \\ ce+dg & cf+dh \end{pmatrix}$이므로

$$\begin{aligned}\det(AB) &= \begin{vmatrix} ae+bg & af+bh \\ ce+dg & cf+dh \end{vmatrix} = (ae+bg)(cf+dh)-(af+bh)(ce+dg) \\ &= acef + adeh + bcfg + bdgh - acef - adfg - bceh - bdgh \\ &= adeh + bcfg - adfg - bceh\end{aligned}$$

이고

$$\det A \cdot \det B = (ad-bc)(eh-fg) = adeh - adfg - bceh + bcfg$$

이다. 따라서 $\det(AB) = \det A \cdot \det B$이 성립한다. ■

예제 8-11 두 행이 같은 정사각행렬 A에 대하여 $\det A = 0$임을 보이시오.

〈풀이〉 행렬 A의 같은 두 행을 바꾼 행렬을 B라고 하면 보조정리 8-8(2)에 의해서

$$\det B = -\det A$$

이다. 한편 같은 행을 바꾸었으므로 행렬 B는 행렬 A와 같은 행렬이다. 따라서

$$\det A = -\det B = -\det A$$

이므로 $\det A = 0$이다.

예시 8-12 정사각행렬 A가 $AA^T = I$를 만족시키면

$$1 = \det I = \det(AA^T) = \det A \cdot \det A^T = (\det A)^2$$

이므로 $\det A = \pm 1$이다. ■

정사각행렬 A에 대하여 $AB = I = BA$를 만족시키는 정사각행렬 B가 존재하면 행렬 B를 행렬 A의 **역행렬**이라 부르고 A^{-1}로 나타낸다.

예시 8-13 정사각행렬 A에 대하여 역행렬 A^{-1}가 존재하면 $AA^{-1} = I$이므로

$$1 = \det I = \det(AA^{-1}) = \det A \cdot \det(A^{-1})$$

를 만족시킨다. 따라서 $\det(A^{-1}) = \dfrac{1}{\det A}$이다. ■

정사각행렬 $A = \begin{pmatrix} a_{11} & a_{12} & a_{13} \\ a_{21} & a_{22} & a_{23} \\ a_{31} & a_{32} & a_{33} \end{pmatrix}$에 대하여 D_{ij}, $1 \le i, j \le 3$를 행렬 A의 i행과 j열을 제외한 나머지 행렬의 행렬식이라 하자. 예를 들어 $D_{12} = \begin{vmatrix} a_{21} & a_{23} \\ a_{31} & a_{33} \end{vmatrix} = a_{21}a_{33} - a_{23}a_{31}$이다. 이 값들에 대하여 다음 성질이 성립한다.

정리 8-14 정사각행렬 $A = \begin{pmatrix} a_{11} & a_{12} & a_{13} \\ a_{21} & a_{22} & a_{23} \\ a_{31} & a_{32} & a_{33} \end{pmatrix}$에 대하여

$$\begin{pmatrix} a_{11} & a_{12} & a_{13} \\ a_{21} & a_{22} & a_{23} \\ a_{31} & a_{32} & a_{33} \end{pmatrix} \begin{pmatrix} D_{11} & -D_{21} & D_{31} \\ -D_{12} & D_{22} & -D_{32} \\ D_{13} & -D_{23} & D_{33} \end{pmatrix} = \begin{pmatrix} \det A & 0 & 0 \\ 0 & \det A & 0 \\ 0 & 0 & \det A \end{pmatrix}$$

이 성립한다.

❙증명❙ 나머지 경우도 마찬가지 방법으로 확인할 수 있으므로 몇몇 경우만 살펴보도록 하자.

$$a_{11}D_{11} - a_{12}D_{12} + a_{13}D_{13} = a_{11}\begin{vmatrix} a_{22} & a_{23} \\ a_{32} & a_{33} \end{vmatrix} - a_{12}\begin{vmatrix} a_{21} & a_{23} \\ a_{31} & a_{33} \end{vmatrix} + a_{13}\begin{vmatrix} a_{21} & a_{22} \\ a_{31} & a_{32} \end{vmatrix}$$

$$= \begin{vmatrix} a_{11} & a_{12} & a_{13} \\ a_{21} & a_{22} & a_{23} \\ a_{31} & a_{32} & a_{33} \end{vmatrix} = \det A$$

$$a_{11}D_{21} - a_{12}D_{22} + a_{13}D_{23} = a_{11}\begin{vmatrix} a_{12} & a_{13} \\ a_{32} & a_{33} \end{vmatrix} - a_{12}\begin{vmatrix} a_{11} & a_{13} \\ a_{31} & a_{33} \end{vmatrix} + a_{13}\begin{vmatrix} a_{11} & a_{12} \\ a_{31} & a_{32} \end{vmatrix}$$

$$= \begin{vmatrix} a_{11} & a_{12} & a_{13} \\ a_{11} & a_{12} & a_{13} \\ a_{31} & a_{32} & a_{33} \end{vmatrix} = 0$$

$$a_{21}D_{21} - a_{22}D_{22} + a_{23}D_{23} = a_{21}\begin{vmatrix} a_{12} & a_{13} \\ a_{32} & a_{33} \end{vmatrix} - a_{22}\begin{vmatrix} a_{11} & a_{13} \\ a_{31} & a_{33} \end{vmatrix} + a_{23}\begin{vmatrix} a_{11} & a_{12} \\ a_{31} & a_{32} \end{vmatrix}$$

$$= \begin{vmatrix} a_{21} & a_{22} & a_{23} \\ a_{11} & a_{12} & a_{13} \\ a_{31} & a_{32} & a_{33} \end{vmatrix} = -\det A$$ ■

한편

$$\begin{pmatrix} D_{11} & -D_{21} & D_{31} \\ -D_{12} & D_{22} & -D_{32} \\ D_{13} & -D_{23} & D_{33} \end{pmatrix}\begin{pmatrix} a_{11} & a_{12} & a_{13} \\ a_{21} & a_{22} & a_{23} \\ a_{31} & a_{32} & a_{32} \end{pmatrix} = \begin{pmatrix} \det A^T & 0 & 0 \\ 0 & \det A^T & 0 \\ 0 & 0 & \det A^T \end{pmatrix} = \begin{pmatrix} \det A & 0 & 0 \\ 0 & \det A & 0 \\ 0 & 0 & \det A \end{pmatrix}$$

이다. 따라서 이 결과와 위 정리로부터, $\det A \neq 0$인 경우 다음과 같이 행렬 A의 역행렬 A^{-1}를 구할 수 있다.

$$A^{-1} = \frac{1}{\det A}\begin{pmatrix} D_{11} & -D_{21} & D_{31} \\ -D_{12} & D_{22} & -D_{32} \\ D_{13} & -D_{23} & D_{33} \end{pmatrix}$$

예시 8-15 정사각행렬 $A = \begin{pmatrix} 2 & 1 & 1 \\ 3 & 1 & 0 \\ -2 & 2 & 1 \end{pmatrix}$에 대하여 $\det A = 7$이므로 역행렬이 존재한다.

$$D_{11} = 1,\ D_{12} = 3,\ D_{13} = 8,\ D_{21} = -1,\ D_{22} = 4,$$
$$D_{23} = 6,\ D_{31} = -1,\ D_{32} = -3,\ D_{33} = -1$$

이므로 행렬 A의 역행렬은

$$A^{-1} = \frac{1}{7}\begin{pmatrix} 1 & 1 & -1 \\ -3 & 4 & 3 \\ 8 & -6 & -1 \end{pmatrix}$$

이다. ■

정리 8-16 정사각행렬 A, B의 역행렬이 존재하고 실수 $t \neq 0$이면 다음 성질이 성립한다.

(1) $(tA)^{-1} = \frac{1}{t}A^{-1}$

(2) $(AB)^{-1} = B^{-1}A^{-1}$

(3) $(A^T)^{-1} = (A^{-1})^T$

| 증명 | (1) $(tA)\left(\frac{1}{t}A^{-1}\right) = AA^{-1} = I$이고 $\left(\frac{1}{t}A^{-1}\right)(tA) = A^{-1}A = I$이므로 $\frac{1}{t}A^{-1} = (tA)^{-1}$이다.

(2) $(AB)(B^{-1}A^{-1}) = A(BB^{-1})A^{-1} = AIA^{-1} = AA^{-1} = I$이고 $(B^{-1}A^{-1})(AB) = B^{-1}(A^{-1}A)B = B^{-1}IB = B^{-1}B = I$이므로 $B^{-1}A^{-1} = (AB)^{-1}$이다.

(3) $A^T(A^{-1})^T = (A^{-1}A)^T = I^T = I$이고 $(A^{-1})^TA^T = (AA^{-1})^T = I^T = I$이므로 $(A^{-1})^T = (A^T)^{-1}$이다. ■

정사각행렬 A에 대하여 함수 $f(x) = \det(A - xI)$를 행렬 A의 **특성다항식**이라 한다. 정사각행렬 $A = (a_{ij})$의 대각원소들의 합을 $\mathrm{tr}\,A = \sum_i a_{ii}$로 나타낸다.

(1) 2차 정사각행렬 $A = \begin{pmatrix} a & b \\ c & d \end{pmatrix}$에 대하여 특성다항식은

$$f(x) = \det\begin{pmatrix} a-x & b \\ c & d-x \end{pmatrix} = (a-x)(d-x) - bc$$

$$= x^2 - (a+d)x + ad - bc = x^2 - (\mathrm{tr}\,A)x + \det A$$

이다.

(2) 3차 정사각행렬 $A = \begin{pmatrix} a_{11} & a_{12} & a_{13} \\ a_{21} & a_{22} & a_{23} \\ a_{31} & a_{32} & a_{33} \end{pmatrix}$에 대하여 특성다항식은

$$f(x) = \det\begin{pmatrix} a_{11}-x & a_{12} & a_{13} \\ a_{21} & a_{22}-x & a_{23} \\ a_{31} & a_{32} & a_{33}-x \end{pmatrix}$$

$$= (a_{11}-x)((a_{22}-x)(a_{33}-x) - a_{23}a_{32}) - a_{12}(a_{21}(a_{33}-x) - a_{23}a_{31})$$

$$+\,a_{13}(a_{21}a_{32}-a_{31}(a_{22}-x))$$

$$=\,-x^3+(a_{11}+a_{22}+a_{33})x^2-(a_{11}a_{22}+a_{22}a_{33}+a_{11}a_{33}-a_{23}a_{32}-a_{12}a_{21}-a_{13}a_{31})x$$

$$+\,a_{11}(a_{22}a_{33}-a_{23}a_{32})-a_{12}(a_{21}a_{33}-a_{23}a_{31})+a_{13}(a_{21}a_{32}-a_{22}a_{31})$$

$$=\,-x^3+(\mathrm{tr}\,A)x^2-(a_{11}a_{22}+a_{22}a_{33}+a_{11}a_{33}-a_{23}a_{32}-a_{12}a_{21}-a_{13}a_{31})x+\det A$$

이다.

예시 8-17 정사각행렬 $A=\begin{pmatrix} 2 & 1 & 1 \\ 3 & 1 & 0 \\ -2 & 2 & 1 \end{pmatrix}$의

$$\mathrm{tr}\,A=4,\quad a_{11}a_{22}+a_{22}a_{33}+a_{11}a_{33}-a_{23}a_{32}-a_{12}a_{21}-a_{13}a_{31}=4,\quad \det A=7$$

이므로 행렬 A의 특성다항식은

$$f(x)=-x^3+4x^2-4x+7$$

이다. ■

특성다항식과 관련하여 다음과 같은 중요한 정리가 성립한다.

정리 8-18 케일리-해밀턴 정리 정사각행렬 A의 특성다항식 $f(x)$에 대하여 $f(A)=O$이다. (단, 다항식 $f(x)=\sum_{k=0}^{n} a_k x^k$에 대하여 $f(A)=\sum_{k=0}^{n} a_k A^k$이다.)

| 증명 | (1) 2차 정사각행렬 $A=\begin{pmatrix} a & b \\ c & d \end{pmatrix}$에 대하여 다음 등식이 성립한다.

$$f(x)I=\det(A-xI)I=(A-xI)\begin{pmatrix} d-x & -b \\ -c & a-x \end{pmatrix}=(A-xI)\left(\begin{pmatrix} d & -b \\ -c & a \end{pmatrix}-xI\right)$$

$B=\begin{pmatrix} d & -b \\ -c & a \end{pmatrix}$라 하면 $f(x)=x^2-(\mathrm{tr}\,A)x+\det A$이므로

$$x^2I-(\mathrm{tr}\,A)xI+(\det A)I=x^2I-x(A+B)+AB$$

이다. 양변의 계수를 비교해 보면

$$(\mathrm{tr}\,A)I = A + B,\ (\det A)I = AB$$

이다. 이 등식을 적용하면

$$f(A) = A^2 - (\mathrm{tr}\,A)A + (\det A)I = A^2 - A(A+B) + AB = O$$

이다.

(2) 3차 정사각행렬 $A = \begin{pmatrix} a_{11} & a_{12} & a_{13} \\ a_{21} & a_{22} & a_{23} \\ a_{31} & a_{32} & a_{33} \end{pmatrix}$일 때, $A - xI = \begin{pmatrix} a_{11}-x & a_{12} & a_{13} \\ a_{21} & a_{22}-x & a_{23} \\ a_{31} & a_{32} & a_{33}-x \end{pmatrix}$에 대하여

$$f(x)I = \det(A - xI)I = (A - xI)\begin{pmatrix} D_{11}(x) & -D_{12}(x) & D_{13}(x) \\ -D_{21}(x) & D_{22}(x) & -D_{23}(x) \\ D_{31}(x) & -D_{32}(x) & D_{33}(x) \end{pmatrix}$$

이 성립한다. 여기서 대각성분 $D_{ii}(x)$는 2차 다항식이고 나머지 성분 $D_{ij}(x)$는 1차 이하의 다항식이므로 적당한 행렬 B, C에 대하여

$$f(x)I = (A - xI)(x^2 I + xB + C)$$

로 나타낼 수 있다. 따라서

$$\begin{aligned} &-x^3 I + (\mathrm{tr}\,A)x^2 I - (a_{11}a_{22} + a_{22}a_{33} + a_{11}a_{33} - a_{23}a_{32} - a_{12}a_{21} - a_{13}a_{31})xI \\ &+ (\det A)I \\ &= -x^3 I + x^2(A - B) + x(AB - C) + AC \end{aligned}$$

이다. 양변의 계수를 비교해 보면

$$\begin{aligned} &(\mathrm{tr}\,A)I = A - B,\ (a_{11}a_{22} + a_{22}a_{33} + a_{11}a_{33} - a_{23}a_{32} - a_{12}a_{21} - a_{13}a_{31})I \\ &\qquad = -AB + C,\ (\det A)I = AC \end{aligned}$$

이다. 이 등식들을 적용하면

$$\begin{aligned} f(A) &= -A^3 + (\mathrm{tr}\,A)A^2 \\ &\quad - (a_{11}a_{22} + a_{22}a_{33} + a_{11}a_{33} - a_{12}a_{21} - a_{23}a_{32} - a_{13}a_{31})A \\ &\quad + (\det A)I \\ &= -A^3 + A^2(A - B) + A(AB - C) + AC = O \end{aligned}$$

이다. ■

케일리-해밀턴 정리를 이용하여 정사각행렬의 거듭제곱을 간단히 할 수 있다.

예제 8-19 정사각행렬 $A = \begin{pmatrix} 2 & -1 & 1 \\ 1 & 1 & 0 \\ 1 & 2 & -1 \end{pmatrix}$에 대하여 행렬 A^{2022}을 구하시오.

〈풀이〉 $\operatorname{tr} A = 2$, $a_{11}a_{22} + a_{22}a_{33} + a_{11}a_{33} - a_{23}a_{32} - a_{12}a_{21} - a_{13}a_{31} = -1$, $\det A = -2$이므로 행렬 A의 특성다항식은

$$f(x) = -x^3 + 2x^2 + x - 2$$

이다. 특성다항식 $f(x)$가 3차 다항식이므로

$$x^{2022} = q(x)f(x) + ax^2 + bx + c$$

를 만족시키는 다항식 $q(x)$와 실수 a, b, c가 존재한다.

한편 $f(1) = 0$, $f(-1) = 0$, $f(2) = 0$이므로

$$1 = a + b + c, \quad (-1)^{2022} = a - b + c, \quad 2^{2022} = 4a + 2b + c$$

가 성립한다. 따라서

$$a = \frac{1}{3}\left(2^{2022} - 1\right), \; b = 0, \; c = -\frac{1}{3}\left(2^{2022} - 4\right)$$

이다.

케일리-해밀턴 정리에 의해 $f(A) = O$이므로

$$A^{2022} = aA^2 + bA + cI = \begin{pmatrix} 4a+2b+c & -a-b & a+b \\ 3a+b & b+c & a \\ 3a+b & -a+2b & 2a-b+c \end{pmatrix}$$

$$= \frac{1}{3}\begin{pmatrix} 3 \cdot 2^{2022} & -2^{2022}+1 & 2^{2022}-1 \\ 3\left(2^{2022}-1\right) & -2^{2022}+4 & 2^{2022}-1 \\ 2\left(2^{2022}-1\right) & -2^{2022}+1 & 2^{2022}+2 \end{pmatrix}$$

이다.

예제 8-20 정사각행렬 $A = \begin{pmatrix} 0 & 1 \\ \frac{1}{2} & \frac{1}{2} \end{pmatrix}$에 대하여 행렬 A^n의 극한 $\lim_{n \to \infty} A^n$을 구하시오.

〈풀이〉 $\operatorname{tr} A = \frac{1}{2}$, $\det A = -\frac{1}{2}$이므로 행렬 A의 특성다항식은

$$f(x) = x^2 - \frac{1}{2}x - \frac{1}{2}$$

이다. 특성다항식 $f(x)$가 2차 다항식이므로

$$x^n = q(x)f(x) + ax + b$$

를 만족시키는 다항식 $q(x)$와 실수 a, b가 존재한다.

한편 $f(1) = 0$, $f\left(-\frac{1}{2}\right) = 0$이므로

$$1 = a + b,\ \left(-\frac{1}{2}\right)^n = -\frac{1}{2}a + b$$

가 성립한다. 따라서

$$a = \frac{2}{3}\left(1 - \left(-\frac{1}{2}\right)^n\right),\ b = \frac{1}{3}\left(1 + 2\left(-\frac{1}{2}\right)^n\right)$$

이다.

케일리-해밀턴 정리에 의해 $f(A) = O$이므로

$$A^n = aA + bI = \begin{pmatrix} \frac{1}{3}\left(1 + 2\left(-\frac{1}{2}\right)^n\right) & \frac{2}{3}\left(1 - \left(-\frac{1}{2}\right)^n\right) \\ \frac{1}{3}\left(1 - \left(-\frac{1}{2}\right)^n\right) & \frac{1}{3}\left(2 + \left(-\frac{1}{2}\right)^n\right) \end{pmatrix}$$

이다. 따라서

$$\lim_{n\to\infty} A^n = \frac{1}{3}\begin{pmatrix} 1 & 2 \\ 1 & 2 \end{pmatrix}$$

이다.

연습문제

1. 좌표평면상의 서로 다른 두 점 $(x_1,\ y_1)$, $(x_2,\ y_2)$를 지나는 직선의 방정식이

$$\det\begin{pmatrix} x & y & 1 \\ x_1 & y_1 & 1 \\ x_2 & y_2 & 1 \end{pmatrix} = 0$$

임을 보이시오.

2. 2차 정사각행렬 $A = \begin{pmatrix} a & b \\ c & d \end{pmatrix}$에 대하여 $ad - bc \neq 0$일 때, 행렬 A의 역행렬 A^{-1}을 구하시오.

3. 정사각행렬 $A = \begin{pmatrix} 2 & 0 & 1 \\ 1 & 1 & 0 \\ -1 & 1 & 1 \end{pmatrix}$, $B = \begin{pmatrix} 1 & 0 & 1 \\ 0 & 1 & 1 \\ 1 & 1 & 0 \end{pmatrix}$에 대하여 행렬 AB의 역행렬 $(AB)^{-1}$을 구하시오.

4. 정사각행렬 $A = \begin{pmatrix} 2 & 0 & 1 \\ 1 & 1 & 0 \\ -1 & 1 & 1 \end{pmatrix}$에 대하여 A^T의 특성다항식을 구하시오.

5. 정사각행렬 $A = \frac{1}{3}\begin{pmatrix} 3 & -2 \\ 1 & -1 \end{pmatrix}$에 대하여 행렬 A^n의 극한 $\lim_{n\to\infty} A^n$을 구하시오.

제3절 선형변환과 도형

좌표평면 $\mathbb{R}^2$에서 정의된 함수 $L: \mathbb{R}^2 \to \mathbb{R}^2$를 변환이라 한다. 변환 중에서도 다음 성질을 만족시키는 변환을 **선형변환**이라 한다.

임의의 $\boldsymbol{x},\ \boldsymbol{y} \in \mathbb{R}^2$와 실수 t에 대하여

$$L(\boldsymbol{x}+\boldsymbol{y}) = L(\boldsymbol{x}) + L(\boldsymbol{y}), \quad L(t\boldsymbol{x}) = t\,L(\boldsymbol{x})$$

이다.

특히 변환 $L: \mathbb{R}^2 \to \mathbb{R}^2$, $L(x,\ y) = (x',\ y')$이 선형변환이면 다음을 만족시키는 L에

대응하는 행렬 A가 존재한다.

$$A\begin{pmatrix} x \\ y \end{pmatrix} = \begin{pmatrix} x' \\ y' \end{pmatrix}$$

실제로 $A = \begin{pmatrix} L(1,\ 0)\cdot(1,\ 0) & L(0,\ 1)\cdot(1,\ 0) \\ L(1,\ 0)\cdot(0,\ 1) & L(0,\ 1)\cdot(0,\ 1) \end{pmatrix}$로 구할 수 있다.

좌표평면 위의 점을 점이나 직선에 대하여 대칭인 점으로 대응시키는 변환을 **대칭변환**이라 한다. 원점에 대한 대칭변환, x축, y축, $y=x$에 대한 대칭변환 등은 선형변환의 예이다.

변환 $L_1 : \mathbb{R}^2 \to \mathbb{R}^2$이 원점에 대한 대칭변환이면 임의의 점 $(x,\ y) \in \mathbb{R}^2$에 대하여

$$L_1(x,\ y) = (-x,\ -y)$$

이다. 또한 원점에 대한 대칭변환을 행렬로 표현할 수 있다. 대칭변환 L_1에 대응하는 행렬을 A_1라 하면 임의의 점 $(x,\ y) \in \mathbb{R}^2$에 대하여

$$A_1\begin{pmatrix} x \\ y \end{pmatrix} = \begin{pmatrix} -1 & 0 \\ 0 & -1 \end{pmatrix}\begin{pmatrix} x \\ y \end{pmatrix}$$

로 나타낼 수 있다.

x축 대칭변환 $L_2 : \mathbb{R}^2 \to \mathbb{R}^2$는 임의의 점 $(x,\ y) \in \mathbb{R}^2$에 대하여

$$L_2(x,\ y) = (x,\ -y)$$

이고 대응하는 행렬 A_2는

$$A_2\begin{pmatrix} x \\ y \end{pmatrix} = \begin{pmatrix} 1 & 0 \\ 0 & -1 \end{pmatrix}\begin{pmatrix} x \\ y \end{pmatrix}$$

로 나타낼 수 있다.

y축 대칭변환 $L_3 : \mathbb{R}^2 \to \mathbb{R}^2$은 임의의 점 $(x,\ y) \in \mathbb{R}^2$에 대하여

$$L_3(x,\ y) = (-x,\ y)$$

이고 대응하는 행렬 A_3는

$$A_3\begin{pmatrix} x \\ y \end{pmatrix} = \begin{pmatrix} -1 & 0 \\ 0 & 1 \end{pmatrix}\begin{pmatrix} x \\ y \end{pmatrix}$$

로 나타낼 수 있다.

직선 $y=x$에 대한 대칭변환 $L_4 : \mathbb{R}^2 \to \mathbb{R}^2$는 임의의 점 $(x, y) \in \mathbb{R}^2$에 대하여

$$L_4(x, y) = (y, x)$$

이고 대응하는 행렬 A_4는

$$A_4\begin{pmatrix} x \\ y \end{pmatrix} = \begin{pmatrix} 0 & 1 \\ 1 & 0 \end{pmatrix}\begin{pmatrix} x \\ y \end{pmatrix}$$

로 나타낼 수 있다.

예시 8-21 점 $(1, -2)$를 원점에 대한 대칭변환 L_1, x축 대칭변환 L_2, y축 대칭변환 L_3, 직선 $y=x$에 대한 대칭변환 L_4으로 대칭이동한 점의 좌표를 구하면 각각

$$L_1(1, -2) = (-1, 2),\ L_2(1, -2) = (1, 2),\ L_3(1, -2) = (-1, -2),$$
$$L_4(1, -2) = (-2, 1)$$

이다. ■

실수 $t \neq 0$일 때, 임의의 점 $(x, y) \in \mathbb{R}^2$에 대하여

$$L_5(x, y) = (tx, ty)$$

로 주어지는 변환 L_5을 **닮음변환**이라 한다. 닮음변환 L_5에 대응하는 행렬 A_5는

$$A_5\begin{pmatrix} x \\ y \end{pmatrix} = \begin{pmatrix} t & 0 \\ 0 & t \end{pmatrix}\begin{pmatrix} x \\ y \end{pmatrix}$$

로 나타낼 수 있다.

좌표평면 위의 점을 원점을 중심으로 일정한 각도만큼 회전시킨 점에 대응하는 변환을 **회전변환**이라 한다. 변환 $L_6 : \mathbb{R}^2 \to \mathbb{R}^2$이 임의의 점 $(x, y) \in \mathbb{R}^2$을 원점을 중심으로 반시계방향으로 θ만큼 회전시킨 점에 대응시키는 회전변환이라고 하자. 점 $\mathrm{P}(x, y)$가 원점 $\mathrm{O}(0, 0)$으로부터 r만큼 떨어져 있고 x축과 선분 OP가 이루는 각을 ϕ라 하면, $(x', y') = L_6(x, y)$에 대하여

$$x' = r\cos(\phi+\theta) = r\cos\phi\cos\theta - r\sin\phi\sin\theta,$$
$$y' = r\sin(\phi+\theta) = r\sin\phi\cos\theta + r\cos\phi\sin\theta$$

이다. $x = r\cos\theta,\ y = r\sin\theta$이므로

$$x' = x\cos\theta - y\sin\theta,\ \ y' = y\cos\theta + x\sin\theta$$

이다. 즉

$$\begin{pmatrix} x' \\ y' \end{pmatrix} = \begin{pmatrix} x\cos\theta - y\sin\theta \\ x\sin\theta + y\cos\theta \end{pmatrix} = \begin{pmatrix} \cos\theta & -\sin\theta \\ \sin\theta & \cos\theta \end{pmatrix}\begin{pmatrix} x \\ y \end{pmatrix}$$

이다. 따라서 회전변환 L_6에 대응하는 행렬 $A_6 = \begin{pmatrix} \cos\theta & -\sin\theta \\ \sin\theta & \cos\theta \end{pmatrix}$이다.

예제 8-22 원점을 중심으로 $\frac{\pi}{3}$만큼 회전시키는 회전변환으로 점 (2, 1)을 이동한 점의 좌표를 구하시오.

〈풀이〉 $\frac{\pi}{3}$만큼 회전시키는 회전변환이므로

$$\begin{pmatrix} \cos\frac{\pi}{3} & -\sin\frac{\pi}{3} \\ \sin\frac{\pi}{3} & \cos\frac{\pi}{3} \end{pmatrix}\begin{pmatrix} 2 \\ 1 \end{pmatrix} = \begin{pmatrix} \frac{1}{2} & -\frac{\sqrt{3}}{2} \\ \frac{\sqrt{3}}{2} & \frac{1}{2} \end{pmatrix}\begin{pmatrix} 2 \\ 1 \end{pmatrix} = \begin{pmatrix} 1-\frac{\sqrt{3}}{2} \\ \sqrt{3}+\frac{1}{2} \end{pmatrix}$$

이다. 따라서 이동한 점의 좌표는 $\left(1-\frac{\sqrt{3}}{2},\ \sqrt{3}+\frac{1}{2}\right)$이다.

함수로서의 변환들의 합성을 합성변환이라 한다. 즉 두 변환 $L(x,\ y) = (x',\ y')$과 $\widetilde{L}(x',\ y') = (x'',\ y'')$의 합성변환은 $(\widetilde{L} \circ L)(x,\ y) = (x'',\ y'')$로 나타낸다. 또한 두 선형변환 L과 $\widetilde{L}$에 대응하는 행렬이 각각 A와 B일 때, 합성변환 $\widetilde{L} \circ L$에 대응하는 행렬은 BA이다.

예시 8-23 원점에 대한 대칭변환 $L_1 : \mathbb{R}^2 \to \mathbb{R}^2$과 직선 $y=x$에 대한 대칭변환 $L_4 : \mathbb{R}^2 \to \mathbb{R}^2$의 합성변환은 $(L_4 \circ L_1)(x,\ y) = L_4(-x,\ -y) = (-y,\ -x)$이다. 한편 합성변환 $L_4 \circ L_1$에 대응하는 행렬 A는

$$A = \begin{pmatrix} 0 & 1 \\ 1 & 0 \end{pmatrix}\begin{pmatrix} -1 & 0 \\ 0 & -1 \end{pmatrix} = \begin{pmatrix} 0 & -1 \\ -1 & 0 \end{pmatrix}$$

이다. ■

함수로서의 변환이 역함수를 갖는 경우, 그 역함수를 역변환이라 한다. 즉 변환 $L(x,\ y) = (x',\ y')$에 대하여 역변환은 $L^{-1}(x',\ y') = (x,\ y)$로 나타낸다. 또한 선형변환 L에 대응하는 행렬이 A일 때, 역변환 L^{-1}은 선형변환이 되고 이에 대응하는 행렬은 A의 역행렬 A^{-1}이다.

예시 8-24 원점에 대한 대칭변환 L_1, x축 대칭변환 L_2, y축 대칭변환 L_3, 직선 $y=x$에 대한 대칭변환 L_4의 역변환은 각각

$$L_1^{-1}(x,\ y) = (-x,\ -y),\quad L_2^{-1}(x,\ y) = (x,\ -y),$$
$$L_3^{-1}(x,\ y) = (-x,\ y),\qquad L_4^{-1}(x,\ y) = (y,\ x)$$

이다.

한편 변환 L_2와 L_4의 합성변환 $L_4 \circ L_2$은

$$(L_4 \circ L_2)(x,\ y) = (-y,\ x)$$

이고 $L_4 \circ L_2$의 역변환은

$$(L_4 \circ L_2)^{-1}(x,\ y) = (y,\ -x)$$

이다. ■

좌표평면에서 도형의 방정식은 $f(x,\ y) = 0$의 형태로 주어진다. 좌표평면 위의 선형변환 $L : \mathbb{R}^2 \to \mathbb{R}^2$, $L(x,\ y) = (x',\ y')$에 의해 도형의 방정식이 어떻게 대응되는지 알아보도록 하자.

선형변환 L의 역변환 L^{-1}이 존재하는 경우, 적당한 함수 α, β에 대하여

$$(x,\ y) = L^{-1}(x',\ y') = (\alpha(x',\ y'),\ \beta(x',\ y')) \ \cdots\cdots\ (*)$$

로 나타낼 수 있다. 도형의 방정식 $f(x,\ y) = 0$을 만족시키는 점 $(x,\ y)$에 대하여 선형변환 L에 의해 대응되는 점 $(x',\ y') = L(x,\ y)$는 식 (*)를 만족시키므로

$$0 = f(x,\ y) = f(\alpha(x',\ y'),\ \beta(x',\ y'))$$

이다. 따라서 선형변환 L에 의해 도형의 방정식 $f(x,\ y) = 0$은 다음의 도형의 방정식으로 대응된다.

$$f(\alpha(x', y'), \beta(x', y')) = 0$$

예제 8-25 도형의 방정식 $xy = 1$을 원점에 대한 대칭변환 L_1, x축 대칭변환 L_2, y축 대칭변환 L_3, 직선 $y = x$에 대한 대칭변환 L_4에 의해 이동하여 얻은 도형의 방정식을 각각 구하시오.

〈풀이〉 (1) $(x', y') = L_1(x, y) = (-x, -y)$이므로

$$1 = xy = (-x')(-y') = x'y'$$

이다.

(2) $(x', y') = L_2(x, y) = (x, -y)$이므로

$$1 = xy = x'(-y') = -x'y'$$

이다.

(3) $(x', y') = L_3(x, y) = (-x, y)$이므로

$$1 = xy = (-x')y' = -x'y'$$

이다.

(4) $(x', y') = L_4(x, y) = (y, x)$이므로

$$1 = xy = y'x'$$

이다.

예시 8-26 원의 방정식 $x^2 + y^2 = 1$을 선형변환 $L(x, y) = (ax, by)$ (단 $ab \neq 0$)에 의해 이동하면

$$\begin{pmatrix} x' \\ y' \end{pmatrix} = \begin{pmatrix} a & 0 \\ 0 & b \end{pmatrix}\begin{pmatrix} x \\ y \end{pmatrix}$$

으로 나타낼 수 있다. $x = \dfrac{x'}{a}$, $y = \dfrac{y'}{b}$이므로

$$1 = x^2 + y^2 = \frac{(x')^2}{a^2} + \frac{(y')^2}{b^2}$$

이다. 따라서 선형변환 L은 원 $x^2+y^2=1$을 타원 $\frac{x^2}{a^2}+\frac{y^2}{b^2}=1$으로 대응시키는 것을 알 수 있다. ■

이차방정식 $ax^2+by^2+cxy=d$이 포물선 혹은 타원, 쌍곡선인지 판별해 보도록 하자 (a, b, c 중 적어도 하나는 0이 아니다.) 우선 이차방정식 $ax^2+by^2+cxy=d$를 적당한 회전변환을 통해 $A(x')^2+B(y')^2=d$ 형태의 방정식에 대응시킬 수 있는지 알아보자.

$$\begin{pmatrix} x' \\ y' \end{pmatrix} = \begin{pmatrix} \cos\theta & -\sin\theta \\ \sin\theta & \cos\theta \end{pmatrix}\begin{pmatrix} x \\ y \end{pmatrix}$$

라 하면 $\det\begin{pmatrix} \cos\theta & -\sin\theta \\ \sin\theta & \cos\theta \end{pmatrix} = \cos^2\theta+\sin^2\theta = 1 \neq 0$이므로 역행렬이 존재하고

$$\begin{pmatrix} x \\ y \end{pmatrix} = \begin{pmatrix} \cos\theta & \sin\theta \\ -\sin\theta & \cos\theta \end{pmatrix}\begin{pmatrix} x' \\ y' \end{pmatrix} = \begin{pmatrix} \cos(-\theta) & -\sin(-\theta) \\ \sin(-\theta) & \cos(-\theta) \end{pmatrix}\begin{pmatrix} x' \\ y' \end{pmatrix}$$

로 나타낼 수 있다. 실제로 역변환은 $-\theta$만큼 회전시키는 회전변환이다. 따라서

$$a(\cos\theta\, x'+\sin\theta\, y')^2+b(-\sin\theta\, x'+\cos\theta\, y')^2$$
$$+\,c(\cos\theta\, x'+\sin\theta\, y')(-\sin\theta\, x'+\cos\theta\, y')=d$$

이다. x', y'에 대해 정리하면

$$(a\cos^2\theta+b\sin^2\theta-c\cos\theta\sin\theta)(x')^2+(a\sin^2\theta+b\cos^2\theta+c\cos\theta\sin\theta)(y')^2$$
$$+\,((a-b)\sin 2\theta+c\cos 2\theta)(x')(y')=d$$

이므로

$$(a-b)\sin 2\theta+c\cos 2\theta=0$$

을 만족시키는 θ에 대해서 $A(x')^2+B(y')^2=d$ 형태의 방정식에 대응시키는 것을 알 수 있다. 즉

$$\cot 2\theta=\frac{b-a}{c}\quad(c\neq 0)$$

를 만족시키는 θ를 찾으면 된다.

이차방정식 $A(x')^2+B(y')^2=d$은 $A=0$ 혹은 $B=0$인 경우는 포물선을, $AB>0$이

면 타원을, $AB<0$이면 쌍곡선을 나타낸다.

예제 8-27 도형의 방정식 $x^2+y^2-xy=1$이 포물선, 타원 또는 쌍곡선인지 판별하시오.

〈풀이〉 이차방정식 $x^2+y^2-xy=1$을 $A(x')^2+B(y')^2=c$ 형태의 방정식에 대응시키는 회전변환을

$$\begin{pmatrix} x' \\ y' \end{pmatrix} = \begin{pmatrix} \cos\theta & -\sin\theta \\ \sin\theta & \cos\theta \end{pmatrix}\begin{pmatrix} x \\ y \end{pmatrix}$$

라 하면 $\cot 2\theta = \dfrac{1-1}{-1} = 0$이므로 $\theta = \dfrac{\pi}{4}$이다. 이때 $x = \dfrac{x'+y'}{\sqrt{2}}$, $y = \dfrac{-x'+y'}{\sqrt{2}}$이므로

$$\left(\frac{x'+y'}{\sqrt{2}}\right)^2 + \left(\frac{-x'+y'}{\sqrt{2}}\right)^2 - \left(\frac{x'+y'}{\sqrt{2}}\right)\left(\frac{-x'+y'}{\sqrt{2}}\right) = 1$$

이다. x', y'에 대해 정리하면

$$3(x')^2 + (y')^2 = 2$$

인 타원이다.

예제 8-28 원의 방정식 $x^2+y^2=1$을 선형변환 $L(x,\ y) = (\sqrt{3}x-2y,\ \sqrt{3}y)$에 의해 이동하여 얻은 도형의 방정식을 구하시오.

〈풀이〉 선형변환 L에 대응하는 행렬을 A라 하면

$$\begin{pmatrix} x' \\ y' \end{pmatrix} = A\begin{pmatrix} x \\ y \end{pmatrix} = \begin{pmatrix} \sqrt{3} & -2 \\ 0 & \sqrt{3} \end{pmatrix}\begin{pmatrix} x \\ y \end{pmatrix}$$

이다. $\det A = 3$이므로 행렬 A의 역행렬 A^{-1}가 존재하고

$$\begin{pmatrix} x \\ y \end{pmatrix} = A^{-1}\begin{pmatrix} x' \\ y' \end{pmatrix} = \frac{1}{3}\begin{pmatrix} \sqrt{3} & 2 \\ 0 & \sqrt{3} \end{pmatrix}\begin{pmatrix} x' \\ y' \end{pmatrix}$$

이 성립한다. $x^2+y^2=1$이므로

$$(\sqrt{3}x' + 2y')^2 + (\sqrt{3}y')^2 = 9$$

이다. x', y'에 대해 정리하면

$$3(x')^2 + 7(y')^2 + 4\sqrt{3}(x')(y') = 9$$

이다.

$\cot 2\theta = \dfrac{7-3}{4\sqrt{3}} = \dfrac{1}{\sqrt{3}}$을 만족시키는 $\theta = \dfrac{\pi}{6}$만큼 회전변환으로 이 도형을 이동하면

$$\begin{pmatrix} x' \\ y' \end{pmatrix} = \frac{1}{2}\begin{pmatrix} \sqrt{3} & 1 \\ -1 & \sqrt{3} \end{pmatrix}\begin{pmatrix} x'' \\ y'' \end{pmatrix}$$

이다. 방정식 $3(x')^2 + 7(y')^2 + 4\sqrt{3}(x')(y') = 9$에 대입하면

$$\begin{aligned} &3(\sqrt{3}x'' + y'')^2 + 7(-x'' + \sqrt{3}y'')^2 \\ &+ 4\sqrt{3}(\sqrt{3}x'' + y'')(-x'' + \sqrt{3}y'') = 36 \end{aligned}$$

이다. x'', y''에 대해 정리하면

$$4(x'')^2 + 36(y'')^2 = 36$$

이므로 타원이다. 따라서 선형변환 L에 의해 원의 방정식 $x^2 + y^2 = 1$을 이동하여 얻은 도형은 타원이다.

연습문제

6. 원점에 대한 대칭변환, x축, y축, 직선 $y = x$에 대한 대칭변환이 선형변환임을 보이시오.

7. 직선 $y = -x$에 대한 대칭변환이 선형변환임을 보이고 대응하는 행렬을 구하시오.

8. 다음 도형의 방정식이 포물선, 타원 또는 쌍곡선인지 판별하시오.

(1) $x^2 - \sqrt{3}xy = 1$ (2) $x^2 + y^2 + xy = 1$

PART Ⅲ

제 9 장

명제와 집합

이 장은 『Set theory, An intuitive approach』(Y-F Lin, S-Y T. Lin)을 바탕으로 명제와 집합에 대한 정의와 기초 이론을 기술한다. 참고도서가 의도한 논리적 흐름과 목차의 흐름을 우리 책의 목적에 맞게 수용하였으며 증명을 재구성하고 내용을 추가하였다. 지나치게 기술적이거나 반대로 정의의 단순한 활용에 해당하는 증명은 생략하였으나 참고도서를 활용하거나 독자의 연습으로 활용하기를 바란다.

제1절 명제

명제의 정의

참과 거짓을 구별할 수 있는 문장을 **명제**(statement)라 한다. 여기서 참과 거짓을 동시에 가지는 경우는 제외하며 참과 거짓을 구별할 수 있다는 말은 우리가 참과 거짓을 반드시 구별할 수 있다는 뜻이 아니다.

예시 9-1 아래의 예들은 명제이다.

① $3+2$는 6이다.

② 서울은 한국의 도시이다.

③ 화성에는 생명체가 살고 있다.

④ 비가 온다.

이들 예제에서 참/거짓을 정하기 위하여 도시, 생명체, 비라는 단어의 면밀한 정의가 필요하기도 한 것은 명제의 개념을 이해하는 데 지나친 내용으로 논의에서 제외하기로 한다.

예시 9-2 아래의 예들의 명제가 아니다.

① 운동합시다.

② 아름다운 밤입니다.

어떤 명제의 참/거짓에 해당하는 관건이 한 가지일 때 **단순명제**(simple statement)라고 하고 여러 가지의 단순명제가 결합하여 명제를 이룰 때 **복합명제**(compound statement)라고 한다. 예를 들어 '3+2는 6이다'와 '서울은 한국의 도시이다'는 각각 단순명제이고 '3+2는 6이고 서울은 한국의 도시이다'는 복합명제이다. 이후의 논의에서 단순명제는 p, q, r과 같이 알파벳의 소문자로, 복합명제는 P, Q, R과 같이 대문자로 나타내기로 한다.

명제의 기본연산

단순명제를 결합하는 방법에 따라 여러 가지 형태의 연관 단순명제와 복합명제가 만들어지는데 대표적으로 아래의 결합 방법을 **명제의 기본연산**이라고 한다.

기본연산	기호	예시
부정 (negation)	$\sim$	$\sim$p (not p, p가 아니다)
곱(conjuction)	$\wedge$	p$\wedge$q (p and q, p이고 q이다)
합(disjunction)	$\vee$	p$\vee$q (p or q, p 또는 q이다)
조건(conditional)	$\rightarrow$	p $\rightarrow$ q (if p then q, p이면 q이다)
쌍조건(biconditional)	$\leftrightarrow$	p $\leftrightarrow$ q (p if and only if q, p이고 이 경우만 q이다)

주: 쌍조건 p $\leftrightarrow$ q을 'p if and only if q'라고 기술하고 참거짓을 논할 때 if에 해당하는 명제는 p $\leftarrow$ q를 살펴보고 only if에 해당하는 명제로 p $\rightarrow$ q를 살펴본다.

명제에 내재된 참이거나 거짓을 **진리값**이라 부르고 참인 경우 값을 T(truth)로 거짓인 경운 F(false)라고 나타내기로 하겠다. 두 명제 P, Q(단순 또는 복합)가 같은 진리값을 가지고 있을 때 두 명제가 **동치**(equivalent, 또는 논리적 동치)라고 하고 P≡Q로 나타낸다. 복합명제는 여러 단순명제의 진리값들이 얽혀 있어 직접적으로 진리값을 구하는 것이 수월하지 않기도 하다. 이런 경우 표를 만들어 단순명제들의 진리값들의 가능성과 기본연산에 의한 진리값의 결과를 살펴보는데 이 표를 **진리표**라 한다.

앞서 정의한 명제의 기본연산을 진리표로 정의할 수 있다.

(i) 부정; 명제 p의 부정 $\sim$p은 아래 진리표와 같이 명제 p와 반대 진리값을 갖는 명제이다.

p	$\sim$p
T	F
F	T

(ii) 곱: 명제 p와 q의 곱 $p \wedge q$은 아래 진리표와 같이 명제 p와 q가 모두 참일 때만 참이 되는 명제이다.

p	q	$p \wedge q$
T	T	T
T	F	F
F	T	F
F	F	F

(iii) 합: 명제 p와 q의 합 $p \vee q$은 아래 진리표와 같이 명제 p 또는 q가 참일 때 참이 되는 명제이다.

p	q	$p \vee q$
T	T	T
T	F	T
F	T	T
F	F	F

(iv) 조건: 명제 p와 q에 대하여 조건 $p \rightarrow q$은 아래 진리표와 같이 명제 p가 참이면 q도 참일 때만 참이고 명제 p가 거짓이면 q의 진리값에 관계없이 참이 되는 명제이다.

p	q	$p \rightarrow q$
T	T	T
T	F	F
F	T	T
F	F	T

(v) 쌍조건: 명제 p와 q에 대하여 쌍조건 $p \leftrightarrow q$은 아래 진리표와 같이 명제 p와 q가 모두 참이거나 모두 거짓일 때만 참이 되는 명제이다. 쌍조건 $p \leftrightarrow q$은 $(p \rightarrow q) \wedge (p \leftarrow q)$와 동치임을 쉽게 알 수 있다.

p	q	$p \leftrightarrow q$
T	T	T
T	F	F
F	T	F
F	F	T

예제 9-3 명제 p와 q에 대하여 ~(~p∧~q)의 진리표를 구하시오.

〈풀이〉

p	q	~p	~q	~p∧~q	~(~p∧~q)
T	T	F	F	F	T
T	F	F	T	F	T
F	T	T	F	F	T
F	F	T	T	T	F

여기서 ~(~p∧~q)의 진리표와 p∨q의 진리표가 같으므로 두 명제는 동치이다.

$$\sim(\sim p \wedge \sim q) \equiv p \vee q$$

예제 9-4 명제 p와 q에 대하여 ~p∨q의 진리표를 구하시오.

〈풀이〉

p	q	~p	~p∨q
T	T	F	T
T	F	F	F
F	T	T	T
F	F	T	T

여기서 ~p∨q의 진리표와 p → q의 진리표가 같으므로 두 명제는 동치이다.

$$\sim p \vee q \equiv p \rightarrow q$$

함의, 동치, 명제 연산의 법칙

어떤 명제의 진리표의 진리값이 모두 참일 때 이 명제를 **항진명제(tautology)**라고 한다. 예를 들어 명제 P(단순명제 또는 복합명제)에 대하여 ~P∨P는 항진명제이다. 두 명제 P와 Q(단순명제 또는 복합명제)에 대하여 조건 명제 P → Q가 항진명제이면 **함의(implication,** 또는 함의 명제)라고 하고 P ⇒ Q로 표시한다. 예를 들어 P → P는 항상 참이므로 함의이며 P ⇒ P이다.

예시 9-5 다음 명제들은 함의명제이다.

① **(p∧q) ⇒ (p∨q)**

② **p ⇒ (p∧p)**

③ **(p∧q) ⇒ q**

이제 동치와 함의를 바탕으로 명제의 연산을 수행할 수 있다. 이 과정에서 아래의 정리들을 살펴두면 매우 편리하다. 아래 정리들의 증명 중 진리표를 단순 비교하여 얻어지는 경우는 생략하기로 한다.

정리 9-6 두 명제 **P**와 **Q**(단순명제 또는 복합명제)에 대하여 다음이 성립한다.

(1) (합의 법칙) $\mathbf{P} \Rightarrow (\mathbf{P} \vee \mathbf{Q})$

(2) (단순화의 법칙) $(\mathbf{P} \wedge \mathbf{Q}) \Rightarrow \mathbf{P}$, $(\mathbf{P} \wedge \mathbf{Q}) \Rightarrow \mathbf{Q}$

(3) (논리합의 삼단논법) $(\mathbf{P} \vee \mathbf{Q}) \wedge \sim\mathbf{P} \Rightarrow \mathbf{Q}$

두 명제 **P**와 **Q**(단순명제 또는 복합명제)에 대하여 조건 명제 $\mathbf{P} \leftrightarrow \mathbf{Q}$가 항진명제이면 **동치**(equivalence, 또는 동치 명제)라고 하고 $\mathbf{P} \Leftrightarrow \mathbf{Q}$ 또는 앞에서 논리적 동치와 같이 $\mathbf{P} \equiv \mathbf{Q}$로 표시한다.

정리 9-7 두 명제 **P**와 **Q**(단순명제 또는 복합명제)에 대하여 다음이 성립한다.

(1) (이중 부정의 법칙) $\sim(\sim\mathbf{P}) \equiv \mathbf{P}$

(2) (교환의 법칙) $\mathbf{P} \wedge \mathbf{Q} \equiv \mathbf{Q} \wedge \mathbf{P}$, $\mathbf{P} \vee \mathbf{Q} \equiv \mathbf{Q} \vee \mathbf{P}$

(3) (멱등의 법칙) $\mathbf{P} \wedge \mathbf{P} \equiv \mathbf{P}$, $\mathbf{P} \vee \mathbf{P} \equiv \mathbf{P}$

(4) (대우(contrapositive)의 법칙) $\mathbf{P} \rightarrow \mathbf{Q} \Rightarrow \sim\mathbf{Q} \rightarrow \sim\mathbf{P}$

정리 9-8 드 모르강의 법칙(De Morgan's Law)

두 명제 **P**와 **Q**(단순명제 또는 복합명제)에 대하여 다음이 성립한다.

(1) $\sim(\mathbf{P} \wedge \mathbf{Q}) \equiv \sim\mathbf{P} \vee \sim\mathbf{Q}$

(2) $\sim(\mathbf{P} \vee \mathbf{Q}) \equiv \sim\mathbf{P} \wedge \sim\mathbf{Q}$

정리 9-9 명제 **P, Q, R** (단순명제 또는 복합명제)에 대하여 다음이 성립한다.

(1) (결합 법칙) $(\mathbf{P} \wedge \mathbf{Q}) \wedge \mathbf{R} \equiv \mathbf{P} \wedge (\mathbf{Q} \wedge \mathbf{R})$, $(\mathbf{P} \vee \mathbf{Q}) \vee \mathbf{R} \equiv \mathbf{P} \vee (\mathbf{Q} \vee \mathbf{R})$

(2) (분배 법칙) $\mathbf{P} \wedge (\mathbf{Q} \vee \mathbf{R}) \equiv (\mathbf{P} \wedge \mathbf{Q}) \vee (\mathbf{P} \wedge \mathbf{R})$, $\mathbf{P} \vee (\mathbf{Q} \wedge \mathbf{R}) \equiv (\mathbf{P} \vee \mathbf{Q}) \wedge (\mathbf{P} \vee \mathbf{R})$

(3) (추이 법칙) $(\mathbf{P} \rightarrow \mathbf{Q}) \wedge (\mathbf{Q} \rightarrow \mathbf{R}) \Rightarrow \mathbf{P} \rightarrow \mathbf{R}$

모순 명제

어떤 명제의 진리표의 진리값이 모두 거짓일 때 이 명제를 **모순명제**(contradiction)라고 한다. 예를 들어 명제 **P**(단순명제 또는 복합명제)에 대하여 $\sim \mathbf{P} \wedge \mathbf{P}$는 모순명제이다.

명제의 연산에서 나타나는 항진명제와 모순명제를 각각 **t**와 **c**로 나타내기로 한다.

정리 9-10

명제 **P**(단순명제 또는 복합명제)와 항등명제 **t**, 모순명제 **c**에 대하여 다음이 성립한다.

(1) $\mathbf{P} \wedge \mathbf{t} \Leftrightarrow \mathbf{P},\ \mathbf{P} \vee \mathbf{t} \Leftrightarrow \mathbf{t}$

(2) $\mathbf{P} \wedge \mathbf{c} \Leftrightarrow \mathbf{c},\ \mathbf{P} \vee \mathbf{c} \Leftrightarrow \mathbf{P}$

(3) $\mathbf{c} \Rightarrow \mathbf{P},\ \mathbf{P} \Rightarrow \mathbf{t}$

앞에서 살펴본 명제의 기본연산과 법칙을 활용하여 아래와 같은 관계를 유도할 수 있다.

예제 9-11 (1) $(\mathbf{P} \rightarrow \mathbf{Q}) \equiv \sim \mathbf{Q} \rightarrow \sim \mathbf{P}$를 유도하시오.

(2) $(\mathbf{P} \vee \mathbf{Q}) \wedge \sim \mathbf{P} \Rightarrow \mathbf{Q}$를 유도하시오.

〈풀이〉 (1) $\mathbf{P} \rightarrow \mathbf{Q} \equiv \sim \mathbf{P} \vee \mathbf{Q} \equiv \mathbf{Q} \vee \sim \mathbf{P} \equiv \sim(\sim \mathbf{Q}) \vee \sim \mathbf{P} \equiv \sim \mathbf{Q} \rightarrow \sim \mathbf{P}$

여기서 첫 번째, 네 번째 ≡는 예시 9-4, 두 번째, 세 번째 ≡는 정리 9-7을 활용하였다.

(2) $(\mathbf{P} \vee \mathbf{Q}) \wedge \sim \mathbf{P} \equiv (\mathbf{P} \wedge \sim \mathbf{P}) \vee (\mathbf{Q} \wedge \sim \mathbf{P}) \equiv \mathbf{c} \vee (\mathbf{Q} \wedge \sim \mathbf{P}) \equiv \mathbf{Q} \wedge \sim \mathbf{P} \Rightarrow \mathbf{Q}$

여기서 첫 번째 ≡는 정리 9-9, 세 번째 ≡는 정리 9-10, 네 번째 ⇒는 정리 9-6을 활용하였다.

한정

명제의 서술에 변수가 포함되어 변수에 따라 명제의 참과 거짓이 변하기도 한다. 이때 변수 x에 대한 명제를 $\mathbf{P}(x)$라고 쓰고 **명제함수**라 한다. 명제함수는 명제로서 참/거짓을 내재하기 위하여 변수 x가 정의된 범위 D에서 고려되는 방법을 전체 또는 일부로 정하여야 하는데 이를 **한정**(quantification)이라고 한다. 변수 x의 한정을 위하여 명제 $\mathbf{P}(x)$에 더하는 부분을 **한정사**(quantifier)라고 하며 아래와 같이 변수 x가 정의된 범위 D 전체 또는 부분

두 가지 방법으로 구별된다.

(1) 전체 한정사(universal quantifier)

변수 $\boldsymbol{x}$가 정의된 범위 D의 모든 경우에 대하여 명제 **P(*x*)**가 참일 때 참이 되는 명제를 나타내는 한정사로 '모든 $\boldsymbol{x}$에 대하여 **P(*x*)**이다' 또는 '$\forall \boldsymbol{x}$, **P(*x*)**'라고 쓴다.

(2) 존재 한정사(existential quantifier)

변수 $\boldsymbol{x}$가 정의된 범위 D에서 적어도 한 가지 경우에 대하여 명제 **P(*x*)**가 참일 때 참이 되는 명제를 나타내는 한정사로 '어떤 $\boldsymbol{x}$에 대하여 **P(*x*)**이다' 또는 '$\exists \boldsymbol{x}$, **P(*x*)**'라고 쓴다.

예시 9-12

① 모든 정수 n에 대하여 n이 짝수이다.
이 명제는 변수가 n이고 변수가 정의된 범위는 정수 집합 $\mathbb{Z}$이다. 변수에 따라 결정되는 명제는 'n이 짝수이다'이다. 전체 한정사로 나타난 명제이며 홀수인 정수가 존재하므로 거짓인 명제이다. 이 명제를 '$\forall n \in \mathbb{Z}$, n이 짝수이다'라고도 쓴다.

② 어떤 유리수 a에 대하여 a가 무리수이다.
이 명제는 변수가 a이고 변수가 정의된 범위는 유리수 집합 $\mathbb{Q}$이다. 변수에 따라 결정되는 명제는 'a가 무리수이다'이다. 존재 한정사로 나타난 명제이며 유리수 중에 무리수인 것은 존재하지 않으므로 거짓인 명제이다. 이 명제를 '$\exists a \in \mathbb{Q}$, a가 무리수이다'라고도 쓴다. ■

정리 9-13 한정사 부정의 법칙

변수 $\boldsymbol{x}$를 포함한 명제함수 **P(*x*)**에 대하여 다음이 성립한다.

(1) $\sim[\forall \boldsymbol{x}, \mathbf{P}(\boldsymbol{x})] \equiv \exists \boldsymbol{x}, \sim\mathbf{P}(\boldsymbol{x})$

(2) $\sim[\exists \boldsymbol{x}, \mathbf{P}(\boldsymbol{x})] \equiv \forall \boldsymbol{x}, \sim\mathbf{P}(\boldsymbol{x})$

예시 9-14 $\forall n \in \mathbb{Z}$, n이 짝수이다 $\equiv \sim[\exists n \in \mathbb{Z}$, n이 짝수가 아니다$]$ ■

추론과 검증

명제와 명제에 관한 여러 가지 법칙은 논리를 바탕으로 하는 다양한 상황에서 중요한 역할을 한다. 이들 상황은 대체로 명제와 명제의 기본 연산 결과의 조합으로 이루어진 두 개의 모둠으로 구성되며 **가정**이라고 불리는 한 개의 모둠을 구성하는 명제들의 연산결과가 참이면 **결론**이라고 불리는 다른 모둠의 명제들의 연산결과가 참이 된다고 기술된다. 이를 **추론**이라 한다. 주어진 가정으로부터 명제의 기본 연산과 법칙들을 적절하게 적용하여 결론에 이르거나 이를 수 있음을 보여 가정과 결론의 인과 관계를 확인하는 것을 **추론의 검증**(또는 증명)이라고 한다. 추론을 검증하는 방법은 실로 다양한데 전형적인 방법으로 **직접검증**, **간접검증**, 그리고 **수학적 귀납법**이 있다. 수학적 귀납법은 추론이 자연수에 관한 조건을 가정에 품었을 때 이용하는 전형적인 방법으로 위의 예시 9-12와 예시 9-14가 전형적인 예이다(제1장 1절 참고). 논리적 근거가 되는 집합에 관한 논의는 다음 절에서 만나기로 하겠다.

(1) 직접 검증

논리의 순서에 따라 가정으로부터 결론을 얻어내어 추론을 검증하는 방법이다.

예시 9-15 만약 $\mathbf{H \rightarrow E,\ A \rightarrow L,\ E \vee L \rightarrow \sim W,\ W}$이 참이면 $\mathbf{\sim H \wedge \sim A}$가 참이다.

(검증) 가정 $\mathbf{E \vee L \rightarrow \sim W}$에 정리 9-7를 적용하면

$$\mathbf{(E \vee L \rightarrow \sim W) \Rightarrow (W \rightarrow \sim(E \vee L))}$$

이다. $\mathbf{W}$가 참이므로 $\mathbf{\sim(E \vee L)}$이 참이다. 여기서 정리 9-8에 따라

$$\mathbf{\sim(E \vee L) \equiv \sim E \wedge \sim L}$$

도 참이다. 가정 $\mathbf{H \rightarrow E,\ A \rightarrow L}$는 정리 9-8에 따라

$$\mathbf{(H \rightarrow E) \Rightarrow (\sim E \rightarrow \sim H),\ (A \rightarrow L) \Rightarrow (\sim L \rightarrow \sim A)}$$

이고

$$\mathbf{\sim E \wedge \sim L \rightarrow \sim H \wedge \sim A}$$

이므로 $\mathbf{\sim H \wedge \sim A}$가 참이다. 따라서 추론이 증명된다. ■

(2) 간접 검증

간접 검증의 대표적인 방법으로 귀류법(reductio ad absurdum)이 있다. 이는 **H**(가정)→**C**(결론)으로 주어진 추론과 동치인 대우명제 $\sim \mathbf{C} \to \sim \mathbf{H}$에 근거하여 주어진 결론의 부정을 가정으로 하고 주어진 가정의 부정을 결론으로 얻어내어 검증하는 방법이다. 실질적으로는 동치적으로 결론의 부정 $\sim \mathbf{C}$을 참이라고 하고 가정 **H**을 활용하여 모순을 얻어낸다. 이는 정리 9-7, 정리 9-8에 의한 동치관계

$$\mathbf{H} \to \mathbf{C} \equiv \sim \mathbf{H} \vee \mathbf{C} \equiv \sim(\sim \mathbf{C} \wedge \mathbf{H})$$

에 의하여 $\sim \mathbf{C} \wedge \mathbf{H} \equiv \mathbf{c}$(모순)과 $\mathbf{H} \to \mathbf{C} \equiv \mathbf{t}$(항진)이 동치인 것에 근거한다.

예시 9-16 만약 $\mathbf{P} \vee \mathbf{Q} \to \mathbf{R}$, $\mathbf{S} \to \mathbf{P} \wedge \mathbf{U}$, $\mathbf{Q} \vee \mathbf{S}$이 참이면 **R**이 참이다.

(검증) 귀류법으로 증명하기 위하여 대우 관계에 따라 $\sim \mathbf{R}$이 참이라 가정하자.
가정 $\mathbf{P} \vee \mathbf{Q} \to \mathbf{R}$에 정리 9-7을 적용하면

$$(\mathbf{P} \vee \mathbf{Q} \to \mathbf{R}) \Rightarrow (\sim \mathbf{R} \to \sim(\mathbf{P} \vee \mathbf{Q}))$$

이다. $\sim \mathbf{R}$이 참이므로 $\sim(\mathbf{P} \vee \mathbf{Q})$이 참이다. 여기서 정리 1-8에 따라

$$\sim(\mathbf{P} \vee \mathbf{Q}) \equiv \sim \mathbf{P} \wedge \sim \mathbf{Q}$$

도 참이다. 정리 9-6에 따라 $\sim \mathbf{P} \wedge \sim \mathbf{Q}$가 참이므로 $\sim \mathbf{P}$와 $\sim \mathbf{Q}$가 모두 참이다.
$\sim \mathbf{P}$가 참이므로 정리 9-6에 의해 $\sim \mathbf{P} \vee \sim \mathbf{U}$가 참이다. 정리 9-8에 따라

$$\sim \mathbf{P} \vee \sim \mathbf{U} \equiv \sim(\mathbf{P} \wedge \mathbf{U})$$

이므로 $\sim(\mathbf{P} \wedge \mathbf{U})$이 참이다. 가정 $\mathbf{S} \to \mathbf{P} \wedge \mathbf{U}$은 정리 9-7에 따라

$$(\mathbf{S} \to \mathbf{P} \wedge \mathbf{U}) \Rightarrow (\sim(\mathbf{P} \wedge \mathbf{U}) \to \sim \mathbf{S})$$

이고 $\sim(\mathbf{P} \wedge \mathbf{U})$이 참이므로 $\sim \mathbf{S}$가 참이다.

한편 $\sim \mathbf{Q}$가 참이고 가정 $\mathbf{Q} \vee \mathbf{S}$이 참이므로 정리 9-6에 의하여 **S**가 참이다. 따라서 $\sim \mathbf{R}$이 참이면 $\sim \mathbf{S}$와 **S**가 모두 참이어서 모순이다. 그리하여 귀류법으로 추론이 증명된다. ■

연습문제

1. 임의의 명제 **r**에 대하여 $(\mathbf{p} \rightarrow \mathbf{q}) \Rightarrow (\mathbf{p} \vee \mathbf{r} \rightarrow \mathbf{q} \vee \mathbf{r})$를 증명하시오.

2. 모순명제 **c**와 임의의 명제 **P**에 대하여 $\mathbf{c} \Rightarrow \mathbf{P}$를 증명하시오.

3. $(\mathbf{p} \rightarrow \mathbf{q}) \wedge (\mathbf{p} \rightarrow \mathbf{r}) \Leftrightarrow (\mathbf{p} \rightarrow (\mathbf{q} \wedge \mathbf{r}))$를 증명하시오.

4. $(\mathbf{p} \rightarrow \mathbf{q}) \wedge (\mathbf{p} \rightarrow \sim\mathbf{q}) \Leftrightarrow \sim\mathbf{p}$를 증명하시오.

제2절 집합

집합은 수리적인 입장에서 모든 개념의 시작이 되는 개념으로 이를 정의해 줄 마땅한 선재적 개념이 없어 난감한 대상이다. 일반적으로 중·고등학교에서 다루는 집합의 개념은 직관적인 접근으로 개념을 정의하기는 수월하나 궁극에는 러셀의 역설처럼 내재적인 모순을 안고 있는 단점이 있다. 그러나 이러한 문제를 보완한 공리적 정의는 정의로서는 완성을 추구하는 정당성에 비하여 현대 수학의 여러 분야에서 나타나는 집합의 용이한 활용을 어렵게 한다. 이 책이 정한 목표에 따라 우리는 직관적인 개념의 집합의 정의를 근거로 집합의 연산과 현대 수학을 만나는 데 필요한 주요 특징들을 다루기로 한다.

집합의 정의

정의가 가능한 구별되는 대상의 모듬을 **집합**(set)이라고 한다. 이때 집합을 구성하는 대상을 **원소**(또는 집합의 원소, element)라고 한다. 집합은 중괄호 { } 또는 벤 다이어그램(Venn diagram)처럼 원이나 타원 같은 폐곡선을 이용하여 원소 하나 하나를 구체적으로 제시(**원소나열법**)하거나 원소를 정의하는 조건을 제시(**조건제시법**)하여 나타낸다.

예시 9-17 다음과 같이 집합을 나타낼 수 있다.

① 집합 A는 1보다 크고 4보다 작은 자연수의 모둠이다.

② $A = \{2, 3\}$

③ $A = \{n \mid n$은 $1 < n < 4$인 자연수$\}$

④ 벤 다이어그램으로 표시

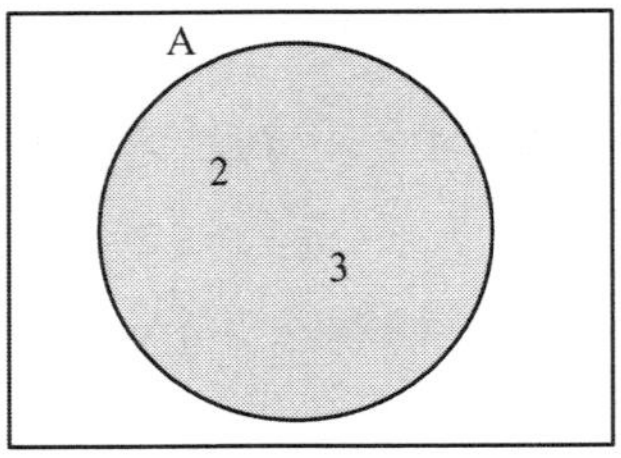

■

집합의 원소가 구별되는 대상인 것은 집합의 중요한 특징이다. 예를 들어 모듬 $\{2, 2, 3\}$은 원소 2가 반복되므로 집합이 아니다. 집합이 유한개의 원소로 구성되면 **유한집합**(finite set)이라 하고 유한집합이 아닌 집합을 **무한집합**(infinite set)이라 한다. 원소가 없는 집합을 **공집합**이라고 하고 { } 또는 $\varnothing$ 으로 나타낸다. a가 집합 A의 원소인 것을 $a \in A$라고 쓴다. 마찬가지로 a가 집합 A의 원소가 아닌 것을 $a \notin A$라고 쓴다.

정의 9-18 집합 A, B 에 대하여

(1) 만약 $\forall x$, $(x \in A) \Leftrightarrow (x \in B)$이면 **집합 A, B가 같다(상등이다)**고 하고 $A = B$로 나타낸다.

(2) 만약 $\forall x$, $(x \in A) \Rightarrow (x \in B)$이면 **집합 A가 집합 B에 포함된다**고 하고 $A \subset B$로 나타낸다.

집합 A, B에 대하여 $A \subset B$일 때 A는 B의 **부분집합**(subset)이라고 하고 B는 A의 포함집합(superset)이라 한다. B의 부분집합 A가 B와 같지 않을 때 A가 B의 **진부분집합**(proper subset)이라고 한다.

부분집합의 정의를 활용하여 두 집합이 같음을 다음과 같이 나타낼 수 있다.

$$A = B \Leftrightarrow (A \subset B) \wedge (B \subset A)$$

정리 9-19 공집합 $\varnothing$는 모든 집합의 부분집합이다.

증명 임의의 집합 A에 대하여 $\forall x,\ (x\in\varnothing)\Rightarrow(x\in A)$이면 $\varnothing\subset A$이다. $\varnothing$은 원소가 없으므로 조건식 $x\in\varnothing$은 항상 거짓이고 $\forall x,\ (x\in\varnothing)\Rightarrow(x\in A)$이 성립한다. 따라서 임의의 집합 A에 대하여 $\varnothing\subset A$이다. ■

정리 9-20 집합의 포함 관계는 추이적이다. 즉, 집합 A, B, C에 대하여

$$(A\subset B)\wedge(B\subset C)\Rightarrow(A\subset C)$$

이다.

증명 A의 임의의 원소 a에 대하여 $A\subset B$이므로 $a\in B$이고 $B\subset C$이므로 $a\in C$이다. 따라서 $A\subset C$이다. ■

예시 9-21 대표적인 집합의 예로 수의 집합들이 있다. 이들 집합의 표기법을 알아두는 것은 매우 유용하다.

① $\mathbb{N}$: 모든 자연수의 집합
② $\mathbb{Z}$: 모든 정수의 집합
③ $\mathbb{Q}$: 모든 유리수의 집합
④ $\mathbb{R}$: 모든 실수의 집합
⑤ $\mathbb{C}$: 모든 복소수의 집합
⑥ $\mathbb{N}_0$ (또는 W): 음이 아닌 정수의 집합으로 범자연수 집합(whole numbers)라고도 한다.

■

정의 9-22 멱집합 집합 A에 대하여 집합 A의 모든 부분집합을 원소로 하는 집합 $\wp(A)$을 집합 A의 **멱집합**(power set)이라 하고 $\wp(A)=\{B\mid B\subset A\}$로 나타낸다.

예시 9-23

① $\wp(\{a\})=\{\varnothing,\ \{a\}\}$
② $\wp(\varnothing)=\{\varnothing\}$
③ $\wp(\wp(\{a\}))=\{\varnothing,\ \{\varnothing\},\ \{\{a\}\},\ \wp(\{a\})\}$
④ $\wp(\wp(\varnothing))=\{\varnothing,\ \{\varnothing\}\}$ ■

정리 9-24 유한집합 A의 원소의 개수가 n개일 때 집합 A의 멱집합 $\wp(A)$의 원소의 개수는 2^n이다.

| 증명 | 유한집합 A의 원소를 a_k, $k=1, 2, \cdots, n$이라고 하자. 멱집합 $\wp(A)$의 원소는 집합 A의 부분집합으로 부분집합 하나를 고정하면 각각의 a_k, $k=1, 2, \cdots, n$에 대하여 이 원소를 포함하거나 포함하지 않은 두 가지 경우의 수를 가지게 된다. 따라서 가능한 부분집합의 수는 2를 n번 곱한 2^n이다. ■

집합의 기본연산

주어진 집합으로 새로운 집합을 만드는 연산 중 가장 기본이 되는 것으로 합집합, 교집합, 여집합이 있다. 엄밀하게 따지면 합집합, 교집합, 여집합은 집합을 나타내는 말로 합집합 연산, 교집합 연산, 여집합 연산이라고 구체적으로 기술하는 것이 적절하지만 지시하는 대상이 연산인지 집합인지 분명한 경우는 통상적인 방법에 따라 연산을 떼고 쓰기로 한다.

정의 9-25 합집합, 교집합 집합 A, B에 대하여 집합 A 또는 B의 원소로 구성된 집합을 집합 A, B의 **합집합**(union)이라고 하고

$$A \cup B = \{x \mid x \in A \vee x \in B\}$$

로 나타낸다. 집합 A, B에 대하여 집합 A와 B 모두에 포함된 원소로 구성된 집합을 집합 A, B의 **교집합**(intersection)이라고 하고

$$A \cap B = \{x \mid x \in A \wedge x \in B\}$$

로 나타낸다.

합집합과 교집합 연산은 자연수의 곱셈과 비슷한 성질을 가지고 있다. 자연수의 곱셈은 두 개의 자연수를 곱하면 자연수가 결정되는 이항연산으로 결합적(세 개의 자연수를 곱할 때 둘씩 곱하는 순서에 관계없이 결과가 같음)이며 자연수 1이 항등원(모든 자연수 n에 대하여 $n \cdot 1 = 1 \cdot n = n$임)이고 연산의 순서를 교환할 수 있다. 합집합과 교집합 연산은 두 연산의 우선순위가 정해져 있지 않아서 두 연산을 섞어서 사용할 때는 괄호와 같은 방법으로 묶어서 연산의 순서를 구별하여야 한다(아래 정리의 분배 법칙 참고). 이런 내용은

아래 정리에서 살펴볼 수 있다.

정리 9-26 전체집합 U의 부분집합 A, B, C에 대하여 다음이 성립한다.

(1) (결합 법칙) $(A\cup B)\cup C=A\cup(B\cup C)$, $(A\cap B)\cap C=A\cap(B\cap C)$

(2) (항등원) $A\cup\varnothing=\varnothing\cup A=A$, $A\cap U=U\cap A=A$

(3) (교환법칙) $A\cup B=B\cup A$, $A\cap B=B\cap A$

(4) (분배법칙) $A\cap(B\cup C)=(A\cap B)\cup(A\cap C)$, $A\cup(B\cap C)=(A\cup B)\cap(A\cup C)$

(5) $A\cup A=A$, $A\cap A=A$

증명 이 정리의 증명은 합집합과 교집합의 정의를 활용하여 연산 결과의 상등을 보이는 단순한 과정이다. 예시를 목적으로 두 개를 선택하여 증명하기로 한다.

(i) $A\cup\varnothing=A$를 합집합의 정의와 명제의 연산법칙에 따라 증명한다.

$$x\in A\cup\varnothing\Rightarrow(x\in A)\vee(x\in\varnothing)\Rightarrow x\in A$$

여기서 $x\in\varnothing$은 항상 거짓이므로 모순명제이고 정리 9-10(2) 에 의해 두 번째 $\Rightarrow$가 성립한다. 따라서 $A\cup\varnothing\subset A$이다.

역으로

$$x\in A\Rightarrow(x\in A)\vee(x\in\varnothing)\Rightarrow x\in A\cup\varnothing$$

마찬가지로 $x\in\varnothing$은 거짓이므로 정리 9-10(2)에 의해 첫 번째 $\Rightarrow$가 성립한다. 따라서 $A\subset A\cup\varnothing$이다.

위에 의하여 $A\cup\varnothing\subset A$이고 $A\subset A\cup\varnothing$이므로 $A\cup\varnothing=A$이다.

(ii) $A\cap U=A$를 교집합의 정의와 명제의 연산법칙에 따라 증명한다.

$$x\in A\cap U\Leftrightarrow(x\in A)\wedge(x\in U)\Leftrightarrow x\in A$$

여기서 $x\in U$은 항상 참이므로 항진명제이고 정리 9-10(1)에 의하며 두 번째 $\Leftrightarrow$가 성립한다. 따라서 $A\cap U=A$이다.

(iii) 벤 다이어그램을 이용하여 $A\cap(B\cup C)=(A\cap B)\cup(A\cap C)$을 보이기로 한다. 집합 A, B, C에 대하여 $A\cap(B\cup C)$의 벤 다이어그램을 먼저 구하기 위해 $B\cup C$의 벤 다이어그램과 $A\cap(B\cup C)$의 벤 다이어그램을 차례로 구하면

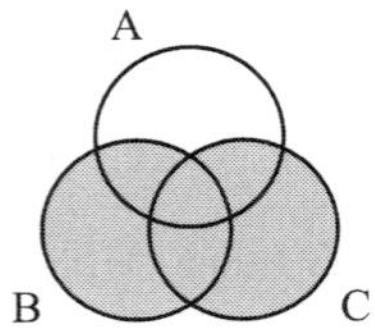

$B \cup C$

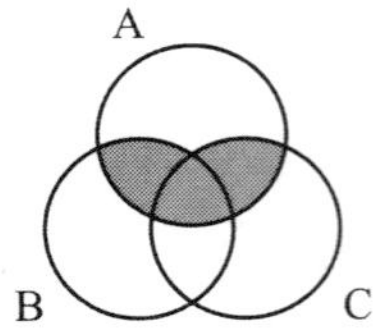

$A \cap (B \cup C)$

이다.

이제 $(A \cap B) \cup (A \cap C)$이 벤 다이어그램을 구하기 위하여 $(A \cap B)$, $(A \cap C)$, $(A \cap B) \cup (A \cap C)$를 차례로 구하면

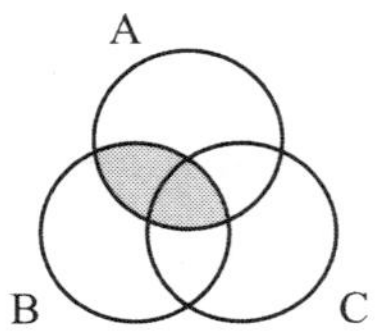

$A \cap B$

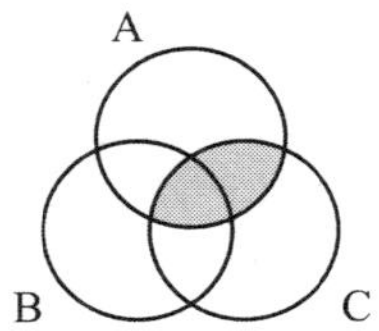

$A \cap C$

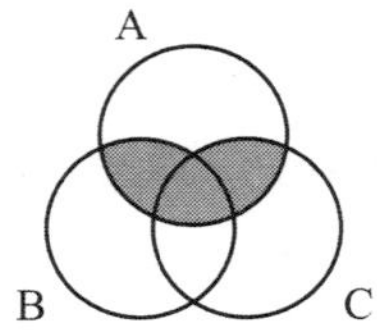

$(A \cap B) \cup (A \cap C)$

이다. 따라서 $A \cap (B \cup C)$와 $(A \cap B) \cup (A \cap C)$의 벤 다이어그램이 같으므로 두 집합이 같다. ■

정의 9-27 차집합, 상대적 여집합, 여집합

집합 A, B에 대하여 집합 A의 원소이나 B의 원소가 아닌 원소로 구성된 집합을 집합 A에 대한 B의 **차집합** 또는 **상대적 여집합**(relative complement)이라고 하고

$$A - B = \{x \mid x \in A,\ x \notin B\}$$

로 나타낸다. 여기서 집합 A가 전체집합 U일 때 전체집합 U에 대하여 집합 B의 차집합을 B의 **여집합**(complement)이라고 하고

$$B^c = U - B = \{x \mid x \notin B\}$$

로 나타낸다.

차집합의 정의에서 집합 A, B는 서로 어느 쪽에 포함될 필요는 없음에 주의한다.

정리 9-28 전체집합 U와 부분집합 A, B에 대하여 다음이 성립한다.

(1) $(A^c)^c = A$

(2) $\varnothing^c = U$, $U^c = \varnothing$

(3) $A \cup A^c = U$, $A \cap A^c = \varnothing$

(4) $A \subset B \Leftrightarrow B^c \subset A^c$

(5) $A - B = A \cap B^c$

증명은 생략한다.

주: 위 정리의 (4)는 다음의 동치가 있다. 이 동치는 일반위상수학에서 유용하게 사용된다. 증명을 시도하고 사실을 익혀두기 바란다.

$$A \subset B \Leftrightarrow A \cap B^c = \varnothing$$

여집합을 연산으로 생각할 때 집합의 기본 연산 $\cap$, $\cup$과의 관계는 다음과 같다.

정리 9-29 드 모르강의 법칙(De Morgan's Law)

집합 A, B에 대하여 다음이 성립한다.

(1) $(A \cap B)^c = A^c \cup B^c$

(2) $(A \cup B)^c = A^c \cap B^c$

증명 생략

예제 9-30 위의 집합에 대한 연산과 성질로 다음을 보이시오.

(1) $A - B = A - (B \cap A)$

(2) $A \cap (B - C) = (A \cap B) - (A \cap C)$

〈풀이〉 (1) 연습문제로 독자에게 맡긴다.

(2) 우변을 변형하여 좌변을 얻기로 한다.

$$(A \cap B) - (A \cap C) = (A \cap B) \cap (A \cap C)^c \qquad \text{정리 9-28}$$

$$= (A \cap B) \cap \left(A^c \cup C^c\right) \qquad \text{정리 9-29}$$

$= ((A \cap B) \cap A^c) \cup ((A \cap B) \cap C^c)$ 정리 9-26

$= ((A \cap A^c) \cap B) \cup (A \cap (B \cap C^c))$ 정리 9-26

$= (\varnothing \cap B) \cup (A \cap (B - C))$ 정리 9-28

$= \varnothing \cup (A \cap (B - C))$

$= A \cap (B - C)$

모임의 개념

정의가 가능한 대상의 모둠을 **모임**(family)이라고 한다. 이때 모임을 구성하는 대상을 **구성원**(member)이라고 한다. 집합과 마찬가지로 모임도 중괄호 { }를 이용하여 나타낸다. 모임과 집합이 다른 점은 모임의 구성원은 구별될 필요가 없으나 집합의 원소는 구별 가능하여야 한다는 것이다. 예를 들어 모임 $\{a, a, a\}$는 3개의 구성원 a로 구성되었으나 집합이라면 1개의 원소 a로 구성된 $\{a\}$이다. 여기서 모임 $\{a, a, a\}$의 구성원은 첨자를 추가하여 구별하게 된다. 첨자(index) 집합 Γ는 자연수의 집합 $\mathbb{N}$, $\{1, 2, 3, \cdots, n\}$ 형태의 자연수의 부분집합, 또는 $[0, 1]$와 같은 실수의 구간이 대표적으로 사용된다.

우리는 주로 집합을 구성원으로 하는 집합의 모임들을 살펴본다. 집합 A가 모임 $\mathcal{F}$의 구성원인 것을 집합에서와 마찬가지로 $A \in \mathcal{F}$로 나타낸다. 만약 모임 $\mathcal{F}$의 구성원이 첨자로 구별된 집합이면 **첨수된 집합의 모임**(indexed family)이라고 하고 다음과 같이 나타낸다.

$$\mathcal{F} = \{A_\gamma \mid \gamma \in \Gamma\}$$

예시 9-31

자연수의 부분 집합 $A_n = \{k \in \mathbb{N} \mid n \le k\}$를 자연수 n을 첨자로 하는 집합이라고 하면 모임 $\mathcal{F} = \{A_n \mid n \in \mathbb{N}\}$는 자연수로 첨수된 집합의 모임이다. ■

정의 9-32 집합 모임의 합집합과 교집합

$\mathcal{F}$를 집합의 모임이라고 할 때 모임 $\mathcal{F}$에 속한 모든 집합의 합집합을 $\bigcup_{A \in \mathcal{F}} A$로 나타내고

$$\bigcup_{A \in \mathcal{F}} A = \{x \in U \mid \exists\ A \in \mathcal{F},\ x \in A\}$$

로 정의하고, 모임 $\mathcal{F}$에 속한 모든 집합의 교집합을 $\bigcap_{A \in \mathcal{F}} A$로 나타내고

$$\bigcap_{A \in \mathscr{F}} A = \{x \in U \mid \forall\ A \in \mathscr{F},\ x \in A\}$$

로 정의한다.

주: 위 정의에서 U는 통상적인 의미의 전체집합으로 보편적인 대상으로 간주되어 구체적으로 기술되지 않았다. 만약 $\mathscr{F}$가 첨자 Γ로 첨수된 집합의 모임이라면 위의 합집합과 교집합은 각각

$$\bigcup_{A_\gamma \in \mathscr{F}} A_\gamma = \bigcup_{\gamma \in \Gamma} A_\gamma, \quad \bigcap_{A_\gamma \in \mathscr{F}} A_\gamma = \bigcap_{\gamma \in \Gamma} A_\gamma$$

로 나타낸다. 집합의 모임 $\mathscr{F}$이 $\mathscr{F} = \{A_1, A_2, A_3, \cdots, A_n\}$와 같이 유한개의 집합의 모임이면 이 모임의 합집합과 교집합은 각각

$$\bigcup_{A \in \mathscr{F}} A = A_1 \cup A_2 \cup A_3 \cup \cdots \cup A_n$$

$$\bigcap_{A \in \mathscr{F}} A = A_1 \cap A_2 \cap A_3 \cap \cdots \cap A_n$$

로 나타내기도 한다.

예시 9-33 예시 1-31의 집합 $A_n = \{k \in \mathbb{N} \mid n \le k\}$과 자연수로 첨수된 집합의 모임 $\mathscr{F} = \{A_n \mid n \in \mathbb{N}\}$에 대하여 이 모임의 합집합은 $\bigcup_{n \in \mathbb{N}} A_n = \mathbb{N}$이고 교집합은 $\bigcap_{n \in \mathbb{N}} A_n = \varnothing$ 이다. ■

집합의 모임 $\mathscr{F}$의 합집합과 교집합은 다음의 정리와 같이 $\mathscr{F}$가 구성원이 없을 때에도 정의될 수 있다. 다만 그 연산 결과가 커진다는 직관의 합집합과 작아진다는 직관의 교집합과 정반대라는 점이 인상적이다.

정리 9-34

첨수 집합 Γ이 공집합인 집합의 모임 $\mathscr{F} = \{A_\gamma \mid \gamma \in \Gamma\}$에 대하여 다음이 성립한다.

(1) $\bigcup_{\gamma \in \Gamma} A_\gamma = \varnothing$

(2) $\bigcap_{\gamma \in \Gamma} A_\gamma = U$

| 증명 | (1)은 독자에게 맡긴다.

(2) U가 전체 집합이므로 $\bigcap_{\gamma\in\Gamma} A_\gamma \subset U$인 것은 자명하다.

이제 $\bigcap_{\gamma\in\Gamma} A_r \supset U$이 성립함을 보이기 위하여, 동치적으로 전체집합 U의 각각의 원소 x에 대하여 $x\in\bigcap_{\gamma\in\Gamma} A_\gamma$를 보인다. $x\in\bigcap_{\gamma\in\Gamma} A_\gamma$인 것은 모든 $\gamma\in\Gamma$에 대하여 $x\in A_\gamma$인 것과 동치이다. 여기서 $\Gamma=\varnothing$이므로 명제 $\gamma\in\Gamma\rightarrow x\in A_\gamma$가 항상 참이다. 따라서 $\bigcap_{\gamma\in\Gamma} A_\gamma \supset U$이다. ■

정리 9-26와 정리 9-29가 집합의 모임에서도 아래와 같이 성립한다. 이들의 증명은 집합의 모임의 기본연산의 정의로부터 쉽게 보일 수 있어 생략한다.

정리 9-35 집합의 모임에 대한 드 모르강의 정리

첨수 집합 Γ로 첨수화된 집합의 모임 $\mathscr{F}=\{A_\gamma \mid \gamma\in\Gamma\}$에 대하여 다음이 성립한다.

(1) $\left(\bigcup_{\gamma\in\Gamma} A_\gamma\right)^c=\bigcap_{\gamma\in\Gamma} A_\gamma^c$

(2) $\left(\bigcap_{\gamma\in\Gamma} A_\gamma\right)^c=\bigcup_{\gamma\in\Gamma} A_\gamma^c$

정리 9-36 집합의 모임에 대한 분배 법칙

집합 A와 첨수 집합 Γ로 첨수화된 집합의 모임 $\mathscr{F}=\{A_\gamma \mid \gamma\in\Gamma\}$에 대하여 다음이 성립한다.

(1) $A\cap\left(\bigcup_{\gamma\in\Gamma} A_\gamma\right)=\bigcup_{\gamma\in\Gamma}(A\cap A_\gamma)$

(2) $A\cup\left(\bigcap_{\gamma\in\Gamma} A_\gamma\right)=\bigcap_{\gamma\in\Gamma}(A\cup A_\gamma)$

러셀의 역설

지금까지 집합의 정의를 바탕으로 여러 가지 기본 연산과 확대된 개념으로 모임을 살펴보았다. 집합을 정의하는 가장 큰 어려움은 집합 이전에 정의된 대상이 없어 완결한 수준의 간결한 정의를 정하기가 어렵다. 우리가 사용하는 정의가 직관적으로 분명한 정의라 할지라도 여러 가지 이색적이고 예견되지 않은 상황이 고려되어야 한다. 대표적인 예로

러셀의 역설(The Russel's Paradox)라고 알려진 다음과 같은 질문이 있다.

모든 집합을 원소로 하는 집합은 존재하는가 ?

직관적인 집합의 정의가 이 질문이 역설이 되게 한다는 것을 쉽게 파악할 수 있다.

이와 같이 집합의 정의는 여러 가지 상황에서 목적에 맞게 보완이 필요하기도 하다는 것을 기억하기로 하자.

연습문제

5. 집합 A와 부분집합 B에 대하여 $\wp(A:B)=\{X\in\wp(A) \mid X\supseteq B\}$라고 할 때 다음 물음에 답하시오.

(a) 집합 $A=\{a,\ b,\ c,\ d,\ e\}$와 부분집합 $B=\{a,\ c,\ d\}$에 대하여 $\wp(A:B)$의 모든 원소를 나열하시오.

(b) $\wp(A:\varnothing)=\wp(A)$를 보이시오.

(c) 집합 A와 부분집합 B가 각각 $n,\ m\,(\le n)$개의 원소를 가진 집합이라고 할 때 $\wp(A:B)$의 원소의 개수를 구하시오.

6. $A\subset C$이고 $B\subset C$이면 $(A\cup B)\subset C$임을 보이시오.

7. $A\subset B$이고 $A\subset C$이면 $A\subset(B\cap C)$임을 보이시오.

8. $A\subset B$이면 $\wp(A)\subset\wp(B)$임을 보이시오.

9. 실수 $a\le b$에 대하여 폐구간 $[a,\ b]=\{x\in\mathbb{R} \mid a\le x\le b\}$라고 할 때 $\displaystyle\bigcap_{n\in\mathbb{N}}\left[0,\ \frac{1}{n}\right]$, $\displaystyle\bigcup_{n\in\mathbb{N}}\left[0,\ \frac{1}{n}\right]$을 구하시오.

10. 정리 1-35를 증명하시오.

제3절 함수

이 절에서는 두 집합을 연관시키는 방법으로 함수의 개념을 살펴본다.

두 집합의 곱집합

정의 9-37 집합의 곱집합

집합 A와 B에 대하여 두 집합의 원소 $a \in A$, $b \in B$의 순서쌍 (a, b)을 원소로 하는 집합 $A \times B$을 집합 A와 B의 **곱집합**(Cartesian product of A and B)이라 한다.

$$A \times B = \{(a, b) \mid a \in A,\ b \in B\}$$

예시 9-38

① $A = \{\triangle, \triangledown\}$, $B = \{1, 2, 3\}$에 대하여 곱집합 $A \times B$를 구하면

$$A \times B = \{(\triangle, 1), (\triangle, 2), (\triangle, 3), (\triangledown, 1), (\triangledown, 2), (\triangledown, 3)\}$$

② 임의의 집합 A에 대하여 $A \times \varnothing = \varnothing$ 이고 $\varnothing \times A = \varnothing$ 이다. ■

집합의 기본 연산과 곱집합은 다음과 같은 성질을 가진다. 증명은 정의의 어려움 없는 활용이므로 생략한다.

정리 9-39 집합 A, B, C에 대하여 다음이 성립한다.

(1) $A \times (B \cap C) = (A \times B) \cap (A \times C)$, $(B \cap C) \times A = (B \times A) \cap (C \times A)$

(2) $A \times (B \cup C) = (A \times B) \cup (A \times C)$, $(B \cup C) \times A = (B \times A) \cup (C \times A)$

(3) $A \times (B - C) = (A \times B) - (A \times C)$, $(B - C) \times A = (B \times A) - (C \times A)$

관계와 분할

정의 9-40 집합 A에서 집합 B로의 관계 집합 A와 B에 대하여 곱집합 $A \times B$의 부분집합 $\boldsymbol{R}$을 집합 A에서 집합 B로의 **관계**라고 한다. $a \in A$, $b \in B$의 순서쌍 (a, b)이

관계 $\boldsymbol{R}$의 원소이면 a가 b에 ($\boldsymbol{R}$-)관계되었다고 하고 $a \sim b$ 또는 $a\boldsymbol{R}b$로 나타낸다.

주: 관계를 논의할 때는 통상적으로 두 집합 A, B가 고정된 어떤 집합의 부분집합인 경우를 생각한다.

정의 9-41 역관계 $\boldsymbol{R}$을 집합 A에서 집합 B로의 관계라 하자. 관계 $\boldsymbol{R}$의 각각의 원소 (a, b), $a \in A$, $b \in B$에 대하여 (b, a)를 원소로 하는 곱집합 $B \times A$의 부분집합을 관계 $\boldsymbol{R}$의 **역관계**라고 하고 $\boldsymbol{R}^{-1}$라고 쓴다.

주: (1) 따라서 $(a, b) \in \boldsymbol{R}(\subset A \times B) \Leftrightarrow (b, a) \in \boldsymbol{R}^{-1}(\subset B \times A)$

(2) 집합 A에서 같은 집합 A로의 관계를 논할 때는 집합 A**의 관계**라고 부르기로 한다.

(3) 집합 A에서 집합 B로의 관계 $\boldsymbol{R}$에 대하여 A의 부분집합

$$Dom(\boldsymbol{R}) = \{a \in A \mid \exists\, b \in B,\ (a, b) \in R\}$$

을 $\boldsymbol{R}$의 **정의역**(domain)이라 하고, B의 부분집합

$$Im(\boldsymbol{R}) = \{b \in B \mid \exists\, a \in A,\ (a, b) \in R\}$$

을 $\boldsymbol{R}$의 **상**(image) 또는 **치역**이라 하고, 관계 $\boldsymbol{R}$과 역관계 $\boldsymbol{R}^{-1}$에 대하여

$$Dom(\boldsymbol{R}) = Im(\boldsymbol{R}^{-1}),\ Dom(\boldsymbol{R}^{-1}) = Im(\boldsymbol{R})$$

가 성립한다.

예시 9-42 $A = \{\triangle, \triangledown\}$, $B = \{1, 2, 3\}$에 대하여 집합 A에서 집합 B로의 관계

$$\boldsymbol{R} = \{(\triangle, 1), (\triangle, 2), (\triangledown, 1)\}$$

을 생각하면 $Dom(\boldsymbol{R}) = \{\triangle, \triangledown\}$이고 $Im(\boldsymbol{R}) = \{1, 2\}$이다. 또한 이 관계의 역관계는

$$\boldsymbol{R}^{-1} = \{(1, \triangle), (2, \triangle), (1, \triangledown)\}$$

이고 $Dom(\boldsymbol{R}^{-1}) = \{1, 2\}$, $Im(\boldsymbol{R}^{-1}) = \{\triangle, \triangledown\}$이다. ■

정의 9-43 동치관계 $\boldsymbol{R}$을 집합 A의 관계라 하자.

(1) (반사적) 집합 A의 각각의 원소 a가 $a \sim a$이면 관계 $\boldsymbol{R}$가 **반사적**(reflexive)이라고 한다.

(2) (대칭적) 집합 A의 원소 a, b에 대하여 $a \sim b \Rightarrow b \sim a$이면 관계 $\boldsymbol{R}$가 **대칭적**(symmetric)이라고 한다.

(3) (추이적) 집합 A의 원소 a, b, c에 대하여 $(a \sim b) \wedge (b \sim c) \Rightarrow a \sim c$이면 관계 $\boldsymbol{R}$가 **추이적**(transitive)이라고 한다

(4) (동치관계) 집합 A의 관계 $\boldsymbol{R}$이 반사적, 대칭적, 추이적이면 **동치관계**(equivalence relation)라 한다.

주: 집합 A에 대하여 곱집합 $A \times A$의 부분집합 $\triangle A = \{(a, a) \mid a \in A\}$을 생각하면 집합 A의 관계 $\boldsymbol{R}$이 반사적인 것은 $\boldsymbol{R} \supset \triangle A$인 것과 동치이다.

예시 9-44 정수 $\mathbb{Z}$에 대하여 양의 정수 d를 고정하고 정수 $\mathbb{Z}$의 관계를

$$\boldsymbol{R} = \{(a, b) \in \mathbb{Z} \times \mathbb{Z} \mid (a-b)\text{가 } d\text{의 배수}\}$$

로 정의한다.

① 임의의 정수 a에 대하여 $(a-a) = 0 = d \cdot 0$이므로 $a \sim a$이며 관계 $\boldsymbol{R}$은 반사적이다.

② 임의의 정수 a, b에 대하여 $(a-b)$가 d의 배수이면 $(b-a)$도 d의 배수이므로 $a \sim b \Rightarrow b \sim a$이고 관계 $\boldsymbol{R}$은 대칭적이다.

③ 임의의 정수 a, b, c에 대하여 $(a-b)$, $(b-c)$가 각각 d의 배수이면 두 수의 합 $(a-b) + (b-c) = a-c$도 d의 배수이므로 $(a \sim b) \wedge (b \sim c) \Rightarrow a \sim c$이고 관계 $\boldsymbol{R}$은 추이적이다.

④ 위에 따라 정수 $\mathbb{Z}$의 관계 $\boldsymbol{R}$가 반사적, 대칭적, 추이적이므로 동치관계이다. ■

정의 9-45 분할

공집합이 아닌 집합 X에 대하여 공집합이 아닌 부분집합으로 구성된 집합 $\boldsymbol{P}$가 (1) 만약 A, B가 모임 $\boldsymbol{P}$의 구성원이면 $A = B$이거나 $A \cap B = \varnothing$이고 (2) $\bigcup_{C \in \boldsymbol{P}} C = X$를 만족하도록 구성되면 집합 $\boldsymbol{P}$를 X의 **분할**이라고 한다.

주: 두 집합 A, B의 교집합이 공집합일 때, 즉 $A \cap B = \varnothing$, 두 집합이 **서로소**라고 한다.

예시 9-46 정수 $\mathbb{Z}$의 양의 정수 3를 고정하고 정수 $\mathbb{Z}$의 부분집합

$$\mathbb{Z}_0 = \{a \in \mathbb{Z} \mid a = 3m,\ m \in \mathbb{Z}\}$$

$$\mathbb{Z}_1 = \{a \in \mathbb{Z} \mid a = 3m+1,\ m \in \mathbb{Z}\}$$

$$\mathbb{Z}_2 = \{a \in \mathbb{Z} \mid a = 3m+2,\ m \in \mathbb{Z}\}$$

을 생각하면 이들 부분집합으로 구성된 모임 $\boldsymbol{P}=\{\mathbb{Z}_0,\ \mathbb{Z}_1,\ \mathbb{Z}_2\}$는 정수 $\mathbb{Z}$의 분할이다. ■

정의 9-47 동치류

집합 X의 동치관계 $\boldsymbol{R}$가 있을 때, 집합 X의 원소 x에 대하여 X의 부분집합

$$[x]=\{y\in X\ |\ x\sim y\}$$

를 x의 **동치류**(equivalence class)라고 하고 이들 동치류를 원소로 하는 집합을 동치류집합이라 하며 $X/\sim$라고 쓴다.

$$X/\sim=\{[x]\ |\ x\in X\}$$

주: $X/\sim$ 대신 $X/\boldsymbol{R}$이라고 쓰기도 하며 X modulo $\sim$(또는 X mod $\sim$)라고 읽는다.

동치류의 정의로부터 다음 정리를 쉽게 유도할 수 있다.

정리 9-48 집합 X의 동치관계 $\boldsymbol{R}$에 대하여 다음이 성립한다.

(1) 각각의 $x\in X$에 대하여 동치류 $[x]$는 공집합이 아닌 X의 부분집합이다.

(2) 각각의 $x,\ y\in X$에 대하여, $x\sim y \Leftrightarrow [x]\cap[y]\neq\varnothing$

(3) 각각의 $x,\ y\in X$에 대하여, $x\sim y \Leftrightarrow [x]=[y]$

| 증명 | (1) 동치관계 $\boldsymbol{R}$가 반사적이므로 모든 $x\in X$에 대하여 $x\sim x$이므로 $[x]\neq\varnothing$이다.

(2) 만약 $x\sim y$이면 동치관계 $\boldsymbol{R}$가 반사적이고 대칭적이므로 $[x]\ni x,\ y$이고 $[y]\ni x,\ y$이다. 따라서 $x\sim y\Rightarrow[x]\cap[y]\neq\varnothing$이다. 만약 $[x]\cap[y]\neq\varnothing$이면 $x\sim z,\ y\sim z$인 $z\in X$가 존재한다. 동치관계 $\boldsymbol{R}$가 대칭적이고 추이적이므로 $x\sim y$이다. 따라서 $[x]\cap[y]\neq\varnothing\Rightarrow x\sim y$이다.

(3) $x\sim y$라 가정하면 원소 $z\in[y]$, 즉 $y\sim z,\ z\in X$에 대하여 동치관계 $\boldsymbol{R}$가 추이적이므로 $x\sim z$이다. 따라서 $[x]\supset[y]$이다. 동치관계 $\boldsymbol{R}$가 대칭적인 것을 더하여 같은 방법으로 $[x]\subset[y]$이다. 그러므로 $x\sim y\Rightarrow[x]=[y]$이다. 역으로 $[x]=[y]$를 가정하면 (2)에 의하여 $x\sim y$이다. 따라서 $[x]=[y]\Rightarrow x\sim y$이다. ■

이 정리에 의하면 동치류의 집합은 집합 X의 모든 원소에 대하여 정의된 부분집합으로 구

성되었으며 이들 부분 집합들은 서로소이다. 따라서 동치류의 집합은 집합 X의 분할이 된다.

정리 9-49 집합 X의 동치관계 $\boldsymbol{R}$에 대하여, 동치류의 집합 $X/\sim$가 X의 분할이 된다.

이 정리의 역도 사실인데 이를 위하여 주어진 분할로부터 관계를 정의하고 이 관계가 동치관계임을 보여야 한다. 집합 X에 대하여 분할 $\boldsymbol{P}$이 주어지면, 임의의 $x,\ y \in X$에 대하여 분할의 원소인 부분집합 A가 존재하여 $x,\ y \in A$이면 $x,\ y$가 분할 $\boldsymbol{P}$에 의해 관계되었다고 하고 $x \sim_{\boldsymbol{P}} y$라고 나타내기로 한다. 분할의 정의를 어렵지 않은 방법으로 활용하여 $\sim_{\boldsymbol{P}}$는 동치관계임을 보일 수 있다. 정리 9-49에 의하여 동치관계 $\sim_{\boldsymbol{P}}$에 의한 동치류의 집합은 X의 분할이 되는데 처음 주어진 분할 $\boldsymbol{P}$와 같음을 쉽게 보일 수 있다. 이로부터 아래 정리를 얻는다.

정리 9-50 집합 X의 분할 $\boldsymbol{P}$에 대하여 다음이 성립한다.

(1) 분할 $\boldsymbol{P}$에 의한 관계 $\sim_{\boldsymbol{P}}$는 동치관계이다.

(2) $\boldsymbol{P} = X/\sim_{\boldsymbol{P}}$

정리 9-49와 정리 9-50에 의하여 집합 X에서 분할 $\boldsymbol{P}$와 동치관계 $\boldsymbol{R}$를 서로 대응되는 개념으로 활용할 수 있다.

함수의 정의

위에서 살펴본 것처럼 두 집합의 연관성을 설명하는 데 관계의 개념을 살펴보았다. 이제 두 집합과 이들 사이에 정의된 관계에 특정 조건을 더하여 함수를 정의하고 성질을 살펴보기로 한다. 원론적으로 여기서 다루는 함수의 개념은 통상적으로 알려진 함수의 개념과 다르지 않으며 다만 더 일반적인 개념인 관계에 따라 기술되었다.

정의 9-51 함수

집합 $X,\ Y$에 대하여 X에서 Y로의 관계 f가 (1) $Dom(f) = X$, (2) $x \in X$에 대하여 $(x,\ y) \in f,\ (x,\ z) \in f$이면 $y = z$임을 만족하면 $(f,\ X,\ Y)$를 X에서 Y로의 **함수**라고 한다.

주: (1) (f, X, Y)를 대신하여 $f: X \to Y$로 나타내기도 하며 $f(x) = y$로 쓰였을 때 y를 (f에 대한) x의 **상**이라고 하고 x를 (f에 대한) y의 **원상**이라고 한다.

(2) 함수 $f: X \to Y$에 대하여 Y를 함수 f의 **공변역** 또는 **공역**(codomain)이라 하고 함수 f의 상으로 구성된 Y의 부분집합 $f(X) = \{f(x) \in Y \mid x \in X\}$을 함수 f의 **치역**(range)라고 한다.

함수에 관한 기본적인 성질을 아래와 같이 살펴볼 수 있다. 증명은 정의의 쉬운 활용이므로 생략한다.

정리 9-52

(1) 함수 $f: X \to Y$에 대하여 Y의 부분집합 W가 $W \supset Im(f)$이면 $f: X \to W$도 함수이다.

(2) 두 함수 $f: X \to Y$, $g: X \to Y$에 대하여. $f = g \Leftrightarrow f(x) = g(x) \ \forall x \in X$이다.

(3) 두 함수 $f: A \to C$, $g: B \to D$에 대하여, 만약 $f(x) = g(x) \ \forall x \in A \cap B$이면 f와 g의 합집합이 $A \cup B$에서 $C \cup D$로의 함수이다.

주: 위의 (3)에서 두 함수의 합집합으로 정의된 함수는 다음과 같이 나타낼 수 있다.

$$h := f \cup g : A \cup B \to C \cup D$$

$$h(x) = \begin{cases} f(x) & x \in A \\ g(x) & x \in B \end{cases}$$

예시 9-53

① **특성함수** 집합 X와 부분집합 A에 대하여 집합 $\{0, 1\}$로의 관계를

$$\chi_A = \{(x, y) \in X \times \{0, 1\} \mid x \in A \text{ 이면 } y = 1, \ x \notin A \text{ 이면 } y = 0\}$$

를 생각하면 $(\chi_A, X, \{0, 1\})$은 함수이다. 이 함수를 A에 대한 **특성함수**라고 하고

$$\chi_A : X \to \{0, 1\}$$
$$x \mapsto \chi_A(x) = \begin{cases} 1 & x \in A \\ 0 & x \notin A \end{cases}$$

라고 나타내기도 한다.

② **항등함수** 집합 X에 정의된 관계

$$\triangle_X = \{(x,\ x) \in X \times X \mid x \in X\}$$

를 집합 X에 대한 **항등함수**라고 하고

$$\begin{aligned} I_X : X &\to X \\ x &\mapsto I_X(x) = x \end{aligned}$$

로 나타낸다.

③ **상수함수** 집합 X, Y와 고정된 $b \in Y$에 대하여 관계

$$C_b = \{(x,\ b) \in X \times Y \mid x \in X\}$$

를 집합 X에서 Y로의 **상수함수**라고 하고

$$\begin{aligned} C_b : X &\to Y \\ x &\mapsto C_b(x) = b \end{aligned}$$

로 나타낸다. ■

정의 9-54 함수의 상과 역상

함수 $f : X \to Y$에 대하여

$$f(A) = \{f(a) \in Y \mid a \in A\}$$

를 부분집합 $A \subset X$의 함수 f에 대한 **상**이라고 하고

$$f^{-1}(B) = \{a \in X \mid f(a) \in B\}$$

를 부분집합 $B \subset Y$의 함수 f에 대한 **역상**이라고 한다.

함수의 상과 역상에 대한 다음의 정리들을 쉽게 유도할 수 있다.

정리 9-55 $f : X \to Y$에 대하여 다음이 성립한다.

(1) $f(\varnothing) = \varnothing$

(2) 모든 $x \in X$에 대하여 $f(\{x\}) = \{f(x)\}$이다.

(3) 만약 $A \subset B \subset X$이면 $f(A) \subset f(B)$이다.

(4) 만약 $C \subset D \subset Y$이면 $f^{-1}(C) \subset f^{-1}(D)$이다.

정리 9-56 함수 $f: X \to Y$와 집합 Γ로 첨수된 X의 부분집합의 모임 $\{B_\gamma \subset X \mid \gamma \in \Gamma\}$에 대하여 다음이 성립한다.

(1) $f^{-1}\left(\bigcup_{\gamma \in \Gamma} B_\gamma\right) = \bigcup_{\gamma \in \Gamma} f^{-1}(B_\gamma)$

(2) $f^{-1}\left(\bigcap_{\gamma \in \Gamma} B_\gamma\right) = \bigcap_{\gamma \in \Gamma} f^{-1}(B_\gamma)$

(3) 집합 X의 부분집합 B, C에 대하여, $f^{-1}(B - C) = f^{-1}(B) - f^{-1}(C)$이다.

예시 9-57 함수 $f: X \to Y$와 부분집합 $A \subset X$, $B \subset Y$에 대하여 $A \subset f^{-1}(f(A))$과 $f(f^{-1}(B)) \subset B$가 성립한다. 그러나 다음은 일반적으로 성립하지 않는다.

① 만약 $B \neq \varnothing$ 이면 $f^{-1}(B) \neq \varnothing$ 이다.

② $f^{-1}(f(A)) = A$

③ $f(f^{-1}(B)) = B$

④ $f(X) = Y$

이들이 성립하지 않는 대표적인 경우는 부분 집합 B가 함수 f의 상에 포함되지 않는 때이다. 만약 $f(X) = Y$를 추가로 가정하면 $f(f^{-1}(B)) = B$가 성립한다. 증명과 반례의 구성은 독자에게 맡긴다. ■

정의 9-58 단사, 전사, 전단사함수

(1) 단사 함수 함수 $f: X \to Y$에 대하여, 모든 x_1, $x_2 \in X$에 대하여 $f(x_1) = f(x_2) \Rightarrow x_1 = x_2$를 만족하면 함수 f를 일대일 또는 **단사(injective)함수**라고 한다.

(2) 전사 함수 함수 $f: X \to Y$에 대하여, 모든 $y \in Y$에 대하여 X의 원소 x가 존재하여 $f(x) = y$이면, 즉 $f(X) = Y$, 함수 f를 Y위로의 함수 또는 **전사(surjective)함수**라고 한다.

(3) 전단사 함수 함수 $f: X \to Y$가 단사이고 전사이면 **전단사(bijective)함수**라고 한다.

주: 두 집합 X, Y에 전단사함수 $f: X \to Y$가 존재하면 X와 Y가 (일대일) 대응 또는 대응관계라고 한다. 이때 맥락의 혼동이 없으면 전단사함수 f도 일대일 대응이라고 부르기로 한다.

함수 $f: X \to Y$의 전사 조건이 미치는 영향을 앞의 예시 9-57에서 살펴보았다. 함수가 단사함수인 것 또한 아래와 같은 흥미로운 성질을 함의한다. 아래는 함수가 단사이면 임의의 첨수 집합에 대한 교집합과 함수가 양립하는 것을 알 수 있다.

정리 9-59 집합 Γ로 첨수된 X의 부분집합의 모임 $\{B_\gamma \subset X \mid \gamma \in \Gamma\}$에 대하여 함수 $f: X \to Y$가 단사함수이면 다음이 성립한다.

$$f\left(\bigcap_{\gamma \in \Gamma} B_\gamma\right) = \bigcap_{\gamma \in \Gamma} f(B_\gamma)$$

앞에서 우리는 관계 $\boldsymbol{R}$에 대하여 역관계 $\boldsymbol{R}^{-1}$를 자연스럽게 정의할 수 있었다. 함수 (f, X, Y)가 집합 X에서 Y로의 관계이므로 역관계 f^{-1}을 자연스럽게 정의할 수 있으나 이 관계는 일반적으로 함수 (f^{-1}, Y, X)일 필요가 없다. 함수 (f, X, Y)의 역관계 f^{-1}가 함수가 되기 위하여 필요한 조건이 다음과 같이 $f: X \to Y$가 전단사함수인 것과 동치임을 알 수 있다.

(1) $Dom(f^{-1}) = Y \Leftrightarrow$ 함수 $f: X \to Y$가 전사함수이다.

(2) $y \in Y$에 대하여 $(y, x) \in f^{-1}$, $(y, z) \in f^{-1}$이면 $x = z$이다 $\Leftrightarrow$ 함수 $f: X \to Y$가 단사함수이다.

따라서 함수 $f: X \to Y$로부터 주어진 역관계 f^{-1}가 함수이기 위하여 함수 f가 전단사함수이어야 한다.

정의 9-60 역함수 전단사함수 $f: X \to Y$에 대하여, 역관계 f^{-1}로 주어지는 함수 $f^{-1}: Y \to X$를 함수 f의 **역함수**(inverse function)라고 한다.

함수의 합성

정의 9-61 함수의 합성 함수 $f: X \to Y$, $g: Y \to Z$에 대하여, 함수 f와 g의 **합성함수** $g \circ f: X \to Z$를 각각의 $x \in X$에 대하여 $g \circ f(x) = g(f(x))$로 정의한다.

주: 앞에서 함수를 관계로 정의한 것처럼 합성함수를 다음과 같이 X에서 Z로의 관계로 나타낼 수 있다.

$$g \circ f = \{(x, z) \in X \times Z \mid \exists y \in Y, ((x, y) \in f) \wedge ((y, z) \in g)\}$$

이 정의와 같이 함수 $f: X \to Y$의 공변역과 $g: Y \to Z$의 정의역이 같도록 선택되어진 것을

$$X \xrightarrow{f} Y \xrightarrow{g} Z$$

와 같이 나타내기로 한다.

함수의 합성이 단사이거나 전사인 것은 주어진 합성하는 함수 중 어느 하나의 단사 또는 전사인 성질로 귀결되기도 한다. 다음 보조정리에서 이런 내용을 살펴보기로 한다.

보조정리 9-62

(1) 함수 $f: X \to Y$에 대하여, $g \circ f$가 단사함수가 되는 함수 $g: Y \to Z$가 존재하면 f는 단사함수이다.

(2) 함수 $f: X \to Y$에 대하여, $f \circ h$가 전사함수가 되는 함수 $h: Z \to X$가 존재하면 f는 전사함수이다.

❙증명❙ (1) $x_1, x_2 \in X$에 대하여 $f(x_1) = f(x_2)$라고 하자. 주어진 함수 $g: Y \to Z$와 합성하면 $g \circ f(x_1) = g \circ f(x_2)$이고 합성함수 $g \circ f$가 단사함수이므로 $x_1 = x_2$이다. 따라서 f는 단사함수이다.

(2) 합성함수 $f \circ h: Z \to Y$가 전사함수이므로 각각의 $y \in Y$에 대하여 $f \circ h(z) = y$인 $z \in Z$가 존재한다. $f \circ h(z) = f(h(z)) = y$이므로 각각의 $y \in Y$에 대하여 $h(z) \in X$가 존재하여 $f(h(z)) = y$를 만족한다. 따라서 f는 전사함수이다. ■

보조 정리 9-61은 매우 흥미롭고 유용한 사실로 역함수에 관한 명제에 활용하면 아래 정리를 얻는다. 정리의 증명은 보조정리와 정의의 간단한 활용이므로 생략한다.

정리 9-63

(1) 함수의 합성은 결합적이다. 즉, 세 함수 $X \xrightarrow{f} Y \xrightarrow{g} Z \xrightarrow{h} W$에 대하여 함수의 합성이 $(h \circ g) \circ f = h \circ (g \circ f)$을 만족한다.

(2) 함수 $f: X \to Y$에 대하여, $g \circ f = I_X$를 만족하는 함수 $g: Y \to X$가 존재하면 f는 단사함수이다.

(3) 함수 $f: X \to Y$에 대하여, $f \circ h = I_Y$를 만족하는 함수 $h: Y \to X$가 존재하면 f는 전사함수이다.

연습문제

11. 집합 A, B, C에 대하여 $A \subset B$이면 $A \times C \subset B \times C$임을 보이시오.

12. 다음을 증명하거나 반례를 찾으시오.

(a) $A \times B \subset C \times D \Leftrightarrow A \subset C,\ B \subset D$

(b) $\wp(A \times B) = \wp(A) \times \wp(B)$

(c) $(A \times B) \cup (C \times D) = (A \cup B) \times (C \cup D)$

13. 집합 A, B, C, D에 대하여 $(A \times B) \cap (C \times D) = (A \cap B) \times (C \cap D)$를 보이시오.

14. 집합 A에서 집합 B로의 관계 R에 대하여 $(R^{-1})^{-1} = R$를 보이시오.

15. 집합 A에서 집합 B로의 관계 R에 대하여 $Dom(\boldsymbol{R}) = Im(\boldsymbol{R}^{-1})$, $Dom(\boldsymbol{R}^{-1}) = Im(\boldsymbol{R})$를 보이시오.

16. 반사적이고 추이적이지만 대칭적이지 않은 관계의 예를 찾으시오.

17. 집합 $A = \{1, 2, 3\}$에 대하여 관계

$$R = \{(1, 1), (2, 2), (3, 3), (1, 2), (2, 1), (3, 1), (1, 3)\}$$

을 생각할 때 이 관계는 반사적이고 대칭적이나 추이적이지 않음을 보이시오.

18. 집합 A의 관계 R에 대하여 다음을 보이시오.

(a) R이 반사적이다 $\Leftrightarrow$ $R \supset \Delta_A$

(b) R이 대칭적이다 $\Leftrightarrow$ $R = R^{-1}$

(c) R이 반사적이다 $\Leftrightarrow$ R^{-1}이 반사적이다.

(d) R이 대칭적이다 $\Leftrightarrow$ R^{-1}이 대칭적이다.

(e) R이 추이적이다 $\Leftrightarrow$ R^{-1}이 추이적이다.

(f) R이 동치관계이다 $\Leftrightarrow$ R^{-1}이 동치관계이다.

19. 함수 $f: X \to Y$가 반사적 관계이면 함수 f는 항등함수 $I_X: X \to X$임을 보이시오.

20. 함수 $f: [0,\ 1] \to [0,\ 1]$가 대칭 관계인 예를 찾으시오.

21. 함수 $f: X \to Y$와 부분집합 $A \subset X$, $B \subset Y$에 대하여 다음을 보이시오.

(a) $A \subset f^{-1}(f(A))$ (b) $f(f^{-1}(B)) \subset B$

22. 함수 $f: X \to Y$와 부분집합 $A \subset X$, $B \subset Y$에 대하여 다음의 반례를 찾으시오.

(a) 만약 $B \neq \varnothing$ 이면 $f^{-1}(B) \neq \varnothing$ 이다. (b) $f^{-1}(f(A)) = A$

(c) $f(f^{-1}(B)) = B$

23. 전사함수 $f: X \to Y$와 부분집합 A, $B \subset Y$에 대하여 만약 $f^{-1}(B) = f^{-1}(C)$이면 $B = C$임을 보이시오. 함수가 전사함수가 아닐 때 이 주장에 대한 반례를 보이시오.

24. 함수 $f: X \to Y$와 부분집합 $A \subset X$, $B \subset Y$에 대하여 다음을 보이시오.

(a) f가 단사함수이면 $A = f^{-1}(f(A))$이다.

(b) f가 전사함수이면 $f(f^{-1}(B)) = B$이다.

제4절 집합의 크기

이 절에서는 무한집합을 정교하게 정의하고 집합의 크기를 나타낼 수 있는 수의 성질을 다룬다.

무한집합, 가산집합

앞에서 집합을 정의하면서 집합의 원소의 개수가 유한이 아닌 집합을 무한집합으로 정의하였다. 이런 방법은 간단하기는 하지만 무한집합의 여러 가지 가능성과 성질을 이해하기에는 지나치게 간단하여 정교한 정의가 필요하다.

흥미로운 예로 정수 집합 $\mathbb{Z}$를 살펴보면 짝수의 집합 $2\mathbb{Z}=\{2m \mid m\in\mathbb{Z}\}$은 $\mathbb{Z}$의 진부분집합이면서 여전히 무한집합으로 정수 집합 $\mathbb{Z}$과 원소의 수가 같다는 흥미로운 사실을 관찰할 수 있다. 이 예는 다음의 데데킨트(Richard Dedekind)에 의한 무한집합의 정의로 더욱 분명해진다.

정의 9-64 무한집합

집합 X에 일대일 대응인 진부분집합 $Y\subset X$이 존재하면 집합 X가 **무한**(infinite)이라고 한다. 이러한 부분집합이 존재하지 않으면 집합 X가 **유한**(finite)이라고 한다.

집합이 무한집합인 것이 다음과 동치인 것을 쉽게 보일 수 있다.

보조정리 9-65

집합 X가 무한집합인 것은 $f(X)$가 X의 진부분집합이 되는 단사함수 $f: X\to X$가 존재하는 것과 동치이다.

예시 9-66

① 정수 집합 $\mathbb{Z}$에 대하여 단사함수 $f:\mathbb{Z}\to\mathbb{Z}$, $m\mapsto f(m)=2m$를 생각하면 $f(\mathbb{Z})=2\mathbb{Z}$가 정수 $\mathbb{Z}$의 진부분집합이므로 보조정리 1-64에 의해 정수 $\mathbb{Z}$는 무한집합이다.

② 공집합 $\varnothing$는 진부분집합이 없으므로 유한집합이다.

③ 한 개의 원소로 구성된 집합 $\{a\}$의 진부분집합은 공집합 $\varnothing$으로 집합 $\{a\}$로의 일대일 대응 함수가 존재하지 않는다. 따라서 집합 $\{a\}$은 유한집합이다. ■

무한집합을 포함하는 집합은 무한이라는 것을 기대하는 것은 자연스러운 일이며 아래와 같이 정리된다.

정리 9-67

(1) 집합 Y가 무한집합 X를 포함하면 Y도 무한집합이다.

(2) 집합 Z가 유한집합 X에 포함되면 Z도 유한집합이다.

| 증명 | (1) 집합 X가 무한집합이므로 보조정리 1-64에 의해 $f(X)$가 X의 진부분집합이 되는 단사함수 $f: X \to X$가 존재한다. 집합 Y에 대한 X의 여집합 $Y-X$에 대하여 항등함수 I_{Y-X}를 생각하고 정리 9-52(3)을 활용하면 함수 $f \cup I_{Y-X}: Y \to Y$는 단사함수이고 $f \cup I_{Y-X}(Y)$는 집합 Y의 진부분집합이다. 따라서 Y도 무한집합이다.

(2) 집합 Z가 무한집합이라고 하자. 집합 X가 무한집합 Z를 포함하므로 (1)에 의하여 무한집합이며 이는 조건에 모순이다. 따라서 집합 Z는 유한집합이다. ■

정리 9-68 일대일 대응 $g: X \to Y$에 대하여 만약 X가 무한집합이면 Y도 무한집합이다.

| 증명 | $g: X \to Y$이 일대일 대응이므로 마찬가지로 일대일 대응인 역함수 $g^{-1}: Y \to X$를 생각한다. 집합 X가 무한집합이므로 $f(X)$가 X의 진부분집합이 되는 단사함수 $f: X \to X$가 존재한다. 합성함수

$$g \circ f \circ g^{-1}: Y \xrightarrow{g^{-1}} X \xrightarrow{f} X \xrightarrow{g} Y$$

도 단사함수이고 $g \circ f \circ g^{-1}(Y)$가 Y의 진부분집합이므로 보조정리 9-64에 의해 집합 Y도 무한집합이다. ■

注: 정리 9-66와 마찬가지로 일대일 대응 $g: X \to Y$에 대하여 Y가 유한집합이라면 X도 유한집합이다.

정리 9-69

집합 X와 원소 $x_0 \in X$에 대하여, 집합 X가 무한집합이면 $X-\{x_0\}$도 무한집합이다.

| 증명 | 집합 X가 무한집합이므로 보조정리 9-64에 의해 $f(X)$가 X의 진부분집합이 되는 단사함수 $f: X \to X$가 존재한다. 이로부터 $g(X-\{x_0\})$가 $X-\{x_0\}$의 진부분집합이 되는 단사함수 $g: X-\{x_0\} \to X-\{x_0\}$를 구성하여 $X-\{x_0\}$가 무한집합임을 보이기로 한다.

① $f(X) \ni x_0$인 경우 : $f(x_1) = x_0$ 인 $x_1 \in X$가 존재한다.

만약 $x_1 = x_0$이면, 함수 f을 구하는 함수 g로 두면 함수 g가 집합 $X-\{x_0\}$에서 집합 $X-\{x_0\}$로의 단사함수이고 $g(X-\{x_0\})$가 $X-\{x_0\}$의 진부분집합이다.

만약 $x_1 \neq x_0$이면, 함수 $g: X-\{x_0\} \to X-\{x_0\}$를

$$g(x) = \begin{cases} f(x) & x \in X-\{x_0\},\ x \neq x_1 \\ f(x_0) & x = x_1 \end{cases}$$

로 정의하면 함수 g는 단사함수이다. f가 단사함수이므로

$$g(X-\{x_0\}) = f(X-\{x_0, x_1\}) \cup \{f(x_0)\} = f(X-\{x_1\}) = f(X)-\{x_0\}$$

이고 $f(X)$가 X의 진부분집합이므로 $g(X-\{x_0\})$가 $X-\{x_0\}$의 진부분집합이다.

② $f(X) \not\ni x_0$ 인 경우 : 함수 $g: X-\{x_0\} \to X-\{x_0\}$를

$$g(x) = f(x),\ x \in X-\{x_0\}$$

로 정의하면 함수 g는 단사함수이다. f가 단사함수이므로

$$g(X-\{x_0\}) = f(X-\{x_0\}) = f(X)-\{f(x_0)\}$$

이다. $f(X)$가 X의 진부분집합이고 $f(X) \not\ni x_0$이므로 $f(X)-\{f(x_0)\} \subset X-\{x_0\}$이며 진부분집합이다. 따라서 $g(X-\{x_0\})$가 $X-\{x_0\}$의 진부분집합이다. ■

예시 9-70 자연수 $k \in \mathbb{N}$에 대하여 자연수 집합 $\mathbb{N}$의 부분집합 $\mathbb{N}_k = \{1, 2, 3, \cdots, k\}$라고 정의하면 $\mathbb{N}_k$는 유한집합이다. ■

정리 9-69를 자연수 k에 대한 귀납법을 이용하여 다음을 얻을 수 있다.

정리 9-71 집합 X에 대하여 다음이 동치이다.

(1) 집합 X가 유한집합이다.

(2) 집합 X는 공집합이거나 어떤 자연수 $k \in \mathbb{N}$에 대하여 자연수의 부분집합 $\mathbb{N}_k$과 일대일 대응이다.

예시 9-72 만약 집합 X가 무한집합이면 곱집합 $X \times X$도 무한집합이다.

〈풀이〉 임의의 고정된 $x_0 \in X$에 대하여 함수 $i_{x_0} : X \to X \times X$, $i_{x_0}(x) = (x, x_0)$를 생각하면 함수 i_{x_0}는 단사함수이다. 함수 $i_{x_0} : X \to X \times X$가 X와 $X \times \{x_0\}$의 일대일 대응이고 X가 무한집합이므로 정리 9-68에 의해 $X \times \{x_0\}$도 무한집합이다. $X \times \{x_0\}$가 $X \times X$의 부분집합이고 무한집합이므로 정리 9-67에 의해 $X \times X$도 무한집합이다. ■

정의 9-73 대등 집합 X와 Y에 대하여, 일대일 대응 $f : X \to Y$이 존재하면 집합 X가 집합 Y에 **대등**(equipotent)하다고 하고 $X \sim Y$로 나타낸다.

정리 9-74 두 집합 X와 Y의 대등 $X \sim Y$은 동치관계이다.

증명 집합 X에 대하여 항등함수 $I_X : X \to X$가 일대일 대응이므로 $X \sim X$이다. 따라서 대등관계는 반사적이다. $X \sim Y$이면 일대일 대응 $f : X \to Y$이 존재한다. 역함수 $f^{-1} : Y \to X$가 일대일 대응이므로 $Y \sim X$이다. 따라서 대등관계는 대칭적이다. $X \sim Y$이고 $Y \sim X$이면 일대일 대응 $f : X \to Y$, $g : Y \to Z$가 존재하며 합성함수 $g \circ f : X \to Z$도 일대일 대응이므로 $X \sim Z$이다. 따라서 대등관계는 추이적이다. 위에 의하여 대등관계 $X \sim Y$가 반사적, 대칭적, 추이적이므로 동치관계이다. ■

예시 9-75

① 실수의 두 구간 $(0, 1)$, $(-1, 1)$에 대하여 함수 $f : (0, 1) \to (-1, 1)$, $f(x) = 2x - 1$이 일대일 대응이므로 $(0, 1) \sim (-1, 1)$이다.

② 실수의 구간 $(-1, 1)$과 실수 $\mathbb{R}$에 대하여 함수 $g : (-1, 1) \to \mathbb{R}$, $g(x) = \tan\left(\frac{\pi}{2}x\right)$

이 일대일 대응이므로 $(-1,\ 1) \sim \mathbb{R}$ 이다. 예시 ①과 정리 9-74에 의해 $(0,\ 1) \sim \mathbb{R}$ 이다. ■

함수의 합과 곱에 대한 정의의 간단한 활용으로 다음 정리를 얻을 수 있다.

정리 9-76 집합 $X,\ Y,\ Z,\ W$에 대하여 다음이 성립한다.

(1) 만약 $X \cap Z = \varnothing = Y \cap W$이고 $X \sim Y,\ Z \sim W$이면 $X \cup Z \sim Y \cup W$이다.

(2) 만약 $X \sim Y,\ Z \sim W$이면 $X \times Z \sim Y \times W$이다.

| 증명 | (1) $X \sim Y,\ Z \sim W$이므로 일대일 대응 $f: X \to Y,\ \ g: Z \to W$이 존재한다. $X \cap Z = \varnothing = Y \cap W$이므로 정리 9-52에 의해 함수 $f \cup g: X \cup Z \to Y \cup W$가 정의되고 일대일 대응이다. 따라서 $X \cup Z \sim Y \cup W$이다.

(2) $X \sim Y,\ Z \sim W$이므로 일대일 대응 $f: X \to Y,\ g: Z \to W$이 존재한다. 곱집합 $X \times Z$에 대하여 함수 $f \times g: X \times Z \to Y \times W$를 $(x,\ z) \mapsto (f(x),\ g(z))$로 정하면 $f \times g$가 일대일 대응이다. 따라서 $X \times Z \sim Y \times W$이다. ■

정리 9-71에 의하면 모든 자연수 $k \in \mathbb{N}$에 대하여 부분집합 $\mathbb{N}_k$은 $\mathbb{N}_k \subset \mathbb{N}$을 만족하는 유한집합이다. 자연수 k를 점점 큰 것으로 생각하면 자연수 집합 $\mathbb{N}$이 무한집합 중에 가장 작은 것이라는 사실을 알 수 있다. 따라서 자연수 집합 $\mathbb{N}$과의 대등관계를 아래와 같이 구별한다.

정의 9-77 집합 X가 자연수 집합 $\mathbb{N}$과 대등하면, 즉 $X \sim \mathbb{N}$이면 **번호를 붙일 수 있는** (denumerable) 집합이라고 한다. 집합이 유한집합이거나 번호를 붙일 수 있는 집합이면 **가산**(countable)집합이라고 한다.

주: 집합 X가 $X \sim \mathbb{N}$이면 일대일 대응 $f: X \to \mathbb{N}$에 따라 각각의 $k \in \mathbb{N}$에 대응하는 $x \in X$에 x_k와 같이 번호를 붙일 수 있다.

정리 9-78

번호를 붙일 수 있는 집합의 각각의 무한 부분집합도 번호를 붙일 수 있는 집합이다.

| 증명 | Y를 번호를 붙일 수 있는 집합 $X=\{x_k \mid k\in\mathbb{N}\}$의 무한 부분집합이라 하자. 집합 Y에 포함된 x_k의 첨자 k 중 가장 작은 수를 n_1라고 둔다. 같은 방법으로 집합 $Y-\{x_{n_1}\}$에 포함된 x_k의 첨자 k 중 가장 작은 수를 n_2라고 둔다. m번째항 x_{n_m}까지 구했을 때 집합 Y가 무한집합이므로, $Y-\{x_{n_1}, x_{n_2}, \cdots, x_{n_m}\}$는 공집합이 아니므로 여전히 같은 방법으로 이 집합에 포함된 x_k의 첨자 k 중 가장 작은 수를 찾을 수 있고 이를 n_{m+1}라고 둘 수 있다. 따라서 귀납적으로 $Y=\{x_{n_m} \mid m\in\mathbb{N}\}$이므로 부분집합 Y에 번호를 붙일 수 있다. ■

이 정리와 가산집합의 정의에 따라 다음의 따름 정리를 얻는다.

따름정리 9-79 가산집합의 각각의 부분집합도 가산집합이다.

예시 9-80 공집합이 아닌 집합 A에 대하여 집합 $\{0, 1\}$로의 함수들을 모은 집합을 다음과 같이 정의한다.

$$2^A=\{f: A\to\{0, 1\} \mid f \text{ 함수}\}$$

A의 부분집합 B을 생각하면 B의 모든 특성 함수 χ_B가 2^A의 원소이고 2^A의 원소는 정확히 A의 부분집합에 대응한다. 따라서 A의 멱집합 $\wp(A)=\{B \mid B\subset A\}$에 대하여 함수 $F: \wp(A)\to 2^A,\ B\mapsto\chi_B$가 일대일 대응이다. 그러므로 $\wp(A) \sim 2^A$이다. ■

보조정리 9-81 집합 X가 번호를 붙일 수 있는 집합이면 집합 X에 원소를 하나 더하거나 뺀 집합도 번호를 붙일 수 있는 집합이다.

| 증명 | 집합 X가 번호를 붙일 수 있는 집합이므로 일대일 대응 $f: X\to\mathbb{N}$이 존재한다. 집합 X에 원소 $\{x_0\}$를 더한 집합 $\widetilde{X}=X\cup\{x_0\}$에 대하여 함수 $\widetilde{f}: \widetilde{X}\to\mathbb{N}$을

$$\widetilde{f}(x)=\begin{cases} f(x)+1 & x\in X \\ 1 & x=x_0 \end{cases}$$

으로 정의하면 일대일 대응이다. 따라서 $\widetilde{X}\sim\mathbb{N}$이므로 번호를 붙일 수 있는 집합이다. 마찬가지로 집합 X에서 원소 하나를 뺀 집합도 번호를 붙일 수 있는 집합이다. ■

정리 9-82 집합 A, B가 번호를 붙일 수 있는 집합이면 이들의 합집합 $A\cup B$도 번호를 붙일 수 있는 집합이다.

| 증명 | 먼저 두 집합 A, B가 서로소라고 가정하자. 집합 A, B가 번호를 붙일 수 있는 집합이므로 일대일 대응 $f: X\to\mathbb{N}$, $g: Y\to\mathbb{N}$이 존재한다. 집합 $\mathbb{N}$에 모든 짝수로 구성된 부분집합과 모든 홀수로 구성된 부분집합을 각각 $\mathbb{N}_0$, $\mathbb{N}_1$로 두면 집합 $\mathbb{N}$과의 일대일 대응

$$m_0:\mathbb{N}\to\mathbb{N}_0,\ \ k\mapsto 2k,\ m_1:\mathbb{N}\to\mathbb{N}_1,\ \ k\mapsto 2k-1$$

이 존재한다. 일대일 대응함수의 합성은 일대일 대응이므로

$$m_0\circ f: X\to\mathbb{N}_0,\ m_1\circ g: Y\to\mathbb{N}_1$$

도 일대일 대응이다. 정리 9-76에 의해 $A\cup B\sim\mathbb{N}_0\cup\mathbb{N}_1=\mathbb{N}$이다. 따라서 두 집합 A, B가 서로소일 때 $A\cup B$도 번호를 붙일 수 있는 집합이다.

두 집합 A, B가 서로소가 아니면 B의 부분집합 $A\cap B$를 다른 원소로 간주하는 집합 B'을 생각할 수 있다. 이제 A와 B'은 서로소이고 번호를 붙일 수 있는 집합이다. $A\cup B$가 번호를 붙일 수 있는 집합 $A\cup B'$의 무한 부분집합이므로 정리 9-78에 따라 $A\cup B$도 번호를 붙일 수 있는 집합이다. ■

따름정리 9-83 집합 A_i $i=1,2,\cdots,n$이 번호를 붙일 수 있는 집합이면 $\bigcup_{i=1}^{n}A_i$도 번호를 붙일 수 있는 집합이다.

예시 9-84 정수 집합 $\mathbb{Z}$는 번호를 붙일 수 있는 집합이다.

정수 $\mathbb{Z}$를 서로소인 두 집합 $\mathbb{N}$과 $\{1-k\mid k\in\mathbb{N}\}$의 합집합으로 나타낼 수 있다. 집합 $\{1-k\mid k\in\mathbb{N}\}$는 일대일 대응 $f(k)=1-k$에 의해 번호를 붙일 수 있는 집합이다. 따라서 정수 $\mathbb{Z}$가 번호를 붙일 수 있는 두 집합의 합집합이므로 정리 9-82에 따라 번호를 붙일 수 있는 집합이다. ■

정리 9-85 자연수 $\mathbb{N}$의 곱집합 $\mathbb{N}\times\mathbb{N}$은 번호를 붙일 수 있는 집합이다.

| 증명 | 함수 $f:\mathbb{N}\times\mathbb{N}\to\mathbb{N}$, $f(i,j)=2^i3^j$를 생각한다. 함수 f가 단사함수이므로

$$\mathbb{N}\times\mathbb{N}\sim f(\mathbb{N}\times\mathbb{N})\subset\mathbb{N}$$

이다. $\mathbb{N}\times\mathbb{N}$가 무한집합이므로 $f(\mathbb{N}\times\mathbb{N})$가 번호를 붙일 수 있는 집합 $\mathbb{N}$의 무한인 부분집합이다. 정리 9-78에 의해 $f(\mathbb{N}\times\mathbb{N})$이 번호를 붙일 수 있는 집합이며 따라서 $\mathbb{N}\times\mathbb{N}$도 번호를 붙일 수 있는 집합이다. ■

따름정리 9-86 집합 A_i $i\in\mathbb{N}$이 번호를 붙일 수 있는 집합이고 $A_j\cap A_k=\varnothing$, $j\neq k$ 이면 $\bigcup_{i\in\mathbb{N}}A_i$도 번호를 붙일 수 있는 집합이다.

| 증명 | 각각의 $i\in\mathbb{N}$에 대하여 집합 A_i 이 번호를 붙일 수 있는 집합이므로 일대일 대응 함수 $g_i:A_i\to\mathbb{N}$을 생각한다. 함수 $f_i:A_i\to\mathbb{N}\times\{i\}$, $f_i(a)=(g_i(a),\ i)$ $a\in A_i$를 정의하면 이 함수도 일대일 대응이므로 $\bigcup_{i\in\mathbb{N}}A_i\sim\bigcup_{i\in\mathbb{N}}\mathbb{N}\times\{i\}$이다. $\bigcup_{i\in\mathbb{N}}\mathbb{N}\times\{i\}=\mathbb{N}\times\mathbb{N}$이고 $\mathbb{N}\times\mathbb{N}$이 번호를 붙일 수 있는 집합이므로 $\bigcup_{i\in\mathbb{N}}A_i$도 번호를 붙일 수 있는 집합이다. ■

주: 위에서 $\bigcup_{i\in\mathbb{N}}A_i\sim\bigcup_{i\in\mathbb{N}}\mathbb{N}\times\{i\}$는 좀 더 세밀한 서술이 필요한데 이 부분은 독자에게 맡긴다.

예시 9-87 유리수 집합 $\mathbb{Q}$는 번호를 붙일 수 있는 집합이다.

유리수는 0이거나 서로소인 자연수 p, q에 대하여 $\frac{p}{q}$, $-\frac{p}{q}$꼴로 나타낼 수 있다. 이들 표현에 따라 유리수의 부분집합

$$\mathbb{Q}_+=\left\{\frac{p}{q}\in\mathbb{Q}\mid p,\ q\text{서로소인 자연수}\right\},\ \mathbb{Q}_-=\left\{-\frac{p}{q}\in\mathbb{Q}\mid p,\ q\text{서로소인 자연수}\right\}$$

을 정의하면 유리수 집합 $\mathbb{Q}$는 서로소인 집합 $\mathbb{Q}_+$, $\mathbb{Q}_-$, $\{0\}$의 합집합이므로 보조정리 9-80에 따라 $\mathbb{Q}_+$가 번호를 붙일 수 있는 집합임을 보이면 충분하다.

함수 $f:\mathbb{Q}_+\to\mathbb{N}\times\mathbb{N}$을 $\frac{p}{q}\mapsto(p,\ q)$로 정의하면 p, q가 서로소이므로 f가 단사함수이다. 따라서 $\mathbb{Q}_+\sim f(\mathbb{Q}_+)\subset\mathbb{N}\times\mathbb{N}$이다. $\mathbb{Q}_+\supset\mathbb{N}$이므로 $\mathbb{Q}_+$는 무한집합이고 대등인 집합 $f(\mathbb{Q}_+)$는 정리 9-85에 의해 번호를 붙일 수 있는 집합 $\mathbb{N}\times\mathbb{N}$의 무한인 부분집합이다. 그러므로 정리 9-78에 의해 $f(\mathbb{Q}_+)$과 마찬가지로 대등인 $\mathbb{Q}_+$은 번호를 붙일 수 있는 집합이다. ■

정리 9-88 집합 X가 무한집합이면 번호를 붙일 수 있는 부분집합을 포함한다.

❙증명❙ 집합 X에서 원소 하나를 선택하고 x_1이라고 하자. 귀납적으로 자연수 n에 대하여 $\{x_k \in X \mid k=1, 2, \cdots, n\}$이 선택되었다고 하면 집합 X가 무한집합이므로 $X-\{x_k \in X \mid k=1, 2, \cdots, n\}$이 무한집합이다. $X-\{x_k \in X \mid k=1, 2, \cdots, n\}$에서 x_{n+1}을 선택하여 X의 부분집합 $\{x_k \in X \mid k=1, 2, \cdots, n+1\}$를 얻는다. 귀납적으로 X의 부분집합 $\{x_k \in X \mid k \in \mathbb{N}\}$을 얻을 수 있으며 이 집합은 번호를 붙일 수 있는 집합이다. ■

정리 9-89 실수 $\mathbb{R}$의 열린 구간 $(0, 1)$은 번호를 붙일 수 없는 집합이다.

❙증명❙ 열린 구간 $(0, 1)$의 포함된 실수 x를 아래와 같이 10진법의 무한소수의 표기로 나타낸다.

$$x = 0.x_1x_2\cdots \text{ 단 } x_k \in \{0, 1, 2, 3, \cdots, 9\}, \ k \in \mathbb{N}$$

예를 들어 $\frac{1}{3} = 0.333\cdots$, $\frac{1}{4} = 0.25 = 0.24999\cdots$ 같이 나타낼 수 있다. 이 표기법에 의하면 $x, y \in (0, 1)$에 대하여

$$x(=0.x_1x_2\cdots) \neq y(=0.y_1y_2\cdots) \Leftrightarrow \exists\, n, \ x_n \neq y_n$$

인 것을 알 수 있다.

이제 열린 구간 $(0, 1)$은 번호를 붙일 수 있는 집합이라 가정하면 일대일 대응 $f : \mathbb{N} \to (0, 1)$, $k \mapsto f(k)$이 존재한다. 각각의 $f(k) \in (0, 1)$를 위의 10진법의 무한소수의 표기로

$$f(k) = 0.a_{k1}a_{k2}a_{k3}\cdots$$

로 나타낸다. 이 $f(k)$의 10진법 무한소수의 표기에서 k번째 수 a_{kk}를 선택하여 아래의 조건에 따라 $z = 0.z_1z_2z_3\cdots\cdots$를 구성한다.

$$z_k = \begin{cases} 5 & a_{kk} \neq 5 \\ 1 & a_{kk} = 5 \end{cases}$$

이렇게 구성된 z는 구간 $(0, 1)$에 포함되고, 모든 $k \in \mathbb{N}$에 대하여 $a_{kk} \neq z_k$이므로 $z \neq f(k)$이다. 따라서 구성된 수 z는 구간 $(0, 1)$의 원소이지만 $f(\mathbb{N}) = (0, 1)$의 원

소가 아니므로 모순이다.

따라서 열린 구간 $(0, 1)$은 번호를 붙일 수 없는 집합이다. ■

주: 위에 z를 구성하는 방법을 **칸토르의 대각 방법**이라 한다.

예시 9-90

① 실수 $\mathbb{R}$은 번호를 붙일 수 없는 집합이다. 만약 번호를 붙일 수 있는 집합이라면 정리 9-78에 의하여 무한 부분집합 $(0, 1)$도 번호를 붙일 수 있는 집합이다. 이는 정리 9-89에 의해 모순이다.

② 무리수 집합 $\mathbb{R}-\mathbb{Q}$은 번호를 붙일 수 없는 집합이다. 만약 $\mathbb{R}-\mathbb{Q}$ 번호를 붙일 수 있는 집합이라면 예시 9-87에 의하여 $\mathbb{Q}$도 번호를 붙일 수 있는 집합이므로 정리 9-82에 의해 두 번호를 붙일 수 있는 집합 $\mathbb{R}-\mathbb{Q}$와 $\mathbb{Q}$의 합집합 $(\mathbb{R}-\mathbb{Q})\cup\mathbb{Q}=\mathbb{R}$도 번호를 붙일 수 있는 집합이다. 이는 위 ①에 모순이다. ■

기수

이제 집합의 크기를 나타내는 수의 모임과 연산에 대하여 이야기한다. 이 절에 소개되는 내용의 자세한 증명은 대체로 생략하며 자세한 내용은 참고도서를 참고하기 바란다.

집합 X의 원소의 개수를 기수(cardinal number)라고 하고 $Card(X)$라고 나타낸다. 예를 들어 유한집합 $\mathbb{N}_k$은 원소의 개수가 k이므로 $Card(\mathbb{N}_k)=k$이다. 이렇게 집합의 원소의 개수를 나타내는 수의 집합을 기수의 집합이라 하고 다음과 같은 규칙에 따라 기수 $Card(X)$를 부여한다.

규칙

(1) 각각의 집합A에 기수 $Card(A)$가 유일하게 결정되며 역으로 각각의 기수 b에 대하여 $Card(B)=b$인 집합 B가 존재한다.

(2) 집합 A에 대하여, $Card(A)=0 \Leftrightarrow A=\varnothing$

(3) $A\sim\mathbb{N}_k$이면 $Card(A)=k$이다.

(4) 집합 A, B에 대하여, $A\sim B \Leftrightarrow Card(A)=Card(B)$

실수 $\mathbb{R}$에는 자연스러운 순서가 있어서 서로 다른 두 실수 a, b를 $a<b$(또는 $b<a$)로 나타낸다. 기수의 집합에도 아래와 같이 순서를 정할 수 있다.

정의 9-91 기수의 집합의 순서 두 집합 A, B에 대하여 기수 $Card(A)$, $Card(B)$의 순서를 다음과 같이 정의한다.

$$Card(A) < Card(B) \Leftrightarrow \begin{cases} \exists \widetilde{B} \subset B\ ,\ A \sim \widetilde{B} \\ \nexists \widetilde{A} \subset A\ ,\ B \sim \widetilde{A} \end{cases}$$

주: 마찬가지로 $Card(A) \le Card(B)$는 $Card(A) < Card(B)$ 또는 $Card(A) = Card(B)$인 것을 나타내기로 한다. 여기서 $Card(A) = Card(B)$은 $A \sim B$와 동치인 것을 상기하기로 한다.

예시 9-92 $Card(\mathbb{N}) < Card(\mathbb{R})$

$\mathbb{N} \sim \mathbb{N} \subset \mathbb{R}$이지만 $\mathbb{R} \sim A \subset \mathbb{N}$인 부분집합 A는 존재하지 않음을 쉽게 보일 수 있다. ■

정리 9-93 Schröder-Bernstein 두 집합 A, B에 대하여, A가 B의 부분집합과 대등이고 B가 A의 부분집합과 동등이면 A와 B는 대등이다.

주: 이 정리에 의해 두 집합 A, B에 대하여 $Card(A) \le Card(B)$이고 $Card(B) \le Card(A)$이면 $Card(A) = Card(B)$이다.

이제 기수를 기수의 집합의 순서에 따라 나열하면

$$0 < 1 < 2 < \cdots < k < k+1 < \cdots$$

이고 무한집합을 나타내는 기수를 초한기수(transfinite cardinal)이라 부른다. 이들 초한기수를 구성하는 한 가지 방법으로 멱집합의 기수를 이용할 수 있다.

정리 9-94 칸토르 집합 X와 멱집합 $\wp(X)$에 대하여 다음이 성립한다.

$$Card(X) < Card(\wp(X))$$

주: 위 정리를 이용하여 무한집합의 기수를

$$Card(\mathbb{N}) < Card(\wp(\mathbb{N}))$$
$$Card(\mathbb{R}) < Card(\wp(\mathbb{R})) < Card(\wp(\wp(\mathbb{R}))) < \cdots$$

와 같이 구성할 수 있다.

기수의 합과 곱

집합의 크기에 집합의 기본 연산이 반영되도록 생각하면 이에 대응하는 기수 집합의 합과 곱을 정의할 수 있다. 우리가 잘 알고 있는 합과 곱의 기호를 이용하기는 하지만 이들이 초한기수를 포함한 기수의 집합에 정의되었음을 염두에 두기로 한다.

정의 9-95 기수의 합 기수 a, b에 대하여, **기수의 합** $a+b$는 $Card(A)=a$, $Card(B)=b$이고 서로소인 두 집합 A, B의 합집합의 기수 $Card(A\cup B)$로 정한다.

주: 합의 정의가 잘 정의되기 위하여 다음 두 사실을 확인하여야 한다. 독자의 연습문제로 둔다.

(1) 주어진 기수 a, b에 대하여 $Card(A)=a$, $Card(B)=b$, $A\cap B=\varnothing$인 집합 A, B이 존재한다.

(2) 다른 한 쌍의 집합이 $\widetilde{A}$, $\widetilde{B}$가 $Card(\widetilde{A})=a$, $Card(\widetilde{B})=b$, $\widetilde{A}\cap\widetilde{B}=\varnothing$이면 $Card(\widetilde{A}\cup\widetilde{B})=Card(A\cup B)$이다.

예시 9-96 기수의 합 $2+3$을 구하시오.

〈풀이〉 집합 $A=\{1, 2\}$, $B=\{3, 4, 5\}$가 $Card(A)=2$, $Card(B)=3$, $A\cap B=\varnothing$이므로 $2+3=Card(A\cup B)=Card(\mathbb{N}_5)=5$이다. ■

집합의 합집합 연산이 가환이고 결합적이므로 다음의 정리를 얻을 수 있다.

정리 9-97 기수의 합의 성질

a, b, c가 임의의 기수라고 할 때 기수의 합에 대하여 다음이 성립한다.

(1) (가환성) $a+b=b+a$

(2) (결합성) $(a+b)+c=a+(b+c)$

무한집합 중 가장 작은 집합인 자연수 $\mathbb{N}$의 기수를 $Card(\mathbb{N}) = \aleph_0$(aleph-null)으로 나타내고 실수 $\mathbb{R}$의 기수를 $Card(\mathbb{R}) = c$로 나타낸다.

예제 9-98 다음 기수의 합을 구하시오.

(1) $2 + \aleph_0$ (2) $\aleph_0 + \aleph_0$ (3) $\aleph_0 + c$

〈풀이〉 (1) 집합 $A = \{1, 2\}$, $B = \{k \mid k \in \mathbb{N},\ k \geq 3\}$가

$$Card(A) = 2,\ Card(B) = \aleph_0,\ A \cap B = \varnothing$$

이므로 $2 + \aleph_0 = Card(A \cup B) = Card(\mathbb{N}) = \aleph_0$이다.

(2) 집합 $\mathbb{N}_0 = \{2m \mid m \in \mathbb{N}\}$과 $\mathbb{N}_1 = \{2m-1 \mid m \in \mathbb{N}\}$이

$$Card(\mathbb{N}_0) = \aleph_0, Card(\mathbb{N}_1) = \aleph_0,\ \mathbb{N}_0 \cap \mathbb{N}_1 = \varnothing$$

를 만족하므로 $\aleph_0 + \aleph_0 = Card(\mathbb{N}_0 \cup \mathbb{N}_0) = Card(\mathbb{N}) = \aleph_0$이다.

(3) 집합 $(0, 1)$와 실수 $\mathbb{R}$이 동등하므로 $Card((0, 1)) = Card(\mathbb{R}) = c$이다. 집합 $(0, 1)$과 $\mathbb{N}$이 서로소이므로 $\aleph_0 + c = Card(\mathbb{N} \cup (0, 1))$이다. 한편 $\mathbb{R} \sim (0, 1) \subset \mathbb{N} \cup (0, 1)$이고 $\mathbb{N} \cup (0, 1) \sim \mathbb{N} \cup (0, 1) \subset \mathbb{R}$이므로 정리 9-92에 의해 $\mathbb{R} \sim \mathbb{N} \cup (0, 1)$이다. 따라서 $\aleph_0 + c = Card(\mathbb{N} \cup (0, 1)) = Card(\mathbb{R}) = c$이다.

정의 9-99 기수의 곱 기수 a, b에 대하여, **기수의 곱** ab는 $Card(A) = a$, $Card(B) = b$인 두 집합 A, B의 곱집합의 기수 $Card(A \times B)$로 정한다.

주: 기수의 합과 마찬가지로 곱의 정의가 잘 정의되기 위하여 주어진 기수 a, b에 대하여 서로 다른 두 쌍의 집합이 선택되어도 이들의 곱집합이 서로 대등임을 보여야 한다. 독자의 연습문제로 둔다.

곱집합의 성질에 의해 기수의 곱에 대한 성질을 쉽게 얻을 수 있다.

정리 9-100 기수의 곱의 성질 a, b, c가 임의의 기수라고 할 때 다음이 성립한다.

(1) 가환성 $ab = ba$

(2) 결합성 $(ab)c = a(bc)$

(3) 분배성 $a(b+c) = ab + ac$

예제 9-101 임의의 기수 x에 대하여 다음을 구하시오.

(1) $1x$ (2) $0x$ (3) $\aleph_o \aleph_o$ (4) cc

〈풀이〉 (1) 집합 A를 기수 $Card(A) = x$인 집합이라고 할 때, $\{1\} \times A$는 A와 대등하다. 따라서 $1x = Card(\{1\} \times A) = Card(A) = x$이다.

(2) 집합 A를 기수 $Card(A) = x$인 집합이라고 할 때, $\varnothing \times A$는 $\varnothing$와 같다. 따라서 $0x = Card(\varnothing \times A) = Card(\varnothing) = 0$이다.

(3) 정리 9-84와 정리 9-93에 의하여 $\mathbb{N} \sim \mathbb{N} \times \mathbb{N}$이다. 따라서

$$\aleph_o \aleph_o = Card(\mathbb{N} \times \mathbb{N}) = Card(\mathbb{N}) = \aleph_o$$

이다.

(4) 집합 $(0, 1)$와 실수 $\mathbb{R}$이 대등하므로 $(0, 1) \times (0, 1)$을 생각하고 $x \in (0, 1)$에 대하여 정리 9-89에서 소개한 십진법의 무한소수 표기 $x = 0.x_1 x_2 \cdots$를 이용한다. 함수 $f : (0, 1) \times (0, 1) \to (0, 1)$을

$$(0.x_1 x_2 \cdots,\ 0.y_1 y_2 \cdots) \mapsto 0.x_1 y_1 x_2 y_2 \cdots$$

로 정의하면 함수 f는 단사함수이다. 따라서 $cc = Card((0, 1) \times (0, 1)) \leq Card((0, 1)) = c$이다. 함수 $g : (0, 1) \to (0, 1) \times (0, 1)$을

$$0.x_1 x_2 x_3 x_4 \cdots \mapsto (0.x_1 x_3 \cdots,\ 0.x_2 x_4 \cdots)$$

로 정의하면 함수 g가 단사이고 따라서 $cc = Card((0, 1) \times (0, 1)) \geq Card((0, 1)) = c$이다. 그러므로 기수의 곱 $cc = c$이다.

유한집합의 기수 a, n에 대하여 a^n를 곱집합의 기수에 근거하여 a를 n번 곱한 것으로 볼 때 무한집합의 기수에 대하여 a^n를 정의하기 위하여 곱집합의 개념을 일반화하여야 한다. a^n이 집합 $\{(a_1, a_2, \cdots, a_n) \mid a_i \in A,\ i = 1, 2, \cdots, n\}$ 의 기수이므로 이 집합을 n개의 원소를 가진 집합에서 집합 A로의 함수의 집합 $\{f : \{1, 2, \cdots, n\} \to A \mid f \text{ 함수}\}$로 이해하면 일반적으로 기수의 지수를 다음과 같이 정의할 수 있다.

정의 9-102 기수의 지수 기수 $a(\neq 0)$, b에 대하여, $Card(A)=a$, $Card(B)=b$인 두 집합 A, B에 대하여 집합 A에서 집합 B로의 모든 함수의 집합을 B^A로 나타내고 기수 $b^a = Card\,B^A$로 정의한다.

주: 기수의 합과 곱과 마찬가지로 b^a의 정의를 위하여 집합의 선택과 이들로 구성된 함수의 집합이 나타나므로 이 정의가 잘 정의되기 위하여 네 집합 A, B, X, Y에 대하여 $A \sim X$, $B \sim Y$이면 $B^A \sim Y^X$임을 확인하여야 한다. 독자의 연습문제로 둔다. ■

예제 9-103 집합 A에 대하여 $Card(\wp(A)) = 2^{Card(A)}$를 보이시오.

〈풀이〉 집합 A의 부분집합 B에 대하여 특성함수 $\chi_B : A \to \{0,\ 1\}$를 생각하면 집합 A의 부분집합의 집합 $\wp(A)$와 $\{0,\ 1\}^A$가 일대일 대응임을 알 수 있다. 따라서

$$Card(\wp(A)) = Card(\{0,\ 1\}^A) = 2^{Card(A)}$$

이다.

임의의 집합 A, B, X, Y, Z에 대하여 다음이 성립함을 보일 수 있다.

$$A^X \times A^Y \sim A^{X \cup Y},\ Z^{X \times Y} \sim (Z^Y)^X,\ (A \times B)^X \sim A^X \times B^X$$

이를 근거로 다음 기수의 지수의 성질을 얻는다. 증명은 생략한다.

정리 9-104 기수의 지수의 성질 기수 a, b, x, y에 대하여 다음이 성립한다.

(1) $a^x a^y = a^{x+y}$

(2) $(z^y)^x = z^{yx}$

(3) $(ab)^x = a^x b^x$

정리 9-105 $2^{\aleph_0} = c$

❙증명❙ 먼저 $c \le 2^{\aleph_0}$를 보이고 $c \ge 2^{\aleph_0}$를 보여 $2^{\aleph_0} = c$를 보인다.

함수 $f : \mathbb{R} \to \wp(\mathbb{Q})$ $f(a) = \{x \in \mathbb{Q} \mid x < a\}(a \in \mathbb{R})$를 생각한다. 임의의 실수 $a < b$에 대하여 $a < r < b$를 만족하는 유리수 r가 존재한다. 따라서

$r \not\in f(a)$, $r \in f(b)$ 이므로 f는 단사함수이다. 예시 9-86, 예제 9-102에 따라 $c = Card(\mathbb{R}) \leq Card(\wp(\mathbb{Q})) = 2^{\aleph_0}$이다.

함수 $\Phi : \{0, 1\}^{\mathbb{N}} \to \mathbb{R}$, $\Phi(f) = 0.f(1)f(2)f(3)\cdots(f \in \{0, 1\}^{\mathbb{N}})$를 생각한다. 임의의 함수 $f \in \{0, 1\}^{\mathbb{N}}$에 대하여

$$\Phi(f) = 0.f(1)f(2)f(3)\cdots$$

는 각각의 자릿수가 0, 1로 구성된 소수이므로 Φ가 단사함수임을 알 수 있다. 따라서 $2^{\aleph_0} = 2^{Card(\mathbb{N})} = Card(\{0, 1\}^{\mathbb{N}}) \leq Card(\mathbb{R}) = c$이다. ■

정리 9-106 $\aleph_0 < c$

| 증명 | 정리 9-94, 예제 9-103, 정리 9-105에 의해

$$\aleph_0 < Card(\wp(\mathbb{N})) = 2^{Card(\mathbb{N})} = 2^{\aleph_0} = c$$

이다. ■

예제 9-101(4)를 정리 9-104와 정리 9-105를 활용하여 보일 수 있다.

예제 9-107 $cc = c$

〈풀이〉 예제 9-101, 정리 9-104, 정리 9-105에 의해

$$cc = 2^{\aleph_0} 2^{\aleph_0} = 2^{\aleph_0 + \aleph_0} = 2^{\aleph_0} = c$$

이다.

연습문제

25. 집합 A가 무한집합이면 곱집합 $A \times A$도 무한집합임을 보이시오.

26. 집합 A가 번호를 붙일 수 있는 집합이고 집합 Y가 유한집합이면 $A \cup B$도 번호를 붙일 수 있는 집합임을 보이시오.

27. 집합 A와 집합 A에서 집합 $\{0,\ 1\}$로의 모든 함수의 집합 2^A에 대하여 $\wp(A) \sim 2^A$를 보이시오.

28. 집합 $A,\ B$에 대하여, $Card(A) \le Card(B)$일 필요충분조건이 단사함수 $f : A \to B$가 존재하는 것임을 보이시오.

29. 집합 $A,\ B$에 대하여, 만약 $A \sim B$이면 $Card(A) = Card(B)$임을 보이시오.

30. 임의의 유한 기수 n에 대하여 $n + \aleph_0 = \aleph_0,\ n + c = c$를 보이시오.

31. $c + c = c$를 보이시오.

32. 예제 9-101(4)의 함수 $g : (0,\ 1) \to (0,\ 1) \times (0,\ 1)$

$$0.x_1x_2x_3x_4 \cdots \mapsto (0.x_1x_3 \cdots\ ,\ 0.x_2x_4 \cdots)$$

가 단사함수임을 보이시오.

33. $n \ge 2$인 유한 기수에 대하여, $n^{\aleph_0} = c = \aleph_0^{\aleph_0}$ 임을 보이시오.

34. $Card(\mathbb{C}) = c$임을 보이시오.

제 10 장

정수

제1절 정수의 성질

이 절에서는 정수의 기초적인 성질을 다룬다.

정수 집합에는 덧셈과 곱셈이 정의되었으며 덧셈의 역으로 뺄셈에 대하여도 닫혀 있다. 따라서 정수의 덧셈, 뺄셈, 곱셈으로 이루어진 연산의 결과는 정수가 된다. 그러나 정수로 정수를 나누어도 일반적으로 정수가 되지 못한다. 정수로 정수를 나눌 수 있는 경우는 정수들의 관계를 약수와 배수로 부른다.

약수와 배수

임의의 정수 x, y에 대하여 y가 x로 나누어지면 y를 x의 **배수**(또는 x가 y의 **약수**)라고 하고 $x \mid y$라고 나타낸다. y가 x의 배수가 아니면 $x \nmid y$라고 나타낸다.

정리 10-1 임의의 정수 x, y, z에 대하여 다음이 성립한다.

(1) $x \mid x$

(2) $x \mid y$이고 $y \mid z$이면 $x \mid z$이다.

(3) $x \mid y$이고 $y \neq 0$이면 $|x| \leq |y|$이다.

(4) $x \mid y$이고 $x \mid z$이면 임의의 정수 a, b에 대하여 $x \mid (ay+bz)$이다.

(5) $x \mid y,\ y \mid x \Leftrightarrow x = \pm y$

(6) $x \mid y$이고 $y \neq 0$이면 $\frac{y}{x} \mid y$이다.

(7) $x \mid y$이고 $z \neq 0$이면 $xz \mid yz$이다.

증명 약수의 정의에 따른 간단한 증명으로 (4)를 증명하고 나머지는 독자에게 맡긴다.

$x \mid y$이고 $x \mid z$이므로 정수 m, l이 존재하여 $y = mx$, $z = lx$로 나타낼 수 있다. 임의의 정수 a, b에 대하여 $ay + bz = amx + blx = (am + bl)x$이다. $am + bl$이 정수이므로 $x \mid (ay + bz)$이다. ■

주: 위의 (4)를 활용한 꼴로 $x \mid y$이고 $x \mid z$이면 $x \mid (y+z)$, $x \mid (y-z)$, $x \mid (z-y)$이다.

예제 10-2 1부터 20까지 숫자가 적힌 카드가 차례로 뒤집혀서 놓여 있다고 하자. 마찬가지로 1번부터 20번까지 번호를 가진 앵무새가 차례로 나와서 자기 번호와 자기 번호의 배수에 있는 카드를 뒤집으면서 지나가는 일을 한다고 한다. 20번까지 앵무새가 지나간 후 앞면을 보이는 카드의 개수를 구하시오.

〈풀이〉 자연수 m에 대하여 자연수 x가 약수라면 $\frac{m}{x}$도 약수이다. 1, m을 포함하여 자연수 m의 약수에 대하여 짝이 되는 약수가 있다. 따라서 짝이 되는 약수가 자기 자신이 되는 경우가 포함되지 않는 자연수 m은 짝수 번 앵무새가 지나가므로 모든 행사 후 해당 카드는 뒤집혀 있고 짝이 되는 약수가 자기 자신이 되는 경우를 포함하면 해당 카드는 앞면을 보인다. 따라서 자연수 m에 해당하는 카드가 앞면을 보이려면 완전제곱수이어야 한다. 1과 20 사이의 완전제곱수는 1^2, 2^2, 3^2, 4^2뿐이므로 앞면을 보이는 카드의 수는 4이다.

예시 10-3

① 자연수 $n(>1)$에 대하여 2^n은 연속한 두 홀수의 합이다.

| 증명 | 자연수 $n(>1)$에 대하여 $2^{n-1}-1$, $2^{n-1}+1$이 연속한 홀수이고

$$(2^{n-1}-1)+(2^{n-1}+1)=2^n$$

이다. ■

② 자연수 n에 대하여 3^n은 연속한 세 정수의 합이다.

| 증명 | 자연수 n에 대하여 $3^{n-1}-1$, 3^{n-1}, $3^{n-1}+1$이 연속한 세 정수이고

$$(3^{n-1}-1)+3^{n-1}+(3^{n-1}+1)=3^n$$

이다. ■

예제 10-4 역수의 합으로 1이 되는 $2m$개의 홀수 n_1, n_2, $\cdots$, n_{2m}을 찾으시오.

〈풀이〉 역수의 합이 1이도록 하는 $2m$개의 홀수 n_1, n_2, $\cdots$, n_{2m}이 존재한다고 하면

$$\frac{1}{n_1}+\frac{1}{n_2}+\cdots+\frac{1}{n_{2m}}=1$$

이다. 좌변을 통분하면

$$\frac{\sum_{k=1}^{2m} S_k}{n_1 n_2 \cdots n_{2m}} = 1 \ (\text{단 } S_k = \prod_{\substack{i=1,\ \cdots,\ 2m \\ i \neq k}} n_i\ ,\ k=1,\ \cdots,\ 2m)$$

이고 $\sum_{k=1}^{2m} S_k = n_1 n_2 \cdots n_{2m}$이다. 각각의 $S_k\,(k=1,\ \cdots,\ 2m)$는 홀수의 곱으로 정의되었으므로 홀수이며 $2m$개의 홀수의 합인 $\sum_{k=1}^{2m} S_k$는 짝수이다. 반면 $2m$개의 홀수의 곱 $n_1 n_2 \cdots n_{2m}$는 홀수이다. 따라서 $\sum_{k=1}^{2m} S_k = n_1 n_2 \cdots n_{2m}$의 좌변은 짝수이고 우변은 홀수이므로 모순이다. 따라서 조건을 만족하는 홀수들은 존재하지 않는다.

예시 10-5 자연수 n에 대하여 $3^{2^n}+1$은 2의 배수이지만 4의 배수는 아니다.

〈풀이〉 자연수 n에 대하여 3^{2^n}은 홀수 3을 2^n번 곱한 것으로 홀수이다. 따라서 홀수에 1을 더한 $3^{2^n}+1$은 짝수이므로 2의 배수이다.

$3^{2^n} = (3^2)^{2^{n-1}} = (8+1)^{2^{n-1}}$로 나타내고 $(8+1)^{2^{n-1}}$을 이항전개하면 어떤 자연수 N에 대하여 $(8+1)^{2^{n-1}} = 8N+1$로 나타낼 수 있다. 따라서 $3^{2^n}+1 = 8N+2$이고 $8N$이 4의 배수이므로 $8N+2$는 4의 배수가 아니다. 따라서 $3^{2^n}+1$은 4의 배수가 아니다. ■

동치류와 동치류의 계산

예시 9-43에서 본 것처럼 정수 $\mathbb{Z}$의 양의 정수 n를 고정하고 정수 a, b에 대하여 관계 $\sim$를

$$a \sim b \Leftrightarrow n \mid (a-b)$$

로 정의하면 이 관계는 동치관계이다. 이 동치관계에 대하여 정수 a의 동치류를

$$\overline{a} = \{c \in \mathbb{Z} \mid a \sim b\}$$

로 나타낸다. 예를 들어 자연수 3에 대하여 이 동치관계의 동치류를 구하면

$$\overline{0} = \{3k \mid k \in \mathbb{Z}\},\ \overline{1} = \{3k+1 \mid k \in \mathbb{Z}\},\ \overline{2} = \{3k+2 \mid k \in \mathbb{Z}\}$$

이다. 또한 자연수 7, 1에 대하여 $7-1$이 3의 배수이므로 $\overline{1}=\overline{7}$이다.

자연수 n에 대한 동치류를 모두 모은 동치류 집합 $\mathbb{Z}/\sim$을

$$\mathbb{Z}_n = \{\overline{0},\ \overline{1},\ \overline{2},\ \cdots,\ \overline{n-1}\}$$

로 나타낸다. 흥미롭게도 정수의 덧셈과 곱셈의 성질은 동치류 집합 $\mathbb{Z}_n$에서도 성립한다.

> **정의 10-6 동치류의 덧셈과 곱셈** 자연수 n에 대하여, 동치류 집합 $\mathbb{Z}_n$의 원소 $\overline{a}$, $\overline{b}$의 덧셈 $\overline{a}+\overline{b}$를 $\overline{a}+\overline{b}=\overline{a+b}$로 정의하고 곱셈 $\overline{a}\,\overline{b}$를 $\overline{a}\,\overline{b}=\overline{ab}$로 정의한다.

注: 동치류의 덧셈과 곱셈은 동치류의 대표원의 선택에 관계없이 연산 결과가 같은지 확인하여야 한다. 다시 말해 $\overline{a_1}=\overline{a_2}$, $\overline{b_1}=\overline{b_2}$ 이면 $\overline{a_1+b_1}=\overline{a_2+b_2}$, $\overline{a_1b_1}=\overline{a_2b_2}$이어야 한다.

$\overline{a_1}=\overline{a_2}$, $\overline{b_1}=\overline{b_2}$ 이므로 어떤 정수 k, l에 대하여 $a_1=a_2+nk$, $b_1=b_2+nl$이다. 좌변과 우변을 각각 더하면

$$a_1+b_1=a_2+b_2+n(k+l)$$

이므로 $\overline{a_1+b_1}=\overline{a_2+b_2}$이다. 마찬가지로 좌변과 우변을 각각 곱하면

$$a_1b_1=a_2b_2+n(a_2l+b_2k+nkl)$$

이므로 $\overline{a_1b_1}=\overline{a_2b_2}$이다.

정수의 덧셈과 마찬가지로 동치류 집합 $\mathbb{Z}_n$의 덧셈도 다음 성질을 만족하는 것을 쉽게 확인할 수 있다.

① (결합성) $\mathbb{Z}_n$의 임의의 $\overline{a}$, $\overline{b}$, $\overline{c}$에 대하여 $(\overline{a}+\overline{b})+\overline{c}=\overline{a}+(\overline{b}+\overline{c})$이다.

② (항등원) $\mathbb{Z}_n$의 원소 $\overline{0}$가 임의의 $\overline{a}$에 대하여 $\overline{0}+\overline{a}=\overline{a}+\overline{0}=\overline{a}$이다.

③ (역원) $\mathbb{Z}_n$의 임의의 $\overline{a}$에 대하여 $\mathbb{Z}_n$의 원소 $\overline{-a}$가 $\overline{a}+\overline{-a}=\overline{-a}+\overline{a}=\overline{0}$를 만족한다.

④ (가환성) $\mathbb{Z}_n$의 임의의 $\overline{a}$, $\overline{b}$에 대하여 $\overline{a}+\overline{b}=\overline{b}+\overline{a}$이다.

注: ③에서 $\overline{-a}$가 $\overline{a}$의 덧셈의 역원이라는 의미에서 $\overline{-a}=-\overline{a}$로 나타낸다. 예를 들어 $\mathbb{Z}_5$에서 $-\overline{3}=\overline{-3}=\overline{2}$이다.

정수의 곱셈의 성질을 동치류 집합 $\mathbb{Z}_n$의 곱셈에서도 확인할 수 있다. 정수의 곱셈과 마찬가지로 동치류의 역원의 존재성이 보장되지 않는다.

① (결합성) $\mathbb{Z}_n$의 임의의 $\overline{a}$, $\overline{b}$, $\overline{c}$에 대하여 $(\overline{a}\,\overline{b})\overline{c}=\overline{a}(\overline{b}\,\overline{c})$이다.

② (항등원) $\mathbb{Z}_n$의 원소 $\overline{1}$가 임의의 $\overline{a}$에 대하여 $\overline{1}\,\overline{a}=\overline{a}\,\overline{1}=\overline{a}$이다.

③ (가환성) $\mathbb{Z}_n$의 임의의 $\overline{a}$, $\overline{b}$에 대하여 $\overline{a}\,\overline{b}=\overline{b}\,\overline{a}$이다.

주: 동치류에 정수 m를 더한 $\overline{a}+m$는 $\overline{a}+m=\{nk+a+m \mid k\in\mathbb{Z}\}=\overline{a+m}$이다. 마찬가지로 정수 m를 곱한 $m\overline{a}$는 $m\overline{a}=\{m(nk+a) \mid k\in\mathbb{Z}\}=\overline{ma}$이다.

예시 10-7 정수 m에 대하여 m^2은 3의 배수이거나 3으로 나누어 1이 남는다.

〈풀이〉 ① 정수 m을 3의 배수에 관하여 나타나면 $3k$, $3k+1$, $3k+2$의 꼴 중 하나이다. 제곱하여 3의 배수로 나타내면 $m^2=3(3k^2)$, $3(3k^2+2k)+1$, $3(3k^2+4k+1)+1$이므로 m^2은 3의 배수이거나 3으로 나누어서 1이 남는다.

② 동치류 집합 $\mathbb{Z}_3$에 대하여 $\overline{m}$은 $\overline{0}$, $\overline{1}$, $\overline{2}$ 중 하나이다. $\overline{m}=\overline{0}$이면

$$\overline{m^2}=\overline{m}\,\overline{m}=\overline{0}\,\overline{0}=\overline{0\cdot 0}=\overline{0}$$

이므로 m^2은 3의 배수이다. $\overline{m}=\overline{1}$이면

$$\overline{m^2}=\overline{m}\,\overline{m}=\overline{1}\,\overline{1}=\overline{1\cdot 1}=\overline{1}$$

이므로 m^2은 3으로 나누어 1이 남는다. 마찬가지로 $\overline{m}=\overline{2}$이면

$$\overline{m^2}=\overline{m}\,\overline{m}=\overline{2}\,\overline{2}=\overline{2\cdot 2}=\overline{4}=\overline{1}$$

이므로 m^2은 3으로 나누어 1이 남는다. ■

예시 10-8 자연수 n에 대하여 $n(n+1)(2n+1)$은 6의 배수이다.

〈풀이〉 ① 연속한 세 정수의 곱 $n(n+1)(n+2)$는 6의 배수이다. $n(n+1)(2n+1)$을

$$\begin{aligned}n(n+1)(2n+1)&=n(n+1)(n+2+n-1)\\&=n(n+1)(n+2)+(n-1)n(n+1)\end{aligned}$$

로 나타내면 연속한 세 정수의 곱 $n(n+1)(n+2)$, $(n-1)n(n+1)$의 합이다. 6의 배수의 합도 6의 배수이므로 $n(n+1)(2n+1)$는 6의 배수이다.

② 제곱수의 합에 관한 공식

$$\sum_{k=1}^{n} k^2 = \frac{n(n+1)(2n+1)}{6}$$

을 생각하면 좌변이 정수의 합이므로 정수이고 우변이 정수이기 위하여 $n(n+1)(2n+1)$은 6의 배수이다.

③ 동치류의 집합 $\mathbb{Z}_6$의 원소를 차례로 $n(n+1)(2n+1)$ 대입하여 계산 결과 $\overline{0}$을 얻는다. 예를 들어 $\overline{3}$를 넣어 계산하면

$$\overline{3}(\overline{3}+1)(2\cdot\overline{3}+1) = \overline{3}(\overline{3+1})(\overline{2\cdot 3+1}) = \overline{3\cdot 4\cdot 7} = \overline{0}$$

다른 경우에 대한 세부 계산은 독자에게 맡긴다. ■

예제 10-9 동치류의 계산을 이용하여 예시 10-5를 보이시오.

〈풀이〉 $\mathbb{Z}_2$에 대하여 $3^{2^n}+1$의 동치류를 계산하면

$$\overline{3^{2^n}+1} = \overline{3^{2^n}} + \overline{1} = \overline{3}^{2^n} + \overline{1} = \overline{1}^{2^n} + \overline{1} = \overline{1} + \overline{1} = \overline{0}$$

이다. 따라서 $3^{2^n}+1$는 2의 배수이다.

$\mathbb{Z}_4$에 대하여 $3^{2^n}+1$ 동치류를 계산하면

$$\overline{3^{2^n}+1} = \overline{3^{2^n}} + \overline{1} = \overline{3}^{2^n} + \overline{1} = \overline{-1}^{2^n} + \overline{1} = \overline{1} + \overline{1} = \overline{2}$$

이다. 따라서 $3^{2^n}+1$는 4로 나누어 2가 남는 수이므로 4의 배수가 아니다.

연습문제

1. 집합 $\{1, 2, 3, 4, 5, 6, 7\}$에서 서로 다른 5개의 수를 선택하여 곱한 수 N이라 하자. 이 수 N을 정수에게 알려주었을 때 정수는 이 수들 5개의 수의 합이 홀수인지 짝수인지 추

론할 수 없었다고 한다. N을 구하여라.

2. 2^n(n은 자연수)이 $3^{1024}-1$의 약수가 되도록 하는 n의 최댓값을 구하시오.

제2절 소수와 최대공약수

이 절에서는 소수와 최대공약수의 성질을 다룬다.

소수

자연수 $p(>1)$의 자연수 약수의 집합이 $\{1,\ p\}$이면 p를 **소수**라고 하고, 2개 이상의 소수의 곱으로 나타나는 자연수를 **합성수**라고 한다. 합성수에 대해 다음의 기초적인 사실이 잘 알려져 있어서 합성수의 약수를 찾거나 소인수분해에 활용된다.

정리 10-10 자연수 n이 합성수이면 $\sqrt{n}$보다 작거나 같은 소수가 있다.

증명 자연수 n이 합성수이므로 자연수 $a,\ b\,(a \geq b > 1)$의 곱으로 나타낼 수 있다. 따라서 $n = ab \geq b^2$이고 $\sqrt{n} \geq b$이다. 소수 p를 b의 소인수라고 하면 $\sqrt{n} \geq b \geq p$이므로 $\sqrt{n}$보다 작거나 같은 소수가 있다. ■

예제 10-11 자연수 n에 대하여 $3n-4,\ 4n-5,\ 5n-3$이 모두 소수가 되는 n을 모두 구하시오.

〈풀이〉 $3n-4,\ 4n-5,\ 5n-3$는 서로 다른 수인 것을 쉽게 확인할 수 있다. 모두 더하면

$$(3n-4)+(4n-5)+(5n-3)=12(n-1)$$

으로 짝수이다. 서로 다른 세 소수를 더해서 짝수가 되려면 이들 중 하나는 짝수인 소수 2이어야 한다. $3n-4$가 가장 작은 수이므로 $3n-4=2$이고 $n=2$이다. 따라서 구하는 n은 2이고 이에 해당하는 세 소수는 2, 3, 7이다.

예제 10-12 방정식 $x^2 - px + q = 0$가 서로 다른 자연수 근을 갖도록 하는 소수 p, q를 구하시오.

〈풀이〉 α, β를 주어진 방정식의 서로 다른 자연수 근이라 하자. 근과 계수의 관계에 따라 $\alpha + \beta = p$, $\alpha\beta = q$이다. q가 소수이므로 $\alpha = 1$ 또는 $\beta = 1$이다. $\alpha = 1$이라고 하면 $1 + \beta = p$, $\beta = q$이므로 p, q는 연속한 자연수인 소수이다. 따라서 짝수가 소수이어야 하므로 둘 중 작은 수 $q = 2$이고 $p = 3$이다.

예제 10-13 11개의 연속한 합성수의 수열을 구성하여라.

〈풀이〉 합성수 $11! = 11 \cdot 10 \cdot 9 \cdots 2 \cdot 1$에 대하여 $11! + k$ $(k = 2,\ 3,\ \cdots,\ 11)$은 k가 $11!$의 인수이므로 k를 인수로 하는 합성수이다. $11! + 12$를 생각하면 $12 = 3 \cdot 4$이고 3, 4가 $11!$의 인수이므로 $11! + 12$은 3, 4를 인수로 하는 합성수이다. 따라서

$$11! + k \ (k = 2,\ 3,\ \cdots,\ 12)$$

은 11개의 연속한 합성수의 수열이다.

위 예시에서 합성수의 수열을 구성하는 방법은 소수가 무한하게 존재한다는 다음의 유명한 정리의 증명과 같은 맥락이다.

정리 10-14 무한하게 많은 소수가 존재한다.

| 증명 | 소수의 개수가 유한이라고 가정하고 그 수를 N이라고 하자. 모든 소수를 p_i $(i = 1,\ 2,\ \cdots,\ N)$라고 나타내고 자연수 P를 다음과 같이 정의한다.

$$P = p_1 p_2 \cdots p_N + 1$$

P가 가장 큰 소수 p_N보다 크므로 P는 합성수이다. 따라서 P는 어떤 소수 p_m를 약수로 한다. $p_1 p_2 \cdots p_N$도 소수 p_m를 약수로 하므로 정리 2-1에 의해 소수 p_m를 약수로 하는 두 자연수 P와 $p_1 p_2 \cdots p_N$의 차 $P - p_1 p_2 \cdots p_N = 1$도 소수 p_m를 약수로 한다. 하지만 소수 p_m는 1의 약수가 될 수 없으므로 모순이다. 따라서 소수의 개수는 무한이다. ■

주: 소수의 집합이 번호를 붙일 수 있는 자연수의 집합의 무한인 부분집합이므로 정리 9-77에 의해 소수의 집합도 번호를 붙일 수 있는 집합이다.

최대공약수

자연수 m, n에 대하여 m의 약수이면서 n의 약수인 수를 m, n의 **공약수**(common divisor)라고 하고 이들 중 가장 큰 것을 **최대공약수**(greatest common divisor)라고 하며 $\gcd(m, n)$ 또는 (m, n)로 나타낸다. 자연수 m, n의 최대공약수가 1일 때 두 수가 **서로소**(relative prime, coprime)라고 한다.

정리 10-15 자연수 m, n에 대하여 다음이 성립한다.

(1) p가 소수이면 $\gcd(p, m)$이 1이거나 p이다.

(2) $\gcd(m, n)=d$이면 $\frac{m}{d}$, $\frac{n}{d}$는 서로소이다.

(3) d가 m, n의 공약수이면 d는 $\gcd(m, n)$의 약수이다.

(4) 자연수 m, n의 공약수 d에 대하여 $\frac{m}{d}$, $\frac{n}{d}$가 서로소이면 $\gcd(m, n)=d$이다.

(5) 음이 아닌 정수 q, r에 대하여 $m=nq+r$이면 $\gcd(n, m)=\gcd(n, r)$이다.

| 증명 | (1) $\gcd(p, m)$는 소수 p의 약수이고 소수 p의 약수는 1 또는 p이므로 $\gcd(p, m)$는 1이거나 p이다.

(2) $\frac{m}{d}$, $\frac{n}{d}$가 서로소가 아니면 두 자연수의 공약수 $c(>1)$이 존재하여 $dc(>d)$도 자연수 m, n의 공약수이고 $\gcd(m, n)$보다 크다. 따라서 $\gcd(m, n)$가 최대인 공약수인 것에 모순이다. 따라서 $\frac{m}{d}$, $\frac{n}{d}$가 서로소이다.

(3) m, n의 공약수 d가 $\gcd(m, n)$(D라 하자)의 약수가 아니라고 하자. 두 자연수 d, D의 최대공약수 $\gcd(d, D)$에 대하여 $d=\gcd(d, D)c_d$, $D=\gcd(d, D)c_D$인 $c_d(>1)$, c_D가 존재하고 (2)에 의해 서로소이다. c_d, c_D도 m, n의 공약수이므로 $\gcd(d, D)c_Dc_d=Dc_d$도 m, n의 공약수이다. $c_d>1$이므로 $Dc_d>D$이어서 Dc_d가 D보다 큰 m, n의 공약수이고 이는 D의 최대 조건에 모순이다. 그러므로 m, n의 공약수 d가 $\gcd(m, n)$의 약수이다.

(4) 자연수 m, n의 공약수 d에 대하여 $\frac{m}{d}$, $\frac{n}{d}$가 서로소이나 최대 공약수가 아니라고 하자. (3)에 의해 d는 최대공약수 $\gcd(m, n)$의 약수이다. 따라서 자연수

$c(>1)$에 대하여 $\gcd(m, n) = dc$이다. (2)에 의해 m, n을 각각 $m = \gcd(m, n)m'$, $n = \gcd(m, n)n'$ (단 m', n'은 서로소)로 나타낼 수 있으므로 $m = dcm'$, $n = dcn'$이다. 따라서 $c(>1)$가 $\frac{m}{d} = cm'$, $\frac{n}{d} = cn'$의 인수이므로 $\frac{m}{d}$, $\frac{n}{d}$가 서로소인 것에 모순이다.

(5) $\gcd(n, m)$가 m, n의 약수이므로 $\gcd(n, m)$의 배수 m, nq의 차 $m - nq$도 $\gcd(n, m)$의 배수이다. 따라서 $\gcd(n, m)$는 r의 약수이다. $\gcd(m, n)$가 n의 약수이므로 $\gcd(n, m)$는 n, r의 공약수이고 (3)에 의해 $\gcd(n, m)$은 $\gcd(n, r)$의 약수이다. 같은 방법으로 $\gcd(n, r)$에 대하여 r, nq의 합 $nq + r$을 생각하면 $\gcd(n, r)$은 $\gcd(n, m)$의 약수이다. 정리 10-1(5)에 의해 $\gcd(n, r) = \gcd(n, m)$이다. ■

두 자연수 $m, n(< m)$에 대하여 m을 n으로 나누면 어떤 자연수 q와 음이 아닌 정수 $r(0 \le r < n)$가 유일하게 결정되어 $m = qn + r$로 나타낼 수 있다. 이때 q를 **몫**이라 하고 r을 **나머지**라 한다. 위 정리 10-15(4)에 의해 $\gcd(n, m) = \gcd(n, r)$이다. 따라서 m, n의 최대공약수를 구하는 대신 m보다 작은 r에 대하여 n, r의 최대공약수를 구해도 된다. 이는 유클리드 호제법의 근거가 된다.

유클리드 호제법(Euclidean Algorithm) 자연수 $m, n(< m)$에 대하여 다음과 같이 최대공약수 $\gcd(m, n)$를 구하는 것을 유클리드 호제법이라 한다.

(1) m을 n으로 $m = q_1 n + r_1$와 같이 나누어 나머지 $r_1\ (0 \le r_1 < n)$을 구한다.

만약 $r_1 = 0$이면 n이 구하려는 최대공약수 $\gcd(m, n) = n$이다.
만약 $r_1 \ne 0$이면 (2)로 간다.

(2) $r_1(\ne 0)$으로 n을 $n = q_2 r_1 + r_2$와 같이 나누어 나머지 $r_2\ (0 \le r_2 < r_1)$을 구한다. 이때 정리 10-15(5)에 의해 $\gcd(m, n) = \gcd(n, r_1)$이다.

만약 $r_2 = 0$이면 r_1이 구하려는 최대공약수 $\gcd(m, n) = \gcd(n, r_1) = r_1$이다.
만약 $r_2 \ne 0$이면 (3)으로 간다.

(3) $r_2(\ne 0)$으로 r_1을 $r_1 = q_3 r_2 + r_3$와 같이 나누어 나머지 $r_3\ (0 \le r_3 < r_2)$을 구한다. 이때 정리 10-15(5)에 의해 $\gcd(m, n) = \gcd(n, r_1) = \gcd(r_1, r_2)$이다.

만약 $r_3 = 0$이면 r_2이 구하려는 최대공약수 $\gcd(m, n) = \gcd(r_1, r_2) = r_2$이다.
만약 $r_3 \neq 0$이면 (4)으로 간다.

(4) 귀납적으로 $r_k(\neq 0)$으로 r_{k-1}을 $r_{k-1} = q_{k+1}r_k + r_{k+1}$와 같이 나누어 나머지 $r_{k+1}\,(0 \leq r_{k+1} < r_k)$을 구한다. 이때 정리 10-14(5)에 의해

$$\gcd(m, n) = \gcd(n, r_1) = \cdots = \gcd(r_{k-1}, r_k)$$

이다.

(5) (4)의 결과 $r_{k+1} = 0$이면 r_k가 구하려는 최대공약수 $\gcd(m, n) = \gcd(r_{k-1}, r_k) = r_k$이다. $r_{k+1} \neq 0$이면 (4)를 $k+1$에 대하여 시행한다.

주: 유클리드 호제법은 귀납적으로 나머지를 $r_{k+1}\,(0 \leq r_{k+1} < r_k)$을 구성하는 과정으로 그 크기가 계속 작아지므로 유한 번의 수행 후에 나머지가 0이 되어 순서도가 무한 반복되지 않는다.

예제 10-16 자연수 1443, 1945의 최대공약수를 구하시오.

〈풀이〉 다음과 같이 유클리드 호제법을 쓴다. 아래 $r_7 = 0$이므로 $r_6 = 1$이 최대공약수이다. 따라서 두 자연수는 서로소이다.

	1945	1443	
$1945 = 1 \cdot 1443 + 502$	$r_1 = 502$		
		$r_2 = 439$	$1443 = 2 \cdot 502 + 439$
$502 = 1 \cdot 439 + 63$	$r_3 = 63$		
		$r_4 = 61$	$439 = 6 \cdot 63 + 61$
$63 = 1 \cdot 61 + 2$	$r_5 = 2$		
		$r_6 = 1$	$61 = 30 \cdot 2 + 1$
$2 = 2 \cdot 1 + 0$	$r_7 = 0$		

유클리드 호제법을 역으로 시행하면 다음을 얻는다.

정리 10-17 자연수 m, n에 대하여 $am + bn = \gcd(m, n)$을 만족하는 정수 a, b가 존재한다.

예제 10-18 자연수 105, 154의 최대공약수를 구하고 정리 10-17을 만족하는 정수 a, b를 구하시오.

〈풀이〉 다음과 같이 유클리드 호제법을 쓴다. 아래 $r_3 = 0$이므로 $r_2 = 7$이 최대공약수이다.

	154	105	
$154 = 1 \cdot 105 + 49$	$r_1 = 49$		
		$r_2 = 7$	$105 = 2 \cdot 49 + 7$
$49 = 7 \cdot 7 + 0$	$r_3 = 0$		

이 과정을 거꾸로 하면

$$\begin{aligned} 7 &= 105 - 2 \cdot 49 = 105 - 2 \cdot (154 - 1 \cdot 105) \\ &= 3 \cdot 105 + (-2) \cdot 154 \end{aligned}$$

이다.

제3절 정수 부정방정식

정수를 근으로 하는 정수 계수인 부정방정식을 디오판투스 방정식(Diophantine equation) 또는 정수 부정방정식이라 한다. 부정방정식이므로 일반적으로 방정식의 수보다 변수의 개수가 더 많다.

1차 정수 부정방정식

예제 10-19 정수 부정방정식 $2x = 3y$를 풀어라.

〈풀이〉 $\gcd(2, 3) = 1$로 서로소이다. 좌변이 2의 배수이므로 우변 $3y$도 2의 배수이다.

2, 3이 서로소이므로 y가 2의 배수이다. $y=2m\ (m\in\mathbb{Z})$이다. y를 대입하여 풀면 $x=3m(m\in\mathbb{Z})$이다. 따라서 해는 $x=3m$, $y=2m\ (m\in\mathbb{Z})$이다.

예제 10-20 정수 부정방정식 $2x-3y=1$를 풀어라.

〈풀이〉 $\gcd(2,\ 3)=1$로 서로소이다. 방정식의 우변 1이 $\gcd(2,\ 3)\cdot 1=1$로 구해지므로 정리 10-17처럼 2, 3의 조합으로 $\gcd(2,\ 3)=1$을 만들면 $2\cdot 2+(-1)\cdot 3=1$이다. 이를 방정식에 활용하면 $2x-3y=2\cdot 2+(-1)\cdot 3$이고 2와 3에 대하여 묶으면 $2(x-2)=3(y-1)$이다. 예제 2-18처럼 풀면 $x-2=3m$, $y-1=2m\ (m\in\mathbb{Z})$이다. 따라서 구하는 해는 $x=3m+2$, $y=2m+1\ (m\in\mathbb{Z})$이다.

1차 정수 부정방정식의 풀이

정수 a, b, c 정수에 대하여 부정방정식 $ax+by=c$의 정수해를 다음과 같이 구할 수 있다.

(1) 만약 $\gcd(a,\ b)=1$이면

(가) 유클리드 호제법을 활용하여 정리 10-17의 $\alpha a+\beta b=1$를 만족하는 α, β를 구한다. 양변에 c를 곱하여 $(c\alpha)a+(c\beta)b=c$이다. $A=c\alpha$, $B=c\beta$로 둔다.

(나) (가)의 결과를 방정식에 대입하면 $ax+by=Ax+By$이고 a, b에 관하여 정리하면

$$a(x-A)=b(-y+B)$$

이다. $\gcd(a,\ b)=1$이므로 $x-A=bm$, $-y+B=am\ (m\in\mathbb{Z})$이다.

(다) 구하는 해는 $x=bm+A$, $y=-am+B\ (m\in\mathbb{Z})$이다.

(2) 만약 $\gcd(a,\ b)=d(>1)$이면

(가) c가 d의 배수인가 판정한다. 배수가 아니면 해가 없다.

(나) c가 d의 배수이므로 주어진 방정식의 양변을 d로 나누어

$$\frac{a}{d}x+\frac{b}{d}y=\frac{c}{d}$$

를 얻는다. 정리 2-1에 의해 $\frac{a}{d}$, $\frac{b}{d}$가 서로소이다. (1)의 문제로 두고 푼다.

예제 10-21 정수 부정방정식 $23x+15y=26$을 풀어라.

〈풀이〉 $\gcd(23,\ 15)=1$이므로 23, 15가 서로소이다. 유클리드 호제법을 활용하여

$$26=23+3=23+3(2\cdot 23-3\cdot 15)=7\cdot 23+(-9)\cdot 15$$

을 구한다. 따라서 $23x+15y=26=23\cdot 7+15\cdot(-9)$이다.

$$23(x-7)=-15(y+9)$$

이므로 구하는 답은 $x=-15m+7,\ y=23m-9\,(m\in\mathbb{Z})$이다.

예제 10-22 정수 부정방정식 $7x+9y+10z=19$를 푸시오.

〈풀이〉 위의 방법을 사용하기 위하여 치환을 활용하여 계수의 크기가 작은 방정식을 만든다. 계수는 절대값이 작은 것의 변수를 치환한다. $X=x+y+z-2$로 두어서

$$7X+2y+3z=5$$

를 구하고 $Y=y+3X+z-2$로 두어

$$X+2Y+z=1$$

을 얻는다. 각각 $X=m,\ Y=n\,(m,\ n\in\mathbb{Z})$라고 두면 $z=1-m-2n$이다.

$$y=Y-3X-z+2=n-3m-(1-m-2n)+2=3n-2m+1$$

이고

$$x=X-y-z+2=m-(3n-2m+1)-(1-m-2n)+2=4m-n-2$$

이다.

2차 정수 부정방정식

2차 정수 부정방정식 중 1차 정수 부정방정식의 곱으로 나타낼 수 있는 경우와 관계식이 타원의 방정식 꼴인 경우를 다루기로 한다.

$xy=c$꼴의 정수 부정방정식은 정수 c의 약수들을 나열하여 가능한 모든 곱에 대한 해의 가능성을 판단한다.

예제 10-23 정수 부정방정식 $xy=4$를 푸시오.

〈풀이〉 4의 인수를 나열하면 ± 1, ± 2, ± 4이다. 따라서 구하는 근은 x, y의 쌍으로 $(x, y)=(\pm 1, \pm 4)$, $(\pm 2, \pm 2)$, $(\pm 4, \pm 1)$이다.

$axy+bx+cy+d=0$꼴의 방정식은 양변에 a를 곱하여 $a^2xy+abx+acy=-ad$정리하고 양변에 bc를 더하며 $(ax+c)(ay+b)=-ad+bc$꼴이 되어 앞에서 $XY=c$꼴의 풀이법을 활용할 수 있다.

예제 10-24 정수 부정방정식 $2xy+x+3y-1=0$를 푸시오.

〈풀이〉 $2xy+x+3y-1=0$을 곱의 꼴로 나타내기 위해 변형하면 $4xy+2x+6y+3=5$이다. 따라서 $(2x+3)(2y+1)=5$이다. 5의 인수가 ± 1, ± 5이므로 해가 될 수 있는 경우는

$$(2x+3,\ 2y+1)=(\pm 1,\ \pm 5),\ (\pm 5,\ \pm 1)$$

이다. 따라서 $(x, y)=(-1, 2)$, $(-2, -3)$, $(1, 0)$, $(-4, -1)$ 이다.

자연수 a, b와 음이 아닌 정수 c에 대하여 $ax^2+by^2=c$꼴의 정수 부정방정식을 **타원형**이라고 한다. ax^2, by^2가 양수이므로 $0 \le ax^2$, $by^2 \le c$를 활용하여 해의 후보를 찾고 해가 되는지 확인하여 해를 구한다.

예제 10-25 정수 부정방정식 $3x^2+5y^2=23$을 풀어라.

〈풀이〉 이 방정식의 해는 $3x^2 \le 23$, $5y^2 \le 23$를 만족한다. $5y^2 \le 23$이므로 $y^2=0, 1, 4$가 가능하다.

(1) $y^2=0$이면 $3x^2=23$이므로 정수해가 없다.
(2) $y^2=1$이면 $x^2=6$이므로 정수해가 없다.
(3) $y^2=4$이면 $x^2=1$이다.

따라서 정수해는 $(x, y)=(2, 1)$, $(2, -1)$, $(-2, 1)$, $(-2, -1)$이다.

예제 10-26 자연수 a, b, c에 대하여 정수 부정방정식 $\frac{1}{a}+\frac{1}{b}+\frac{1}{c}=1$를 푸시오.

〈풀이〉 일반성을 잃지 않고 $a \geq b \geq c$라고 가정할 수 있다. 따라서 $\frac{1}{a} \leq \frac{1}{b} \leq \frac{1}{c}$이고

$$\frac{3}{a} \leq \frac{1}{a}+\frac{1}{b}+\frac{1}{c}(=1) \leq \frac{3}{c}$$

이다. 그러므로 $1 \leq c \leq 3$이다.

(1) $c=1$이면 $\frac{1}{a}+\frac{1}{b}=1-\frac{1}{1}=0$이므로 해가 없다.

(2) $c=2$이면 $\frac{1}{a}+\frac{1}{b}=1-\frac{1}{2}=\frac{1}{2}$이다. 통분하면 $2(a+b)=ab$이고 곱의 꼴로 바꾸면 $(a-2)(b-2)=4$이다. $a \geq b \geq 2$이므로 $a-2$, $b-2$가 양수이고 4의 양수인 인수가 1, 2, 4이므로 $(a-2,\ b-2)=(4,\ 1)$, $(2,\ 2)$이다. 따라서 이때의 해는 $(a,\ b,\ c)=(6,\ 3,\ 2)$, $(4,\ 4,\ 2)$이다.

(3) $c=3$이면 $\frac{1}{a}+\frac{1}{b}=1-\frac{1}{3}=\frac{2}{3}$이다. $\frac{1}{a} \leq \frac{1}{b} \leq \frac{1}{3}$이므로 $\frac{1}{a}<\frac{1}{b}$이면 $\frac{1}{b}>\frac{1}{3}$이 되어 모순이 된다. 따라서 $\frac{1}{a}=\frac{1}{b}$이고 $\frac{2}{a}=\frac{2}{3}$이므로 $a=b=3$이다. 이때의 해는 $(a,\ b,\ c)=(3,\ 3,\ 3)$이다.

흥미로운 사실은 구한 해들의 역수에 π를 곱하면

$$\left(\frac{\pi}{6},\ \frac{\pi}{3},\ \frac{\pi}{2}\right),\ \left(\frac{\pi}{4},\ \frac{\pi}{4},\ \frac{\pi}{2}\right),\ \left(\frac{\pi}{3},\ \frac{\pi}{3},\ \frac{\pi}{3}\right)$$

로 매우 익숙한 삼각형의 특수각을 나타낸다.

오일러 공식과 정다면체

공간의 볼록 다면체 P에 대하여 다면체의 꼭짓점의 수 V, 변의 수 E, 면의 수 F에 대하여 오일러의 공식

$$V-E+F=2$$

이 성립하는 사실이 잘 알려져 있다. 여기서 2는 구의 위상적 값으로 구와 위상적으로 동형인 볼록 다면체도 같은 값을 가진다. 다면체가 볼록이 아니더라도 다면체에 적당히 바람을 불어 넣어 팽팽하게 만들었을 때 구나 타원면 꼴이 되는 다면체는 마찬가지로 이 오

일러 공식이 성립한다. 같은 작업을 하여 튜브 꼴이 되는 다면체들에도 비슷한 공식을 사용할 수 있는데 이때는 우변에 2 대신 0이 결과로 얻어진다. 공간의 여러 가지 곡면에서 비슷한 논의를 진행하여 우변에 해당하는 수를 찾을 수 있다.

공간의 볼록 다면체 P의 각각의 면이 모두 정 $p(\geq 3)$-각형일 때 이 다면체를 **정다면체** 또는 **플라톤 다면체**라고 한다. 예를 들어 정사면체는 각각의 면이 정삼각형인 네 개의 면으로 구성된 다면체이다. 예시 2-24의 경험을 바탕으로 정수 부정 부등식을 풀어 공간의 정다면체를 분류하기로 하겠다.

공간의 정다면체에 대하여 다음의 사실을 관찰한다.

(1) q개의 면이 각각의 꼭짓점을 공유한다. 여기서 $q \geq 3$이어야 한다.
(2) 한 변은 두 개의 면에 의하여 공유된다.
(3) 한 변은 두 개의 꼭짓점을 포함한다.

이제 각 면에 대하여 p개의 변을 중복을 허락해서 세면 $p \cdot F$이고, 여기서 각 변은 관찰 (2)에 의해 모두 2번씩 세어지므로 $p \cdot F = 2E$이다. 마찬가지로 각 꼭짓점에 대하여 그 꼭짓점을 끝점으로 하는 q개의 변을 중복을 허락해서 세면 $q \cdot V$이고, 이때 각 변은 관찰 (3)에 의해 모두 2번씩 세어지므로 $q \cdot V = 2E$이다.

이제 이 식들을 오일러 공식에 대입하면

$$V - E + F = \frac{2E}{q} - E + \frac{2E}{p} = 2$$

이다. 양변을 $2E$로 나누면

$$\frac{1}{q} + \frac{1}{p} = \frac{1}{E} + \frac{1}{2}$$

이다. $E \geq 1$이므로 $p,\ q$는 부등식

$$\frac{1}{q} + \frac{1}{p} > \frac{1}{2} \quad (p \geq 3,\ q \geq 3)$$

의 해이다. 통분하여 정리하면 $pq - 2q - 2p < 0$이고 인수분해 꼴로 모으면

$$(p-2)(q-2) < 4$$

이다. $p - 2 > 0,\ q - 2 > 0$이므로 $(p-2)(q-2) = 1,\ 2,\ 3$이다. 이들 정수 부정방정식을 풀면 아래 표 1과 같다.

p, q에 대하여 E를 정리하고 $p \cdot F = 2E$, $q \cdot V = 2E$를 활용하면

$$E = \frac{2pq}{4-(p-2)(q-2)},\quad F = \frac{2E}{p} = \frac{4q}{4-(p-2)(q-2)},\quad V = \frac{2E}{q} = \frac{4q}{4-(p-2)(q-2)}$$

이다. 구해진 p, q에 대하여 면의 수 F를 구해서 정리하면 아래 표 1과 같다.

[표 1]

p	3	4	3	5	3
q	3	3	4	3	5
F	4	6	8	12	20

따라서 공간의 정다면체는 모두 정사면체, 정육면체, 정팔면체, 정십이면체, 정이십면체이다.

연습문제

3. x, y에 대한 다음 정수 부정방정식의 자연수의 개수를 모두 구하시오.

$$\frac{1}{x} + \frac{1}{y} = \frac{1}{6}$$

4. 정수 x, y에 관한 다음 정수 부정방정식의 정수해를 모두 구하시오.

$$6xy + 4x - 9y - 7 = 0$$

5. 정수 n에 대하여 식 $n^2 + 19n + 48$이 완전 제곱수가 되는 n을 모두 구하시오.

제 11 장

방정식과 부등식

제1절 여러 가지 방정식

특정수에 대하여 성립하는 미지수(들)에 대한 등식을 방정식이라고 하고 등식이 성립하는 특정한 수를 방정식의 해(또는 근)라고 부르기로 한다. 그리고 방정식의 해를 구하는 것을 방정식을 푼다고 한다. 방정식에서 미지수를 포함한 식의 특징에 따라 방정식을 구별하는 이름을 붙이기도 하는데, 예를 들어 다항식으로 표현되면 다항방정식, 유리식으로 표현되면 유리 방정식, 무리식으로 표현되면 무리 방정식, 삼각함수로 표현되면 삼각방정식 등이 있다. 이런 특징은 해를 구하기 위하여 활용되는 수리적 방법을 규정하기도 하는데 예를 든 방정식들은 함수와 함수가 정의된 정의역의 수 체계를 바탕으로 하고 있어 보편적인 해는 유한개 또는 무한개의 수이다. 하지만 미분으로 표현되는 미분 방정식의 보편적인 해는 함수인 점을 기억하자.

이 절에서는 익숙한 다항식의 방정식을 살펴보기로 하겠다.

체 구조와 인수분해

유리수 집합의 덧셈과 곱셈은 (F1) 결합적이고 (F2) 각각의 항등원 0, 1이 존재하며, (F3) 마찬가지로 각각의 유리수(곱셈의 경우 0이 아닌)에 대하여 역원이 존재하고, (F4) 두 연산은 분배 법칙이 성립한다. 어떤 집합 A에 덧셈과 곱셈이 정의되어서 유리수와 마찬가지로 (F1), (F2), (F3), (F4)를 만족할 때 이 집합 A에 **체구조**가 있다고 하고 **체(field)** A라고 부르기로 한다. 실수와 복소수(5장 1절 참고)는 체 구조가 있는 대표적인 예가 된다.

체 구조는 인수분해에 연관하여 다항방정식의 풀이와 매우 밀접한 관계가 있다. 예로 모두에게 익숙한 $x^3-1=0$을 살펴보자.

이 방정식은 다항식 x^3-1로 표현된 다항식의 방정식이다. 이 식이 정의된 체가 유리수라고 하면 다항식은 $x^3-1=(x-1)(x^2+x+1)$과 같이 유리수를 계수로 하는 다항식의 곱으로 나타낼 수 있다. 여기서 방정식 $x^2+x+1=0$은 허수해 $\dfrac{-1\pm\sqrt{3}i}{2}$를 가지므로 유리수를 계수로 하는 1차식의 곱으로 나타낼 수 없다. 따라서 유리수 범위에서 방정식 $x^3-1=0$의 해는 $x=1$뿐이다. 체의 범위를 확장하여 복소수라고 하면 $\omega=\dfrac{-1+\sqrt{3}i}{2}$라고 두었을 때 다항식은 $x^3-1=(x-1)(x-\omega)(x-\overline{\omega})$와 같이 1차식의 곱으로 나타낼 수 있고 복소수 범위에서 방정식 $x^3-1=0$의 해는 $x=1,\ \omega,\ \overline{\omega}$이다. 여기서 흥미로운 사실은 5장 3절에서 살펴본 것과 같이 이 세 근을 복소 평면 위에 나타내면 원점을 중심으로 하고 반지름이 1인 원에 내접하는 정삼각형의 세 꼭지점이라는 것이다. 더하여 $\omega^2+\omega+1=0$으로부터

$$\omega^2=-(1+\omega)=-\left(1+\frac{-1+\sqrt{3}i}{2}\right)=\frac{-1-\sqrt{3}i}{2}=\overline{\omega}$$

이므로 방정식의 해를 $x=1,\ \omega,\ \omega^2$로 나타낼 수 있다.

이렇게 **다항방정식의 해를 구한다**는 것은 주어진 다항식을 **주어진 체의 원소를 계수로 하는 1차식의 곱으로 인수분해**하여 해를 구한다는 것과 같은 개념이다. 우리는 이를 위하여 위에서처럼 주어진 방정식의 계수의 수 체계를 확장하여 인수분해의 가능성을 크게 한다. 그런데 집합의 크기로 보아 유리수는 번호를 붙일 수 있는 집합(예시 9-87 참고)인 것에 대비하여 번호를 붙일 수 없는 집합인 실수나 복소수의 확장은 막대한 수의 확장으로 주어진 특정 다항식을 인수 분해하기 위하여 필요 이상으로 많은 수를 추가한 꼴이 되기도 한다.

체의 확장

방정식을 유리수에 대하여 정의된 $x^2-2=0$로 정의하고 유리수에 번호를 붙일 수 있을 만큼의 수를 추가하여 체를 만들어 이 방정식을 인수분해하고 이 체의 성질을 살펴보기로 하겠다.

5장 1절에서 방정식 $x^2+1=0$에 대하여 복소수의 원소를 $a+bi,\ a,\ b\in\mathbb{R}$로 정의하고 덧셈과 곱셈을 정의한 것과 마찬가지로 방정식 $x^2-2=0$에 대하여 무리수 $\sqrt{2}$를 추가하여 다음의 집합을 정의한다.

$$\mathbb{Q}(\sqrt{2})=\{x+y\sqrt{2}\mid x,\ y\in\mathbb{Q}\}$$

복소수와 마찬가지로 집합 $\mathbb{Q}(\sqrt{2})$의 두 원소 $x+y\sqrt{2},\ a+b\sqrt{2}$에 대하여 덧셈과 곱셈을

$$(x+y\sqrt{2})+(a+b\sqrt{2}):=(x+a)+(y+b)\sqrt{2}$$
$$(x+y\sqrt{2})\cdot(a+b\sqrt{2}):=(xa+2yb)+(xb+ay)\sqrt{2}$$

로 정의하면 이들이 (F1), (F2), (F3), (F4)를 만족하는 것을 어려움 없는 계산으로 보일 수 있으며 따라서 $\mathbb{Q}(\sqrt{2})$는 체이다. 여기서 $\mathbb{Q}(\sqrt{2})$와 유리수의 곱집합 $\mathbb{Q}\times\mathbb{Q}$이 대등이고 $\mathbb{Q}\times\mathbb{Q}$가 번호를 붙일 수 있는 집합이므로 $\mathbb{Q}(\sqrt{2})$도 번호를 붙일 수 있는 집합이다(정

리 9-84, 예시 9-86 참고).

(F1), (F2), (F3), (F4)의 확인 과정에서 자명하지 않은 사실은 임의의 원소 $x+y\sqrt{2}(\neq 0)$의 역원의 존재성을 확인하기 위하여 $\frac{1}{x+y\sqrt{2}}$가 $\mathbb{Q}(\sqrt{2})$의 원소인 것을 보여야 한다는 점이다. 이 문제는 분모의 유리화로 널리 알려진 문제이다. 분모의 켤레인 $x-y\sqrt{2}$를 분모와 분자에 곱하면

$$\frac{1}{x+y\sqrt{2}}=\frac{(x-y\sqrt{2})}{(x+y\sqrt{2})(x-y\sqrt{2})}=\left(\frac{x}{x^2-2y^2}\right)+\left(\frac{-y}{x^2-2y^2}\right)\sqrt{2}$$

이다. x, y가 유리수이므로 $x^2-2y^2\neq 0$이고 $\frac{x}{x^2-2y^2}$, $\frac{-y}{x^2-2y^2}$도 유리수이므로 $\frac{1}{x+y\sqrt{2}}$가 $\mathbb{Q}(\sqrt{2})$의 원소이다.

이제 $\mathbb{Q}(\sqrt{2})$의 원소를 계수로 하는 다항방정식을 생각하면 이들을 $\mathbb{Q}(\sqrt{2})$의 원소를 계수로 하는 1차식의 곱으로 인수분해할 수 있는지 여부는 여전히 다항식의 선택에 의존하며 마찬가지로 새로운 수를 추가하여 체를 크게 하여야 하기도 한다. 복소수의 경우 복소수를 계수로 하는 모든 다항방정식을 복소수를 계수로 하는 1차 인수의 곱으로 나타낼 수 있음이 잘 알려져 있다.

예시 11-1 $\mathbb{Q}(\sqrt{2})$에 정의된 다항식 $x^2-(11-6\sqrt{2})$은 $\mathbb{Q}(\sqrt{2})$의 원소를 계수로 하는 1차식의 곱으로 인수분해된다.

증명 $\sqrt{11-6\sqrt{2}}$이 $\mathbb{Q}(\sqrt{2})$의 원소인 것을 보이면 된다.

$$11-6\sqrt{2}=3^2-2\cdot 3\cdot \sqrt{2}+(\sqrt{2})^2=(3-\sqrt{2})^2$$

이므로 $\sqrt{11-6\sqrt{2}}=\sqrt{(3-\sqrt{2})^2}=3-\sqrt{2}$이므로 $\mathbb{Q}(\sqrt{2})$의 원소이다. 따라서

$$x^2-(11-6\sqrt{2})=(x-3+\sqrt{2})(x+3-\sqrt{2})$$

이므로 $\mathbb{Q}(\sqrt{2})$의 원소를 계수로 하는 1차식의 곱으로 인수분해된다. ■

예시 11-2 $\mathbb{Q}(\sqrt{2})$에 정의된 다항식 $x^2-\sqrt{2}=0$은 $\mathbb{Q}(\sqrt{2})$의 원소를 계수로 하는

1차식의 곱으로 인수분해되지 않는다.

| 증명 | 예 3-1처럼 $\sqrt{\sqrt{2}} = \sqrt[4]{2}$가 $\mathbb{Q}(\sqrt{2})$의 원소인지 확인하면 된다. $\sqrt{\sqrt{2}}$가 $\mathbb{Q}(\sqrt{2})$의 원소라고 하면 어떤 유리수 p, q에 대하여 $\sqrt[4]{2} = p + q\sqrt{2}$이다. 양변을 제곱하여 정리하면

$$(p^2 + 2q^2) + (2pq - 1)\sqrt{2} = 0$$

이다. p, q가 유리수이므로 $p^2 + 2q^2$와 $2pq - 1$도 유리수이며 위 식을 만족하려면

$$p^2 + 2q^2 = 0, \ 2pq - 1 = 0$$

이다. 그러나 $p^2 + 2q^2 = 0$이므로 $p = 0 = q$이지만 $2pq - 1 = 0$에 의해 $pq = \frac{1}{2} \neq 0$이므로 모순이다. 따라서 $\sqrt[4]{2}$가 $\mathbb{Q}(\sqrt{2})$의 원소가 아니며 다항식 $x^2 - \sqrt{2}$은 $\mathbb{Q}(\sqrt{2})$의 원소를 계수로 하는 1차식의 곱으로 인수분해할 수 없다. ■

고차 방정식

$n(n > 2)$차 다항식으로 주어진 방정식 $a_n x^n + \cdots + a_1 x + a_0 = 0 \ (a_n \neq 0)$을 고차 방정식이라 하고 자연수 n을 방정식의 차수라고 한다. 우리는 $a_i \in \mathbb{R}$, $i = 1, 2, \cdots, n$인 경우에 제한하여 논의하기로 한다.

차수 n이 홀수이면 방정식은 적어도 한 개의 실수 해를 가지며 n이 짝수일 때는

$$x^4 + x^2 + 1 = (x^2 + x + 1)(x^2 - x + 1)$$

와 같이 실수 해를 전혀 갖지 않기도 한다. 차수 n이 홀수이고 실수 $x = \alpha$를 근으로 하면 나머지 정리에 따라 $a_n x^n + \cdots + a_1 x + a_0 = (x - \alpha) f(x)$로 나타낼 수 있는데 여기서 $f(x)$는 짝수 차수 $n - 1$이고 계수가 실수인 방정식임을 상기하자.

상반방정식

방정식 $g(x) = a_n x^n + \cdots + a_1 x + a_0 = 0$의 계수가 $a_{n-k} = a_k$, $k = 0, 1, 2, \cdots, n$를 만족하면 이 방정식을 상반방정식이라고 한다. 방정식 $g(x) = 0$이 상반방정식이 되는 필

요충분조건은

$$g(x) = x^n g\left(\frac{1}{x}\right)$$

인 것을 쉽게 알 수 있다.

예시 11-3 상반방정식의 차수 n이 홀수이면 방정식은 반드시 $x = -1$을 근으로 한다. 나머지 정리에 의해

$$a_n x^n + \cdots + a_1 x + a_0 = (x+1) f(x)$$

로 나타냈을 때 짝수 $(n-1)$차 방정식 $f(x) = 0$도 상반방정식이다.

| 증명 | 방정식의 다항식을 $g(x) = a_n x^n + \cdots + a_1 x + a_0$라고 두면 $g(x) = x^n g\left(\frac{1}{x}\right)$를 만족한다. $x = -1$을 대입하고 n이 홀수이므로

$$g(-1) = (-1)^n g\left(\frac{1}{-1}\right) = -g(-1)$$

이고 $g(-1) = 0$이다. 따라서 $x = -1$이 근이다. $g(x) = (x+1) f(x)$라고 두면

$$(x+1) f(x) = g(x) = x^n g\left(\frac{1}{x}\right) = x^n \left(\frac{1}{x} + 1\right) f\left(\frac{1}{x}\right)$$

을 만족한다. 정리하면 $f(x) = x^{n-1} f\left(\frac{1}{x}\right)$이므로 $f(x) = 0$도 상반방정식이다. ■

위 예시에 따라 짝수 차수를 가진 상반방정식을 생각한다. 차수 $n = 2m$인 상반방정식

$$a_{2m} x^{2m} + \cdots + a_1 x + a_0 = \sum_{k=0}^{2m} a_k x^k = 0$$

을 다음과 같은 방법으로 풀 수 있다.

(1) $x = 0$이 해가 아니므로 x^m으로 양변을 나눈다.

(2) (1)에서 구한 식을 상반방정식의 조건에 따라 $\sum_{k=0}^{m-1} a_k \left(x^{m-k} + \frac{1}{x^{m-k}}\right) + a_m = 0$로

나타내고 $x^{m-k}+\dfrac{1}{x^{m-k}}$, $k=0,\ 1,\ \cdots,\ m-1$ 을 $u=x+\dfrac{1}{x}$에 대한 식으로 나타내어 $\displaystyle\sum_{k=0}^{m-1} a_k\left(x^{m-k}+\frac{1}{x^{m-k}}\right)+a_m=0$를 u에 관한 다항식의 방정식으로 푼다.

(3) (2)에서 구한 각각의 근 β에 대하여 $x+\dfrac{1}{x}=\beta$를 풀어서 주어진 상반방정식의 해를 구한다.

예제 11-4 방정식 $4x^4-5x^3+8x^2-5x+4=0$을 푸시오.

〈풀이〉 주어진 방정식은 짝수 4를 차수로 하는 상반방정식이다. $x=0$이 근이 아니므로 x^2으로 나누면

$$4\left(x^2+\frac{1}{x^2}\right)-5\left(x+\frac{1}{x}\right)+8=0$$

이고 $u=x+\dfrac{1}{x}$로 두면 $x^2+\dfrac{1}{x^2}=\left(x+\dfrac{1}{x}\right)^2-2$이므로 $4u^2-5u=0$이다. 이 방정식을 풀면 $u=0,\ \dfrac{5}{4}$이다. 이제 두 방정식 $x+\dfrac{1}{x}=0$, $x+\dfrac{1}{x}=\dfrac{5}{4}$를 풀면 주어진 방정식의 해는 $x=\pm i,\ \dfrac{5\pm\sqrt{39}\,i}{8}$이다.

대칭을 이용한 인수분해

논의의 편의를 위하여 변수를 $x,\ y,\ z$로 제한하기로 한다.

변수 $x,\ y,\ z$로 주어진 다항식 $f(x,\ y,\ z)$에 대하여 변수 x와 y의 자리를 바꾸어도 다항식 $f(x,\ y,\ z)$가 변하지 않으면 다항식이 변수 $x,\ y$에 대하여 **호환대칭**이라고 한다. 마찬가지로 $x,\ y,\ z$에 대한 가능한 모든 방법으로 변수를 바꾸어도 $f(x,\ y,\ z)$가 변하지 않으면 다항식이 변수 $x,\ y,\ z$에 대하여 **순열대칭**이라고 부르기로 한다.

이들 대칭을 활용하여 인수분해에 관한 문제를 풀기 위하여 차수가 낮은 다항식의 대칭성을 살펴두면 유용하다. 변수 $x,\ y,\ z$에 대하여 호환대칭이고 모든 항이 1차인 다항식은 $x+y,\ y+z,\ z+x$와 이들의 상수배로 나타나는 것을 쉽게 알 수 있다. 마찬가지로 순열대칭이고 모든 항이 1차인 다항식은 $x+y+z$와 이의 상수배이다. 변수 $x,\ y,\ z$에 대하여 순열대칭이고 모든 항이 2차인 다항식은 $x^2+y^2+z^2$와 $xy+yz+zx$와 이들의 상수배이다. 이 사실의 증명은 독자의 연습문제로 둔다.

예제 11-5 $x^5+y^5+z^5-(x+y+z)^5$을 인수분해하시오.

〈풀이〉 주어진 식에 x와 y를 바꾸어도 식이 변하지 않으므로 x, y에 대하여 호환대칭이다. 마찬가지로 y, z와 x, z에 대하여도 호환대칭이며 x, y, z에 대하여 순열대칭임을 쉽게 알 수 있다.

주어진 식을 x를 변수로 하는 x의 다항식으로 간주하고 $x=-y$를 대입하면

$$(-y)^5+y^5+z^5-(-y+y+z)^5=0$$

이다. 따라서 나머지 정리에 의하여 주어진 식이 $(x+y)$를 인수로 하는 것을 알 수 있다. 마찬가지로 $y=-z$, $z=-x$를 살펴보면 $(y+z)$, $(z+x)$도 인수이다. 따라서

$$x^5+y^5+z^5-(x+y+z)^5=(x+y)(y+z)(z+x)h(x,\ y,\ z)$$

로 쓸 수 있다. 여기서 $h(x,\ y,\ z)$는 모든 항이 2차인 다항식인데, $x^5+y^5+z^5-(x+y+z)^5$와 $(x+y)(y+z)(z+x)$가 순열대칭이므로 $h(x,\ y,\ z)$도 순열대칭이다. 순열대칭이고 모든 항이 2차인 다항식은 $x^2+y^2+z^2$와 $xy+yz+zx$와 이들의 상수배이므로 $h(x,\ y,\ z)$는 상수 A, B에 대하여

$$A(x^2+y^2+z^2)+B(xy+yz+zx)$$

로 쓸 수 있다. (만약 $2A=B$이면 $A(x+y+z)^2$이다.) 따라서

$$\begin{aligned}&x^5+y^5+z^5-(x+y+z)^5\\&=(x+y)(y+z)(z+x)\left(A(x^2+y^2+z^2)+B(xy+yz+zx)\right)\end{aligned}$$

이고 이 식을 만족하는 계수는 $A=-5$, $B=-5$이다. 그러므로 구하는 인수분해는

$$\begin{aligned}&x^5+y^5+z^5-(x+y+z)^5\\&=-5(x+y)(y+z)(z+x)(x^2+y^2+z^2+xy+yz+zx)\end{aligned}$$

이다.

예제 11-6 위 예제 11-5의 방법을 이용하여 $a^3+b^3+c^3-3abc$을 인수분해하시오.

〈풀이〉 주어진 식에 a와 b를 바꾸어도 식이 변하지 않으므로 a, b에 대하여 호환대칭이

다. 마찬가지로 b, c와 c, a에 대하여도 호환대칭이며 a, b, c에 대하여 순열대칭임을 쉽게 알 수 있다. $a=-b$를 대입하면 $(-b)^3+b^3+c^3-3(-b)bc\neq 0$이므로 $(a+b)$가 인수가 아니며 마찬가지로 $(b+c)$, $(c+a)$도 인수가 아니다. $a=-b-c$를 대입하면

$$(-b-c)^3+b^3+c^3-3(-b-c)bc=0$$

이므로 $(a+b+c)$가 인수이다. $a^3+b^3+c^3-3abc$를

$$a^3+b^3+c^3-3abc=(a+b+c)h(a,\ b,\ c)$$

로 두면 $h(a, b, c)$는 모든 항이 2차인 다항식이고 $a+b+c$와 $a^3+b^3+c^3-3abc$가 순열대칭이므로 $h(a, b, c)$도 순열대칭이다. 따라서 $h(a, b, c)$를 상수 A, B에 대하여

$$A(a^2+b^2+c^2)+B(ab+bc+ca)$$

로 두면

$$a^3+b^3+c^3-3abc=(a+b+c)\left(A(a^2+b^2+c^2)+B(ab+bc+ca)\right)$$

이다. 이 식을 만족하는 상수 A, B를 구하면 $A=1$, $B=-1$이므로

$$a^3+b^3+c^3-3abc=(a+b+c)\left(a^2+b^2+c^2-(ab+bc+ca)\right)$$

이다.

3차 방정식의 해법

일반성을 잃지 않고 3차 방정식의 최고차항의 계수를 1로 둘 수 있다.

이제 실수를 계수로 하는 3차 방정식 $x^3+a_2x^2+a_1x+a_0=0$의 일반적인 풀이를 알아보기로 한다.

문제를 풀기에 앞서 근과 계수에 관한 다음의 인수분해를 살펴보자.

예시 11-7 다음과 같이 3차 방정식의 근과 계수의 관계를 활용하여 $a^3+b^3+c^3-3abc$를 인수분해할 수 있다.

〈풀이〉 3차 함수 $f(x)=(x-a)(x-b)(z-c)=x^3-(a+b+c)x^2+(ab+bc+ca)x-abc$가 a, b, c를 근으로 하므로 $f(a)=f(b)=f(c)=0$이다.

$f(a)=f(b)=f(c)=0$를 변형하면

$$a^3-abc=(a+b+c)a^2-(ab+bc+ca)a$$
$$b^3-abc=(a+b+c)b^2-(ab+bc+ca)b$$
$$b^3-abc=(a+b+c)b^2-(ab+bc+ca)b$$

이다. 좌변을 모두 더하면 $a^3+b^3+c^3-3abc$이고 우변을 모두 더하면

$$(a+b+c)(a^2+b^2+c^2)-(ab+bc+ca)(a+b+c)$$
$$=(a+b+c)(a^2+b^2+c^2-ab-bc-ca)$$

이므로 $a^3+b^3+c^3-3abc=(a+b+c)(a^2+b^2+c^2-ab-bc-ca)$이다. ■

예시 11-8 다항식 a^3+b^3은 $(a+b)$를 인수로 하는 것을 잘 알고 있다. 복소수 범위에서 인수분해하면 $\omega^3=1$를 만족하는 ω에 대하여

$$a^3=(\omega a)^3=(\omega^2 a)^3,\ b^3=(\omega b)^3=(\omega^2 b)^3$$

이므로 $\omega a+\omega^2 b$, $\omega^2 a+\omega b$도 a^3+b^3의 인수가 된다. a^3+b^3의 인수분해를 복소수 범위에서 하면

$$a^3+b^3=(a+b)(\omega a+\omega^2 b)(\omega^2 a+\omega b)$$

이다. 단 ω는 $\omega^2+\omega+1=0$의 한 근이다. ■

예시 11-9 다음과 같은 3차 다항식을 생각하여 전개하면

$$(x-(a+b))(x-(\omega a+\omega^2 b))(x-(\omega^2 a+\omega b))=x^3-3abx-(a^3+b^3)$$

이다. 여기서 ω는 $\omega^2+\omega+1=0$의 한 근이다. ■

3차 방정식의 일반적 풀이

실수를 계수로 하는 3차 방정식 $x^3+a_2x^2+a_1x+a_0=0$의 일반적인 풀이

(1) $X=x+\frac{a_2}{3}$로 치환하여 주어진 방정식을 $X^3+\alpha X+\beta=0$으로 바꾼다. 여기서

$$\alpha=\left(a_1-\frac{a_2^2}{3}\right),\ \beta=2\left(\frac{a_2}{3}\right)^3-a_1\left(\frac{a_2}{3}\right)+a_0$$

이다.

(2) 예시 11-9에 따라 $\alpha=-3ab,\ \beta=-\left(a^3+b^3\right)$로 두고 얻는 2차 방정식

$$\left(y-a^3\right)\left(y-b^3\right)=y^2+\beta y+\left(-\frac{\alpha}{3}\right)^3=0$$

를 풀어서 $a^3,\ b^3$을 구한다.

(3) (2)에서 구한 $a^3,\ b^3$에서 $a,\ b$를 구하여 예시 11-9에 따라 $x^3+a_2x^2+a_1x+a_0=0$의 세 근

$$-\frac{a_2}{3}+a+b,\ -\frac{a_2}{3}+\omega a+\omega^2 b,\ -\frac{a_2}{3}+\omega^2 a+\omega b$$

를 구한다.

주: 위 (3)에서 $a^3=(\omega a)^3=\left(\omega^2 a\right)^3$이다.

예제 11-10 $x^3-3x^2+6x+4=0$를 풀어라.

〈풀이〉 먼저 $X=x+\frac{-3}{3}=x-1$로 치환하여 $X^3+3X+8=0$을 얻는다.

$$3=-3ab,\ 8=-\left(a^3+b^3\right)$$

로 두면 $a^3b^3=-1,\ a^3+b^3=-8$이다. 연관 2차 방정식

$$y^2-\left(a^3+b^3\right)y+a^3b^3=y^2+8y-1=0$$

을 풀면 $y=-4\pm\sqrt{17}$이고 $a^3=-4+\sqrt{17}$, $b^3=-4-\sqrt{17}$이다. 따라서 주어진 방정식의 해는

$$1+\sqrt[3]{-4+\sqrt{17}}+\sqrt[3]{-4-\sqrt{17}},$$
$$1+\omega\sqrt[3]{-4+\sqrt{17}}+\omega^2\sqrt[3]{-4-\sqrt{17}},$$
$$1+\omega^2\sqrt[3]{-4+\sqrt{17}}+\omega\sqrt[3]{-4-\sqrt{17}}$$

이다.

실수를 계수로 하는 4차 방정식의 일반적인 해법은 더 많은 인수분해의 경우의 수를 다루게 된다. 비록 경우의 수가 많으나 본질적으로 해법이 존재한다. 그러나 5차 이상의 방정식에 대한 대수적인 연산만을 이용한 해법이 존재하지 않음이 알려져 있다.

분수 방정식

미지수에 대한 방정식이 분수 꼴일 때 **분수 방정식**이라고 한다. 다항식을 분모로 하는 분수 방정식은 다음과 같은 방법으로 풀 수 있다.

(1) 주어진 분수 방정식을 분모의 통분 또는 분해 후 적당한 다항식을 곱하여 다항식에 대한 방정식으로 변형하다.
(2) (1)에서 구한 방정식을 풀어 근을 모두 구한다.
(3) (2)에서 구한 근들 중 무연근을 제외하여 주어진 분수 방정식의 해를 구한다.

분수식 $\frac{1}{x(x+1)}$을 $\frac{1}{x(x+1)}=\frac{1}{x}-\frac{1}{x+1}$같이 분수식의 합이나 차로 나누어 쓰는 것을 분해라고 한다. 주어진 분수 방정식에 연산을 통하여 다항식의 방정식으로 변환하는 동안 새로 늘어나는 근을 **무연근**이라고 부른다. 분수식으로 주어진 경우 분모를 0으로 만드는 수는 모두 무연근이 된다.

예제 11-11 $\frac{1}{x-1}-\frac{1}{x^2-x}=2$를 푸시오.

〈풀이〉 ① 두 분수식의 분모에 대하여 다항식의 최소공배수 $x(x-1)$를 구하고 양변에 곱하면 좌변은 $(x^2-x)\left(\frac{1}{x-1}-\frac{1}{x^2-x}\right)=x-1$이고 우변은 $2x(x-1)$이다. 결과식을 정리하면 $x-1=2x(x-1)$이고 방정식으로 정리하면 $2x^2-3x+1=0$이다. 이 이차 방정식의 근이 $\frac{1}{2}$, 1인데 이 중에 1은 분모의 식 $x-1=0$, $x^2-x=0$의 해이므로 무연근이다. 따라서 구하는 해는 $x=\frac{1}{2}$이다.

② 통분하면 $\frac{x-1}{x^2-x}=\frac{1}{x}=2$이고 $x=\frac{1}{2}$이다. $x=\frac{1}{2}$이 무연근이 아니므로 구하는 해이다.

예제 11-12 $a>b>c$일 때 다음 분수방정식의 해의 개수를 구하시오.

$$\frac{1}{x-a}+\frac{1}{x-b}+\frac{1}{x-c}=0$$

〈풀이〉 분모에 대한 다항식의 최소공배수 $(x-a)(x-b)(x-c)$를 양변에 곱해서 정리하면

$$3x^2-2(a+b+c)x+(ab+bc+ca)=0$$

이다. 이차 방정식의 판별식을 계산하면

$$D/4=(a+b+c)^2-3(ab+bc+ca)=a^2+b^2+c^2-(ab+bc+ca)$$

이고 절대수부등식 $a^2+b^2+c^2 \geq ab+bc+ca$(6장 1절 참고)에 의해 $a>b>c$에 대하여 $D/4>0$이다. 따라서 유도된 이차방정식은 서로 다른 두 근을 가진다. 이들 두 근 중 무연근이 있는지 확인하기 위하여 유도된 이차방정식을

$$h(x)=(x-a)(x-b)+(x-b)(x-c)+(x-c)(x-a)$$

로 나타내고 분모의 해 a, b, c를 대입하면

$$h(a)=(a-b)(a-c)>0,\ h(b)=(b-c)(c-a)<0,$$
$$h(c)=(c-a)(c-b)<0$$

이다. 따라서 $h(x)=0$의 근은 무연근을 포함하지 않는다.

무리 방정식

미지수에 대한 방정식이 무리식을 포함한 꼴일 때 **무리 방정식**이라고 한다. 무리식을 포함한 다항식 꼴의 무리 방정식은 다음과 같은 방법으로 풀 수 있다.

(1) 주어진 무리 방정식을 적절히 이항하고 제곱을 포함한 적당한 연산으로 다항식의 방정식으로 변형한다.

(2) (1)에서 구한 방정식을 풀어 근을 모두 구한다.

(3) (2)에서 구한 근들 중 무연근을 제외하여 주어진 무리 방정식의 해를 구한다.

무리식에 관한 식에 대하여 근호 안의 식이 음수가 아니라는 조건이 있거나 무리식의 결과가 항상 음수가 아니라는 조건을 **무리식에 내재된 조건**이라고 하고 위의 (2)에서 구한 근 중에서 무리식에 내재된 조건을 만족하지 못하는 근을 무연근이라고 한다.

예제 11-13 무리 방정식 $\sqrt{x-2}+2=x$를 푸시오.

〈풀이〉 2를 이항하면 $\sqrt{x-2}=x-2$이고 양변을 제곱하여 정리하면

$$(x-2)^2-(x-2)=(x-2)(x-3)=0$$

이다. 이차방정식의 근은 $x=2,\ 3$이다. 이 두 근을 주어진 무리 방정식에 대입하면 무리식에 내재된 조건을 위배하는 일이 없으므로 모두 무연근이 아니다.

예제 11-14 무리 방정식 $\sqrt{2x+8}+2\sqrt{x+5}=2$를 푸시오.

〈풀이〉 $t=x+5$로 두고 주어진 무리 방정식을 치환하면 $\sqrt{2t-2}+2\sqrt{t}=2$이다. 근호에 관한 식이 음이 아니므로 무리식에 내재된 조건은 $t\geq 1$이다. $\sqrt{2}$로 나누고 $\sqrt{2t}$를 이항하여 제곱하면 $t-1=2(1-\sqrt{t})^2=2-4\sqrt{t}+2t$이고 방정식으로 정리하면 $(\sqrt{t})^2-4\sqrt{t}+3=0$이므로 $\sqrt{t}=1,\ 3$이다. 이 두 근이 무리식에 내재된 조건 $t\geq 1$을 위배하지 않으므로 모두 근이 된다. 따라서 $x=-4,\ 4$가 주어진 무리 방정식의 근이다.

연습문제

1. 방정식 $2x^5-3x^4-4x^3-4x^2-3x+2=0$을 푸시오.

2. 실수 $\sqrt[3]{2+\sqrt{5}}+\sqrt[3]{2-\sqrt{5}}$ 가 유리수임을 보이시오.

3. $a^3+b^3+c^3-(a+b+c)^3$을 인수분해하시오.

4. 예제 11-5의 풀이법을 이용하여 $(a-b)^3+(b-c)^3+(c-a)^3$를 인수분해하시오.

5. $a^3(b-c)+b^3(c-a)+c^3(b-a)$를 인수분해하시오.

6. $a^4+b^4+(a+b)^4$를 인수분해하시오.

7. 위의 해법으로 다음 삼차방정식을 푸시오.

(1) $x^3-9x^2+14x+24=0$　　　(2) $3x^3-4x^2+26x+20=0$

8. 분수 방정식 $\dfrac{1}{x-1}+\dfrac{1}{x-3}+\dfrac{1}{x-7}+\dfrac{1}{x-9}=0$을 푸시오.

9. 다음 집합이 공집합이 아니도록 하는 실수 a를 모두 구하시오.

$$\left\{x \;\middle|\; \frac{1}{x+1}+\frac{1}{x-1}=\frac{x+a}{x^2-1}\right\}$$

10. 실수 a, b, c에 대하여 다음 분수 방정식의 해의 개수를 구하시오.

$$\frac{1}{x-a}+\frac{1}{x-b}+\frac{1}{x-c}=0$$

11. 실수 $\frac{1}{2}\leq x\leq 1$에 대하여 다음 값을 구하시오.

$$\sqrt{x+\sqrt{2x-1}}+\sqrt{x-\sqrt{2x-1}}$$

12. x에 관한 다음 무리 방정식을 푸시오.

$$\sqrt{\frac{2+x}{2-x}}+\sqrt{\frac{2-x}{2+x}}=2$$

제2절 여러 가지 부등식

6장 1절에서 절대 부등식과 이들의 유용한 활용을 살펴보았다. 이 절에서는 부등식의 심화 주제로 순서변환 부등식을 다룬다.

순서변환

> **정의 11-15 순서변환, 순열** 집합 $\{1,\ 2,\ \cdots,\ n\}$의 일대일 대응 함수 $\sigma : \{1,\ 2,\ \cdots,\ n\} \to \{1,\ 2,\ \cdots,\ n\}$를 $\{1,\ 2,\ \cdots,\ n\}$의 **순서변환** 또는 **순열**(permutation)이라 한다.

주: $1,\ 2,\ \cdots,\ n$을 주어진 순서라고 할 때 일대일 대응 함수 σ의 상 $\sigma(1),\ \sigma(2),\ \cdots,\ \sigma(n)$을 새로운 순서라고 여겨서 σ를 순서변환이라 부른다. $\{1,\ 2,\ \cdots,\ n\}$의 순서변환을 간단히 n-순서변환이라고 하겠다.

순서변환 부등식 I

크기 순서대로 나열된 두 실수의 모임 $x_n \ge x_{n-1} \ge \cdots \ge x_1$, $y_n \ge y_{n-1} \ge \cdots \ge y_1$에 대하여 첨수가 짝이 되는 수끼리 곱하여 더한 값 $\sum_{i=1}^{n} x_i y_i$과 $y_n \ge y_{n-1} \ge \cdots \ge y_1$의 순서를 n-순서변환 σ로 변화하여 짝이 되는 수를 더한 값 $\sum_{i=1}^{n} x_i y_{\sigma(i)}$의 크기는 관계가 흥미롭게도 일정하다. 먼저 실수 x_i, $y_i\,(i=1,\ 2,\ \cdots,\ n)$가 음이 아닌 실수일 때 이들 값의 비교를 살펴보면 아래의 부등식을 쉽게 얻는다.

정리 11-16 순서변환 부등식 I 음이 아닌 실수 x_i, $y_i\ (i=1,\ 2,\ \cdots,\ n)$이

$$x_n \ge x_{n-1} \ge \cdots \ge x_1 \ge 0$$
$$y_n \ge y_{n-1} \ge \cdots \ge y_1 \ge 0$$

이면 임의의 n-순서변환 σ에 대하여

$$\sum_{i=1}^{n} x_i y_i \ge \sum_{i=1}^{n} x_i y_{\sigma(i)} \ge \sum_{i=1}^{n} x_i y_{n-i+1}$$

이다.

| 증명 | 집합 $\{x_1,\ x_2,\ \cdots,\ x_n\}$과 $\{y_1,\ y_2,\ \cdots,\ y_n\}$에서 각각 한 개씩을 선택하여 곱하고 그 수들을 빼고 집합에서 각각 한 개씩을 뽑아서 곱하여 더하기를 귀납적으로 하여 얻은 값은 어떤 n-순서변환 σ에 대하여 $\sum_{i=1}^{n} x_i y_{\sigma(i)}$로 쓸 수 있다. 이때 $\sum_{i=1}^{n} x_i y_{\sigma(i)}$의 최댓값은 주어진 크기 순서대로 $\{x_1,\ x_2,\ \cdots,\ x_n\}$와 $\{y_1,\ y_2,\ \cdots,\ y_n\}$에서 차례로 선택한 경우로 $\sum_{i=1}^{n} x_i y_i$이다. 마찬가지로 $\sum_{i=1}^{n} x_i y_{\sigma(i)}$의 최솟값은 $\{x_1,\ x_2,\ \cdots,\ x_n\}$에서는 크기 순서로 $\{y_1,\ y_2,\ \cdots,\ y_n\}$에서는 크기의 역순으로 선택한 경우로 $\sum_{i=1}^{n} x_i y_{n-i+1}$이다. 따라서, 임의의 n-순서변환 σ에 대하여

$$\sum_{i=1}^{n} x_i y_i \ge \sum_{i=1}^{n} x_i y_{\sigma(i)} \ge \sum_{i=1}^{n} x_i y_{n-i+1}$$

가 성립한다. ■

예제 11-17 음이 아닌 실수 $a,\ b,\ c$에 대하여 $a^2+b^2+c^2 \ge ab+bc+ca$를 보이시오.

〈풀이〉 음이 아닌 실수 $a,\ b,\ c$에 대하여 일반성을 잃지 않고 $a \ge b \ge c \ge 0$라고 할 수 있다. $a \ge b \ge c \ge 0$와 $\{a,\ b,\ c\}$의 순서변환 $\sigma : a \mapsto b,\ b \mapsto c,\ c \mapsto a$에 대하여 순서변환 부등식 I 을 생각하면

$$a \cdot a + b \cdot b + c \cdot c \ge a \cdot \sigma(a) + b \cdot \sigma(b) + c \cdot \sigma(c) = ab+bc+ca$$

이므로 주어진 부등식이 성립한다.

예제 11-18 음이 아닌 실수 $a,\ b,\ c$에 대하여 $a^3+b^3+c^3 \ge 3abc$를 보이시오.

〈풀이〉 이 예의 증명은 예시 6-2에서 다룬 바 있다. 이 절에서는 정리 11-16을 이용한 풀이를 제시하기로 한다.
음이 아닌 실수 $a,\ b,\ c$에 대하여 일반성을 잃지 않고 $a \ge b \ge c \ge 0$라고 할 수 있다. $a^2 \ge b^2 \ge c^2 \ge 0$와 $\{a,\ b,\ c\}$의 순서변환 $\sigma : a \mapsto b,\ b \mapsto c,\ c \mapsto a$에 대하여 순서변환 부등식을 생각하면

$$a^2 \cdot a + b^2 \cdot b + c^2 \cdot c \ge a^2 \cdot \sigma(a) + b^2 \cdot \sigma(b) + c^2 \cdot \sigma(c) = a^2b + b^2c + c^2a$$

이다. $a \ge b \ge c \ge 0$이므로 $ab \ge ac \ge bc \ge 0$이다. 이것과 $\{a,\ b,\ c\}$의 순서변환 $\tau : a \mapsto a,\ b \mapsto c,\ c \mapsto b$에 대하여 순서변환 부등식 I 을 $a^2b+b^2c+c^2a$에

활용하면

$$\begin{aligned} a^2b+b^2c+c^2a &= ab\cdot a+ac\cdot c+bc\cdot b \\ &= ab\cdot \tau(a)+ac\cdot \tau(b)+bc\cdot \tau(c) \\ &\geq ab\cdot c+ac\cdot b+bc\cdot a=3abc \end{aligned}$$

이므로 주어진 부등식이 성립한다.

순서변환 부등식 II

실수 x_i, y_i $(i=1, 2, \cdots, n)$에 음이 아닌 것에 대한 조건이 없는 임의의 실수라고 할 때 다음의 부등식을 얻는다.

정리 11-19 순서변환 부등식 II

실수 x_i, y_i $(i=1, 2, \cdots, n)$이

$$\begin{aligned} x_n \geq x_{n-1} \geq \cdots \geq x_1 \\ y_n \geq y_{n-1} \geq \cdots \geq y_1 \end{aligned}$$

이면 임의의 n-순서변환 σ에 대하여

$$\sum_{i=1}^{n} x_i y_i \geq \sum_{i=1}^{n} x_i y_{\sigma(i)}$$

이다.

증명 수학적 귀납법으로 증명한다. $n=1$인 경우는 자명하므로 $n \geq 2$에 대하여 논한다.

(i) $n=2$일 때

$x_2 \geq x_1$, $y_2 \geq y_1$이므로 $(x_2-x_1)(y_2-y_1) \geq 0$이다. 풀어서 식을 나누면

$$x_1y_1+x_2y_2 \geq x_1y_2+x_2y_1$$

이다. 2-순서변환은 항등변환이거나 $\sigma: 1 \mapsto 2,\ 2 \mapsto 1$ 뿐이고 이 부등식은

$$x_1y_1+x_2y_2 \geq x_1y_{\sigma(1)}+x_2y_{\sigma(1)}$$

이므로 임의의 2-순서변환 σ에 대하여 부등식이 성립한다.

(ii) 수학적 귀납법을 위하여 $n \leq k$인 경우 부등식이 성립한다고 가정하고 $n=k+1$

일 때 성립함을 보이기로 한다.

일반성을 잃지 않고 $(k+1)$-순서 변환 $\tilde{\sigma}$가 집합 $\{1,\ 2,\ \cdots,\ k+1\}$에 고정하는 원소가 없다고 가정한다. 따라서 $\tilde{\sigma}(k+1)$은 $k+1$이 아니고 $\{1,\ 2,\ \cdots,\ k\}$의 원소이다. 이제 $(k+1)$-순서변환 $\tilde{\tau}$를

$$\tilde{\tau}\colon \tilde{\sigma}(k+1) \mapsto k+1,\ \ k+1 \mapsto \tilde{\sigma}(k+1)$$

이고 나머지는 고정하도록 정의한다. 그러면 두 $(k+1)$-순서변환 $\tilde{\sigma}$, $\tilde{\tau}$의 합성 $\tilde{\tau}\circ\tilde{\sigma}$도 $(k+1)$-순서변환이다. 그런데 $\tilde{\tau}\circ\tilde{\sigma}(k+1)=k+1$이므로 $k+1$을 고정하므로 $\tilde{\tau}\circ\tilde{\sigma}$는 $\{1,\ 2,\ \cdots,\ k\}$의 순서변환으로 여길 수 있다. $\tilde{\tau}\circ\tilde{\sigma}$를 $\{1,\ 2,\ \cdots,\ k\}$의 순서변환으로 보면 수학적 귀납법의 가정에 의하여

$$\sum_{i=1}^{k} x_i y_i + x_{k+1}y_{k+1} \geq \sum_{i=1}^{k} x_i y_{\tilde{\tau}\circ\tilde{\sigma}(i)} + x_{k+1}y_{k+1} \quad \text{(a)}$$

이다. $\tilde{\sigma}^{-1}(k+1)\in\{1,\ 2,\ \cdots,\ k\}$를 j라고 하면 $\tilde{\tau}\circ\tilde{\sigma}(j)=\tilde{\tau}(k+1)=\tilde{\sigma}(k+1)$이다. 따라서 부등식 (a)의 x_j에 관한 항을 보면 $x_j y_{\tilde{\tau}\circ\tilde{\sigma}(j)} = x_j y_{\tilde{\sigma}(k+1)}$이다. 두 항의 합 $x_j y_{\tilde{\sigma}(k+1)} + x_{k+1}y_{k+1}$에 대하여 $x_j \geq x_{k+1}$, $y_{\tilde{\sigma}(k+1)} \geq y_{k+1}$이므로 (ⅰ)($n=2$인 경우)을 활용하고 $\tilde{\sigma}(j)=k+1$을 반영하면

$$x_j y_{\tilde{\sigma}(k+1)} + x_{k+1}y_{k+1} \geq x_j y_{k+1} + x_{k+1}y_{\tilde{\sigma}(k+1)} = x_j y_{\tilde{\sigma}(j)} + x_{k+1}y_{\tilde{\sigma}(k+1)}$$

이 성립한다. 이 부등식과 $i=1,\ 2,\ \cdots,\ k,\ i\neq j$에 대하여 $\tilde{\tau}\circ\tilde{\sigma}(i)=\tilde{\sigma}(i)$인 사실을 부등식(a)에 활용하면

$$\begin{aligned}
\sum_{i=1}^{k} x_i y_i + x_{k+1}y_{k+1} &\geq \sum_{i=1}^{k} x_i y_{\tilde{\tau}\circ\tilde{\sigma}(i)} + x_{k+1}y_{k+1} \\
&= \sum_{i=1,\ i\neq j}^{k} x_i y_{\tilde{\tau}\circ\tilde{\sigma}(i)} + x_j y_{\tilde{\tau}\circ\tilde{\sigma}(j)} + x_{k+1}y_{k+1} \\
&\geq \sum_{i=1,\ i\neq j}^{k} x_i y_{\tilde{\tau}\circ\tilde{\sigma}(i)} + x_j y_{\tilde{\sigma}(j)} + x_{k+1}y_{\tilde{\sigma}(k+1)} \\
&= \sum_{i=1,\ i\neq j}^{k} x_i y_{\tilde{\sigma}(i)} + x_j y_{\tilde{\sigma}(j)} + x_{k+1}y_{\tilde{\sigma}(k+1)} \\
&= \sum_{i=1}^{k+1} x_i y_{\tilde{\sigma}(i)}
\end{aligned}$$

을 얻는다. 따라서 $(k+1)$-순서변환 $\tilde{\sigma}$에 대하여 순서변환 부등식Ⅱ이 성립한다.

그러므로 수학적 귀납법에 의하여 모든 자연수 $n \geq 2$에 대하여 순서변환 부등식 Ⅱ이 성립한다. ■

정리 11-19를 활용하면 예제 11-14를 6장 1절에서 본 것과 같이 실수 a, b, c에 음이 아니라는 조건 없는 버전으로 증명할 수 있다.

예제 11-20 실수 a, b, c에 대하여 $a^2+b^2+c^2 \geq ab+bc+ca$를 보이시오.

〈풀이〉 실수 a, b, c에 대하여 일반성을 잃지 않고 $a \geq b \geq c$라고 할 수 있다. $a \geq b \geq c$와 $\{a, b, c\}$의 순서변환 $\sigma: a \mapsto b,\ b \mapsto c,\ c \mapsto a$에 대하여 순서변환 부등식Ⅱ을 생각하면

$$a \cdot a + b \cdot b + c \cdot c \geq a \cdot \sigma(a) + b \cdot \sigma(b) + c \cdot \sigma(c) = ab + bc + ca$$

이므로 주어진 부등식이 성립한다.

연습문제 힌트

Part I.

1장 1절

1. 수학적 귀납법 사용.

2. 예시 1-4 적용.

3. (1), (2): 분모, 분자를 최고차항으로 나눈다.
(3) 예제 1-14와 비슷한 방법.

4. $\lim_{n\to\infty} a_n$이 존재한다고 가정하고, 정리 1-11을 이용해 $\lim_{n\to\infty} c_n$도 존재함을 이끌어내면 됨.

5. 충분히 큰 n에 대해 $c_n = \frac{a_n}{b_n}$임을 발견하고 사용.

6. $\left(1+\frac{2}{n}\right)^n = \left(1+\frac{1}{n/2}\right)^{n/2}\left(1+\frac{1}{n/2}\right)^{n/2}$를 사용.

1장 2절

7. $n \geq 2$에 대해 $a_n = S_n - S_{n-1}$임을 이용.

8. 수학적 귀납법 사용.

9. $\sum_{n=4}^{\infty} \frac{5}{n^2}$ 등과 비교.

10. $\sum_{n=1}^{\infty} \frac{1}{2n}$ 등과 비교.

2장 1절

1. $y = f(x-a)$는 $y = f(x)$를 x축 방향으로 a만큼 평행이동. $y = bf(x)$는 $y = f(x)$를 x축을 중심으로 b배율한 것. $y = f(x)+c$는 $y = f(x)$를 y축 방향으로 c만큼 평행이동.

2. 위와 동일.

2장 2절

3. 2장 1절 힌트와 동일.

4. $(3^x)^2 - y(3^x) - 1 = 0$이므로 근의 공식을 사용해 3^x를 y로 표현 가능.

5. 코사인의 덧셈정리와 $\cos(2x)$의 공식 사용.

6. 좌변의 x, y를 각각 $\frac{x+y}{2}+\frac{x-y}{2}$, $\frac{x+y}{2}-\frac{x-y}{2}$로 표현한 뒤 덧셈정리 사용.

7. 위 4번과 비슷.

2장 3절

8. 우선 $-3+\sin x$의 최댓값과 최솟값을 사인함수의 성질을 이용해 구함.

9. $x^4+x^2+1=\left(x^2+\frac{1}{2}\right)^2+\frac{3}{4}$를 사용.

10. $\cos(2x)=1-2\sin^2 x$이므로 $f(x)=-2(\sin x)^2+\sin x+1$. 함수 $y=-2x^2+x+1$의 최대와 최소의 존재성, 값, 및 이 함수의 그래프 개형을 구하고 이용.

11. $\cos x-2\sin x$의 최대와 최소를 예제 2-57에서와 같이 구하고 이용.

3장 1절

1. (1) $\frac{\tan x}{x}=\frac{\sin x}{x}\cdot\frac{1}{\cos x}$ 이용.

   (2) $\frac{x^2+x^3}{\sin x\tan x}=\frac{x^2}{\sin^2 x}\cdot(1+x)\cos x$ 이용.

2. 극한 $\lim_{x\to 0} f(x)$를 예제 3-16에서와 같이 계산.

3. (1) $x^4+x^3+x^2+x-1$에 중간값정리 사용.

   (2) $x\ln x-x-\cos x$에 중간값정리 사용.

3장 2절

4. 정리 3-46(4)의 증명과 비슷한 방법.

5. 몫의 미분법인 정리 3-41(4)와 정리 3-49(1), (2), (3) 사용.

6. 역함수 미분법인 정리 3-51과 정리 3-49(4), (5), (6) 사용.

7. 몫의 미분법인 정리 3-41(4)와 정리 3-50(1), (2), (3) 사용.

8. 0에서는 미분계수를 정의하는 극한이 존재하는지 판별. 0이 아닌 곳에서는 정리들 사용.

9. 각종 미분법 사용.

10. 역함수 미분법 사용.

11. 음함수 미분법 사용.

12. 매개변수 함수의 미분법 사용. 별해: $1+\tan^2 t=\sec^2 t$임을 이용.

3장 3절

13. 음함수 미분법 사용.

14. 예제 3-65와 같이 평균값의 정리 사용 (작은 양의 실수 ε에 대해 구간 $\left[0,\ \frac{\pi}{2}-\varepsilon\right]$에서 적용).

15. (1) f'를 계산하여 $f'(x)=0$의 근 구하기.

(2) 임계값들과 끝점에서의 값 비교, 최대·최소 정리 사용.

(3) 이계미분판별법, 혹은 f의 증감표 사용.

16. f'를 계산하고 f의 증감표를 만들어 사용.

17. (1) 함수 $f(x)=2e^x-2x-1$을 미분하여 증가함수임을 보임.

(2) 함수 $g(x)=2e^x-x^2-x+1$을 미분하여 증가함수임을 보임. 이때 (1) 사용.

18. 미분을 통한 속력의 정의 사용. 2장 3절의 예제 2-57와 같은 방법 사용, 혹은 미분을 이용해 최대·최소 구하기.

4장 1절

1. 우변을 미분해보면 됨(각종 미분법 사용).

2. (1) $-\ln(1-x)$를 미분하여 확인.

(2) $\dfrac{x}{1-x}=-1+\dfrac{1}{1-x}$ 사용.

3. 예시 4-17에서와 비슷한 방법. 1장 2절 연습문제 2번 사용.

4. $x=\cos(t)$, 즉 $t=\arccos(x)$로 치환.

5. $\arctan(x)$의 미분 사용.

6. $\sin(t^2)$의 역도함수를 $F(t)$라 하면 $g(x)=F(x^2)-F(0)$, $h(x)=F(3x)-F(2x)$. 이제 연쇄법칙과 $F'(t)=\sin(t^2)$임을 이용.

4장 2절

7. (1) $u=e^x$로 치환.

(2) $u=e^x$로 치환하고 $\dfrac{1}{(u+2)u}=\dfrac{1}{u}-\dfrac{1}{u+2}$ 등을 이용하여 정리. 혹은

$\dfrac{e^x+1}{e^x+2}=\dfrac{1}{2}+\dfrac{1}{2}\cdot\dfrac{e^x}{e^x+2}$와 위 (1) 이용.

8. $u=\cos x$로 치환.

9. 부분적분법 이용(x를 미분, $\cos x$를 적분).

10. 예제 4-34와 같이 부분적분법 이용.

11. 부분적분법 이용($\sin x$를 미분, e^x를 적분)하면 $\int e^x \sin x\,dx = e^x \sin x - \int e^x \cos x\,dx$. 이제 $\int e^x \cos x\,dx$에 부분적분법을 적용하면 $\int e^x \cos x\,dx = e^x \cos x - \int e^x(-\sin x)\,dx$ 이다. 합치면 $\int e^x \sin x dx = e^x \sin x - e^x \cos x - \int e^x \sin x\,dx$를 얻고, 이를 정리하면 $\int e^x \sin x\,dx$를 얻을 수 있음.

4장 3절

12. $x=1$에서 $x=e$까지 $\ln x - \dfrac{(x-1)(x-(e-1))}{e-1}$를 정적분하면 됨. $\int \ln x\,dx = x\ln x - x + C$ 이용.

13. $x=1$에서 $x=2$까지 $(2(x-1)(x-2))^2$를 정적분.

14. (1) $\displaystyle\int_e^b \frac{dx}{x\ln x}$를 계산 시, $u=\ln x$로 치환.

(2) $\dfrac{1}{x^2+\sin x} \le \dfrac{2}{x^2}$가 성립함을 보이고 비교판정법 이용.

15. (1) 특이적분 $\displaystyle\int_3^\infty \frac{dx}{x(\ln x)^2}$을 고려. $\displaystyle\int_e^b \frac{dx}{x(\ln x)^2}$를 계산 시, $u=\ln x$로 치환.

(2) 어떤 N이 있어 모든 $n \ge N$에 대해 $\dfrac{1}{n\ln n + (\ln n)^2} \ge \dfrac{1}{2n\ln n}$이 성립함을 보이고 (예컨대 함수에 관한 부등식 $2x\ln x \ge x\ln x + (\ln x)^2$을 미분 등을 이용해 보이기) 급수의 비교판정법 이용. $\displaystyle\sum_{n=3}^{\infty} \frac{1}{n\ln n}$에 대해서는 특이적분 $\displaystyle\int_3^\infty \frac{dx}{x\ln x}$을 사용. (혹은 처음부터 특이적분 $\displaystyle\int_3^\infty \frac{dx}{x\ln x + (\ln x)^2}$을 고려하고 적분의 비교판정법을 이용해 $\displaystyle\int_3^\infty \frac{dx}{2x\ln x}$와 비교)

Part II.

5장 1절

1. (1) i (3) $\dfrac{-1+\sqrt{3}i}{2}$

2. (2) $-\frac{1}{2^{11}}-2+\left(\frac{1}{2^{11}}-2\right)\sqrt{3}\,i$

5장 2절

3. (1) $\frac{7}{2}+\left(\frac{\sqrt{3}}{2}+6\right)i$ (3) 1

4. (1) 예시 5-5 삼각부등식의 z_1, z_2에 z_1, z_2-z_1(또한 z_2, z_1-z_2)을 대입.

(2) $|z|^2=z\bar{z}$를 이용.

5장 3절

5. (1) $|\bar{z}w|=2\sqrt{2}$, $\mathrm{Arg}(\bar{z}w)=\frac{7\pi}{12}$

6. (3) $\sqrt[4]{2}\left(\cos\left(\frac{3\pi}{8}+k\pi\right)+i\sin\left(\frac{3\pi}{8}+k\pi\right)\right)$, $k=0,\ 1$

7. (2) $z=x+iy$일 때, $e^{\bar{z}}=e^{x-iy}=e^{x}\cdot e^{i(-y)}=1$임을 이용.

8. (1) $e^{z}=e^{r\cos\theta+ir\sin\theta}=e^{r\cos\theta}\cdot e^{ir\sin\theta}$임을 이용.

5장 4절

9. $x=r\cos\theta$, $y=r\sin\theta$를 대입하고 정리.

6장 1절

1. $|a+b|<|1+ab|$의 양변을 제곱하여 비교해 보고 부등식이 성립함을 확인.

2. (1) 양변을 제곱하여 비교.

(2) 인수분해 $a^3+b^3=(a+b)(a^2-ab+b^2)$과 산술-기하평균 부등식을 이용. (3) $n=2$인 경우와 $n=3$인 경우의 산술-기하평균 부등식을 이용.

6장 2절

4. (3) 함숫값 $f(x,\ y)=k$라 하고 원 $\left(x-\frac{1}{2}\right)^2+\left(y-\frac{1}{2}\right)^2=k+\frac{1}{4}$의 반지름의 크기의 최댓값과 최솟값을 구함.

7장 1절

1. 선분 BC 위에 있는 점 A를 적절한 m, n에 대하여 선분 BC를 $m:n$으로 내분하는 점으로 생각할 수 있음. 이후 $t=\dfrac{n}{m+n}$를 적용.

2. 평행사변형 조건으로부터 $\overrightarrow{AB}=\overrightarrow{DC}$, $\overrightarrow{AD}=\overrightarrow{BC}$임을 이용. 결론을 얻기 위해 연습문제 1로부터 $\frac{1}{2}\overrightarrow{OA}+\frac{1}{2}\overrightarrow{OC}=\frac{1}{2}\overrightarrow{OB}+\frac{1}{2}\overrightarrow{OD}$임을 보이면 됨.

7장 2절

3. 정리 7-12 (1)을 이용.

4. $\cos\theta=\dfrac{\vec{a}\cdot\vec{b}}{|\vec{a}|\,|\vec{b}|}$를 이용.

5. $|\vec{a}|^2=\vec{a}\cdot\vec{a}$를 이용하여 양변을 전개하여 비교.

6. 양변을 제곱한 후 $|\vec{a}|^2=\vec{a}\cdot\vec{a}$를 이용하여 등식이 성립하는 필요충분조건이 $\vec{a}\cdot\vec{b}=0$임을 보임.

7. 임의의 벡터 $\vec{b}$에 대하여 $\vec{a}\cdot\vec{b}=0$이므로 $\vec{b}=\vec{a}$일 때 적용함.

7장 3절

8. 구하는 평면의 수직인 벡터 $\vec{n}\neq\vec{0}$은 벡터 $(1,\ 0,\ 1)-(1,\ -1,\ 1)$에 수직이고 벡터 $(2,\ 1,\ 0)-(1,\ -1,\ 1)$에도 수직임.

9. 구하는 평면의 수직인 벡터 $\vec{n}\neq\vec{0}$은 직선에 평행한 벡터 $\left(1,\ 1,\ \frac{1}{2}\right)$와 수직임. 직선 위의 점 $(0,\ 1,\ 0)$과 점 $(1,\ 0,\ 1)$이 평면 위의 점이므로 벡터 $\vec{n}$은 벡터 $(1,\ 0,\ 1)-(0,\ 1,\ 0)$과 수직임.

10. 교선에 평행한 벡터 $\vec{a}$는 각 평면의 수직인 벡터 $(1,\ 1,\ 1)$과 벡터 $(1,\ -1,\ 3)$에 동시에 수직임.

11. $d=\dfrac{|1\cdot1-1\cdot1+2\cdot1-1|}{\sqrt{1^2+(-1)^2+2^2}}$

12. 대칭인 점 $(a,\ b,\ c)$에 대하여 벡터 $(a,\ b,\ c)-(1,\ 1,\ 1)$은 평면에 수직인 벡터 $(1,\ -1,\ 2)$와 평행임. 한편 벡터의 크기 $|(a,\ b,\ c)-(1,\ 1,\ 1)|$는 점 $(1,\ 1,\ 1)$에서 평면 $x-y+2z=1$ 사이의 거리의 2배임.

13. 선분 AB의 중점을 E라 하고 선분 CD의 중점을 F라 하면 삼각형 ACD는 정삼각형이므로 벡터 $\overrightarrow{AF}$와 $\overrightarrow{CF}$는 수직임. 한편 삼각형 CDE는 선분 CE와 DE의 길이가 같은 이등

변삼각형이므로 벡터 $\overrightarrow{FE}$와 $\overrightarrow{CF}$가 수직임.

$$\overrightarrow{AE}\cdot\overrightarrow{CF}=(\overrightarrow{AF}+\overrightarrow{FE})\cdot\overrightarrow{CF}=\overrightarrow{AF}\cdot\overrightarrow{CF}+\overrightarrow{FE}\cdot\overrightarrow{CF}=0$$

벡터 $\overrightarrow{AE}$와 $\overrightarrow{AB}$가 평행이고 벡터 $\overrightarrow{CF}$와 $\overrightarrow{CD}$가 평행이므로 벡터 $\overrightarrow{AB}$와 $\overrightarrow{CD}$는 수직임.

14. 구 위의 점 $(0,\ 2,\ 0)$와 구의 중심 $(1,\ 0,\ -2)$ 사이의 벡터 $(1,\ 0,\ -2)-(0,\ 2,\ 0)$이 접평면에 수직임.

7장 4절

15. 초점 $\left(1,\ \dfrac{25}{8}\right)$, 준선 $y=\dfrac{25}{8}$

16. 장축의 길이 $2\sqrt{3}$, 단축의 길이 $2\sqrt{2}$

17. 주축의 길이 $4\sqrt{13}$

18. $\sqrt{x^2+(y-a)^2}+|y|$가 일정한 점 $(x,\ y)$의 자취를 구함.

19. (2) 함숫값 $f(x,\ y)=k$라 하고 쌍곡선 $x^2-y^2=k$가 원 $x^2+y^2=4$에 접하는 경우를 점검.

8장 2절

1. $0=\det\begin{pmatrix}x & y & 1\\ x_1 & y_1 & 1\\ x_2 & y_2 & 1\end{pmatrix}=\det\begin{pmatrix}x-x_1 & y-y_1 & 0\\ x_1 & y_1 & 1\\ x_2-x_1 & y_2-y_1 & 0\end{pmatrix}$이므로 서로 다른 두 점 $(x_1,\ y_1)$, $(x_2,\ y_2)$를 지나는 직선의 방정식을 얻음.

2. $A^{-1}=\dfrac{1}{ad-bc}\begin{pmatrix}d & -b\\ -c & a\end{pmatrix}$

3. $(AB)^{-1}=B^{-1}A^{-1}$이므로 A^{-1}, B^{-1}을 구해서 행렬 곱을 함.

4. $\det(A^T-xI)=\det(A^T-(xI)^T)=\det(A-xI)^T=\det(A-xI)$임을 이용.

5. 특성다항식 $f(x)=\det(A-xI)=0$의 해를 이용하여 예제 8-20과 같은 방법으로 $A^n=a_nA+b_nI$을 만족시키는 a_n, b_n을 찾아 극한을 취함.

8장 3절

6. $L_k((x_1,\ y_1)+t(x_2,\ y_2))=L_k(x_1,\ y_1)+tL_k(x_2,\ y_2)$, $k=1,\ 2,\ 3,\ 4$의 양변을 비교하여 확인함.

7. 직선 $y=-x$에 대한 대칭변환 $L(x,\ y)=(-y,\ -x)$이고 대응하는 행렬은 $\begin{pmatrix}0 & -1\\ -1 & 0\end{pmatrix}$임.

8. 도형의 방정식 $ax^2+by^2+cxy=d$에 대하여 $\cot 2\theta=\dfrac{b-a}{c}$ $(c\neq 0)$를 만족시키는 θ를 찾은 후, 주어진 도형을 θ만큼 회전변환하여 판단할 수 있음. (1) 쌍곡선 (2) 타원

Part III.

9장 1절

1. 대우 명제와 예제 9-11

$\sim(\mathbf{p} \vee \mathbf{r} \rightarrow \mathbf{q} \vee \mathbf{r}) \equiv \sim(\sim(\mathbf{p} \vee \mathbf{r}) \vee (\mathbf{q} \vee \mathbf{r})) \equiv ((\mathbf{p} \vee \mathbf{r}) \wedge (\sim\mathbf{q} \wedge \sim\mathbf{r}))$

$\Rightarrow \mathbf{p} \wedge \sim\mathbf{q} \equiv \sim(\sim\mathbf{p} \vee \mathbf{q}) \equiv \sim(\mathbf{p} \rightarrow \mathbf{q})$

2. $\sim\mathbf{c} \vee \mathbf{P} \equiv \mathbf{t} \vee \mathbf{P} \equiv \mathbf{t}$

3. $(\sim\mathbf{p} \vee \mathbf{q}) \wedge (\sim\mathbf{p} \vee \mathbf{r}) \equiv \sim\mathbf{p} \vee (\mathbf{q} \wedge \mathbf{r})$

4. $(\sim\mathbf{p} \vee \mathbf{q}) \wedge (\sim\mathbf{p} \vee \sim\mathbf{q}) \equiv \sim\mathbf{p} \vee (\mathbf{q} \wedge \sim\mathbf{q}) \equiv \sim\mathbf{p} \vee \mathbf{c}$

9장 2절

9. $\bigcap_{n \in \mathbb{N}} \left[0, \frac{1}{n}\right] \ni 0$를 먼저 확인한다. $\bigcup_{n \in \mathbb{N}} \left[0, \frac{1}{n}\right]$이 1을 포함하는지 설명한다.

9장 3절

14. $(x, y) \in R \Leftrightarrow (y, x) \in R^{-1} \Leftrightarrow (x, y) \in (R^{-1})^{-1}$

20. $f(x) = 1 - x$

21. (a) $x \in A$이면 $f(x) \in f(A)$이다. 역상의 정의에 따라 $x \in f^{-1}(f(A))$이다.

(b) $y \in f(f^{-1}(B))$이면 $f(x) = y$인 $x \in f^{-1}(B)$가 존재한다. $f(x) \in B$이므로 $y \in B$이다.

9장 4절

30. $\mathbb{N} \sim \{k \in \mathbb{N} \mid k > n\}$이고 $\{k \in \mathbb{N} \mid k > n\} \subset \{1, 2, \cdots, n\} \cup (0, 1) \subset \mathbb{N}$이므로

$$\aleph_0 \le n + \aleph_0 \le \aleph_0$$

이다. $\mathbb{R} \sim (0, 1)$이다. $(0, 1) \subset \{1, 2, \cdots, n\} \cup (0, 1) \subset \mathbb{R}$이므로 $c \le n + c \le c$이다.

31. $\mathbb{R} \sim (0, 1) \sim (-1, 0)$이고 $(0, 1) \subset (-1, 0) \cup (0, 1) \subset \mathbb{R}$이므로 $c \le c + c \le c$이다.

33. 예제 9-110에 의해

$$c = 2^{\aleph_0} \le n^{\aleph_0} \le \aleph_0^{\aleph_0} \le (2^{\aleph_0})^{\aleph_0} = 2^{\aleph_0 \aleph_0} = 2^{\aleph_0} = c$$

이다.

34. 예제 9-110에 의해 $Card(\mathbb{C}) = Card(\mathbb{R} \times \mathbb{R}) = Card(\mathbb{R})Card(\mathbb{R}) = cc = c$이다.

10장 1절

1. 주어진 집합의 두 수의 곱이 $\dfrac{7!}{N}$인 것 중 이 합이 짝수인 것과 홀수 인 것이 모두 있는 숫자를 찾는다.
2. $3^{2^{10}}-1=\left(3^{2^9}-1\right)\left(3^{2^9}+1\right)$와 $4 \nmid (3^{2^n}+1)$를 활용한다.

10장 3절

3. $(x-6)(y-6)=xy-6(x+y)+36=36$
4. $6xy+4x-9y-7=(2x-3)(3y+2)-1$
5. $n^2+19n+48=m^2$라 두고 $4(n^2+19n+48)=4m^2$로부터
   $(2n+19-2m)(2n+19+2m)=169$
   를 구하여 푼다.

11장 1절

1. 홀수 차수 상반방정식이므로 $x+1$로 나누고 나누어서 구한 상반방정식을 푼다.
2. 주어진 수를 $x=a+b$라 하고 a^3+b^3에 관한 식을 이용한다.
3. a, b의 대칭관계를 살펴서 인수 $(a+b)$를 얻고 마찬가지로 $(b+c)$, $(c+a)$를 인수로 얻는다.
4. a, $-b$의 대칭관계를 살펴보고 $(a-b)$가 인수인지 확인한다. 마찬가지로 $(b-c)$, $(c-a)$가 인수인지 확인한다.
5. a, $-b$의 대칭관계를 살펴보고 $(a-b)$가 인수인지 확인한다. 마찬가지로 $(b-c)$, $(c-a)$가 인수인지 확인한다. a, b, c가 순열대칭임을 이용한다.
6. 모든 항이 2차인 호환대칭식 a^2+b^2, ab로 치환해 본다.
8. 분모의 두 쌍이 합하면 $(x-1)+(x-9)=(x-3)+(x-7)$인 것을 활용한다.
10. 예시 11-12에 실수 a, b, c 중 서로 같은 것이 있는 경우도 생각한다.
11. 전체를 상수 c라고 두고 제곱해 본다.
12. $t=\sqrt{\dfrac{2+x}{2-x}}$라 두고 $t+\dfrac{1}{t}=2$를 먼저 푼다.

찾아보기

| ㄹ |

| ㅁ |

| ㅂ |

| ㅅ |

| ㅇ |

| ㅈ |

| ㅊ |

| 기타 |

정리 찾아보기

제4장

제5장

제6장

제10장

제11장

대학수학 길라잡이

지은이 김현규 · 이용하 · 이재혁
펴낸이 조경희
펴낸곳 경문사
펴낸날 2022년 12월 9일 1판 1쇄
등 록 1979년 11월 9일 제1979-000023호
주 소 04057, 서울특별시 마포구 와우산로 174
전 화 (02)332-2004 팩스 (02)336-5193
이메일 kyungmoon@kyungmoon.com

값 26,000원

ISBN 979-11-6073-593-2